Jetzt helfe ich mir selbst

Start-Schwierigkeiten

Dieser Wegweiser soll Ihnen helfen, bei streikendem Motor schnell den Fehler einzukreisen. In Frage kommen bei Anlaß-Schwierigkeiten fast immer nur diese beiden Störungsquellen: Zündsystem (elektrische Anlage) oder Kraftstoffanlage. Am aussichtsreichsten ist folgender Weg: Von beiden Gruppen zunächst die Anfangsfrage beantworten und dann mit der Fehlersuche beim

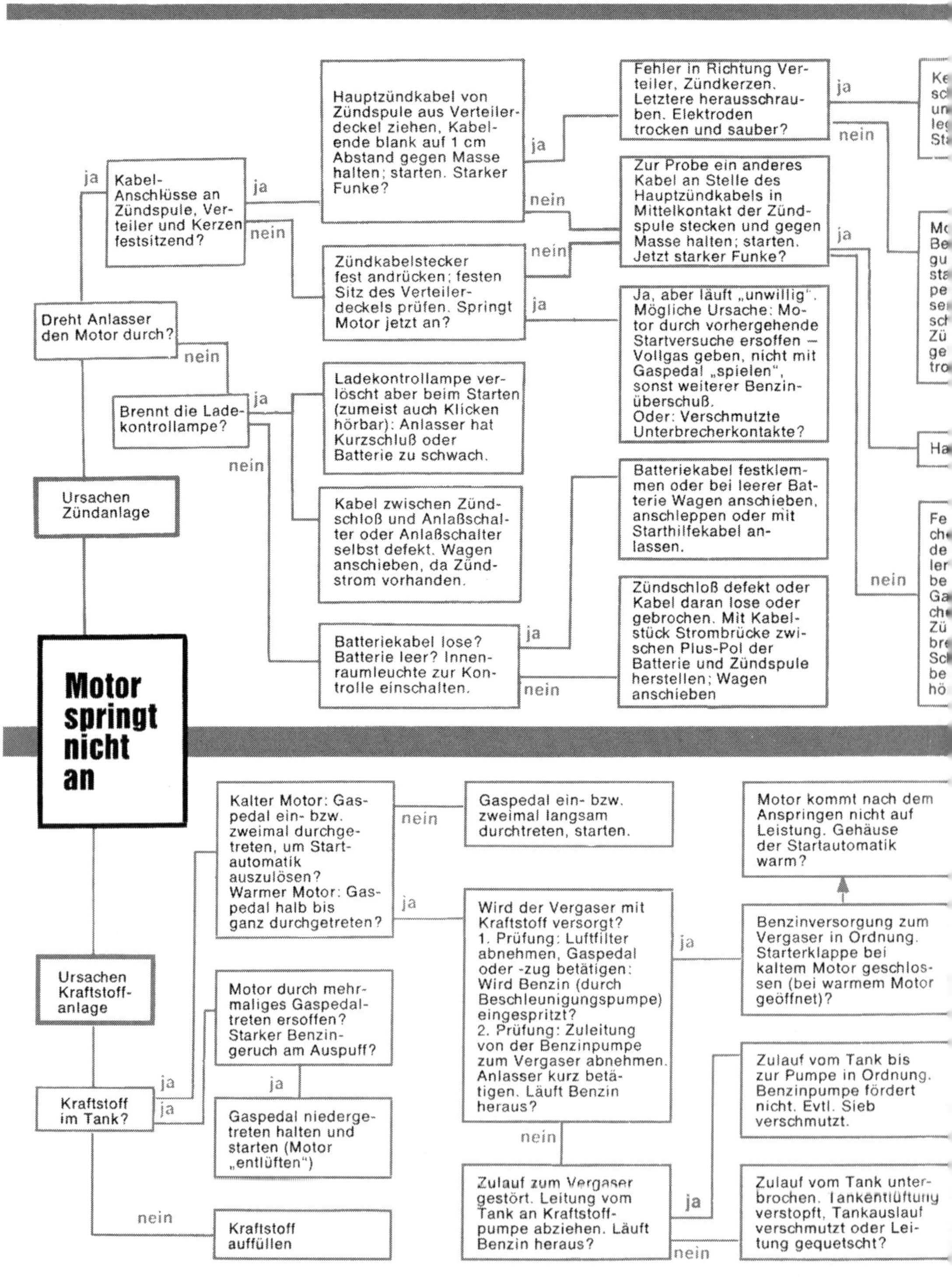

Zündsystem beginnen. Entsprechend dem Aufbau der Tabelle läßt sich der Motor auch bei unregelmäßigem Lauf oder Leistungsschwund durchprüfen. Das Schema gilt – bis auf die Startautomatik – sinngemäß auch für die meisten anderen Automobilfabrikate. Weniger wahrscheinlich als Ursache von Startschwierigkeiten: mechanische Störungen, z. B. Vergaserbetätigung defekt.

nstecker auf herausgeübte Zündkerze stecken ese auf Motorblock mit Anlasser starten. r Funke an Elektrode?

ja – Obgleich Zündanlage wahrscheinlich in Ordnung, möglichst neue Zündkerzen einsetzen (alte Kerzen können unter Druck versagen). Springt Motor nun an?

ja – Falls jedoch öfters Anlaßschwierigkeiten, Motoreinstellung (Zündzeitpunkt, Vergasereinstellung) überprüfen lassen.

nein – Fehler in der Kraftstoffanlage suchen.

nein – Statt Zündkerze Schraubenzieher oder Nagel in Zündkabelstecker drücken und gegen Masse halten; Anlasser betätigen. Funken zwischen Schraubenzieherklinge u. Masse?

ja – Zündkerzen defekt; austauschen.

nein – Verteilerkappe innen naß (nach Motorwäsche) oder gebrochen. (Kriechstrom zur Masse) oder Verteilerfinger bzw. Kontaktkohle in Verteilerkappe defekt.

ersoffen durch zu starkes gen der Beschleunipumpe; Starten mit konurchgetretenem Gas-Kerzen trocknen, besgen trockene austau-Motor bei offenen erzenlöchern ohne Gasmit Anlasser innen en.

zündkabel austauschen.

in Richtung Unterbre-Verteilerunterteil), Kontor, Zündspule? Verteikel abnehmen, Wagen ngelegtem höchstem schieben, bis Unterbrentakte geschlossen; ng einschalten, Untererhebel abheben (mit ubenzieher, Kugelschrei-Funke zu sehen und zu ?

ja – Zu starker Funke? Kontakte blau angelaufen? Wahrscheinlich Kondensator defekt.

ja – Guter Funke: Motor jetzt mit Anlasser durchdrehen. Funken beim Abheben der Kontakte?

ja – Unterbrecher in Ordnung, Fehler in der Zündspule (Sekundärwicklung).

nein – Kondensator oder Kabel von Klemme 1 der Spule zum Unterbrecher ist defekt.

nein – Unterbrecherkontakte verschmort? Wenn ja, dann austauschen.

nein – Zündspule (Primärwicklung) in Ordnung? Zu dünnem Kabel an Klemme 1 der Zündspule Prüflampe anklemmen und an Masse halten; Zündung einschalten: Leuchtet Prüflampe dauernd auf?

ja – Zündspule (Primärwcklg.) nicht in Ordng. oder Kabel zwischen Zündschloß und Spule defekt.

nein – Unterbrecherhebel hebt nicht ab oder hat lahme Feder oder Halteschraube sitzt nicht fest.

ein – Kühlwasserschläuche oder Heizkabel der Startautomatik unterbrochen, Bimetallfeder defekt.

ein – Starterklappe klemmt, gängig machen. Bei kaltem Motor notfalls starten durch etwas Kraftstoffeinspritzen mit dem Gaspedal

ja – Startautomatik in Ordnung. Hauptdüsenträger lösen, läuft Benzin heraus?

ja – Unter Zündanlage weiter prüfen

ja – Prüfen, ob Kabel zum Leerlaufabschaltventil unterbrochen oder ob Ventilnadel hängt und Düse blockiert

nein – Schwimmer oder Schwimmernadelventil klemmt. Gegen Gehäuse klopfen oder Vergaserdeckel abnehmen und Ventil gängig machen oder auswechseln. Hauptdüse verstopft?

Eingehende Störungshinweise finden Sie auf den Seiten

9 Prüfen im Stand
10 Probefahrt
13 Kraftstoffverbrauch
26 Wartungsplan
73 Kühler kocht
103 Vergaser
119 Batterie und Lichtmaschine
125 Sicherungen
143 Zündkerzen
179 Kupplung
201 Bremsen

Dieter Korp

Audi 100
alle Modelle von August '74 bis Juli '76

Jetzt helfe ich mir selbst

Unter Mitarbeit von
Albrecht G. Thaer

Motorbuch Verlag Stuttgart

Umschlagentwurf und Buchgestaltung: Peter Werner/Siegfried Horn
Titelbild: Albrecht G. Thaer

ISBN 3-87943-419-0

Auflage Nr. 102 771

Idee und Gestaltung des Störungsfahrplanes in der Buchklappe: Verfasser
Fotos: Thaer (133), Haeberle (6)
Zeichnungen: Haeberle (1)
Werkfotos und -zeichnungen: Audi NSU (9), Solex (10), Bosch (2), Pirelli (1).
Die Stromlaufpläne in der hinteren Buchklappe entstanden nach Werksunterlagen.
Satz: SV-Druck, 7302 Ostfildern 1
Druck: KN Digital Printforce GmbH, Schockenriedstr. 37, 70565 Stuttgart.
Printed in Germany.

Sie finden in diesem Buch

Seite

7	Vorwort	– Vorher gesagt
9	Prüfen ohne Werkzeug	– Werksbesichtigung
16	Werkzeug und andere Hilfen	– Handgreiflichkeiten

Pflege nach Plan

23	Motorraum-Bild	– Unter die Haube gebracht
24	Wartung wann und wo	– Planwirtschaft
30	Schmieren aller Teile	– Ehrenwerte Schmiergelder

Pflege des Motors

45	Des Motors Innenleben	– Zweierlei Maß
64	Kühlung und Heizung	– Kreislaufstörungen
77	Vom Tank zur Kraftstoffpumpe	– Nachschubprobleme
84	Vergaser-Beschreibung	– Besuch im Gaswerk
95	Vergaser-Praxis	– Energiekrise

Die elektrische Anlage

105	Die Batterie	– Mit Spannung erwartet
113	Lichtmaschine und Anlasser	– Mitläufer
121	Leitungen und Sicherungen	– Alles auf Draht
127	Die Zündanlage	– Gewitter im Zylinder
145	Die Beleuchtung	– Zwischen Licht und Schatten
156	Die Signaleinrichtungen	– Mit freundlichen Grüßen
162	Instrumente und Geräte	– Guter Service

Antrieb und Fahrwerk

175 Die Kupplung – Auf Schritt und Tritt
180 Getriebe und Achsantrieb – Schalten und walten
185 Vorder-, Hinterachse und Lenkung – Führungskräfte
193 Die Bremsen – Verzögerungstaktik
203 Räder und Reifen – Beachtenswerte Rundungen

Die Karosserie

211 Die Karosserieteile – Schick in Schale
220 Der Winterschutz – Kaltgestellt

Dies und das

224 Umgang mit der Werkstatt – Mensch, ärgere dich nicht
226 Technische Daten – Maß genommen
228 Typentwicklung – Entwicklungsjahre
229 Erläuterungen zum Schaltplan
230 Stichwortverzeichnis

Vorher gesagt

Als der Audi 80, der jüngere und kleinere Bruder des Audi 100, im Sommer 1972 auf eigenen Beinen stand, da zeigte sich, daß er recht wohlgeraten war und etliche Eigenschaften aufweisen konnte, die auch dem Audi 100 gut angestanden hätten: Vorderachse mit negativem Lenkrollradius, Diagonal-Zweikreis-Bremssystem, außenliegende Scheibenbremsen und dergleichen mehr. In Ingolstadt und Wolfsburg fackelte man darum nicht lange und übernahm Zug um Zug diese und weitere technische Neuerungen in die Audi-100-Modellreihe, wobei auch der produktionseinfachere 85-PS-Motor des Audi 80 in die L-Ausführung des Audi 100 Eingang fand. Dem Audi 100, der schon vorher ein durchaus erfreuliches Auto war, hat dies gut getan, wobei sein Charakter als geräumiger und kultivierter Reisewagen noch ausgebaut wurde.

All diese Neuerungen und sonstigen branchenüblichen Weiterentwicklungen, die teilweise gänzlich anders funktionieren und dementsprechend meist eine andere Wartung und Pflege erfordern, ließen sich bei Neuauflagen im Band 35 dieser Reihe, der sich speziell mit dem Audi 100 befaßt, nicht mehr unterbringen, ohne den Leser durch die schwer überschaubare Vielfalt der verschiedenen technischen Spielarten zu verwirren. Darum entschloß sich der Verlag wieder zu einer Art »Fortsetzungsband«, wie er für weiterentwickelte Automodelle in dieser Buchreihe vielfach üblich ist und eine wirklich gezielte Information des Lesers ermöglicht.

Die Arbeit an diesem neuen Band zum Audi 100, wie er vom August 1974 bis zum Juli 1976 gebaut wurde, machte um so mehr Freude, als sich wieder einmal zeigte, daß es gar nicht so sehr im Interesse der Autofahrer, der »Auto-Verbraucher« liegt, immer neue »sensationelle« Automodelle mit all ihren unvermeidbaren Kinderkrankheiten anzubieten, sondern daß die besonnene und zielstrebige Weiterentwicklung eines an sich schon bewährten Automodells den Käufer vor vielen Risiken bewahrt und durchaus zur Modelltreue veranlassen kann – er weiß, was er hat, schon vor dem Kauf.

Wie bei den anderen Bänden dieser Reihe soll auch dieses Buch den Autofahrer bei der Eigenhilfe, Störungsbehebung und Werterhaltung unterstützen. Aber auch, wer sich nicht praktisch betätigen will oder kann, wird sich mit diesem Buch über vieles informieren können, was ihm dabei hilft, Geld zu sparen.

Bei dieser Gelegenheit gilt unser Dank allen jenen freundlichen und hilfsbereiten Menschen aus Werk und Werkstatt, die bei der Arbeit an diesem Band unserer Reihe direkt und indirekt mitgeholfen haben.

Dipl.-Ing. Dieter Korp

Regelmäßige Pflege tut dem Menschen gut. Bei einem Auto ist es nicht anders. Es gewinnt dadurch an Aus- und Ansehen. So ist es naheliegend, daß viele Autofahrer bei ihren ersten Schritten zum »Jetzt helfe ich mir selbst« mit dem Aussehen beginnen und an Ihrem Fahrzeug zuerst per Wagenwäsche emsig werden, warum auch nicht?
Weil nun aber Wagenwäsche und auch Lackpflege bei allen Automodellen gleich sind, haben wir unsere diesbezüglichen Erfahrungen, Ratschläge und Empfehlungen in einem besonderen Buch zusammengefaßt, das für alle Autos gilt – Band 45 dieser Reihe mit dem Titel »Die Auto-Karosserie«. Das hat zwei Vorteile: Hier in diesem Band zum Audi 100 ist mehr Raum für Spezial-Informationen über die Innereien Ihres Audi und im Buch über die Auto-Karosserie sind alle »Wenn und Aber« zur Karosseriepflege so ausführlich und genau dargestellt, daß nichts schiefgehen kann. Was nämlich gar nicht so bekannt ist: Mit gutgemeinter und emsig aber falsch betriebener Wagenwäsche oder Lackpflege kann man sein Auto ganz schön ruinieren.
In dem Karosserie-Buch geht es selbstverständlich nicht nur um die Wagenwäsche – ein Buch allein zu diesem Thema würde doch wohl ein wenig langatmig –, sondern um alles, was mit Pflege, Wartung und eigener Instandsetzung der Karosserie zusammenhängt – vom vorbeugenden Rostschutz bis zum Selbstlackieren. Und natürlich ist dort auch beschrieben, wie man seinem Auto die Zähne putzt – ach ja, Bruni zeigt es hier ja schon. Schon was verraten.

Werksbesichtigung

Lassen Sie das Werkzeug vorerst noch mal ruhig in der Kiste und die alte Hose, die für das Bastel-Hobby, bleibt auch im Schrank. Denn es gibt eine ganze Reihe einfacher Prüfungen und Kontrollen an Ihrem Audi 100, zu denen Sie nur Ihre Augen, Ohren und werkzeuglosen Hände brauchen. Was Sie aber brauchen, ist ein Notizzettel mit Schreibzeug, damit Sie Ihre Feststellungen nicht gleich wieder über der nächsten Prüfung vergessen, sondern im Bedarfsfall alsbald beheben (lassen) können.

Prüfen im Stand

Wartungsdienste Nr. 15, 17, 18, 1–3, 8, 11, 48, 50

Gehen Sie zuerst einmal rund ums Auto:

■ Neue Kratzer im Lack? Beulen? Rostansatz durch Steinschlag?

■ Kein Reifen platt? Nicht schlecht, wenn Sie bei dieser Gelegenheit doch ein »Werkzeug«, einen eigenen Luftdruckmesser, zur Hand haben und gleich den Reifendruck (siehe Seite 205) nachprüfen – ein Tritt mit der Schuhspitze gegen die Reifenflanken ist da kein Ersatz.

■ Reifenprofil noch ausreichend? Reifenprofil nicht ungleichmäßig abgefahren (Seite 206)? Alle Ventilkappen vorhanden?

■ Alle Lichter in Ordnung? Bremslicht beobachten lassen (oder selbst abends im Rückspiegel vor einer hellen Hauswand kontrollieren). Funktionieren Richtungsblinker und Warnblinkanlage?

■ Auch ein Blick unter die Motorhaube empfiehlt sich: Scheibenwascherbehälter gefüllt? Motorölstand (Seite 30)? Kühlwasserstand (nicht überfüllen)? Stand der Bremsflüssigkeit (Seite 193)? Säurestand in der Batterie?

Die folgenden Kontrollen lassen sich leichter durchführen, wenn der Wagen aufgebockt ist – beispielsweise beim Ölwechsel an der Tankstelle. Es genügt aber auch ein großer Bogen Packpapier oder Folie, auf den man sich legen kann, um die Unterseite seines Audis zu besichtigen:

■ Rost am Wagenboden, insbesondere an den Bremsleitungen?

■ Motor oder Getriebe ölfeucht? Ein wenig schadet nichts, Audi-Motoren »schwitzen« gerne ein wenig Motoröl aus, siehe Bildtext Seite 11.

■ Schleifgeräusche der Bremsen an den Hinterrädern, Geräusche in den Radlagern (siehe Seite 191), Räder schwergängig beim Durchdrehen von Hand? Dabei ist allerdings eine Eigenart der Audi-100-Vorderradbremsen zu beachten: Die Schwimmsattelbremse löst sich erst durch die Drehung des Rades und nicht schon beim Loslassen des Bremspedals.

■ Sind die Gelenkwellenmanschetten der Antriebsachsen trocken oder fettverschmiert? Eine ganz besonders wichtige Prüfung beim Audi 100 (siehe Bild Seite 183), denn eindringender Schmutz zerstört schnell die teuren Rzeppagelenke.

■ Auspuffanlage durchgerostet oder beschädigt (siehe Seite 62)?

■ Stoßdämpfer oder Bremsleitungen ölfeucht? Besonders letzteres ist als ausgesprochener Ernstfall Werkstattsache!

Prüfen während der Fahrt

Wartungsdienste Nr. 42, 66, 41, 53, 23–27

Die früher allgemein übliche Probefahrt ist heute durch Computer-Diagnose und vor allem durch die allgemeine Verkehrssituation selten geworden. Trotzdem haben wir sie in unseren Wartungsplan (Seite 26) aufgenommen, denn ein kundiger Autofahrer kann sie selbst ohne allzu große Umstände durchführen, wenn er gelegentlich eine verkehrsarme Straße erwischt, wo er keine anderen Verkehrsteilnehmer durch plötzliche Bremsmanöver oder dergleichen verwirren kann. Noch besser ist ein gerade nicht benutzter großer Parkplatz (etwa an einem Wochentag vor dem Fußballstadion), wo man auch mal ein seitliches Ausbrechen des Wagens riskieren kann.

Hören Sie nicht die Flöhe husten

Bei der Probefahrt läßt sich mit Auge, Ohr und feinem Fingerspitzengefühl Wichtiges erkennen und manchem Schaden vorbeugen, bevor es teuer wird. Aber seien Sie auch nicht zu ängstlich: Nicht jedes außergewöhnliche Geräusch muß eine Vorankündigung sein, daß Ihr Wagen kurz vor dem Zusammenbruch steht. Zu ängstliches Hinhören kann nämlich auch teuer werden, weil man Teile reparieren läßt, die noch eine ganze Weile durchgehalten hätten. Wenn nicht die Verkehrssicherheit auf dem Spiele steht, zeugt sogar der Verschleiß der Teile bis zum »Jetzt-geht-es-aber-wirklich-nicht-mehr« von ruhiger Gelassenheit und wirtschaftlicher Denkweise. Man braucht nicht auf das Husten der Flöhe zu achten, das nimmt nur die Freude am Autofahren.

Vom Motor bis zu den Bremsen

■ Sprang der Motor willig an? Über mangelhafte Startfreudigkeit mehr im Abschnitt »Richtig starten« auf Seite 95.

■ Leerlauf ruhig? Stotternder Leerlauf kann durch eine verschmutzte Leerlaufeinrichtung des Vergasers (Seite 98) oder durch eine vibrationsgelockerte Vergaserabschaltdüse (Seite 93) verursacht sein.

■ Ungewöhnliche Motorgeräusche zu hören? Ein schnatternd-rasselndes Geräusch kann auf zu großes Ventilspiel (Seite 54) hinweisen. Harmlos ist aber ein plötzlich einsetzendes brummendes Geräusch beim 85-PS-Motor, eventuell sogar nach dem Abschalten des Motors, denn das ist der thermoelektrisch geschaltete Kühlerventilator (Seite 73).

■ Andere »Fremdgeräusche« aus dem Motorraum? Ein drehzahlabhängiges zischelndes oder leicht pfeifendes Geräusch kann von der Wasserpumpe oder der Lichtmaschine herrühren. Schalt- und kupplungsabhängige sirrende oder zischelnde Geräusche können vom Drucklager der Kupplung (Seite 176), von den hinteren Getriebewellenlagern oder vom Nadellager im hinteren Ende der Motorkurbelwelle (Seite 181; beides typische Audikrankheiten) stammen. Ein geschwindigkeitsabhängiges »wimmerndes« Geräusch deutet auf bald defekte Rzeppagelenke der Antriebswellen (Seite 184) hin.

■ Zeigt der Motor bei der Fahrt sauberen Übergang und ruckfreies Beschleunigen beim Gasgeben? Andernfalls kann der Elektrodenabstand (Seite 142) durch Abbrand zu groß geworden sein oder man hat in der kühlen Jahreszeit vergessen, den Luftschlauch des Luftfilters an den Auspuffkrümmer zu klemmen (Seite 102). Schließlich zeigen manche Motoren des Audi 100 auch schlechten Übergang durch mangelhafte Vergaser- und Zündungsabstimmung. Da kann nur die Fachwerkstatt helfen (und auch sie schafft's nicht immer).

■ Patscht der Auspuff beim Gaswegnehmen? Dann ist er zumeist irgendwo durchgerostet und bekommt »falsche Luft«.

■ Rutscht die Kupplung bei scharfem Gasgeben durch? Das betrifft das Kupplungsspiel, siehe Seite 177.

■ Kratzt das Getriebe beim Einlegen eines Ganges zum Anfahren? Das kann eine nicht sauber trennende Kupplung als Ursache haben, aber es kann auch an unsauberer Synchronisation des Schaltgetriebes liegen (Seite 181).

■ Ziehen die Bremsen einwandfrei? Die Bremsversuche beginnt man aus mäßiger Geschwindigkeit, sagen wir 30 km/h. Dann wird auch – je nach Platzverhältnissen – bei etwas größeren Geschwindigkeiten probiert. Bei zügig-kräftigem (nicht plötzlichem!) Tritt auf die Bremse müssen alle Räder achsweise gleichzeitig blockieren. Deshalb nach dem Anhalten aussteigen und Blockierspuren auf der Fahrbahn auf achsweise gleichmäßige Länge prüfen.

■ Zieht die Handbremse (Feststellbremse)? Siehe Seite 195.

■ Federt das Bremspedal beim Treten oder kann man es ohne Verstärkung der Bremswirkung tiefer durchtreten? Dann ist meist Luft in der Bremsleitung und das gesamte Bremssystem muß sorgsam überprüft und entlüftet (Seite 200) werden. Die Ursache kann aber auch an mangelhaft funktionierendem Bremskraftverstärker liegen.

■ Ist die Lenkung leichtgängig? Stellt sich die Lenkung nach Kurvenfahrt selbsttätig wieder geradeaus? Bei dieser Prüfung Lenkrad locker durch die Hände gleiten lassen, um seine Eigenbewegung nachprüfen zu können.

■ Fährt der Audi auf ebener Fahrbahn auch bei losgelassener Lenkung sauber geradeaus? Ebenfalls beim kräftigen Bremsen? Ein selbsttätiges Verdrehen des Lenkrades oder seitliches Ausbrechen des Audi 100 ab Herbst 74 weist auf schwere Fahrwerksmängel hin, die von Einstellfehlern in der »Lenkgeometrie« bis zu verbogenen Fahrwerksteilen reichen können.

■ Rollt der Wagen leicht (Motor im Leerlauf, Schalthebel neutral) weiter? Andernfalls zu schwergängige Räder durch schleifende Bremsbeläge oder defekte Radlager.

■ Spürt man bei jeweils bestimmten Geschwindigkeiten Vibrationen im Lenkrad? Dann sind in der Regel die Räder nicht mehr richtig ausgewuchtet (Seite 208), sie springen (vor allem bei außerdem noch defekten Stoßdämpfern) auf der Fahrbahn.

Benzinverbrauch messen

Ein besonderes Lob verdienen alle Audi-Modelle für ihre erfreuliche Sparsamkeit im Kraftstoffverbrauch. Bei unseren Fahrten hatten wir einen Durchschnittsverbrauch für den

■ Audi 100 L, 85 PS, 11,0 Ltr/100 km Normalkraftstoff
■ Audi 100 LS, 100 PS, 11,3 Ltr/100 km Superkraftstoff
■ Audi 100 GL, 112 PS, 11,5 Ltr/100 km Superkraftstoff

Das ist nicht viel, wenn man bedenkt, daß die Wagen immer so flott gefahren

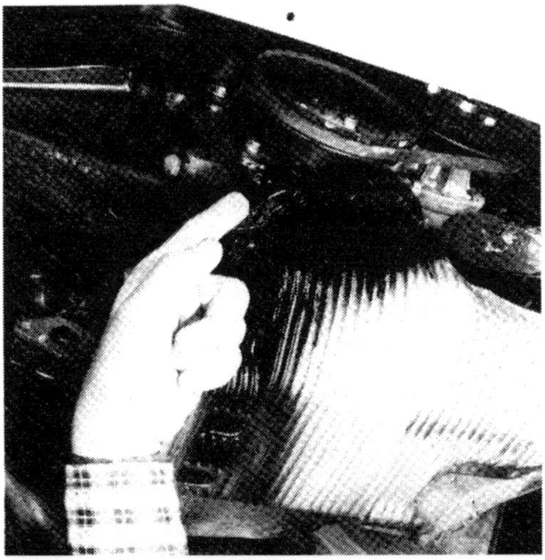

Wenn Sie Ihren Audi 100 von unten sehen, z. B. beim Ölwechsel, werden Sie meist feststellen, daß der Motor mehr oder weniger ölfeucht ist. Ein wenig schadet nichts, Audi-Motoren »schwitzen« gerne etwas Motoröl aus, vor allem vorne an der Kurbelwellen-Keilriemenscheibe. Ist der Motor aber, so wie hier, stark ölverschmiert, sollten Sie den Abschnitt »Sichtprüfung des Motors« auf Seite 49 zu Rate ziehen. Außerdem empfiehlt es sich, nach dem Abstellen des Audi einen Bogen Papier unter den Motor zu legen, um einen Eindruck von der abtropfenden Ölmenge zu haben. Solange man dort keinen großen Ölfleck findet und der regelmäßige Ölverbrauch unterhalb 2 Liter auf 1000 km bleibt, ist das Nachfüllöl preiswerter als der Weg zur Werkstatt.

wurden, wie dies Fahrbahn und Geschwindigkeitsbeschränkung nur immer erlaubten und es ist gar nicht schwierig, wochenlang auch mit einem Durchschnitt von 10,4 Ltr/100 km (100-PS-Motor) auszukommen.

Schnell fahren macht durstig

Denn Schnellfahren macht jeden Automotor durstig. So ergab sich bei exakten Verbrauchsmessungen der Redakteure der Zeitschrift »mot/auto-journal« bei hohen Geschwindigkeiten recht kräftig ansteigender Verbrauch. Es ergaben sich folgende Meßergebnisse (in Liter pro 100 km):

bei gleichbleibender Geschwindigkeit von km/h in Ltr/100 km	60	80	100	120	140	160
85 PS aus 1588 ccm	6,0	6,9	8,0	9,7	12,4	16,2
100 PS aus 1760 ccm	6,3	7,2	8,4	10,2	13,1	16,9

In der Fahrpraxis verwischen sich natürlich die weit auseinander liegenden Werte, denn man fährt ja nicht zig Kilometer ununterbrochen im 4. Gang in nervtötend gleicher Bummelgeschwindigkeit und ebensowenig ständig mit Volldampf.

Normverbrauch

Als Kraftstoffverbrauch sind in der Betriebsanleitung Ihres Audi 100 für alle Motoren 8,9 Liter pro 100 km (bei Automatic-Getriebe 1,2 Liter mehr) angegeben. Das ist ein Verbrauchswert, der durchaus zu erreichen oder sogar zu unterbieten ist, wie die obige Tabelle zeigt. Trotzdem ist dies kein Praxiswert, denn es steht hinter dem Wort »Kraftstoffverbrauch« noch zusätzlich »nach DIN 70 030«. Es ist nur ein genormter Vergleichsfaktor zu anderen Autos.

Der Normverbrauch wird nach DIN 70 030 unter besonders günstigen Bedingungen ermittelt: Mit halber Nutzlast beladen und mit genau $^3/_4$ der Höchstgeschwindigkeit rollt das Fahrzeug mit vorgeschriebenem Reifendruck auf absoluter ebener Fahrbahn. Dem daraus ermittelten Verbrauchsergebnis wird noch ein 10%iger Zuschlag hinzugegeben.

Für die Verbrauchspraxis besagt dagegen eine überraschend gute Faustregel, daß ein Auto pro 100 kg seines Gewichtes (also je nach Beladung) auf 100 km etwa 1 Liter Kraftstoff verbrauchen darf. Von den sparsamen Motoren des Audi 100 wird dieser Richtwert sogar noch unterboten.

Verbrauchsmessung mit Fahrtenbuch

Ja, wieviel verbraucht denn nun Ihr Audi im Durchschnitt? Über den Daumen gepeilte Mutmaßungen nutzen da gar nichts. Auch einzelne Nachtank-Messungen (geteilt durch die gefahrene Strecke) bringen allenfalls das Ergebnis der an diesem Tage gefahrenen speziellen Fahrweise, das, wie die obige Tabelle zeigt, einen außerordentlich weiten Spielraum haben kann und 3 Liter pro 100 km mehr oder weniger hat man da schnell. Nach solch einer Messung über wenige hundert Kilometer besteht weder Anlaß, sich über sein sparsames Auto zu freuen, noch, im andern Falle, Grund zur Sorge, das eigene Auto sei ein versoffenes Luder und müsse eilends in die Werkstatt.

Natürlich kann solch eine »Kurzstreckenmessung« mal ganz interessant sein, etwa um den Spezialverbrauch für eine öfter gefahrene Autobahnstrecke oder bei der Urlaubsfahrt den Zusatz-Durst für den angehängten Caravan zu ermitteln. Die wirklich wichtige Aussage über die Gesundheit des Motors und des Fahrgestells bringt nach unseren Erfahrungen jedoch nur ein über mindestens 1000 und mehr Kilometer sorgsam verbuchter Verbrauch. In solch einer Langstrecke über mehrere Tage oder Wochen, mischen sich in der Regel alle Fahrweisen, so daß man einen echten Durchschnitts-Verbrauch erhält. Für diese laufende Verbrauchsbeobachtung eignet sich am besten ein ordentlich geführtes Fahrtenbuch (erhält man kostenlos an seiner Stamm-Tankstelle). Die Verbrauchsberechnung geht dann so:

■ Alle Tankungen mengenmäßig eintragen.

■ Alle paar tausend Kilometer gelegentlich des Volltankens genauen Kilometerstand zusätzlich eintragen.

■ Alle Nachfüllmengen zwischen zwei km-Eintragungen addieren.

■ Gesamtverbrauch durch gefahrene km (mindestens 100 km!) teilen und mit 100 multiplizieren = Liter-Verbrauch pro 100 km.

Beispiel: Letzte km-Notierung 36 784, vorletzte Notierung km-Stand 35 434, ergibt 1350 km Meßstrecke. Getankt wurden nach km-Stand 35 434 (ohne die damalige Volltankung!) bis einschließlich km-Stand 36 784 insgesamt 140,4 Liter. 140,4:1350 = 0,104 (das ist der Liter-Verbrauch pro 1 Kilometer). 0,104 x 100 = 10,4 Liter Verbrauch pro 100 km.

Falls Ihnen die Führung eines Fahrtenbuches zu umständlich ist, sollten Sie wenigstens die Tankquittungen sorgsam sammeln, bei Volltankungen darauf Ihren km-Stand notieren und von Zeit zu Zeit mit diesen Quittungen nach obiger Methode prüfen, ob Ihr Audi keinen über den normalen Durst trinkt.

Beurteilung des Kraftstoff-Verbrauchs

Wenn Ihr Audi zwischen 10 und 11,5 Litern durchschnitlich verbraucht, dürfen Sie sich freuen, aber keinem Mechaniker gestatten, sich Zündung, Vergaser, Zündkerzen, Unterbrecherkontakten Ihres Audi auch nur zu nähern! Er kann daran nichts besser machen und neue Zündkerzen oder Unterbrecherkontakte sind bei solcher Sparsamkeit bestimmt noch nicht notwendig.

Liegt der Durchschnittsverbrauch Ihres Audi 100 zwischen 11,5 und 13 Ltr./100 km, dann müssen Sie unterscheiden, ob dieser Durchschnitt außergewöhnlich im Vergleich zum seitherigen Verbrauch ist (dann sind ungünstige Fahrbedingungen – etwa Winter-Reifen- oder Motorursachen, verbrauchte Zündkerzen usw. – der Grund), oder ob er auch den seitherigen Verbräuchen nach einer sorgsamen Computer-Diagnose entspricht (Ursache zumeist unbeeinflußbare ungünstige Fahrbedingungen).

Auf jeden Fall sollten Sie – und erst recht, wenn der Verbrauch über 13 Ltr./100 km liegt – die nachfolgend aufgeführten Einflüsse auf den Verbrauch genau studieren und durchdenken, bevor Sie Geld zur Werkstatt tragen. Vielleicht finden Sie eine einleuchtende Erklärung für Ihren höheren Verbrauch oder einen Weg, ihn erfolgreich zu reduzieren.

Unbeeinflußbare Bedingungen

■ Innerstädtischer Verkehr, vor allem zu Berufszeiten, mit ständigem Anhalten und Anfahren, läßt den Verbrauch kurzzeitig bis zum Dreifachen ansteigen.

■ Der Straßenzustand beeinflußt den Verbrauch ungünstig durch Kurven, gebirgige Strecken, Baustellen, unebenen Straßenbelag, Schneematsch oder Regenwasser.

■ Die Witterung treibt den Kraftstoffverbrauch in die Höhe durch Gegenwind oder Kälte. Letztere läßt den Motor später betriebswarm werden, so daß bis dahin durch ungünstigere Kraftstoffausnutzung und kältesteifes Öl mehr Benzin zusätzlich verbraucht wird.

Fahrzeugursachen

■ Ein Automatik-Getriebe ergibt einen um etwa 1 Liter erhöhten Verbrauch.

■ Hohe Beladung kostet mehr Kraftstoff. Nach unseren Erfahrungen braucht man je 100 kg Zuladung beim Audi 100 etwa 0,6 bis 0,8 Liter pro 100 km mehr.

■ Dachgepäckträger steigern den Kraftstoffverbrauch durch erhöhten Luftwiderstand.

■ Auch Wohnwagen oder Bootsanhänger am Zughaken erhöhen die Benzinrechnungen, was allerdings bei Einhaltung der erlaubten und verbrauchsgünstigen 80 km/h Spitzengeschwindigkeit wieder einigermaßen ausgeglichen wird, falls man nicht über ein (benzinfressendes) Gebirge muß.

■ Am Fahrwerk verlangen schleifende Bremsen und schwergängige Räder (Radlager) mehr Kraftstoff, ebenso defekte Stoßdämpfer und falsch eingestellte Spur (was außerdem Reifen kostet).

■ Zu niedriger Reifendruck erhöht den Rollwiderstand und damit den Benzinverbrauch. Dagegen helfen 0,2 atü Überdruck (wie sowieso für Autobahnfahrt empfohlen) Benzin sparen.

■ Unterschiedlichen Benzinverbrauch bewirken auch die unterschiedlichen Reifenarten: Stahlgürtelreifen mit Sommerprofil (siehe Reifen-Kapitel) sind verbrauchsgünstig, grobstollige Winter-Reifen bewirken durch größeren Rollwiderstand höheren Benzindurst.

Motorursachen

■ Während der Einlaufzeit bis zu 5000 km braucht der neue Motor in der Regel mehr Kraftstoff.

■ Ansteigender Durchschnittsverbrauch nach längerer Motorlebensdauer läßt auf nachlassende Kompression (siehe Motor-Kapitel) schließen.

■ Klebende Kolbenringe, verkrustete Ventilsitze oder falsches Ventilspiel können den Verbrauch steigern.

■ Durch Bodenberührung zusammengequetschte Auspuffrohre hemmen durch schmaler gewordenen Rohrquerschnitt den Abgasfluß, drücken damit die Motorleistung und heben den Benzinverbrauch an.

■ Zu hoch eingestellter Leerlauf des Vergasers – er soll bei 950 Umdrehungen pro Minute bei warmem Motor liegen – frißt Benzin (und setzt auch die Bremswirkung des Motors bei Bergabfahrt herab).

■ Störungen am Vergaser: Defekte Startautomatik (Seite 96), falsch eingestellte Einspritzmengen oder verschmutzter Luftfilter (behindert das Ansaugen der Luft) steigern den Kraftstoffverbrauch. Ebenso natürlich ein Vergaser, dessen plombierte Justierschrauben verstellt wurden.

■ Abgenutzte Unterbrecherkontakte verschieben den Zündzeitpunkt ungünstig, der Kraftstoff wird nicht mehr voll ausgenutzt. Das geschieht auch durch Verschmutzung oder Verschleiß in der automatischen Zündzeitpunktverstellung (siehe Seite 134).

■ Auch lange gebrauchte Zündkerzen erhöhen ein wenig den Benzinverbrauch, doch ist die Ersparnis durch neue Zündkerzen nicht so hoch wie deren Kosten, wenn sie nicht wirklich verbraucht sind. Mehr darüber Seite 141.

Fahrerursachen

Jetzt sind Sie selbst dran und wenn Sie mit kühlem Kopf und beherrschtem Gasfuß fahren, können Sie tatsächlich manche Mark sparen. Lassen Sie sich aber von der Tabelle auf Seite 12 nicht täuschen: Bummelfahrt ist nur scheinbar sparsam. Was sich an Benzin sparen läßt, muß man an zusätzlichem Motorverschleiß in Kauf nehmen (Motor bleibt zu lange kalt, Motor wird »gequält«, starke Rückstandsbildung und damit Leistungsabfall des Motors).

■ Wirklich günstig ist der Kraftstoffverbrauch im Bereich des höchsten Drehmoments (größte Durchzugskraft bei bester Zylinderfüllung), also beim 85- und 112-PS-Motor um 3500 U/min, beim 100-PS-Motor um 3200 U/min. Mit dieser Drehzahl laufen der 85-PS-Audi 97 km/h, der 100-PS-Audi 96 km/h und der 112-PS-GL und das Coupé etwa 110 km/h. Man wird damit auf Landstraßen nicht wegen Trödelei zum Verkehrshindernis und fährt trotzdem sehr sparsam!

■ Bei jedem längeren Halt vor geschlossener Bahnschranke (nicht vor Verkehrsampeln!) oder im Verkehrsstau Motor abstellen. Das sind pro Minute fast 0,1 Liter! Bei weniger als 3 Minuten Halt frißt allerdings der Motorstart die ersparte Benzinmenge wieder auf.
■ Sehr sparsame Leute benutzen gelegentlich den »Sonntagsgang«. Dazu liegt, wenn man es nicht eilig hat, der Schalthebel in »neutral« und das Auto rodelt im Leerlauf eine flache Gefällstrecke hinab. Nur drei Kilometer solcher Fahrt bringen schon etwa 2 % Benzinersparnis auf 100 km! Nicht 3 %, denn ein wenig Benzin braucht ja auch der im Leerlauf drehende Motor – Motor abstellen wäre verkehrswidrig!
■ Kleine Benzinersparnisse bringt auch das Ausrollen des Wagens vor Stop-Stellen und Verkehrsampeln (aber nicht Verkehr behindern!), während »Ampelsportler«, die mit Kavalierstart und quietschenden Bremsen von Ampel zu Ampel spurten, fantastische Benzinmengen durch den Vergaser jagen.
■ Nervosität im Gasfuß erhöht den Kraftstoffverbrauch, denn bei jedem hastigen Tasten auf das Gaspedal wird eine unnötige Menge Kraftstoff von der Beschleunigungspumpe in den Vergaser zusätzlich eingespritzt.
■ Wer viel bremsen muß, hat vorher zu viel aufs Gaspedal getreten. Und das hat Benzin gekostet.
■ Das »Warmlaufen« des Motors im Winter vor der Abfahrt kostet nicht nur unnötiges Benzin (für 6 Minuten »Warmlaufen« braucht der Audi 100 etwa einen halben Liter Kraftstoff!), sondern schadet auch dem Motor. Denn der im Leerlauf nicht weiter belastete Motor wird zu langsam warm und das bedeutet zusätzlichen Motorverschleiß. Statt dessen anfahren, sobald der Motor einigermaßen »rund dreht«, aber nur in mittleren Drehzahlen und ohne kräftige Beschleunigung.

Geschwindigkeit und Tachoanzeige

Wartungsdienst Nr. 22

Noch vor einigen Jahren spielte die Höchstgeschwindigkeit bei Autofahrergesprächen eine bedeutende Rolle. Durch mannigfache Geschwindigkeitsbegrenzungen und die 130 km/h-Empfehlung für Autobahnen ist es darum wesentlich ruhiger geworden. Es ist auch nicht jedermanns Sache, die heute möglichen Spitzengeschwindigkeiten auszufahren und so kennen viele Autofahrer nur die entsprechende Höchstgeschwindigkeitsangabe aus Prospekten oder der Betriebsanleitung (siehe Kapitel »Technische Daten«). Aber die meisten Autofahrer, die die Spitzengeschwindigkeiten ihres Audi selbst ausprobiert haben, sind der festen Überzeugung, daß speziell ihr eigener Wagen um einige km/h schneller als die Prospektangabe sei.
Das kommt zwar vor, aber selten. In Wirklichkeit hat das optimistische Tachometer etliche km/h hinzugeschwindelt. Der Gesetzgeber erlaubt dies sogar: Weil ein Massenprodukt, wie ein serienmäßiges Tachometer, so haargenau nicht immer anzeigen kann, ist der in solchen Fällen übliche Toleranzbereich in Richtung »zu hohe Anzeige« gelegt. Nach diesen gesetzlichen Bestimmungen darf das Tachometer in den oberen beiden Dritteln des Anzeigebereiches bis zu 7 % des Skalenendwertes (!) zu viel anzeigen. Zu wenig anzeigen darf es niemals. Demnach rollt Ihr Audi auf freier Landstraße (100 km/h Geschwindigkeitsbegrenzung) niemals in Wirklichkeit 105 km/h, wenn die Tachonadel auf »100« zeigt, sondern es sind eher echte 95, 92 oder gar nur 88 km/h, (Skalenendwert 200; 7 % entsprechen sogar 14 km/h erlaubter Zuviel-Anzeige).

Handgreiflichkeiten

In Großvaters Autofahrerzeiten gehörten Pannen unterwegs zum Alltagsgeschehen. Doch war der Automobilist dazumal sowohl an technischen Kenntnissen wie an Bordwerkzeug reichlicher ausgestattet als dies heute üblich ist. Und so kam man schließlich doch zum Ziel.
Pannen sind heutzutage selten geworden. Doch wenn sie einmal auftreten, ist guter Rat teuer. Falls man sich nämlich bei dieser unschönen Gelegenheit auf das vom Kraftfahrzeughersteller mitgelieferte Bordwerkzeug verlassen will, ist man gar schnell verlassen. Was die Auto Union Ihrem Audi 100 diesbezüglich auf den Lebensweg mitgab, ist im Bild unten gezeigt.

Empfehlenswerte Grundausrüstung

Falls Sie sich gelegentlich selbst um Ihren Audi kümmern wollen, werden ihre Gedanken bestimmt bald in Richtung Werkzeugkauf gehen. Unbedingt sollten Sie auf eine gute Qualität achten, denn nur mit wirklich gutem Werkzeug läßt sich leicht und zuverlässig arbeiten. Ein Mechaniker kann zur Not auch mit schlechtem Gerät hantieren – er weiß sich zu helfen. Aber ein Heimwerker, der den Umgang mit Werkzeug nur nebenbei und ungelernt betreibt, ist mit schlechten Schraubenschlüsseln und Schraubenziehern schnell am Ende seiner Kunst. Gutes Werkzeug ist aber nicht billig. Um so wichtiger ist es, daß man sein gutes Geld zweckmäßig anlegt und nicht einfach aufs Geratewohl ganze Werkzeugsätze kauft, denn manches Teil des so in Bausch und Bogen gekauften Werkzeuges wird gar nicht benötigt. Dagegen können Sie für Ihren Audi verschiedene Spezial-Werkzeuge recht gut gebrauchen, die aber in allgemeinen Werkzeugsätzen nicht enthalten sind. Aus diesem Grunde erscheinen uns auch Werkzeugsätze »für den Herrenfahrer« nicht empfehlenswert, denn ihre Zusammensetzung ist viel zu allgemein gehalten. Aus der nachfolgenden Liste ist erkennbar, was schon als recht vielseitig verwendbare Grundausrüstung für den heimischen Werkzeugkasten empfeh-

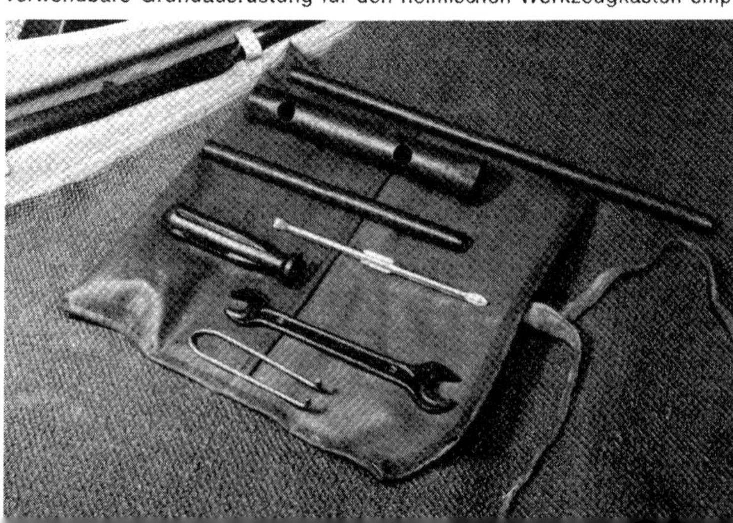

Hier sieht man das Bordwerkzeug des Audi 100 in seiner sparsamen Pracht. Wenn Sie sich mit Ihrem Wagen intensiver befassen und dabei auf dieses Bordwerkzeug verlassen wollen, sind Sie sehr schnell verlassen. Deshalb ist die Anschaffung von Zusatzwerkzeug sehr zu empfehlen. Was sich dazu eignet, ist auf den folgenden Seiten in Wort und Bild vorgestellt. Wußten Sie übrigens, daß der im Bordwerkzeug mitgelieferte Schraubenzieher in seinem Schaft umsteckbar und damit sowohl für Querschlitz- wie für Kreuzschlitzschrauben verwendbar ist?

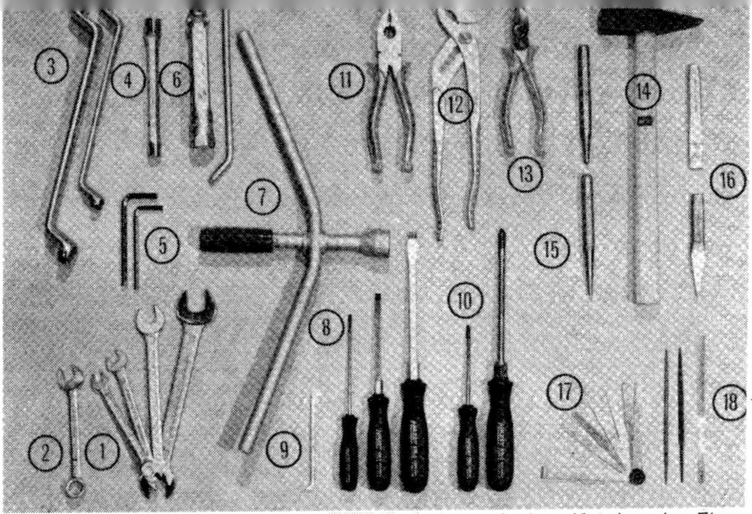

Das Bild zeigt Werkzeuge, die wir Ihnen speziell für den Audi 100 entsprechend untenstehender Liste vorschlagen, wenn Sie sich intensiver mit Ihrem Wagen befassen wollen: 1 – Doppel-Gabel-Schlüssel (Maulschlüssel); 2 – Ring-Gabel-Schlüssel SW 13; 3 – Ringschraubenschlüssel, hoch gekröpft; 4 – Rohrsteckschlüssel; 5 – Inbus-Sechskantsteckschlüssel; 6 – Zündkerzenschlüssel, in der Länge verstellbar; 7 – Radmutternschlüssel SW 17 (diese Art ist besonders gut zu handhaben); 8 – Querschlitz-Schraubenzieher; 9 – Winkel-Schraubendreher; 10 – Kreuzschlitz-Schraubenzieher; 11 – Kombizange; 12 – Rohrzange; 13 – Seitenschneider, isoliert; 14 – Schlosserhammer; 15 – Körner und Durchschläger; 16 – Flachmeißel und Kreuzmeißel; 17 – Fühlerblattlehre; 18 – Schlüsselfeilen.

lenswert erscheint. Die beigefügten Preise haben wir dem Katalog der Firma Hazet entnommen, die zu den renommierten Werkzeugherstellern zählt und in allen guten Werkzeuggeschäften bekannt ist. Natürlich können die Preise nur sehr ungefähre Anhaltspunkte sein – es sind unverbindliche Richtpreise, die außerdem alsbald wieder einmal steigen können.

Sie brauchen sich aber auch nicht gleich alles anzuschaffen, was hier aufgeführt ist; bei den Arbeitsbeschreibungen in diesem Buch ist vielfach erwähnt, welches Werkzeug dabei benötigt wird, und nur wenn Sie diese oder jene Arbeit auch selbst ausführen wollen, brauchen Sie das entsprechende Werkzeug.

		Preise in DM etwa
1 Satz Doppel-Gabelschlüssel 7 x 8, 9 x 10, 13 x 15, 17 x 19	zusammen	12,90
1 Gabel-Ring-Schlüssel SW 13 beidseitig, kurz		4,75
Je 1 Ringschlüssel 12 x 13 und 17 x 19, hochgekröpft	zusammen	12,10
Je 1 Rohrsteckschlüssel 10 x 13 und 24 x 27	zusammen	26,80
Je 1 Inbus-Steckschlüssel 5 und 6 mm, lang	zusammen	4,55
1 Zündkerzenschlüssel SW 21, in der Länge verstellbar		17,20
1 Radmutternschlüssel SW 17		11,60
3 Schraubenzieher für Querschlitzschrauben	zusammen	12,00
2 Schraubenzieher für Kreuzschlitzschrauben	zusammen	11,50
1 Winkel-Schraubenzieher		5,50
1 Rohrzange, 240 mm lang		11,50
1 Kombizange mit Isoliergriff		19,30
1 Seitenschneider		18,00
1 Schlosserhammer, 300 Gramm		8,20
1 Fühlerblattlehre, 0,10 bis 0,70 mm		5,10
1 Flachmeißel und 1 Kreuzmeißel, kurze Ausführungen	je	4,50
1 Körner und 1 Durchschläger, 3 mm	je	3,70
1 Satz Schlüsselfeilen, flach, dreikant, rund	zusammen	13,60

Was die Größenangaben bedeuten

Bei der Aufzählung der Schraubenschlüssel ist verschiedentlich von SW 13 oder 17 x 19 die Rede. Natürlich müssen Sie wissen, was das bedeutet: Bei uns in Deutschland, wie in Frankreich und vielen anderen Ländern, werden Maschinenteile und Werkzeuge in der Regel nach dem metrischen Maßsystem gemessen. In manchen Fällen ist jedoch auch noch das amerikanische oder englische Maßsystem üblich. Im metrischen System werden alle Größen natürlich in Zentimeter und Millimeter angegeben, im amerikanischen Maßsystem in Zoll. Das Kennzeichen für Zoll ist ein oben an der be-

treffenden Zahl stehendes Gänsefüßchen ("). Ein Zoll (1") entspricht 25,4 mm. Zumeist kann man schon an den Zahlen selbst erkennen, welchem Maßsystem sie zuzuordnen sind, denn Zollangaben werden in der Regel mit Bruchstrichen gemacht, als 1/2" (= 12,7 mm) oder 3/8" (= 9,53 mm), während metrische Angaben entweder ein Komma haben oder vollständig in Millimetern geschrieben werden.
Bei Schraubenmuttern mißt man den Abstand der einander gegenüberliegenden Flanken in Millimeter oder Zoll und schreibt auf den jeweils dafür passenden Schraubenschlüssel die entsprechende Schlüsselweite (Kurzbezeichnung: SW). Ein Doppelgabelschlüssel (man nennt den Gabelschlüssel vielfach auch Maulschlüssel) mit der Bezeichnung 10 x 13 hat also auf der einen Seite eine Gabel oder ein Maul für eine 13 mm breite und auf der anderen Seite für eine 10 mm breite Schraube. Schraubenschlüssel mit Zoll-Angaben kommen an unserem Audi nicht in Frage, denn ihre Größen passen um Bruchteile von Millimetern nicht, so daß man sich nur die Flanken der Schrauben oder Muttern damit beschädigt.

Welches Werkzeug für welchen Zweck?

Die Schlüsselweiten des zu Anfang der Liste aufgeführten Satzes Gabelschlüssel sind die gängigen an Ihrem Audi 100. Besonders oft werden SW 10, 13 und 17 gebraucht. Deshalb benötigt man von diesen jeweils ein zweites Stück zum Gegenhalten bei Kontermuttern (das sind fest gegeneinander verschraubte Muttern auf einem Gewinde zum Schutz gegen unfreiwilliges Lockern) oder bei beidseitigen Verschraubungen, wie etwa an den Lichtmaschinenhalterungen.
Wir haben dazu Ringschraubenschlüssel gewählt, die sich intensiver als Gabelschlüssel handhaben lassen. Am besten kauft man sie in der hoch gekröpften Form, weil man dadurch mit den Fingerknöcheln ein wenig Respektabstand vom Werkstück hat oder nur dadurch die versteckt sitzende Schraubenmutter fassen kann.
Seltener benötigt werden SW 7 (z. B. Bremsen entlüften), SW 8 und SW 9 findet man oft an der Elektrik, einen »15er« und »19er« (so schreibt man auch oft anstatt SW 15 und SW 19) Schlüssel braucht man vielfach am Fahrgestell, z. B. für die Stoßdämpferhalterungen, SW 12 (als Ringschlüssel, um kräftiger zupacken zu können) benötigt man für den Auspuffkrümmer. Die Rohrsteckschlüssel sind gut zum Erreichen tief sitzender oder schwer zugänglicher Schrauben, z. B. SW 10 für die Zylinderkopfhaube, SW 24 für die Hinterradlagermuttern und Öldruckschalter am Motorblock, SW 27 zum Lösen der tief im Lenkrad sitzenden Lenksäulenmutter. Wer auch am Motor wer-

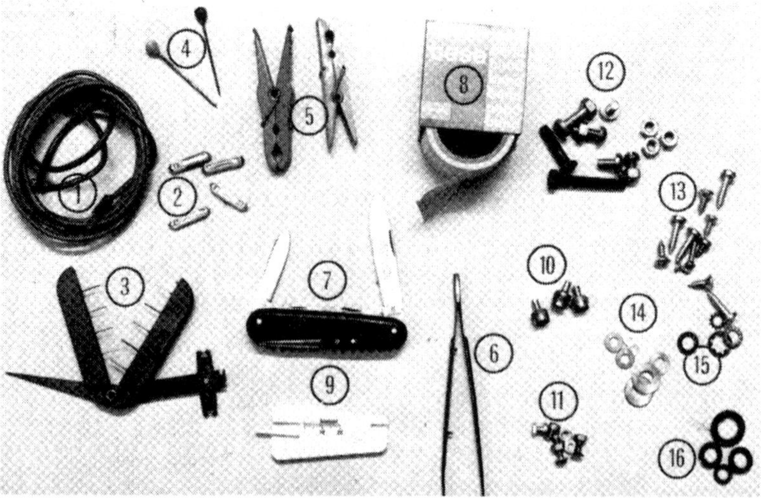

Unscheinbare, aber äußerst nützliche Kleinigkeiten, die unterwegs bei Pannen oder bei der Wartung manchmal sozusagen nicht mit Gold aufzuwiegen sind: 1 – isoliertes Kabel; 2 – Sicherungen verschiedener Stärke; 3 – Zündkerzen-Lehre zum Messen und Einstellen des Elektrodenabstandes; 4 – Nadeln mit Kunststoffköpfen (Dekorationsnadeln); 5 – Kunststoff-Wäscheklammern; 6 – schlanke Pinzette; 7 – kräftiges Taschenmesser; 8 – wetterfestes breites Klebeband; 9 – Reifen-Profiltiefenmesser; 10 – Reifenventilkappen; 11, 12 – Schrauben und Muttern; 13 – Blechschrauben; 14 – Beilegscheibchen; 15 – Zahnkranz-Unterlegscheiben; 16 – Sprengring-Unterlegscheiben (15 und 16 nur einmal verwenden, da nach Demontage wirkungslos).

ken will, braucht die beiden Inbus-Sechskant-Steckschlüssel (auch »Stiftschlüssel« genannt) mit 5 und 6 mm Breite für Ölwanne, Ansaugkrümmer, Ölfilter- und Benzinpumpenflansche, Keilriemenscneibe und die Gelenkwellenanschlüsse am Getriebe.

Kleine Schraubentricks

Wer selbst nach dem Getriebeöl sehen will (siehe Seite 39), braucht einen Innen-Sechskantschlüssel SW 17. Weil aber der dafür speziell entwickelte »Öldienstschlüssel« (auf der Gegenseite mit einem Ringschlüssel SW 21) rund 22 DM kostet, kann man sich auch mit einem Trick helfen und auf eine Schraube mit 17 mm breitem Sechskantkopf zwei gekonterte (stramm gegeneinander verschraubte) Muttern drehen. Diesen »Behelfsstecker« setzt man in den Innensechskant der Getriebegehäuseschraube und dreht den Stecker mit passendem Ringschlüssel auf der außen sitzenden Kontermutter. Genau so kann man sich auch bei anderen Innensechskantschrauben helfen. Und wenn Sie beispielsweise eine Schraube SW 12 lösen wollen, aber nur einen Gabelschlüssel SW 13 haben, dann geht's vielleicht auch, wenn Sie auf der einen Gabelseite einen flachen Schraubenzieher zwischen Gabel und Schraubenflanke klemmen. Aber solche Kunststücke sollte man nicht zur Regel machen – man vermurkst dabei die Schraubenflanken.
Aus gleichem Grund sollten Sie niemals eine Zange zum Lösen oder Festdrehen einer Schraube benutzen! Denn deren scharfe Zähne beschädigen die Ecken und Flanken der Schraube derart, daß sie sich danach kaum noch mit einem richtigen Schraubenschlüssel betätigen läßt. Das ist also nur eine Notmaßnahme, wenn anschließend eine neue Mutter oder Schraube eingesetzt werden kann.

Weitere Werkzeuge

Unser Sortiment nennt 5 verschiedene Schraubenzieher. Sie können sich stattdessen auch einen Einsteckwerkzeugsatz mit entsprechend verschiedenen Einsteckklingen für Querschlitz- und Kreuzschlitzschrauben kaufen.
Rohrzange, Kombizange und der Seitenschneider zum Abschneiden von Kabeln dienen als allgemeine Hilfswerkzeuge, ebenso Hammer, Meißel, Körner, Durchschläger und die feinen Feilen in verschiedenen Ausführungen. Wer sich an seinem Audi besonders der Elektrik widmet und dieses oder jenes Zusatzgerät einbauen möchte, braucht eine Quetschverbinderzange, wie wir sie auf Seite 121 von Hella im Bild zeigen. Denn zuverlässige Kabelverbindungen lassen sich mit normalen Zangen nicht herstellen.
Die Fühlerblattlehre wird zum Ventileinstellen, zum Messen des Unterbrecher-Kontaktabstandes und des Elektrodenabstandes der Zündkerzen gebraucht. Da das Montieren der Zündkerzen mit dem Bordwerkzeug-Steckschlüssel am Audi etwas mühselig ist, empfielt sich trotzdem der zwar teure, aber sehr praktische, verstellbare Hazet-Zündkerzenschlüssel.

Wichtige Hilfsgeräte

Zum eigentlichen Werkzeug der Grundausrüstung gehören noch einige Hilfsgeräte, die man sich als angehender Auto-Heimwerker bald anschaffen sollte. Wir nennen davon:

- Reifendruckprüfer
- Elektrik-Prüflampe
- Waschpinsel
- Frostschutzprüfer
- Profiltiefenmesser
- Zündkerzen-Lehre
- Fensterleder
- Starthilfekabel

Wie diese Hilfsgeräte benutzt werden, ist in den diesbezüglichen Kapiteln beschrieben.

Weiteres Gerät brauchen Sie auch für Wagenwäsche, Lackpflege, Lackausbesserung, Rostschutz und dergleichen (siehe Band 45 dieser Reihe).

Ergänzung nach Bedarf

Wer seine Werkzeugausrüstung für den Audi weiter ergänzen will, sollte sich in erster Linie Ringschlüssel und auch Steckschlüssel mit Zwölfkant-Einsätzen anschaffen. Ring- und Steckschlüssel haben nämlich vor den Gabelschlüsseln erhebliche Vorteile: Sie fassen eine Schraube an allen sechs Kanten, während ein Gabelschlüssel nur an zwei gegenüberliegenden Flanken angreift. Man kann also Ring- oder Steckschlüssel wesentlich kräftiger handhaben, während bei gleichem Druck ein Gabelschlüssel einfach die beiden anliegenden Kanten abwürgt oder sich, wenn er minderer Qualität ist, auseinanderbiegt und abgleitet. Meist kostet das dann blutige Fingerknöchel. Ringschlüssel gleiten dagegen nur ab, wenn die falsche Größe gewählt wird oder die betreffende Schraube vorher mit einer Kombizange mißhandelt und beschädigt wurde. Je nachdem, wo diese Ringschlüssel gebraucht werden, wählt man sie in der ganz flachen Form (sie passen auch in schmale Schlitze), flach oder hoch gekröpft.

Leichtere Arbeit ermöglichen in vielen Fällen auch die oben erwähnten Zwölfkant-Steckschlüssel. Sie lassen sich auf der sechskantigen Schraube besonders vielseitig umsetzen, so daß auch bei geringem Bewegungsraum für den zugehörigen Gelenkgriff eine Schraube gut angezogen werden kann. Die Einsätze haben auf der »Werkseite« (die Seite zur Schraube) die jeweils angegebene Schlüsselweite, auf der Halteseite ein Vierkantloch von ½″ oder 3/8″ Kantenlänge zum Einstecken der Betätigungswerkzeuge (Gelenkgriff, Knarre usw.).

Gelegentlich wird man bei Bekannten oder in einer Werkstatt weiteres Werkzeug sehen, das man sich auch kaufen möchte. Überhaupt hat ein eifriger Heimwerker mit der Zeit Lieblingswerkzeug, mit dem er besonders gerne arbeitet und bis zur Anschaffung eines Drehmomentschlüssels (wichtig für Motorreparaturen), einer Bohrmaschine, Gewindeschneider und einem bestens ausgestatteten Werkzeugschrank, der selbst einen Werkstattbesitzer vor Neid erblassen läßt, sind da keine Grenzen gesetzt.

Nur vor einer Werkzeugsorte wollen wir warnen: Vor sogenanntem Universal-Werkzeug, wie es besonders gern in »Hobby«-Katalogen angeboten wird, und mit dem man angeblich hunderterlei verschiedene Arbeiten bewerkstelligen können soll. Solches »Universal-Werkzeug« ist nur teuer, taugt aber für keinen seiner Zwecke wirklich.

Aber zwei tatsächliche »Universal-Werkzeuge« wollen wir nicht vergessen: Sie haben doch ein schönes, kräftiges Taschenmesser – oder? Und eine Pinzette zum Halten und Herausangeln kleiner Schrauben, Unterlegscheibchen und dergleichen?

Flüssige Hilfsmittel

Im Regal an der Garagenwand, in welchem das Selbsthilfewerkzeug untergebracht ist, nehmen sich einige der modernen Sprühdosen ganz gut aus. Mit dem Rechenstift beurteilt ist ihr Inhalt durch die aufwendige Aufmachung zwar recht teuer. Da man als Heimwerker aber nur geringe Mengen braucht und auch die Handhabung der Spraydosen manche Arbeit sehr erleichtert, sind sie doch ganz praktisch.

Rostlöser und Isoliersprays

Als Lösemittel für festgerostete Schrauben haben sich beispielsweise »Caramba Super«, »Multigliss« von Molykote, »LM Liqui Multi« von Liqui Moly sehr bewährt. Man muß nur ein wenig Geduld haben und die Flüssigkeiten

Flüssige und fettige Spezialisten für die Fahrzeugpflege: 1 – Motorreiniger zum Anlösen schmutziger Fettkrusten; 2 – vielseitig verwendbares Haushaltöl; 3 – Graphitpuder als Trockenschmierstoff, schmiert, bindet aber keinen Staub; 4 – Graphit-Öl mit meterweitem, nadelfeinem Sprühstrahl für versteckte Schmierstellen; 5 – Lösemittel für festgerostete Schrauben; 6 – Rost- und Fettlöse-Schmiermittel mit vielseitigen Anwendungsmöglichkeiten (bringt auch alte verharzte Wanduhren wieder in Gang); 7 – feuchtigkeitsverdrängender Isolierspray; 8 – feuchtigkeitsfestes Weichfett; 9 – Festschmierstoff-Montagepaste (als Spray oder in der Tube), wichtig bei Motor- oder Getriebemontagen und dergleichen; 10 – Heißschrauben-Compound, verhindert Festrosten von Schrauben; 11 – Batterie-Polschutzfett Bosch Ft 40 v 1.

lange genug einwirken lassen (Frühstückspause derweilen machen), bevor man den Ringschraubenschlüssel ansetzt.
Mit diesen Rostlösern verwandt durch ihre außerordentliche Kriechfähigkeit in engsten Ritzen und feinsten Poren sind die sogenannten »Isolier-Sprays«. Vielfach sind die Rostlöser (z. B. alle oben genannten) zugleich solche Isoliersprays, die bei Feuchtigkeit in der Auto-Elektrik (vor allem in der Zündverteilerkappe) den feinen Wasserfilm unterwandern, vom blanken Metall »abheben« und dadurch verhindern, daß Batterie- oder Zündstrom über den leitenden Wasserfilm als Kurzschluß oder »Kriechstrom« abgeleitet wird. Zu den bereits genannten Rostlösern wären als Spezial-Isoliersprays beispielsweise zu nennen »Aral Intact«, »4 x Silikon-Spray« von Molykote, »Zündspray« von Pingo oder »mo« von Teroson.
Die Vielseitigkeit dieser Sprays erweist sich auch an den Türschlössern der Autos: Sie halten das Schloß als Schmiermittel leichtgängig und verhindern im Winter durch ihre Feuchtigkeitsverdrängung das Einfrieren. Außerdem sind manche (Gebrauchsanweisung beachten) auch noch als Pflegemittel für die Türdichtungen (Schutz gegen Einfrieren) geeignet.

Motorreiniger

Sollen fettverschmierte Motorteile, die Innenseiten der Felgen oder der ganze Motorraum gereinigt werden, dann gibt es hierzu, ebenfalls in Sprühdosen, spezielle Motorreiniger (besonders wirksam fanden wir den »Motorreiniger MK 5« von Pingo und den »Spezialreiniger« von Aral). Damit wird das betreffende Teil eingesprüht, nach wenigen Minuten mit Wasser abgespritzt und mit dem Pinsel abgewaschen. Selbst die dicksten Fettkrusten lösen die »Motor-Reiniger« und geben dazu den Teilen noch Glanz. Fahrbenzin ist demgegenüber zur Motorreinigung gar nicht zu empfehlen. Nicht nur, weil nach dem Trocknen die Teile grau und unansehnlich sind, sondern vor allem, weil das Fahrbenzin giftige Bleiverbindungen enthält.

Spezialschmierstoffe

Hierher gehören auch besondere Schmierstoffe, die man bei der Autobastelei meist nur in geringsten Mengen braucht, die sich aber an speziellen Schmierstellen sehr bewähren. Übrigens sind auch die Rostlöser, die vielseitigen, gut wirkende Schmiermittel, z. B. an Hauben- und Türscharnieren. Aber sie sind meist nicht hitzefest, also in Motornähe weniger dauerhaft.

■ Graphitöl enthält den »Festschmierstoff« Graphit, der die Schmierkraft des Öles erhöht. Besonders gut ist die Graphitöl-Sprühdose von BP, die einen meterweiten nadelfeinen Ölstrahl versprüht und dadurch vor allem für schwer erreichbare Schmierstellen sehr geeignet ist (siehe Bild Seite 43).

■ Schmierstoff-Suspensionen liegen an der Grenze zwischen Öl und Fett und sind für seltener beanspruchte Gleitflächen (z. B. Sitzschienen, Türschließkeile, Heizungshebel) sehr vorteilhaft. Nach dem Aufsprühen oder Bestreichen bilden sie auf der behandelten Gleitfläche einen wachsähnlichen Schmierfilm, der auch gegen Rost schützt und erst bei Druckbeanspruchung flüssig wird. Besonders gleitfähig und feuchtigkeitsfest fanden wir »Plastilube 0« (Firma Schillings & Co., Schleifbrückenstr. 6, 708 Aalen).

■ Gleit-Pasten sind Fette mit sehr hohem Festschmierstoffanteil, in diesem Falle Molybdändisulfid, die vor allem beim Zusammenbau mit hohem Druck aufeinander gleitender Teile auf die Gleitflächen aufgetragen werden. Speziell bei Motorbasteleien sind solche Gleit-Pasten wichtig und jede Werkstatt kennt dafür »Paste G« von Molykote (Tube oder Spraydose).

■ Heiß-Schrauben-Compound ist eigentlich für Verschraubungen an Dampfmaschinen und Turbinen gedacht, aber es ist auch einer der segensreichsten Sonderschmierstoffe für den Autobastler. Wir möchten es nicht mehr missen, denn eine einmal damit eingeriebene Verschraubung rostet nie mehr und läßt sich auch nach Jahren wieder ohne weiteres lösen. Das gilt vor allem für Zündkerzengewinde, Auspuffrohr-Verschraubungen und Stoßdämpferhalterungen, mit denen man andernfalls so viel Ärger hat. Diese kupferfarbene Spezialpaste gibt es in kleinen Tuben (100 g etwa 6,50 DM) als »HSC-Paste« von Molykote und als »ASC-Paste« von Liqui Moly (siehe Seite 63).

■ Säureschutzfett, auch Polfett genannt, ist ein gegen elektrische Ströme, Säure und Feuchtigkeit isolierender Spezialschmierstoff, der vor allem die Batteriepole sauber hält. Anwendung siehe Seite 108.

Hilfe unterwegs

Es gibt Autofahrer, die so sorglos drauflosfahren, daß in ihrem Wagen weder ein Reservekanister noch ein Abschleppseil zu finden ist, und im Ersatzreifen ist auch keine Luft. Andere dagegen führen aus Furcht vor Pannen ein ganzes Arsenal von Werkzeugen und Ersatzteilen mit sich. Hier ist, wie zumeist, der Mittelweg goldene Richtigkeit. Wir wollen aufführen, was man mitführen sollte, auch wenn es nur dazu dient, anderen hilflosen und zu sorglosen Autofahrern unterwegs damit auszuhelfen. Wir nennen davon besonders:

■ Ersatzglühlampen (Seite 145)
■ Sicherungen (Seite 126)
■ Auto-Apotheke
■ Warndreieck, Warnlampe
■ Zündkerzen (Seite 143)
■ Reservekanister
■ Abschleppseil
■ Rolle Draht
■ Tesa-Film
■ 2 m Elektrokabel (Zündkabel)

Ersatzteile bei Auslandsreisen

Falls eine längere Reise in fremde Länder geplant ist, wird es beruhigend sein, wenn im Kofferraum, in Lappen eingewickelt, nicht nur eine bewährte Auswahl des heimischen Werkzeugs mitreist, sondern auch einige Ersatzteile zur Hand sind, deren Fehlen die Weiterfahrt empfindlich hemmen kann, wenn das entsprechende eingebaute Teil unvermutet den Geist aufgibt.

Diese Teile braucht man nun nicht unbedingt zu kaufen, um sie dann das ganze Audi-Leben lang herumliegen zu haben – schade ums Geld –, sondern die VW/Audi-Händler bieten bereits ein »Kundendienst-Päckchen« mit einer Reihe der vorgenannten Ersatzteile für Auslandsreisen an oder stellen solche Päckchen nach Wunsch und Erfahrung individuell zusammen. In der Regel braucht man dann nur den Gesamtpreis für die Ersatzteile zu hinterlegen, der nach Rückkehr und Rückgabe des Päckchens mit den gebrauchten Teilen verrechnet und im Rest wieder gutgeschrieben wird.

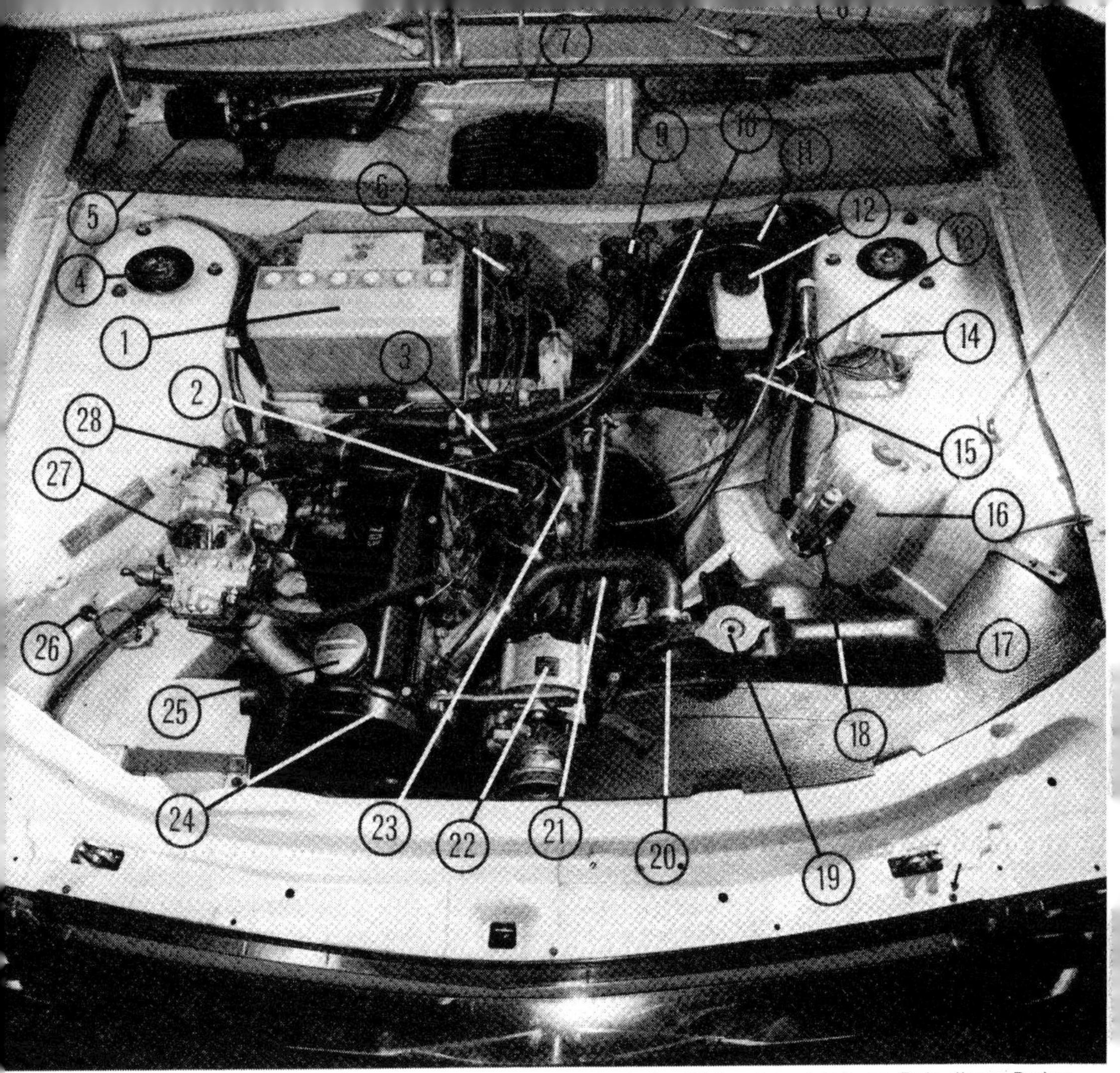

Unter die Haube gebracht

Es ist keine Schande, wenn man nicht gleich zu jedem Teil unter der Motorhaube seines Audi 100 Bezeichnung und Bedeutung weiß. Doch wird man sich noch mehr über sein schönes Fahrzeug freuen, wenn man erfährt, welche Kostbarkeiten man da alle miterworben hat und wo sie zu finden sind (denn der Autoverkäufer zeigte doch immer nur auf das Armaturenbrett und die Sitzposition, nicht wahr?) Ein wenig Wissen unter der Motorhaube gibt aber größere Sicherheit bei der Wartung und bei der Suche nach Störungsursachen. Vergleichen Sie darum einmal das obige Bild und die nachstehenden Erläuterungen mit der Wirklichkeit Ihres eigenen Audi. Hier sehen Sie den Audi 100 L mit dem 85-PS-Motor aus der Audi-80-Baureihe. Auch wenn Sie selbst den anderen Motor mit 100 oder 112 PS unter der Haube haben, so sieht es dort grundsätzlich gleich aus. Auf den ersten Blick fällt jedoch gleich auf, daß bei diesen schweren Motoren die Batterie fehlt. Wo alle bezifferten Teile genauer beschrieben sind, läßt sich durch das Stichwortverzeichnis am Ende dieses Buches feststellen. Die Zahlen bedeuten:

1 – Batterie (sitzt bei den schweren Motoren unter der hinteren Sitzbank im Fahrzeug); 2 – Zündverteiler; 3 – Vergaserzug (bei 100/112 PS Vergasergestänge); 4 – rechte obere Stoßdämpferbefestigung; 5 – Wischermotor; 6 – Zündspule mit Vorwiderstand (bei 100/112 PS am rechtsseitigen Radkasten); 7 – Gebläse für Innenraumbelüftung und Heizung; 8 – seitliche Wasserablauflöcher im Wasserfangkasten; 9 – Wasserschlauch der Heizanlage; 10 – Unterdruckschlauch des Bremskraftverstärkers; 11 – Bremskraftverstärker; 12 – Bremsflüssigkeitsbehälter; 13 – Kupplungsseilzug; 14 – Diagnose-Zentralstecker; 15 – Hauptbremszylinder; 16 – Scheibenwaschwasserbehälter; 17 – Kühler; 18 – Scheibenwascherpumpe; 19 – Kühlerverschlußdeckel; 20 – Kühlwasserüberlaufschlauch; 21 – Kühlwasserschlauch zwischen Motor und Kühler; 22 – Drehstrom-Lichtmaschine (am 100/112-PS-Motor rechsseitig unten am Motorblock); 23 – Kraftstofffilter; 24 – Schutzhaube für Zahnriemenantrieb (nicht bei 100/112 PS); 25 – Öleinfüllstutzen; 26 – Haltering für Vergaservorwärmschlauch; 27 – Vergaser (bei 100/112 PS auf anderer Motorseite); 28 – Kurbelgehäuse-Entlüftungsschlauch.

Planwirtschaft

Regelmäßige Pflege tut dem Menschen gut. Bei einem Auto ist es nicht anders. Es gewinnt dadurch an Aus- und Ansehen. Und was noch wichtiger ist: an Zuverlässigkeit und Lebensdauer.
Nun ist man auch unter Menschen nicht überall gleicher Meinung, wie oft man sich die Zähne putzen, die Hände waschen oder die Socken wechseln sollte. Nicht viel anders ist es bei den Autos. Dort hängt die Notwendigkeit der Wartung ihrer Einzelteile vor allem davon ab, in welcher Art und Weise sie beansprucht und strapaziert werden. Nun fährt der eine seinen Audi 100 nur bei gutem Wetter oder am Wochenende und hat zum Jahresende nicht einmal 10 000 km mehr auf dem Tachometer, der andere muß immer und auch auf Straßen letzter Ordnung sein Fahrzeug bewegen. Stadtfahrten oder Schleichfahrten bei Autobahnstauungen beanspruchen den Wagen grundsätzlich anders als schnelle Fahrten über Stock und Stein.

Wartungsintervalle mit runden Kilometern

Aus solch vielfältig unterschiedlicher Fahrzeugbeanspruchung kann sich natürlich ein Herstellerwerk für seinen Fahrzeug-Wartungsplan, der dem Autobesitzer und der Fachwerkstatt eine Richtschnur sein soll, keinen rechten Vers machen, und so müssen die Werksingenieure unter Zuschlag eines »Sicherheitsfaktors«, der auch höchste Beanspruchung einzelner Autoteile berücksichtigt, mehr oder weniger über den Daumen peilen, wenn sie den Wartungsplan zusammenstellen. Auf diese Weise kommen die üblichen »runden« Wartungsintervalle von 10 000 oder 15 000 km zustande.
Doch in den letzten Jahren waren es die Autofahrer immer mehr leid, ihr Auto nur deshalb zur Inspektion in die Werkstatt zu geben, weil das Tachometer wieder mal einen runden Kilometerstand erreicht hatte. Es gab immer mehr Zweifel, ob diese oder jene Wartungsarbeit, die ja schließlich Geld kostet – und gar nicht wenig –, auch wirklich notwendig war. Die Autofahrer blieben mehr und mehr weg – die Werkstatthallen leerten sich.

Computer-Diagnose schafft Klarheit

Gegen diese Werkstatt-Müdigkeit der Autobesitzer stemmt sich die in allen größeren VW/Audi-Werkstätten seit einigen Jahren eingerichtete Computer-Diagnose, und dies mit verdientem Erfolg. Denn vor das Drauflos-Arbeiten der Werkstatt ist damit erst einmal die Prüfung gesetzt, welche Teile überhaupt durch Abnutzung oder Beschädigung einer Wartung bedürfen. Und was bei der Computer-Diagnose in Ordnung gefunden wird, braucht nicht weiter angerührt zu werden.

Zweimal im Jahr

■ VW/Audi empfiehlt die Computer-Diagnose mit anschließender Wartung nach jeweils 15 000 km und bei nur verhältnismäßig wenig gefahrenen Wagen mindestens einmal im Jahr.
■ Wir machen es dagegen so: Computer-Diagnose ohne direkten Wartungs-

Die Computer-Diagnose ermöglicht zu einem verhältnismäßig günstigen Preis eine sehr vielseitige Überprüfung zahlreicher Teile Ihres Audi. Diese zeitsparende und preisgünstige Gelegenheit sollte man auch als selbstbewußter Heimwerker wahrnehmen, am besten alle halbes Jahr. Freilich empfiehlt es sich, bei dieser Diagnose möglichst selbst dabeizusein – eine gut geführte Werkstatt wird dies nicht verweigern –, um einmal sein Fahrzeug besser kennenzulernen und außerdem die Qualität der Diagnosearbeit durch Anwesenheit zu fördern. Denn ein ADAC-Test anfangs 1975 hatte noch teilweise entmutigende Ergebnisse bezüglich Diagnose-Sorgfalt.

auftrag (auch bei weit weniger als 15 000 km) alle halbes Jahr, am besten vor und nach der kalten Jahrezeit.

Begründung: Die Computer-Diagnose kostet je nach Werkstattkalkulation etwa 20 bis 26 DM und ist damit preiswert. Weil die Witterung ein nur wenige tausend Kilometer im halben Jahr gefahrenes Auto genau so stark beansprucht, wie einen ständig auf der Straße rollenden Wagen, sollte man sich darum eine Halbjahres-Überprüfung leisten. Ein nur einmal im Jahr überprüftes Auto wirkt immer »vergammelt« und verhält sich auch so – das ist unsere Erfahrung.

Bevor sich aber die Werkstatt wartend über das Auto hermacht, schaut man sich erst einmal den rund 60 Zentimeter langen Diagnose-Zustandsbericht an, denn mit den +-Zeichen und »Minus« in der 3. Spalte ist ja ohne weiteres zu erkennen, was mangelhaft und was in Ordnung an Ihrem Audi 100 ist, vorausgesetzt der Mechaniker hat die richtige »Programmkarte« für Ihr spezielles Audi 100-Modell vor Beginn der Veranstaltung in den Computer geschoben und nicht »abgekürzt« (statt selbst zu kontrollieren kurzerhand ein paarmal »+« in den Computer eingegeben). Verlassen Sie sich also nicht blindlings auf all die schönen Pluszeichen, sondern prüfen Sie lieber die einfacheren Kontrollpunkte nochmals nach. Und danach erteilt man einen gezielten Auftrag für jene Wartungsarbeiten, die wegen anspruchsvoller Werkzeuge nur die Werkstatt erledigen kann – z. B. die Berichtigung der Spur – oder die man aus Zeit- oder Erfahrungsmangel nicht selber machen möchte. So verletzt die Fahrt zur preiswerten Computer-Diagnose keineswegs die »Selbstpfleger-Ehre«, falls es so etwas gibt. Man muß sich ja nicht um jeden Preis Arbeit machen, wenn sie andernorts preiswerter erledigt wird, wie beispielsweise die früher so aufwendige Nachprüfung des Kompressionsdruckes (wird bei der Diagnose mit Hilfe der »Anstrengung« des Anlassers beim Durchdrehen des Motors gemessen), der Zündeinstellung oder Lenkgeometrie.

Natürlich ist in der Computer-Diagnose kein einziger Handschlag Instandsetzung enthalten – das macht anschließend die Werkstatt oder der selbstbewußte Heimwerker (wobei über letzteres die Werkstatt natürlich nicht begeistert ist, aber es ist ja Ihr Geld).

Wartungsplan für den Heimwerker

Unser nachfolgender Wartungsplan ist natürlich ganz anders als der Diagnose-Plan des Werkes mit seinen 88 Positionen (nicht alle sind für den Audi 100 vorgesehen) angelegt, denn wir haben uns nach der günstigsten Heimwerker-Arbeitsreihenfolge gerichtet und auch weitere Handgriffe einge-

fügt, die nach unseren eigenen Erfahrungen empfehlenswert oder als »Pflegedienst« und »Grundwartungs«-Arbeiten im Kundendienst-Paß aufgeführt sind. Auch hat nicht jeder Audi-Besitzer die Möglichkeit, eine moderne Computer-Diagnose in Anspruch zu nehmen. Auch diese Audi-Besitzer dürfen nicht vergessen werden.
Am Anfang unseres Wartungsplanes steht der vom Werk empfohlene »Pflegedienst«, der nach jeweils einem halben Jahr oder spätestens 7500 km nach der letzten 15 000-km-Wartung durchgeführt werden soll. Das kommt unserer Empfehlung einer Computer-Diagnose alle halbes Jahr entgegen, wozu wir noch jene Wartungsarbeiten eingefügt haben, die leicht selbst zu erledigen sind und die sowieso öfter als nur alle Jahr vorgenommen werden sollten.

Was muß wann und wo gemacht werden?

Wartung alle 7500 km oder halbjährlich

			Nähere Hinweise Seite
		Unter der Motorhaube	
S		1. Kühlmittelstand (und Frostschutz) prüfen	9, 65
S		2. Scheibenwascherbehälter auffüllen	9, 171
S		3. Bremsflüssigkeitsstand kontrollieren	9, 193
S		4. Batteriesäurestand kontrollieren	108
S		5. Kupplungsseilzug ölen	43
S		6. Lager und Gelenke des Gasgestänges schmieren	43
S		7. Motorhauben-Bowdenzug, -Schlösser und -Scharniere schmieren	43
S		8. Sichtprüfung des Motors auf Öldichtheit	9, 49
		Unter dem Wagen	
S T		9. Motorölwechsel (ohne Filterwechsel)	31
S		10. Sichtprüfung des Getriebes auf Öldichtheit, evtl. Getriebeölstand	39
S		11. Auspuffanlage kontrollieren	9, 62
S	W	12. Scheibenbremsbeläge auf Verschleiß prüfen	197
		Rund um den Wagen	
S		13. Türschlösser und -scharniere pflegen	43
S		14. Kofferraumhaubenschloß und -scharniere pflegen	43
S		15. Reifenzustand prüfen	9, 206
S T		16. Reifendruck prüfen und berichtigen	205
		Probefahrt	
S		17. Beleuchtungsanlage prüfen	9, 145, 163
S		18. Blinkanlage und Warnblinkanlage kontrollieren	9, 145, 163, 169
S		19. Kontrollampen im Armaturenbrett prüfen	165
S		20. Kraftstoffanzeige und Temperaturanzeige prüfen	166
S		21. Signalhorn auf Funktion prüfen	157
S		22. Tachometer auf Funktion prüfen	15, 170
S		23. Kupplungsgängigkeit prüfen	10, 177
S		24. Schaltung auf Leichtigkeit prüfen	10, 181
S	W	25. Fußbremse auf Wirkung prüfen	10, 194
S		26. Handbremse auf Wirkung prüfen	10, 195
S		27. Lenkungsspiel und Geradeauslauf des Wagens prüfen	10, 192
S		28. Scheibenwischer und -wascher prüfen	171
S		29. Heizung, Belüftung und Heizgebläse prüfen	75

Zusätzliche Wartung alle 15 000 km oder einmal pro Jahr

		Unter der Motorhaube	
S		30. Zündkerzen pflegen, eventuell austauschen	144
S		31. Keilriemenspannung prüfen	115
S T		32. Luftfilterpatrone ausblasen	102
S	W	33. Überdruckventil im Kühlerverschlußdeckel prüfen	66
S	W	34. Kühler und Kühlsystem auf Dichtheit prüfen	67
S		35. Kraftstoffpumpensieb reinigen	81
	W	36. Kompression der Zylinder prüfen	52
S		37. Zündverteilerklappe und Verteilerfinger reinigen	138
S	W	38. Unterbrecherkontakte prüfen, eventuell ersetzen	136
S		39. Zündverteiler schmieren	42
	W	40. Unterbrecher-Schließwinkel einstellen	136
	W	41. Zündzeitpunkteinstellung prüfen	10, 138
S	W	42. Vergaser-Leerlauf bei warmem Motor prüfen	10, 98

S	W	43. Ladezustand der Batterie prüfen	109
S	W	44. Flüssigkeitsstand im Automatikgetriebe prüfen	40
S		45. Manschetten der Lenkungs-Zahnstange auf Dichtheit prüfen	192
		Unter dem Wagen	
S T		46. Ölfilterwechsel (beim Motorölwechsel)	38
S		47. Handbremsausgleich und Bremsseil-Tüllen schmieren	44
S	W	48. Bremsschläuche und -anschlüsse auf Dichtheit prüfen	9, 196
S	W	49. Hinterrad-Bremsbacken auf Verschleiß prüfen	200
S		50. Manschetten der Gelenkwellen auf Dichtheit prüfen	9, 184
S		51. Spurstangenköpfe auf Sitz und dichte Staubkappen prüfen	192
S	W	52. Verschraubungen am Fahrwerk auf festen Sitz prüfen	191
		Im Wagen	
S	W	53. Kupplungs-Pedalspiel prüfen	10, 177
S	W	54. Bremspedalweg prüfen, eventuell Fußbremse nachstellen	195
S		55. Leerweg des Handbremshebels prüfen, eventuell Handbremse nachstellen	195
		Rund um den Wagen	
S		56. Radschrauben auf festen Sitz prüfen	206
S	W	57. Radlagerspiel prüfen	191
S	W	58. Fettfüllung im Radlager ergänzen	44
S	W	59. Scheinwerfereinstellung prüfen	148
	W	60. Spur und Sturz der Vorderräder nachprüfen	186
	W	61. Abgastest	100
	W	62. Regler und Lichtmaschine prüfen	114

Zusätzliche Wartung alle 30 000 km

S		63. Luftfilterpatrone auswechseln	102
S		64. Kraftstoff-Vorfilter austauschen	80
	W	65. Zylinderkopfschrauben nachziehen	62
	W	66. Ventilspiel nachprüfen	10, 54
	W	67. Unterdruckdose am Automatikgetriebe austauschen	183

Zusätzliche Wartung alle 45 000 km

	W	68. Getriebeölwechsel	39

Zusätzliche Wartung alle 2 Jahre

	W	69. Bremsflüssigkeit austauschen	194
	W	70. Druckprüfung des Bremskraftreglers	201

Wartungs- und Pflegearbeiten, die im »Kundenpaß« bei der Fahrzeugübergabe, bei Kilometerstand 1000 und 7500 zusätzlich vorgesehen sind, haben wir in unserem Plan nicht erwähnt, weil in dieser Jugendzeit seines Fahrzeugs jeder Audi-Besitzer brav die Vertragswerkstatt aufsuchen sollte, um seiner Garantieansprüche nicht verlustig zu gehen.
Die in der Tabelle links stehenden Kennbuchstaben bedeuten:

S = Selbstmachen ohne besonderes Werkzeug und ohne spezielle Fachkenntnisse möglich, wenn man den erläuternden Abschnitt auf der jeweils ganz rechts in der Tabelle angegebenen Seite gelesen hat.

S T = Selbstmachen oder Tankstelle, ebenfalls ohne spezielle Fachkenntnisse, aber vielleicht fehlt es am notwendigen Gerät und die Tankstelle hat es.

S W = Selbstmachen oder Werkstatt. Erfahrung und gute Fachkenntnisse, die aber auch dieses Buch vermittelt, sind Voraussetzung, andernfalls überläßt man die Arbeit besser der Werkstatt.

W = Werkstatt. Diese Arbeiten erfordern spezielle Fachkenntnisse, aufwendige Meß- und Arbeitsgeräte, die nur die Fachwerkstatt besitzt. Nur in Notfällen und bei besonderer Sachkenntnis sollte man sich selbst damit befassen. Trotzdem sind auch diese Arbeiten in diesem Buch beschrieben, damit Sie wissen, was die Werkstatt macht.

Der Pflegeplatz

Nur selten wird eine Garage so geräumig sein, daß man dort als Selbstpfleger seinem Wagen zu Leibe rücken kann. Stören wird dort auch zumeist ungenügende Beleuchtung. Günstiger ist die Selbstpflege also an einem schönen Tag im Freien, wo auch ohne Hand- oder Taschenlampe die Fahrzeugunterseite gut einzusehen ist.

So schräg muß der Wagenheber angesetzt werden, sonst steht am hochgewundenen Fahrzeug die Eingriffgabel des Wagenhebertragarmes nicht genau senkrecht über der Auflagefläche des Wagenheberfußes, so daß auf glattem oder gekiestem Boden der Wagen seitlich weggeschoben werden und herunterfallen kann. Die Eingriffgabel muß beim Ansetzen die Verstärkungsblechkante beidseitig umfassen, um dem Wagenheber festen Halt zu geben.
Je nach dem auszutauschenden Rad muß der Wagenheber seitlich vorne oder hinten angesetzt werden, wo in der Karosserieunterkante ein Markierungsstrich (Pfeil zeigt darauf) eingeprägt ist. Sehr nützlich ist das Unterlegen eines stabilen Holzbrettchens, sonst sinkt beim Kurbeln der Wagenheberfuß im weichen Boden ein, anstatt das Fahrzeug hochzuheben.

Aber nicht jeder Platz im Freien eignet sich für die Autopflege. Auf einer Wiese oder einem Rasenplatz bleiben nicht nur häßliche Spuren zurück, sondern auch versehentlich herabgefallene Schrauben machen sich meist unsichtbar. Und am Straßenrand zieht ein in der Nähe befindlicher Wasserablauf Schrauben und Kleinteile geradezu magisch an. Gekiester Boden auf festem Untergrund empfiehlt sich schon eher, wenn man vorher den Kies mit einem Drahtbesen geglättet hat. Am besten ist natürlich ein ebener und glatter Zement- oder Asphaltboden. Vorher wird er sorgsam gekehrt, damit man sich nicht im Schmutz umherwälzen muß. Zum Hinlegen, etwa bei Arbeiten in den Radkästen oder an den Stoßstangen, empfiehlt sich als Unterlage ein großer Bogen Packpapier oder, bei Feuchtigkeit, eine entsprechende Plastikfolie.

Hochgebockten Wagen gut sichern

Wenn Sie an der Unterseite Ihres Audi arbeiten wollen und keine Hebebühne zur Verfügung steht, muß das Fahrzeug stabil und sicher aufgebockt werden. Hüten Sie sich, unter ein Auto zu kriechen, das nur vom Wagenheber einseitig hochgehalten wird und dessen Räder nicht gegen Abrollen gesichert sind. Beim Rütteln am Wagen, etwa beim Lösen einer Schraube, kann der Wagenheber leicht abgleiten oder verrutschen. Das ist also lebensgefährlich, vor allem, weil ein vom Heber kippendes Fahrzeug zusätzlich noch tief durchfedert!
Auch vor einer selbst gebastelten Auffahrrampe aus Backsteinen, Brettern oder dünnen Blechschienen müssen wir dringend warnen! Das wackelt ohne

Keine Montagearbeit unter dem Wagen ohne einwandfreie Abstützung! Der Wagenheber aus dem Bordwerkzeug genügt dazu nicht – er kann lebensgefährlich werden!
Eine gute, aber auch noch nicht vollkommene Abstützung ist solch ein verstellbarer Dreibock, wie er in Kauf- und Versandhäusern für etwa 25 DM zu haben ist. Da am Audi 100 der Verstärkungsblechfalz vom Wagengewicht auf der schmalen Dreibockauflage zusammengedrückt würde, muß ein lastverteilendes Vierkantholz, z. B. ein altes Stuhlbein, zwischengelegt werden. Sicherer, wenn auch nur ebenfalls mit Vorsicht zu verwenden, sind nach unseren Erfahrungen Hohlblocksteine als Abstützhilfsmittel. Sie sind noch gut zu handhaben und haben eine breite, einigermaßen wackelfeste Auflagefläche. Aber sie haben ihre besonderen Tücken, auf die man achten muß und die im nebenstehenden Text beschrieben sind.

Für Autobasteleien scheint auf den ersten Blick der aus Japan kommende »Bull Bag«, ein mit Auspuffgas aufblasbares Luftkissen, sehr geeignet zu sein. Er macht auch tatsächlich das Wagenanheben leicht: Zusammengefalteten Bull Bag (Preis etwa 135 Mark) an tragfähiger Stelle unter das Auto legen, Schlauch zusammenstecken, auf das Auspuffrohr schieben und den Wagen vom Motorleerlauf anheben lassen. Damit kann man z. B. auch gut einen in Sand festgefahrenen Wagen herausliften. Aber zur Arbeit an der Wagenunterseite ist er gefährlich, denn der runde Luftsack schiebt das schräg hängende Fahrzeug sofort seitlich weg, wenn die gegenseitigen Räder nicht bombenfest am Boden verkeilt sind. Auch zum Auflegen von Schneeketten auf Schnee oder Eis ist er deshalb nicht geeignet.

jede Stabilität und nützt zudem nicht viel, weil bei vielen Arbeiten die Räder abgenommen werden oder frei hängen müssen.
Obwohl auch sie nur mit Vorsicht zu verwenden sind, haben sich nach unseren Erfahrungen Hohlblocksteine zum Aufbocken noch am besten bewährt. Aber sie zeigen bei punktförmiger Belastung nur eine sehr dürftige Tragfähigkeit – sie können in sich zusammenbrechen, vor allem, wenn sie durchfeuchtet sind! Feuchte Hohlblocksteine oder solche mit auch nur feinen Rissen nimmt man darum gar nicht und trockene nur mit einem zwischen Stein und Fahrzeug gelegten breiten Brett, wodurch die Last gleichmäßig auf den ganzen Stein verteilt wird. Der Hohlblockstein selbst muß auf ebenem Boden gut aufliegen, z. B. auf Beton oder Asphalt, aber nicht auf weichem Boden oder Rasen. Ruckartige Belastungen muß man vermeiden, also nicht den Wagen durch Wegschlagen eines Stützbockes oder des Wagenhebers auf die Hohlblocksteine fallen lassen! Wie wenig sie das vertragen, kann man durch Fallenlassen eines Hohlblocksteins mal ausprobieren. Zwei Hohlblocksteine übereinander sind ein zu hoher, wackeliger Stapel und praktisch auch nicht notwendig. Notfalls nehmen wir noch eine Lage Backsteine darauf mit lastverteilendem, zwischengelegtem Brett.

Mit Werkstatthebern

Soll der Audi 100 vorne oder hinten angehoben werden, beispielsweise zum achsweisen Wechsel der Räder, so darf auf gar keinen Fall ein Rangierheber (sogenannter Steinbockheber) vorne oder hinten in der Wagenmitte angesetzt werden. Vorne gibt es am Audi 100 keine durchgehende Vorderachse, an der man ansetzen könnte, und es ist sträflicher Unsinn, den Audi statt dessen mit dem unter die Motorölwanne geschobenen Rangierheber anheben zu wollen. Die ganze Last geht dann auf die Motorlagerung, die dafür nicht gebaut ist. Und hinten gibt es seit dem Einbau der Federbeinhinterachse (seit Herbst 73) auch keinen Ansatzpunkt mehr für einen Rangierheber, denn das einigermaßen tragfähige Achsrohr ist damit weggefallen und die Hinterachse besteht nur noch aus einem gefalzten Blech, das auf keinen Fall genügend verwindungssteif ist, um das Wagengewicht in der Achsmitte übertragen zu können.
Jeder Aufbockversuch dieser Art, den ein unkundiger Tankwart oder Reifenaustauscher versucht, kann schweren Schaden nach sich ziehen! Wehren Sie sofort energisch jeden diesbezüglichen Versuch ab – zum Beispiel beim Winterreifenwechsel passiert das immer wieder. Ihr Audi 100 kann nur seitlich angehoben werden!

Ehrenwerte Schmiergelder

Wo bewegliche Teile aufeinandergleiten, gibt es Reibung. Reibung erzeugt einerseits Widerstand, andererseits Wärme. Beides kostet Kraft und nutzt Material ab. Reibung ist also zumeist unerwünscht, von Bremsen und Kupplung einmal abgesehen.
Um Kraftverschwendung und unerwünschte Hitzeentwicklung zu vermeiden, müssen demnach bewegliche metallische Teile möglichst leicht aufeinander gleiten. Dazu bringt man eine Schicht dazwischen, die sich den Bewegungen und der Oberfläche anpaßt und die Teile trennt.
Ob man Fett oder Öl nimmt und welche spezielle Sorte es jedesmal sein muß – denn es gibt hunderterlei Sorten Fette und Öle zum Schmieren –, das hängt weitgehend ab von der Geschwindigkeit der gleitenden Teile, von den dort auftretenden Temperaturen und Drücken, sowie von den äußeren Einwirkungen, etwa Wasser oder Schmutz. Außerdem haben die Schmierstoffe an manchen Stellen noch besondere Aufgaben zu erfüllen, zum Beispiel Kühlung heißwerdender Teile, Abdichtung gegen Gas, Wasser oder Staub, Auffangen und Beseitigung von Abriebteilchen oder Verbrennungsrückständen und anderes mehr.
Es ist klar, daß bei diesen vielfältigen Aufgaben, die an den verschiedenen Schmierstellen ganz unterschiedlich zu bewältigen sind, mit einer x-beliebigen Schmiere nicht auszukommen ist. Motoröl im Getriebe würde dieses genauso zerstören wie Getriebeöl den Motor. Auch mit feinstem Salatöl oder bester holländischer Butter wäre, weil es kein mineralisches Öl oder Fett ist, Ihrem Audi kaum gedient.

Motorölstand prüfen

Für die wichtige Prüfung des Motorölstandes ist kein bestimmtes Intervall festgesetzt, deshalb steht sie auch nicht in unserem Wartungsplan. Trotzdem darf der regelmäßige Blick auf den Ölpeilstab nicht versäumt werden. So ist

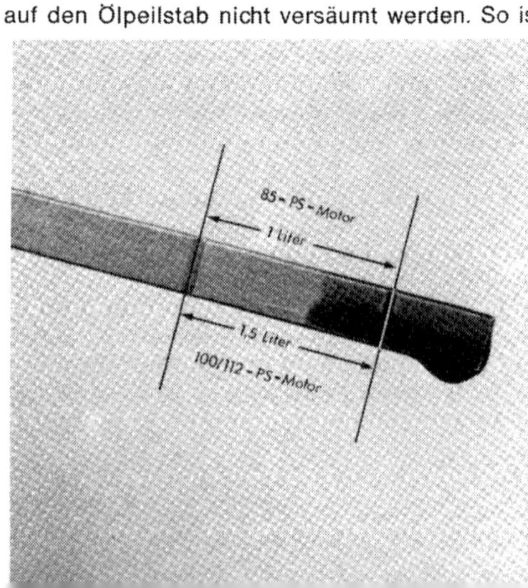

Bei allen Audi 100 sitzt der Ölpeilstab an der linken Motorseite, in Fahrtrichtung gesehen: Am 85-PS-Motor vorne unten hinter der Lichtmaschine, an den 100- und 112-PS-Motoren versteckt unten hinter dem Luftfilter. Am besten zieht man ihn alle paar Tage, bevor der Motor zum erstenmal gestartet wird. Dann spart man sich auch das Abwischen des ölverspritzten Peilstabes (wenn nötig, nur mit einem fusselfreien und sauberen Lappen!), weil alles Öl bis zur echen Ölstandhöhe zurückgelaufen ist.
Die Mengendifferenz zwischen den beiden Peilstabmarken ist unterschiedlich, wie das Bild zeigt. Nachfüllen von 0,5 bzw. 1,0 Liter ist erst notwendig, wenn sich der Ölspiegel der unteren Peilstabmarke nähert. Dann wird es allerdings Zeit, denn es sind nur noch 2,5 Liter im ganzen Ölkreislauf. Überfüllen über die obere Peilstabmarke ist schädlich für Geldbeutel und Motor, denn das überschüssige Öl wird über die Kurbelgehäuseentlüftung und den Vergaser in die Verbrennungsräume geblasen.

Das Bild zeigt die Ölablaßschraube (SW 17) am 85-PS-Motor links unten. An den 100- und 112-PS-Motoren ist sie (SW 19) unten an der Hinterkante der Ölwanne zu finden. Am besten benutzt man dazu einen Ringschlüssel, der alle Schraubenflanken umfaßt. Wie der Ölwechsel gemacht und wieviel Motoröl jeweils eingefüllt werden muß, ist auf der folgenden Seite beschrieben.
Die Ölablaßschraube zum Schluß nicht mit Gewalt andrehen, sonst wird ihr Gewinde oder die Gewindeführung der Ölwanne beschädigt.

es vielfach Brauch, etwa bei jeder zweiten Tankfüllung den Tankwart mal den Ölpeilstab ziehen zu lassen, aber ideal ist das nicht. Denn der Ölstand läßt sich nur wirklich genau ermitteln, wenn der Wagen auf genau waagrechter Fläche wenigstens 10 Minuten lang abgestellt ist. Bei Motorlauf ist zu viel Öl im Umlauf und bei zu geringer Wartezeit nach Motorstillstand ist auch noch nicht genug Öl in die Ölwanne zurückgelaufen, so daß der Ölstand zu niedrig erscheint. Da wird der Motor von einem verkaufsfreudigen Tankwart sehr schnell mit Öl überfüllt.
So ist es dagegen richtig: Alle paar Tage vor dem ersten Start des Motors den Ölpeilstab ziehen oder bei Langstreckenfahrten nach der eigenen Ölverbrauchserfahrung etwa alle 500 bis 800 km, jeweils nach einer Fahrtpause. Mehr über das Ölnachfüllen auf Seite 37.

Motoröl wechseln

Wartungsdienst Nr. 9

In den neueren Pflegeplänen für den Audi 100 ist der Motorölwechsel alle 7500 km oder halbjährlich vorgesehen. Vor Einführung des mit der Computer-Diagnose gekoppelten 15 000-km-Wartungsintervalls, vor 1973, war für die damaligen Audi 100 ein Ölwechselintervall von 10 000 km oder ebenfalls halbjährlich vorgesehen – und das schadete auch nichts.
In diesen beiden Empfehlungen hört man zwar immer das halbe Jahr, aber ansonsten sind die Kilometerzahlen recht »rund« und unterschiedlich. Wie genau muß man also die 7500-km-Empfehlung nehmen?
Man kann, dies bereits vorweg, den Ölwechseltermin durchaus seinen eigenen Fahrgegebenheiten anpassen.

Wie oft Ölwechsel?

Entgegen vielfacher Meinung wird das Motoröl nicht durch rasante Autobahnfahrt besonders stark strapaziert, sondern vor allem macht der sogenannte Kurzstreckenverkehr dem Motoröl das Leben sauer. Der tägliche kurze Weg zur Arbeitsstelle, die Benutzung des Wagens als Botenfahrzeug oder Arztwagen in der Großstadt, häufiger Kaltstart, vor allem im Winter, lassen den Motor nicht ausreichend warm werden, so daß durch Kraftstoffkondensat und »Kaltverbrennungs«-Rückstände das Motoröl stark verschmutzt und teilunwirksam wird. Dann ist – vor allem nach dem Winterhalbjahr – halbjährlicher Ölwechsel ratsam, auch wenn erst 5000 km Fahrstrecke seit dem letzten Ölwechsel zurückgelegt wurden. Sparen kann man sich in diesem Fall natürlich den Ölfilterwechsel – der ist tatsächlich nur alle 15 000 km notwendig.
Wird der Audi aber vorwiegend auf langen Strecken in flotter Fahrt bewegt

und kommen im Jahr etwa 25 000, 30 000 oder noch mehr Kilometer zusammen, dann brauchen Sie auf keinen Fall nach genau 6 Monaten oder 7500 km ruckartig zur nächsten Tankstelle oder Audi-Werkstatt einzubiegen, denn zügig gefahrene Langstrecken mit zumeist betriebswarmem Motor strapazieren das Motoröl nur verhältnismäßig wenig, so daß zwischen 2 Ölwechseln auch ohne weiteres 10 Monate und 10 000 oder gar 15 000 km liegen dürfen. Es kommt in diesem günstigen Falle auf 1000 km mehr oder weniger bis zum nächsten Ölwechsel nicht an, denn auch durch den laufenden Nachfüllbedarf kommt ja immer etwas frisches Öl mit unverbrauchten Leistungseigenschaften in den Motor.
Der »jahreszeitliche« Ölwechsel – am besten vor und nach den Wintermonaten – hat vor allem für jene Autofahrer Bedeutung, die ein preiswertes »Einbereichs-Öl« (siehe Seite 34) im Motor haben, das für die bevorstehende Jahreszeit in seiner »Zähflüssigkeit« (Seite 34) nicht paßt.

Ölwechsel wo und wie?

Man kann den Motorölwechsel in der Werkstatt, an der Tankstelle oder zu Hause machen. Wann ist es wo am besten?
Am ungünstigsten ist es in der Audi-Werkstatt, denn dort werden in aller Regel die Motoröle, auch wenn es sich um preisgünstige Öle handelt, meist mit Spitzenpreisen berechnet. Und außerdem kostet der Ölwechsel in der Regel auch selbst noch etwas – also teuer.
Früher zogen wir gerne die Tankstelle vor, denn dort hat man in der Regel zum Ölwechsel gleich Zeit und das Motoröl wird, wie es vorgeschrieben ist, bei noch warmem Motor gewechselt. Außerdem wird die Wechselarbeit in der Regel nicht gesondert berechnet, denn dieser Betrag ist von den Benzinfirmen bereits in den Ölpreis einkalkuliert.
Seit sich jedoch auch preiswerte Öle aus Discountläden, Zubehörgeschäften, Kaufhäusern und Versandfirmen als einwandfrei erweisen (worauf beim Kauf zu achten ist, steht im nächsten Abschnitt) und auch Spitzenmarkenöle an Tankstellen (z. B. bei Aral und Agip) billiger sind, wenn man sie als »Öl zum Mitnehmen« kauft, ist der eigenhändige Ölwechsel finanziell durchaus reizvoll, denn man kann etliche DM sparen.
Allerdings: Beim Ölwechsel fällt Altöl an. Wohin damit? In die Kanalisation schütten oder im Garten vergraben darf man es nicht. Das kostet wegen des Grundwasserschutzes saftige Strafen! Es muß also bei einer Altölsammelstelle abgeliefert werden. Beim Ölkauf an der Tankstelle kommt natürlich auch das Altöl dorthin. Die übrigen Ölverkäufer müssen Ihnen eine Stelle nennen können, die zur Altölabnahme bereit ist. Oder notfalls müssen Sie bei der Gemeindeverwaltung nachfragen. Dort muß man es auf jeden Fall wissen.
Wenn Sie also den Motorölwechsel selbst machen wollen, brauchen Sie:

- HD-Motoröl – richtige Ölsorten siehe nächster Abschnitt

Für 85-PS-Motor mit Filterwechsel 3,5 Ltr., ohne Filterw. 3,0 Ltr.
Für 100/112-PS-Motor mit Filterwechsel 4,0 Ltr., ohne Filterw. 3,5 Ltr. (Vor Nov. 75 waren für 100/112-PS-Motor je 0,5 Ltr. mehr vorgeschrieben; Befüllung nach Peilstabmarke ausführen.)

- Ölwegwerffilter vom vorgeschriebenen Typ, nur alle 15 000 km.
- Schraubenschlüssel SW 17 (am besten Ringschlüssel).
- Gefäß zum Auffangen des Altöls.

Die Arbeit geht bei warm gefahrenem Motor dann so vor sich:

- Audi standfest aufbocken und Wanne unterstellen.
- Ölablaßschraube (Bild Seite 31) heraus und Öl auslaufen lassen.

■ Wenn auch Ölfilterwechsel fällig ist, das Wegwerffilter (Seite 38) losdrehen und wegwerfen.
■ Wenn Altöl abgelaufen ist, neues Ölfilter anschrauben (nur mit der Hand).
■ Ölablaßschraube wieder einsetzen.
■ Abschließend vorgeschriebene Ölmenge in den Einfüllstutzen oben auf dem Zylinderkopfdeckel einfüllen.
■ Nach einiger Wartezeit vorsorglich Ölpeilstab ziehen und Ölstand prüfen. Er wird bei obigen Füllmengen knapp unter der Maximum-Marke am Peilstab stehen – das genügt vollkommen.

Verwendbare Ölsorten

Die Kraftfahrzeugproduzenten schreiben heutzutage durchweg die sogenannten »Marken-HD-Motorenöle« vor. An sich ist diese Bezeichnung »HD-Öl« eine veraltete internationale Qualitäts-Klassifizierung, die international nicht mehr allgemein verwendet wird, aber hierzulande gehört sie (leider) noch zum gängigen »Auto-Deutsch«, auch wenn »HD« in Wirklichkeit gut amerikanisch »Heavy Duty« (= schwere Beanspruchung) bedeutet, heutzutage aber keine echte Garantie mehr dafür gibt, ob das betreffende Motoröl auch wirklich den Anforderungen des Motors und der Fahrweise seines Besitzers gerecht wird.
Deshalb gibt es heute neuere Leistungsnormen für Motorenöle, die vom »Amerikanischen Petroleum-Institut« (API) festgelegt sind, international anerkannt werden und in vielen Ländern allgemein gebräuchlich sind. Darum ist es ärgerlich, daß sich die Mineralölfirmen in der Bundesrepublik weitgehend scheuen, diese auch für den hiesigen Autofahrer wichtigen Bezeichnungen zu benutzen. Wir fanden sie bislang nur bei Agip und Shell (früher auch bei Aral) verbindlich geführt.
Besser ist es also, wenn auf der Öldose oder dem Ölkanister, den Sie erwerben wollen, nicht nur »HD« aufgedruckt, sondern eine der folgenden API-Bezeichnungen zu finden ist:
■ »API-Service SE« (für hochbelastete Otto-Motoren ab Baujahr 1972)
■ »API-Service CC« (an sich für Dieselmotoren im mittleren und schweren Betrieb, kann aber auch problemlos in Benzin-Motoren gefahren werden)
■ »MIL-L-2104 B« (US-Militär-Spezifikation, die »API-Service CC« entspricht)
■ »MIL-L-46 152« (US-Militär-Spezifikation mit noch höheren Qualitätsmerkmalen als »API-Service SE oder CC«).
Motoröl, das keine dieser Bezeichnungen trägt oder nur mit den geringwertigeren API-Normen »API-Service SA, SB, SC, SD, CA, CB« oder den Schwerst-Diesel-Normen »API-Service CD« oder »Serie-3-Öl« (zu scharf legierte Öle) gekennzeichnet ist, sollten Sie für Ihren Audi 100 nicht nehmen.

Fingerzeige: *In Supermärkten, Kaufhäusern und von Versandfirmen gibt es oft erstaunlich billige Motorenöle zu kaufen. Die Bezeichnung »HD« würde uns, da sie keine anerkannte Norm mehr ist, in diesem Falle nicht genügen. Es können zwar trotz niedrigen Preisen einwandfreie Motorenöle sein, aber so genau wissen tut man's nicht, um es einmal schlicht auszudrücken. Falls Sie aber eine der oben empfohlenen API- oder MIL-Klassifikationen darauf finden, können Sie ruhig zugreifen, denn wir haben noch nie gehört, daß Ölhersteller minderwertige Öle mit guten Qualitäts-Klassifizierungen zu verscherbeln versuchen – die Konkurrenz überwacht sich gegenseitig sorgfältig. Dagegen sind Hinweise, wie »Erfüllt alle Anforderungen der Motorenhersteller« oder »Von allen großen Autowerken anerkannt« für sich allein noch keine Qualitätsbeweise.*

Zähflüssigkeit und Temperatur

Die Eignung des Motoröls ist jedoch nicht nur vom Markennamen, »HD« oder »API-Service« abhängig, sondern auch von seiner Viskosität, der Zähflüssigkeit, d. h. durch Zahlenwerte wird erläutert, ob ein Motoröl dick- oder dünnflüssiger ist. Dieses Problem ist international von der amerikanischen »Society of Automotive Engineers« genormt und ihr zu Ehren wird diese Viskosität mit SAE und einer Zahl dahinter bezeichnet. Je kleiner die Zahl der SAE-Klasse ist, umso dünnflüssiger ist das Öl, z. B. SAE 10 W. Das »W« bedeutet, daß es sich hierbei um ein sogenanntes »Winteröl« handelt. Etwas dickflüssigeres Öl ist für den Sommer bestimmt, deshalb SAE 30 und SAE 20 W/20. Die letzte »gemischte« Bezeichnung deutet durch »20 W« an, daß diese Ölviskosität in verschiedenen Motoren als »Winteröl« und, entsprechend der einfachen »20«, in anderen Motoren als »Sommeröl« verwendet wird.

Einbereichs- und Mehrbereichsöle

Am liebsten hätten die Motorenkonstrukteure ein Öl, das unverändert vom Motorstart bei Frost bis zur Vollgasfahrt im Hochsommer, bei der das Öl stellenweise über 140°C heiß wird, die gleiche Zähflüssigkeit zeigte. Denn vor allem beim Start im tiefen Winter hätte man gerne ein leicht fließendes Öl, das blitzschnell alle Schmierstellen erreicht, sofort einen abriebfesten Schmierfilm bildet und außerdem dem Anlasser nur wenig Widerstand entgegensetzt – das geht beispielsweise mit Motoröl SAE 30 nicht. Andererseits hätte man bei hohen Motorbetriebstemperaturen gerne ein zähflüssigeres Öl, das nicht so leicht »wie Wasser« wegfließt (wobei der Schmierfilm »abreißen« kann) und das auch um die Kolbenringe herum besser abdichtet – für beides ist Motoröl SAE 10 W nicht recht geeignet. Darum sind die sogenannten »Einbereichsöle«, die nur einen SAE-Bereich (also etwa SAE 10 W, SAE 20 W/20 oder SAE 30) überdecken, nur für eine bestimmte jahreszeitbedingte Temperaturspanne geeignet. In der »entgegengesetzten« Jahreszeit können sie dagegen einen erhöhten Motorverschleiß zur Folge haben. Deshalb ist der Halbjahres-Ölwechsel für jene Autofahrer richtig, die solch ein (preiswerteres, aber trotzdem in seiner Temperaturspanne vollwertiges) Einbereichsöl fahren.

Aus dieser jahreszeitlichen Ölabhängigkeit fanden die Ölköche der Mineralölfirfimen einen Ausweg: Sie fügten einem verhältnismäßig dünnen Grundöl spezielle Zusätze bei, die bei steigender Temperatur »aufquellen« und sich so der zunehmenden Ölverflüssigung entgegenstemmen. Man nennt solche Öle »Mehrbereichsöle«, denn sie überdecken mehrere SAE-Bereiche und tragen dementsprechend beispielsweise die Bezeichnung SAE 10 W – 40. Es bedeutet, daß dieses Öl bei Kälte die »Dünnflüssigkeit« eines »10er«-Öles und bei hoher Motortemperatur die »Dickflüssigkeit« eines »40er«-Öles hat (wobei natürlich, genau genommen, ein kaltes 10er-Öl in Wirklichkeit träger fließt als ein erhitztes »40er«-Öl).

Etwas anders »aufgebaut« sind allerdings teilsynthetische Mehrbereichsöle, z. B. »sint 2000« von Agip (besonders gelobt wegen der außergewöhnlichen Sauberhaltung des Motors) oder »Super Viscostatic« von BP, denn bei diesen ist das Grundöl dicker und wird durch synthetische Anteile bei Kälte dünnflüssig gehalten.

VW/Audi gegen SAE 10W–50

Nach eingehenden Versuchen gewann man bei VW/Audi den Eindruck, daß nicht alle Mehrbereichsöle den gesamten Bereich ihrer SAE-Bezeichnung im Vergleich zu den entsprechenden Einbereichsölen auf Dauer überdecken, sondern mit der Zeit einen Teil ihrer Mehrbereichseigenschaften verlieren können. Deshalb ist beispielsweise Mehrbereichsöl SAE 10 W – 40 nicht

vorgesehen, wenn bei tropischen Temperaturen (zwischen 25 und 40° C) Einbereichsöl SAE 40 vorgeschrieben ist und auch innerhalb der Spanne für SAE 30 (zwischen 5 und 25° C) ist es nur bis +10° C freigegeben, also mit Sicherheit nur die SAE-Bereiche SAE 10 W und SAE 20 W/20 überdeckend.
Und bei etlichen Mehrbereichsölen SAE 10 W – 50 zeigte sich bei den VW-Versuchen, daß ihre »Mehrbereichs-Zusätze« durch Ablagerungen zu Ventilschäden führen konnten. Darum sind Mehrbereichsöle SAE 10 W – 50 ganz von der VW/Audi-Freigabeliste gestrichen. Diese Einschränkung gilt allerdings nicht ohne weiteres für die »anders konstruierten«, bereits erwähnten teilsynthetischen Mehrbereichsöle SAE 10 W – 50 von Agip und BP, obwohl VW aus »Neutralität« dazu keine Stellung nehmen mag. Aber beide Firmen haben spezielle Audi-Garantieerklärungen für ihre Öle abgegeben.

Welches Öl ist das beste?

Sie können also folgende Ölsorten in Ihrem Audi verwenden:

Bezeichnung	Viskosität im Sommer bei Temperaturen zwischen +5° und +25° C	Viskosität im milden Winter bei Temperaturen zwischen −10° und +5° C	Viskosität im strengen Winter bei Temperaturen zwischen −20° und −10° C
Einbereichs-HD-Öle	SAE 30	SAE 20W/20	SAE 10W
Mehrbereichs-HD-Öle	SAE 20W-40 SAE 20W-50	SAE 10W-30 SAE 10W-40 SAE 20W-40 SAE 20W-50	SAE 10W-30 SAE 10W-40 SAE 5W-20
HD = API-Service SE, CC oder MIL-L-2104 B, MIL-L-46 152	SAE 10W-30 SAE 10W-40 (nur bis +10° C)		

Die in der Tabelle angeführten Temperaturen sind als Dauertemperaturen zu verstehen, Temperaturschwankungen nach unten oder oben spielen also keine Rolle. In tropischen Gebieten mit Dauertemperaturen über +25° C sind HD-Öle SAE 40 (keine Mehrbereichsöle!) vorgeschrieben. Für arktische Dauertemperaturen unter −20° C ist das Mehrbereichsöl SAE 5W-20 (kein Einbereichsöl!) vorgesehen.

Welches Öl ist nun das beste für Ihren Audi 100? Dazu ist vor allem zu sagen, daß den beträchtlichen Preisunterschieden keine gleichwertigen »Qualitätsunterschiede« entsprechen. Manche Ölfirmen meinen eben, daß ihr guter Markenname auch einige zusätzliche DM wert sei. Ein besserer Wegweiser ist da (siehe Seite 33) der aufgedruckte Hinweis »API Service SE oder CC«, der auch auf manchen preiswerten Öldosen zu finden ist.
Die Frage, ob man das teurere Mehrbereichsöl nehmen müsse oder auch mit dem preiswerteren Einbereichsöl auskommen kann, läßt sich nach unseren Erfahrungen so beantworten:

- Wer seinen Audi im Sommerhalbjahr zügig, aber ohne sportliche Ambitionen fährt, kommt ohne weiteres mit dem überall erhältlichen HD-Öl SAE 30 aus. Es ist beim Start durch die Außentemperatur nicht zu zähe und bei der richtigen Betriebstemperatur besteht auch kein Grund zur Sorge.
- Mehrbereichsöl ist dagegen bei starken Temperaturdifferenzen besser, also im Winter. Da fängt der Motorstart bei tiefem Frost an, die Betriebstemperatur ist aber durch die thermostatgeregelte Kühlung genau so hoch.

Kurzum, Einbereichsöl reicht im Sommer durchaus, im Winter ist Mehrbereichsöl besser.

Zusätze zum Motoröl

Von etlichen Firmen werden Zusatzmittel zum Motoröl angeboten, die man als Autofahrer beim Ölwechsel einfach zum frischen Öl in den Motor kippen soll. Was hat es damit auf sich?

Vor allem muß man zwei verschiedenen Zusatzmittelsorten unterscheiden:

- Öllösliche Chemikalien,
- Ölunlösliche »Festschmierstoffe«.

Vor den öllöslichen Mitteln kann man nur waren! Denn sie können das vom Ölhersteller für seine verschiedenen Aufgaben fein abgestimmte HD-Öl durcheinander bringen, da sie chemisch in die sogenannte »Öl-Legierung« eingreifen.

Anders ist es mit den ölunlöslichen Zusätzen, dem »Festschmierstoff« Molybdändisulfid (Liqui Moly und Molykote). Das fein pulverisierte MoS2 kann die Ölzusammensetzung nicht stören, legt aber einen Festschmierstoff-Film an besonders kritische Schmierstellen des Motors und senkt nach unseren Erprobungen auch tatsächlich den Ölverbrauch. Allerdings können wir uns für das eigene Beimischen des Konzentrats nicht erwärmen, denn diese Zusammenmischung, »über den Daumen gepeilt«, garantiert nicht für beste Wirkung. Besser ist da schon die bereits werkseitig vorgenommene Mischung, wie bei »Liqui Moly Super Motor Oil MoS2« oder »Molykote Super Motor Oil«. Beides sind anerkannte Motorenöle, die oft in Autozubehörgeschäften und Discountläden zu finden sind.

Ölverbrauch

Verbraucht ein Motor angeblich kein Öl, dann ist dies ein schlimmes Zeichen. Dann hat sich in aller Regel durch Kurzstreckenfahrten – vor allem im Winter – im zu kalt gebliebenen Motor verstärkt Wasser und Kraftstoffkondensat abgesetzt. Das setzt natürlich die Schmierfähigkeit des Ölwannen-Inhalts sehr herab, manchmal ist sogar ein vorzeitiger Ölwechsel angebracht. Besonders schlimm ist es aber, wenn bei schlechter Motorleistung der Ölspiegel im Winter sogar ansteigt. Dann ist die Startautomatik im Vergaser nicht in Ordnung und läßt reinen Kraftstoff an den Kolbenringen vorbei in die Ölwanne tropfen. Erste Maßnahme: Funktion der Vergaser-Startautomatik prüfen (Seite 96) und Öl wechseln.

Ölverbrauch ist also ganz natürlich. Wieviel es bei Ihrem Audi ist, hängt, abgesehen vom allgemeinen Motorzustand, von folgenden Umständen ab:

- Dünnflüssiges Öl hat einen höheren Verbrauch als dickflüssiges (das ist aber kein Grund, im Winter statt der vorgeschriebenen SAE 20 W/20 oder SAE 10 W ein Öl mit SAE 30 zu fahren!).
- Heißes Öl hat (da es dann dünnflüssiger ist) einen höheren Verbrauch als kaltes Öl.

Wer immer bis zur oberen Peilstabmarke nachfüllt (oder gar darüber), hat mehr Ölverbrauch.

- Motoröl (vor allem Mehrbereichsöl), das zu lange im Motor bleibt, hat höheren Nachfüllbedarf. Bei kürzeren Ölwechsel-Intervallen ist der Nachfüllbedarf geringer (das ist aber nicht unbedingt ein Grund zu kurzfristigem Ölwechsel, denn der Ölwechsel kostet mehr als das Nachfüllöl).
- Scharfe Fahrweise erhöht nicht nur den Kraftstoff-, sondern auch den Ölverbrauch.

Die Hersteller von Mehrbereichs-Ölen werben gerne mit Ölverbrauchs-Ersparnis. Dazu ist zu sagen, daß man die Mehrkosten für das Mehrbereichsöl durch geringeren Ölverbrauch sowieso nicht ausgleichen kann und überdies die Ölverbrauchs-Ersparnis an gewisse Voraussetzungen gebunden ist:

- Der Ölverbrauch sinkt mit Mehrbereichsöl im Vergleich zum gleichzeitig vorgeschriebenen Einbereichsöl, wenn Sie Ihren Wagen hauptsächlich auf Langstrecken fahren, so daß der Motor zumeist hohe Temperaturen hat. Dann verhält sich das Mehrbereichsöl wie das dickste Öl seiner Klassifizierung – der Ölverbrauch ist geringer. (Deshalb werden diese »Ersparnis-Beweise« auch immer auf Rennstrecken veranstaltet!)

■ Der Ölverbrauch ist gleich oder steigt sogar mit Mehrbereichsöl beim Start, bei Kurzstreckenbetrieb und trödelnder Fahrweise, bei der der Motor nur langsam warm wird. Dann verhält sich das Mehrbereichsöl wie das dünnste Öl seiner Klassifizierung – der Ölverbrauch ist höher als bei Einbereichsöl oder gleich.

Das Audi-Werk bezeichnet einen Ölverbrauch von **1,8 Liter auf 1 000 km** noch als normal. Das scheint uns aber schon die Höchstgrenze zu sein, denn bei diesem Verbrauch qualmt der Auspuff bei jedem Gaswechsel schon blau. Man kann dazu folgenden Test machen:

Bitten Sie einen anderen Autofahrer (aus Familie oder Bekanntschaft) mal hinter Ihrem Wagen herzufahren und den Auspuff Ihres Audi zu beobachten. Fahren Sie selbst mit kräftiger Beschleunigung, dann schnell den nächstniederen Gang schalten und Fuß vom Gaspedal, so daß der Motor tüchtig bremsen muß. Dann plötzlich wieder Gas geben. Wenn dabei eine blaue Wolke dem Auspuff entweicht, hat der Motor bei geschlossener Drosselklappe im Vergaser (weil Sie den Fuß vom Gaspedal nahmen) Öl an den undichten Kolbenringen und Ventilschäften vorbei in die Verbrennungsräume gesaugt, das beim plötzlichen Gasgeben mit blauer Wolke verbrennt. Ob Sie deshalb allerdings gleich einen Austauschmotor brauchen, hängt erst einmal von der anschließenden Kompressionsdruckprüfung (Seite 52) aller Zylinder und der Möglichkeit des Einbaus von »Paßformringen« (Seite 59) anstelle der verschlissenen Kolbenringe ab.

Auch Ölundichtheit des Motors kann Ursache eines erhöhten Ölverbrauchs sein (siehe Abschnitt »Sichtprüfung«, Seite 49). Ob man deshalb aber teure Instandsetzungsarbeiten bei der Werkstatt in Auftrag gibt, muß nüchtern kalkuliert werden: Nachfüllöl ist meist billiger! Wenn Sie gelegentlich ohne besondere Ursache das Gefühl haben, Ihr Audi 100 brauche plötzlich ungewöhnlich viel Öl, dann lassen Sie sich nicht verwirren, denn nur exakte Öl-Nachfüllnotizen über einen längeren Zeitraum und mehrere tausend Kilometer geben ehrliche Auskunft über Ölverbrauchssteigerung.

Öl nachfüllen

Wenn Sie unterwegs Motoröl nachfüllen müssen, dann müssen Sie nicht unbedingt das gleiche Öl jener Marke nehmen, das Sie zum Ölwechsel genommen haben. Das rechtzeitige Nachfüllen ist wichtiger als das Warten auf das »eigene« Motoröl.

Mischung verschiedener Ölsorten verboten?

Werkstätten und Tankstellen erklären gelegentlich, verschiedene Ölsorten würden sich nicht miteinander vertragen und es könne sogar Schäden geben, wenn man ihrem Öl nicht treu bleibe. An diesem Gerede ist aber auch kein Wort wahr, denn die HD-Ölsorten aller Marken lassen sich fröhlich durcheinandermischen. Diese Mischbarkeit ohne schädliche chemische oder sonstige Folgen ist nämlich eine Grundforderung der internationalen HD-Öl-Normen. Die innerhalb dieser Normen liegenden »Eigenschaften« können zwar durch Mischung ein bißchen hierhin oder dorthin abgewandelt werden, aber Schaden gibt es nicht. So bremst man zwar die Mehrbereichsfähigkeit eines Mehrbereichs-HD-Öles, wenn man Einbereichs-HD-Öl zufüllt, aber die überwiegende Viskosität ist immer noch gegeben. Allerdings ist es auch wenig sinnvoll, das teure Mehrbereichsöl durch billigeres Einbereichsöl zu »strecken«. Das ist allenfalls eine kleine Sparmöglichkeit, wenn in Kürze ein Ölwechsel fällig ist, aber noch mal Öl nachgefüllt werden muß.

Das Bild zeigt die Ölfilterpatrone am 100- und 112-PS-Motor, wo sie waagrecht unten an der rechten Seite des Blocks direkt hinter der Lichtmaschine (rechts im Bild) eingeschraubt ist.
Obwohl eine neue Ölfilterpatrone nur mit der Hand ohne Werkzeug angedreht werden darf (unten im Bild am 85-PS-Motor gezeigt), läßt sich die alte nicht ohne massive Hilfsmittel lösen. Es geht zumeist mit einem alten Keilriemen, der straff um die Patrone gelegt und mit der Rohrzange zusammengeklemmt wird. Radikalhilfe, wenn das nicht geht: Loch unten seitlich in das dünne Patronenblech schlagen (die Patrone wird ja doch weggeworfen), schweren Schraubenzieher hineinstecken und damit die Patrone aufdrehen. Nicht vergessen: Eventuell am Flansch des Motorblocks angeklebten alten Filter-Gummidichtring rückstandslos entfernen.

Das Nachfüllen mit einer anderen Ölsorte ist sogar zu empfehlen, wenn bei Kälte noch »Sommeröl« SAE 30 im Motor ist, aber eigentlich schon SAE 20 W/20 am Platze wäre. Dann wird am besten entweder Einbereichsöl SAE 20 W/20 oder ein mit SAE 10 W beginnendes Mehrbereichsöl nachgefüllt. Und im Sommer kann man umgekehrt verfahren. Mehrbereichsöl erhält man dadurch zwar nicht, aber die Ölfüllung ist doch besser den Start-Temperaturen angepaßt.

Ölfilterwechsel
Wartungsdienst
Nr. 46

Beim Ölwechsel nach je 15 000 km ist auch der Wechsel des Ölfilters vorgesehen. Das ist ein sogenanntes Wegwerffilter, das sich nur einmal verwenden und nicht reinigen läßt. Es ist beim Audi-Motor, wie heute zumeist üblich, in den Hauptstrom des Motoröls geschaltet, alles Motoröl muß bei seinem Kreislauf dort hindurch. Der Filterwechsel ist in den Bildtexten beschrieben.
Verwendbar ist eines der folgenden Wegwerffilter, die bei einer Audi-Vertretung oder im Autozubehörgeschäft etwa 9 DM kosten:

- Bosch 0 451 103 013
- Mann W 719/4
- Knecht AW 29
- Purolator PC 213

Filterpatronen mit gleichem Markennamen, aber anderen Kennziffern sind am Audi 100 nicht verwenbar, es sei denn, die Kennziffern haben sich durch technische Weiterentwicklung verändert. Dann müssen Sie jedoch sorgsam den Verpackungsaufdruck oder die neueste Patronenliste der betreffenden Marke beachten. Die Audi-Modelle 60 – 90 und Audi 80 sind übrigens mit den gleichen Wegwerffiltern ausgestattet.

Hier die Ölfilterpatrone (5) am 85-PS-Motor, wo sie an der linken Seite des Motorblocks in der Mitte zwischen Kraftstoffpumpe (1) und Zündverteiler (2) am Ölfilterflansch (4) hängt. An dieser schwer zugänglichen Stelle läßt sie sich nur mit dem Spezial-Spannbandwerkzeug der Werkstatt oder Tankstelle leicht lösen. Andernfalls hilft die im oberen Bildtext beschriebene Radikalkur. Auch hier nach dem Ausbau den eventuell anklebenden alten Dichtring vom Filterflansch schaben. Die neue Patrone wird, wie das Bild zeigt, nur mit der Hand festgedreht.
Weiter bedeuten: 3-Kupplungsseilzug; 6-Kraftstoff-Filter im Benzinschlauch zur Kraftstoffpumpe.

Eine regelmäßige Ölstandsprüfung im Getriebegehäuse ist für den Audi 100 nicht vorgesehen, doch soll das Getriebegehäuse beim halbjährlichen Wartungsdienst von außen auf Dichtheit geprüft werden. Zeigt sich keine öldurchtränkte Schmutzkruste, ist dieser Wartungspunkt schon erledigt.
Ist jedoch das Getriebegehäuse ölverschmutzt, muß der Ölstand geprüft werden, um den Umfang des Ölverlustes feststellen zu können. Wie dies geschieht, ist im Bild unten gezeigt.
Fehlt Getriebeöl, darf nur eine ganz bestimmte vorgeschriebene Ölsorte nachgefüllt werden, nachdem die Ursache der Ölundichtheit behoben ist. Das ist wegen der genau vorgeschriebenen Anzugsdrehmomente für die Getriebegehäuseschrauben, wegen des schwierigen Öleinfüllens ohne Getriebeölpumpe und wegen der genau zu beachtenden Ölsorte unbedingt Werkstattsache.
Nur in Notfällen sollte man also selbst Getriebeöl nachfüllen oder nach einer Notreparatur das Getriebegehäuse selbst befüllen. Es muß dann jedoch ein Hypoidgetriebeöl SAE 80 nach der Spezifikation MIL-L-2105 (nicht zu verwechseln mit der Motorölspezifikation MIL-L-2104!) oder Spezifikation API GL 4 sein, z. B. Aral Getriebeöl EP 80, Esso GP 80 oder Shell Hypoid-Getriebeöl Spirax EP 80.
Wenn es sich um ein Getriebe zum 85-PS-Motor oder um ein ab Herbst 75 eingebautes Getriebe zum 100/112-PS-Motor handelt (beides Borg-Warner-Getriebe, siehe Seite 180, muß dieses Öl alsbald bei einer Audi-Vertretung wieder abgelassen und das als »Lebensdauerfüllung« vorgesehene, nicht handelsübliche Getriebeöl eingefüllt werden.

Getriebeölstand prüfen
Wartungspunkt
Nr. 10

Dieser Wartungspunkt betrifft nur noch die vom Herbst 74 bis Herbst 75 eingebauten Schaltgetriebe (System Porsche) bei den 100/112-PS-Motoren. Alle anderen Getriebe, am 85-PS-Motor und allgemein ab Herbst 75, haben »Lebensdauerfüllung« – es gibt also keinen Getriebeölwechsel, allenfalls behelfsmäßiges Nachfüllen, wie im vorstehenden Absatz beschrieben.
Daß an dem betreffenden Getriebe ein Ölwechsel nicht vorgesehen ist, wird in der Regel bereits an der »Ölablaßschraube« (siehe Bild unten) erkennbar, denn in diesem Fall ist der Innensechskant zum Ansetzen des Steckschlüssels entweder ausgedreht oder mit einer Blechkappe verdeckt. Das muß man am eigenen Audi prüfen.
Aus mehreren Gründen sollte man diese seltene Arbeit, die an den dafür eingerichteten Getrieben alle 45 000 km vorgesehen ist (50 000 km reichen auch), der VW/Audi-Werkstatt überlassen:

Getriebeöl wechseln
Wartungsdienst
Nr. 68

Die Ölkontrollschraube des Schaltgetriebes sitzt im Getriebegehäuse in halber Höhe — in Fahrtrichtung gesehen — links hinter dem Achswellenantrieb. Sie muß mit einem Innen-Sechskantsteckschlüssel SW 17 herausgedreht werden, wie er an speziellen »Öldienst-Schlüsseln« zu finden ist. Läuft ein wenig Getriebeöl, wie hier, an der Verschraubung heraus oder spürt man am hineingesteckten kleinen Finger, daß das Öl bis dicht unter die Verschraubung steht, ist die Sache in Ordnung.
Unten am Getriebegehäuse sitzt die Ölablaßschraube (Pfeil), die bei den neueren Getrieben mit Füllung »auf Lebenszeit« nicht mehr herausgedreht werden kann.

■ Man braucht zum Einfüllen ein gekrümmtes Röhrchen, welches in das kleine Einfülloch – die Ölstand-Kontrollöffnung ist beim Ölwechsel auch Einfülloch – paßt und noch Platz für die ausströmende Luft läßt. Man kann sich zwar mit einer Plastikflasche – zum Hineinpumpen des Getriebeöles – und einem dünnen Schlauch behelfen, aber mit der Getriebeölpumpe der Werkstatt geht es doch einfacher.

■ Bei den Getriebeölen gibt es einige leicht miteinander zu verwechselnde Begriffe, so daß man beim Einkauf an einer Tankstelle aus dem Ölfaß – Getriebeöl gibt es nicht in 1-Liter-Dosen – leicht ein falsches Öl erwischt. Die Audi-Werkstatt weiß, welches Getriebeöl vorgeschrieben ist (auch das ändert sich gelegentlich).

Natürlich kann es auch vorkommen, daß ein Getriebeölwechsel fernab einer Audi-Werkstatt selbst gemacht werden muß. Dann werden zur Befüllung **2 Liter Getriebeöl nach Spezifikation MIL-L-2105** benötigt, wie im vorhergehenden Abschnitt beschrieben.

Wartung des Automatic-Getriebes

Wartungsdienst Nr. 44

Wer in seinem Audi 100 das Automatic-Getriebe eingebaut hat, muß sich als Heimwerker auch ein wenig darum kümmern, obgleich es für ihn bei Mängeln und Störungen kaum Selbsthilfemöglichkeiten gibt. So bleibt die Selbsthilfe praktisch auf die Kontrolle des Ölstandes alle 15 000 km (oder wenigstens einmal im Jahr) beschränkt, die bei Störungen natürlich außer der Reihe vorgenommen werden muß.

Unterschiedliche Ölsorten

Bei den entsprechend ausgestatteten Audi 100 besteht das Automatische Getriebe aus dem eigentlichen »Planetengetriebe« und dem »Achsantrieb«. Für beide sind vollkommen unterschiedliche Ölsorten vorgeschrieben:

■ Planetengetriebe: Nur »Automatic Transmission Fluid« (abgekürzt ATF = Flüssigkeit für Automatik-Getriebe) entsprechend den Prüfbedingungen »Dexron B« darf verwendet werden. ATF ist eigentlich kein richtiges Öl, sondern ein synthetischer Saft, der unter anderem bei allen Temperaturen annähernd gleiche Zähflüssigkeit hat.

■ Achsantrieb: Nur Hypoid-Getriebeöl SAE 90 entsprechend der Spezifikation MIL-L-2105 **B** darf verwendet werden. Es ist also ein anderes Getriebeöl als das für das normale Schaltgetriebe vorgeschriebene! Es ist dickflüssiger und hat 6,5% Schwefelphosphor-Zusatz.

Diese Ölsorten haben wir jedoch nur für Notfälle (wenn z. B. in einer Tankstelle Ölwechsel gemacht werden muß) aufgeführt, denn sowohl eventuelles Nachfüllen, wie auch Ölwechsel sollte man der VW/Audi-Werkstatt überlassen, zumal bei dieser Gelegenheit weitere Wartung am Automatikgetriebe erledigt werden muß.

Achsantrieb des Automatic-getriebes

Eine regelmäßige Ölstandskontrolle ist nicht vorgesehen. Sie wird fällig, wenn das Getriebegehäuse undicht zu sein scheint. In diesem Fall muß, ähnlich wie beim normalen Schaltgetriebe, eine seitliche Kontrollschraube (Innen-Sechskant SW 17) herausgedreht werden. Es kann nicht nur vorkommen, daß das Getriebeöl im Achsantrieb unterhalb der Kontrollöffnung steht (dann nachfüllen lassen), sondern es ist auch ein höherer Ölstand möglich. Dann hat sich ATF vom Planetengetriebe durch die Dichtungen in den Achsantrieb gedrückt. Diese unbrauchbare Ölmischung muß unbedingt gewechselt werden. Das ist aber Werkstattsache wegen der neuen Dichtungen.

Normalerweise ist für den Achsantrieb kein Ölwechsel vorgesehen, sondern er ist, wenn er nicht undicht wird, auf Lebensdauer befüllt.

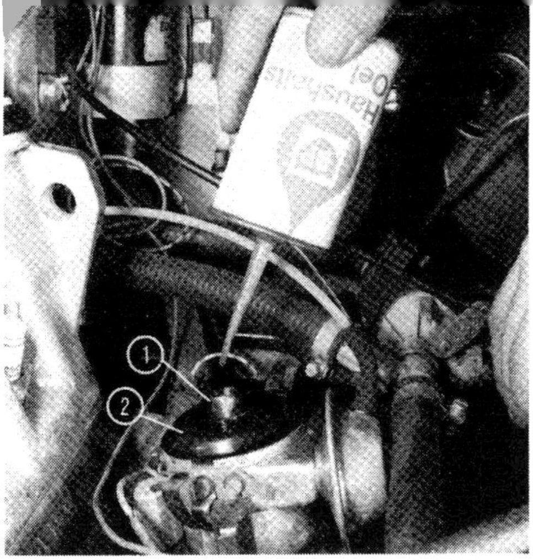

Wie zum Schmieren des Zündverteilers die Verteilerkappe abgenommen und der Verteilerfinger abgezogen werden muß, ist in den Bildern ab Seite 133 gezeigt. Die Verteilerwelle ist innen hohl gebohrt und von unten steckt in ihr die Verteilerantriebswelle. Beide verdrehen sich bei der automatischen Zündpunktverstellung ineinander. Das wird mit nur einem Tropfen Motor- oder Haushaltöl vom in der Verteilerwelle steckenden Schmierfilz geschmiert. Einen weiteren Tropfen Öl erhält die Lagerwelle des Unterbrecherhammers (siehe Bild Seite 137). Dazu muß der Staubschutzdeckel (2) abgehoben werden. Außerdem wird unterhalb des Staubschutzdeckels mit einer streichholzkopfgroßen Menge hitzebeständigen Fettes (z. B. Bosch-Spezialfett Ft 1 v 4 – nicht zu verwechseln mit ähnlich bezeichnetem Polschutzfett!) die Nockenbahn der Verteilerwelle und das Gleitstück des Unterbrecherhammers geschmiert (siehe dazu auch die Bilder auf Seite 135 und 137).

Planetengetriebe

Im Plantetengetriebe ist der richtige ATF-Flüssigkeitsstand für seine Funktion besonders wichtig, deshalb muß die Ölstandskontrolle öfter und mit peinlicher Sauberkeit ausgeführt werden. Bereits winzige Schmutzteilchen, die mit dem Peilstab in die Automatik gelangen, können diese stören. Die Ölstandsprüfung geht so:

■ Motor und Getriebe müssen zuerst warm gefahren werden, so daß die ATF »handwarm« (40° bis 60°C) ist, denn bei kaltem oder heißem Öl wird durch die ATF-Ausdehnung ein falscher Flüssigkeitsstand angezeigt.

■ Fahrzeug auf ebener Fläche waagrecht abstellen.

■ Wählhebel auf »N« stellen, Handbremse anziehen und Motor im Leerlauf während der Ölstandsprüfung drehen lassen.

■ Peilstab (an seiner Ringöse erkennbar) im Motorraum hinten oben über Getriebeteil ziehen, mit faserfreiem sauberem Tuch abwischen, nochmals in das Peilstabrohr stecken, wieder herausziehen.

■ Der Flüssigkeitsabstand muß zwischen den beiden Ölpeilstabmarken liegen (Mengendifferenz zwischen den beiden Peilstabmarken 0,4 Liter ATF).

■ ATF am Peilstab auf Geruch und Verschmutzung prüfen. Verschmorte Reibbeläge sind an brandigem ATF-Geruch erkennbar, Schmutz im ATF kann die Automatik-Funktion stören.

■ Steht die ATF über die obere bzw. unter die untere Peilstabmarke hinaus, ist es wahrscheinlich zu einem Flüssigkeitsaustausch mit dem Achsantrieb gekommen. In diesem Falle sogleich Achsantrieb-Ölstand prüfen und bei dortigem Ölmangel ATF (vorzeitig) wechseln lassen. Nur bei ATF-Mangel

Der Kupplungsseilzug ist im Motorraum links hinten zu finden. Wird er gar nicht gepflegt, kann er sich mit der Zeit am Führungsrohrende (Pfeil) aufscheuern. Reinigen mit dem Lappen und einige Tropfen Öl, während das Kupplungspedal mehrmals betätigt wird, halten den Seilzug leichtgängig. Wenn man eine Sprühdose mit Graphitöl und feinem Sprühschlauch hat, ist das Einsprühen in das Führungsrohr wirkungsvoller.

Es gibt am Audi 100 eine ganze Anzahl kleinerer Schmierstellen, wie hier das Haubenschloß, die bald quietschen, schwergängig werden oder klemmen, wenn sie nicht gelegentlich gepflegt werden. Das Werk empfiehlt dazu ein dickflüssiges Motoröl SAE 40. Aber das kommt nicht so genau darauf an, denn es sind anspruchslose Schmierstellen, die man schnell mit dem versorgen kann, was gerade da ist: Man kann — ganz sparsam — einen vom Ölpeilstab abtropfenden Motoröltropfen drauf geben, ein kleines Spritzkännchen mit Haushaltöl dazu benutzen, eine mit sauberen Ölresten gefüllte Handölkanne, wie hier, nehmen oder ein weiches Schmierfett aufstreichen, wobei es allerdings kein Wälzlagerfett sein darf, denn dies ist normalerweise nicht wasserfest.
Wichtig ist an diesen Schmierstellen jedoch, daß vorher mit einem keinen Lappen die anhaftende Schmutzkruste weggeputzt wird, bevor man frischen Schmierstoff zugibt.

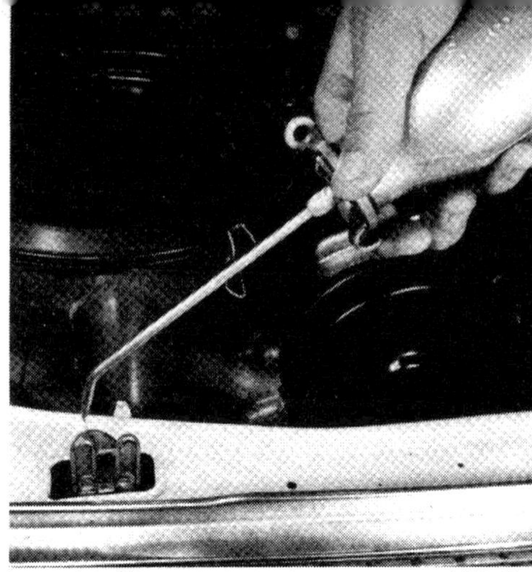

und trotzdem korrektem Achsantrieb-Ölstand darf ohne weiteres ATF Typ Dexron B nachgefüllt werden.

■ Wird versehentlich zu viel ATF nachgefüllt, muß der Überschuß unbedingt (durch kurzes Herausdrehen der Ablaßschraube am tiefsten Punkt der Ölwanne in Fahrtrichtung vorne) wieder abgelassen werden, ATF-Überfüllung führt zum Aufschäumen der Flüssigkeit und schweren Schäden.

Den alle 45 000 km fälligen ATF-Wechsel überläßt man der VW/Audi-Werkstatt, da bei dieser Gelegenheit die Ölwanne des Planetengetriebes demontiert, diese und das Ölsieb gereinigt und mit neuer Dichtung wieder montiert werden muß. Außerdem wird dabei eine allgemeine Funktionsprüfung des Automatik-Getriebes vorgenommen, die man als Heimwerker sowieso nicht vollständig ausführen kann.

Zündverteiler schmieren

Wartungsdienst
Nr. 39

Einmal im Jahr braucht auch der Zündverteiler ein wenig Schmierung. Er hat drei Schmierstellen: die Verteilerwellenbohrung, die Lagerwelle des Unterbrecherhammers und die Nockenbahn des Unterbrecherhammers.

Wie diese Stellen geschmiert werden, ist auf Seite 41 oben gezeigt. Beim Einfetten der vierkantigen Nockenbahn der Verteilerwelle wird auch ein wenig Fett als Vorrat in den vorderen kleinen Winkel zwischem dem Gleitstück des Unterbrecherhammers und diesem selbst gestrichen. Motoröl oder »irgendwelches Fett« sind für diese Schmierstelle nicht geeignet, da sie in der Regel nicht genügend wärmefest sind, allenfalls ist sogenanntes Mehrzweckfett brauchbar. Fettüberschuß ist im Zündverteiler unbedingt zu vermeiden, denn

In den Bolzenbohrungen der Türscharniere sitzen oben kleine Kunststoff-Verschlußstopfen (auf dem Scharnier umgekehrt abgelegt — Pfeil zeigt darauf). Sie müssen mit einem feinen Schraubenzieher herausgehebelt werden und in die offene Bohrung wird ein wenig Öl eingeträufelt. Danach Kunststoffstopfen wieder eindrücken. Überschüssiges Öl abwischen, es gibt dort sonst mit der Zeit eine unansehnliche Schmutzkruste. Neben dem Scharnier ist im Türholm ein Tastenschalter der Innenbeleuchtung zu sehen, der meist schuld ist, wenn beim Öffnen der Tür das Innnenraumlicht nicht angeht. Dann ist der Druckstift verschmutzt und braucht auch Reinigung und einen Tropfen Öl, wie am Ende des Beleuchtungskapitels beschrieben.

Beim Ölen solcher Schmierstellen, wie hier dem Handbremsausgleich unter dem Wagenboden, erweisen sich die kleinen Sprühdosen mit Graphitöl, wie man sie an Tankstellen zu kaufen bekommt, als besonders praktisch. Der scharfe Sprühstrahl dringt auch am Handbremsausgleich besser in die Ecken ein, als dies mit einem schlichten Ölkännchen möglich wäre. Der Graphitzusatz kommt als besonders dauerhafter Feststoff-Schmierzusatz vorteilhaft hinzu.
Die in Handspannenabstand seitlich vom Ausgleichhebel sitzenden Kunststoff-Führungstüllen (die Pfeile weisen darauf) der beiden Bremsseile müssen bei dieser Gelegenheit mit Fett »ausgestopft« werden, am besten mit einem gut wasser- und wärmefesten Mehrzweckfett, damit die Seilzüge dort leicht laufen.

der könnte zwischen die Unterbrecherkontakte geraten und dort schwer erkennbare Zündstörungen verursachen.

Kupplungsseilzug schmieren
Wartungspunkt
Nr. 5

Kupplunghebel von Hand etwas anziehen, so daß das Endstück des Seilzuges locker an der Hebelnase hängt. In den Zwischenraum etwas Öl tropfen oder Fett eindrücken.
Um den Seilzug direkt unter der Seilzugumhüllung etwas Fett streichen und durch Kupplungs-Fußhebelbetätigung in die Seilzugumhüllung ziehen. Wenn eine Öl-Spraydose mit dünnem Sprühschlauch zur Hand ist, kann man auch etwas dünnflüssiges Öl von unten in die Seilzugumhüllung sprühen (Seite 41).

Lager und Gelenke des Gasgestänges
Wartungspunkt
Nr. 6

Ein Helfer betätigt das Gaspedal und Sie beobachten, was sich da alles bewegt. Alle zugehörigen Lager und Gelenke werden von der anhaftenden Fettkruste gereinigt und mit etwas Öl angesprüht, während ein Helfer das Gaspedal einigemale betätigt (nicht zu oft, sonst überschwemmt derweilen die Beschleunigungspumpe den Vergaser mit Benzin). Fett ist hier weniger geeignet.

Motorhaube und Kofferraumhaube schmieren
Wartungspunkte
Nr. 7 und 14

Zum Schmieren der versteckt liegenden Haubenscharniere eignet sich am bestene eine Öl-Sprühdose.
Die Schnappschlösser an Motor- und Kofferraumhaube erhalten an den Gleitstellen ihrer Einzelteile beliebiges Öl oder etwas Fett. Der Schloßzylinder im Kofferraumhaubenschloß wird speziell behandelt, siehe Abschnitt »Schlösser«.
Der Seilzug zum Entriegeln der Motorraumhaube wird von einem Helfer durch den Zughebel seitlich links im Fußraum des Fahrers bewegt, während man überall, wo der Seilzug aus der Umhüllung austritt, etwas Öl oder weiches Fett anstreicht und durch Hebelbewegung in die Seilzugumhüllung zieht.

Türschlösser und -scharniere pflegen
Wartungspunkt
Nr. 13

Wie die Türscharniere geschmiert werden, ist im Bild links unten gezeigt. Die Türschlösser und den Schließzylinder der Kofferraumhaube schmiert man nicht mit dickflüssigem Öl und erst recht nicht mit Graphitöl oder Fett. In allen Fällen, vor allem bei Graphitöl oder molybdändisulfidhaltigen (Moly-) Ölen, kann man sich hinterher unangenehm die Kleidung verschmieren, und Moly- oder Graphitflecken sind praktisch nicht mehr zu entfernen.
Zur Schmierung dieser Schlösser ist nur ein feines, farbloses Öl, ein spezieller Türschloß-Spray (gibt es z. B. von BP) oder – vor allem im Winter – ein

Zum Ergänzen der Fettfüllung im Hinterradlager muß die Fettkappe von der Achsnabe getrieben werden. Das ist nicht so einfach, weil sie bis zu einem Abdichtwulst in die Bremstrommel getrieben ist und sich kein hebelnder Schraubenzieher dahinter ansetzen läßt. Deshalb zuerst mit behutsamen Hammerschlägen und einem nicht zu scharfen Meißel die Fettkappe rundum ein wenig nach außen treiben und dann erst mit kräftigem Schraubenzieher abhebeln.
Im Gegensatz zu anderen Schmierstellen darf hier keinesfalls »irgendwelches Fett« eingefüllt, sondern es muß ausdrücklich »Mehrzweckfett« verwendet werden, das den dort herrschenden Druck und die eventuelle Bremstrommelhitze aushält.
Nach Halbfüllung der Fettkappe diese wieder auf die Achsnabe aufsetzen, zuerst nur mit Handballenschlägen eintreiben, bis sie gerade aufsitzt. Dann dicken Lappen auflegen und Fettkappe mit der Hammerbreitseite behutsam eintreiben. Mit kräftigen Hammerschlägen zerklopft man dagegen die blechdünne Fettkappe hoffnungslos.

wenig Frostschutzmittel (z. B. Glysantin) geeignet, das man entweder an einer langen Nadel, einem feinen Draht in das Schloß laufen läßt oder mit einer ausgebrauchten Injektionsspritze in den Schlitz des Schließzylinders spritzt.

Handbremsausgleich schmieren
Wartungsdienst Nr. 47

In der Mitte unter dem Wagenboden findet sich der Handbremsausgleich, der beim Anziehen der Handbremse bewirken soll, daß die Bremsbacken der beiden Hinterradbremstrommeln gleichmäßig angezogen werden. Die für die Ölkanne nur schwer zugängliche Schmierstelle läßt sich, wie das Bild Seite 43 zeigt, sehr gut mit dem nadelfeinen Ölsprühstrahl der Graphitöl-Sprühdose von BP erreichen.
Bei dieser Gelegenheit werden die beiden Kunststoff-Tüllen, durch die die Bremsseile laufen, wie im Bild auf der Vorseite gezeigt, gefettet.

Fettfüllung der Hinterradlager ergänzen
Wartungspunkt Nr. 58

Jährlich einmal sollen die beiden Fettkappen der Hinterradlager abgenommen und die Fettfüllung ergänzt werden (Bilder auf dieser Seite). Als Fettmenge schreibt die Auto Union 10 Gramm Mehrzweckfett vor. Weil man das aber schlecht schätzten und am Auto auch schlecht mit der Briefwaage hantieren kann, bedeutet dies praktisch, daß die Fettkappen bis gut zur halben Höhe mit Mehrzweckfett gefüllt werden sollen. Dann werden die Fettkappen wieder genau aufgedrückt und vorsichtig angeklopft.
Bei den Radlagern kommt es, im Gegensatz zu vielen vorher beschriebenen Schmierstellen, sehr genau auf die Fettsorte an. Es muß unbedingt »Mehrzweckfett« sein, nur das hält die dortigen Beanspruchungen aus.

Nach der im Bildtext oben beschriebenen Demontage der Fettkappe zeigt sich: 1 — Fettkappe, die mit Mehrzweckfett (nur damit!) bis zur Hälfte gefüllt werden soll; 2 — Achsrand der Bremstrommel; 3 — Hinterachszapfen; 4 — Sicherungssplint und 5 — Kronensicherung als Doppelsicherung der darunter sitzenden Achsmutter. Muß das Hinterradlagerspiel nachgestellt werden und ist dementsprechend die Achsmutter nachzuziehen, müssen die auf Seite 191 gegebenen Hinweise genau beachtet werden.

Zweierlei Maß

Unter den Motorhauben der Audi-100-Modelle schlagen seit Herbst 1974 zwei unterschiedliche Herzen, die jeweils ihre eigene Herkunft aus anderen Audi-Modellen haben. Auch wer die markanten Unterschiede der beiden Motor-Modelle einigermaßen im Kopf hat, mag sich beim Öffnen einer unbekannten Audi-100-Motorhaube im ersten Augenblick ein wenig verwirrt fragen: »Ist das mit Luftfilter und Zündkerzen auf der linken Seite dieser Motor oder jener oder ist es umgekehrt?« Aber es gibt ein untrügliches und stärker auffallendes Kennzeichen:

Zwei unterschiedliche Motoren

■ Sitzt hinten im Motorraum an der sogenannten »Spritzwand« die Auto-Batterie, ist es der 85-PS-Motor. Denn der ist leichter und so haben die Audi-Konstrukteure gedacht, die Vorderachsbelastung reiche auch noch für das Batteriegewicht. Das ist, nebenbei gesagt, im Interesse der Batterie auch besser, dort läßt sie sich leichter pflegen.
■ Fehlt im Motorraum die Auto-Batterie, haben wir den schwereren 100- oder 112-PS-Motor vor uns. Die Batterie sitzt in diesem Falle als kleiner Gewichtsausgleich unter der hinteren Sitzbank. Wo sie leicht vergessen wird.

100 und 112 PS

Das ältere Hausrecht hat im Audi 100 der Motor mit 100 und 112 PS, was nach neuerer Rechnung 74 und 82 Kilowatt (kW) sind. Er wurde aus jenem »Mitteldruckmotor« weiterentwickelt, den seinerzeit Daimler-Benz bei seinem vorübergehenden Flirt mit der Auto-Union (von 1958 bis 1965) als Morgengabe mitbrachte und der sich in den Audi-Modellen der Baureihe 60 bis 90 auch sehr bewährte.

85 PS

Der 85-PS-Motor (63 kW) stammt aus der Audi-80-Baureihe, wo dieser Motor bei gleichem Hubraum im Audi 80 GT 100 PS entwickelt. Die Drosselung auf 85 PS hat man durch sogenannte Muldenkolben erreicht, wodurch die Verdichtung von 9,7:1 im Audi 80 GT auf 8,2:1 im Audi 100 L oder LS gesenkt wurde. Statt des glatten Kolbenbodens im Audi 80 GT haben also die Kolben im 85-PS-Motor der Audi-100-Reihe kleine Mulden, so daß ein größerer Verbrennungsraum entsteht. Solche Herabsetzung der Verdichtung ist nicht nur für die Lebensdauer des Motors vorteilhaft, sondern ermöglicht auch den Betrieb mit Normalkraftstoff.

Zum Vergleich

Zwar sind beide Motoren wassergekühlte Vierzylinder-Reihenmotoren und auch in den Anbauteilen (z. B. Ölfilterpatrone, Kraftstoffpumpe und dergleichen) werden aus Rationalisierungsgründen verschiedentlich gleiche Teile verwendet, aber es gibt wichtige Unterschiede, die sich aus den »Technischen Daten« (Seite 226) nicht erkennen lassen. Mehr zeigen darum die beiden Zeichnungen und die Tabelle auf den folgenden Seiten.

Motorteil	85-PS-Motor	100- und 112-PS-Motor
Motoreinbau	nach rechts* geneigt und etwa 20°	nach rechts geneigt um etwa 40°
Kurbelwelle, Pleuel und Kolben	keine grundsätzlichen Unterschiede	
Ventile, im Zylinderkopf hängend	in Reihe über Zylinder-Mittelachse	gegeneinander je Zylinder versetzt
Ventilsteuerung	durch obenliegende Nockenwelle, die über Zahnriemen von Kurbelwelle angetrieben wird; erkennbar an Zahnriemen-Blechschutzhaube vorne am Motor	durch Kipphebel und lange Stößelstangen, die von seitlich in Motormitte liegender Nockenwelle betätigt werden; Nockenwelle von Kurbelwelle über Doppelrollenkette angetrieben
Motoransaugseite mit Ansaugkrümmer. Vergaser und Luftfilter	rechts*	links*
Motorauspuffseite mit Auspuffkrümmer und Auspuffrohr	rechts	rechts
Zündverteiler, links hinten an Motorseite	angetrieben von Zwischenwelle	angetrieben von Nockenwelle
Zündkerzen	an linker Motorseite, senkrecht stehend eingebaut	an rechter Motorseite, schräg nach vorne gerichtet eingebaut
Kraftstoffpumpe, linke Motorseite Mitte	stehend eingebaut, angetrieben von Zwischenwelle	liegend eingebaut, angetrieben von Nockenwelle

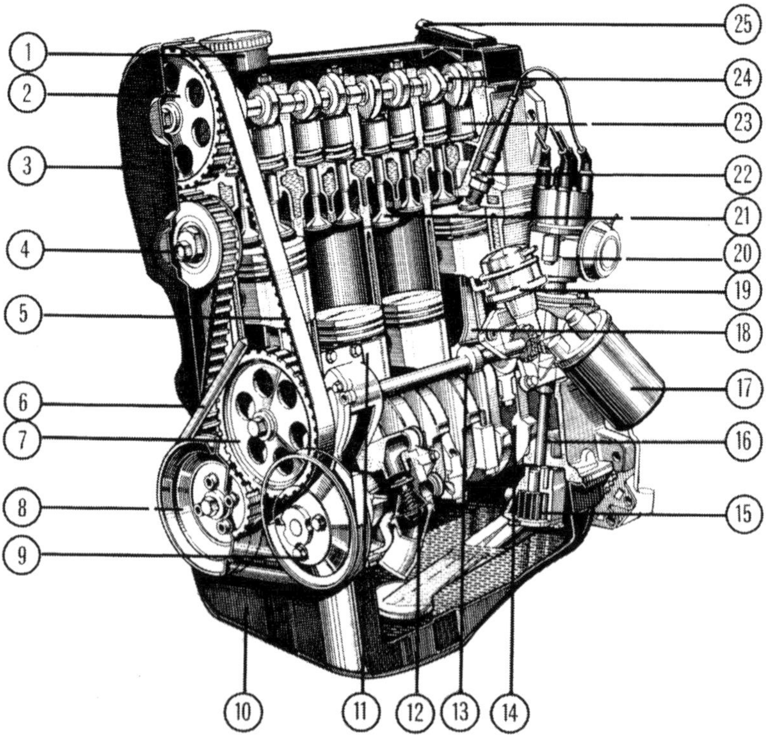

Auf diesen beiden Seiten zeigen sich die in die Audi-100-Modelle eingebauten beiden Motorentypen ohne Außenhaut mit ihrer (in Fahrtrichtung) linken Seite, rechts der 100- und 112-PS-Motor, links der 85-PS-Motor. Die gleichen Ziffern bezeichnen an beiden Motoren die gleichen Teile. Es bedeuten: 1 – Öleinfüllstutzen; 2 – Nockenwellenrad; 3 – Zahnriemen-Schutzhaube (nur 85 PS); 4 – Zahnriemenspanner (85 PS); 5 – Zahnriemen (85 PS); 6 – Keilriemen zu Lichtmaschine und Wasserpumpe; 7 – Zwischenwellenrad (85 PS); 8 – Kurbelwellen-Keilriemenscheibe; 9 – Wasserpumpenkeilriemenscheibe; 10 – Ölwanne; 11 – Kolben; 12 – Ther-

Motorteil	85-PS-Motor	100- und 112-PS-Motor
Ölfilter, am Motorblock angeflanscht	links hinten hängend	rechts vorne waagrecht
Lichtmaschine, am Motor angeflanscht	links vorne oben	rechts vorne unten
Wasserpumpe und Kühlwasser-Thermostat	links vorne unten	vorne Motormitte
Kühlerventilatorantrieb	durch Elektromotor, thermoelektrisch ein- und ausgeschaltet	durch Keilriemen von der Motorkurbelwelle

* Die Seitenangaben »links« und »rechts« entsprechen nicht dem Blick von vorne unter die Motorhaube, sondern sind in Fahrtrichtung gesehen.
Weitere Angaben und Meßwerte in »Technische Daten« auf Seite 226.

Motorschonend fahren

Motorschonend fahren, das sei gleich vorweg gesagt, bedeutet keinesfalls bummelige und trödelnde Fahrweise, denn das ist durch zu geringe Motortemperatur mindestens so motorschädlich wie überscharfe Fahrerei. Motorschonend ist dagegen eine möglichst zügige Fahrweise, die dem Motor schnell die für ihn günstigste Betriebstemperatur (etwa zwischen 85 und 95° C) verschafft und ihn andrerseits auch nicht überhitzt.
Gute Tips für motorschondendes Starten und Fahren finden sich in der Audi-Betriebsanleitung, aber wer unser Buch besitzt, will auch die Begründung wissen. Die finden Sie zum richtigen Starten im Kapitel »Vergaserpraxis« auf Seite 95. Wie das äußerst motorschädliche Klingeln und Klopfen

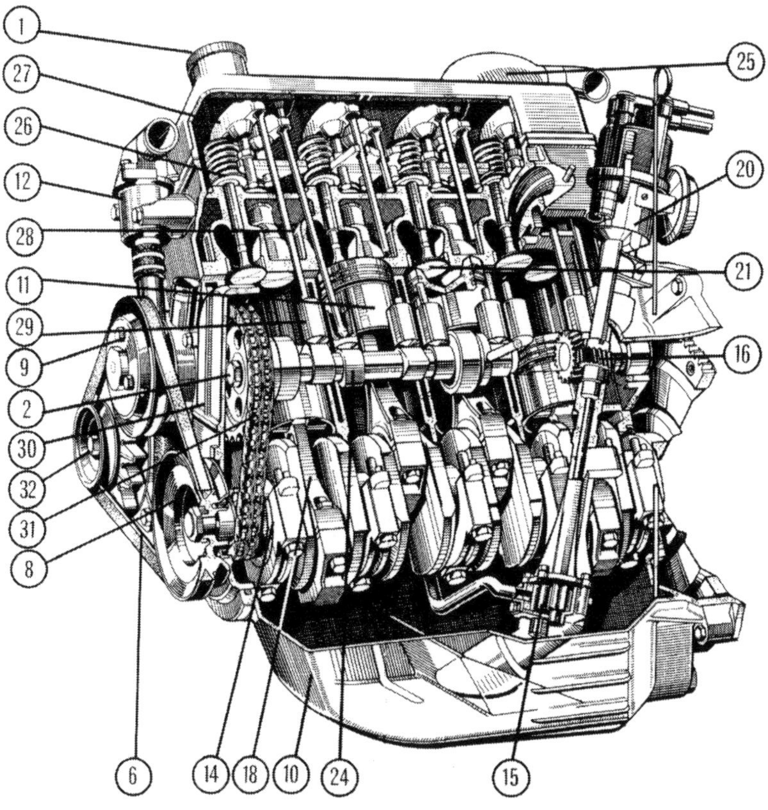

mostat; 13 – Zwischenwelle (85 PS); 14 – Kurbelwelle; 15 – Ölpumpe; 16 – Antriebswelle der Ölpumpe; 17 – Ölfilter (beim 100-, 112-PS-Motor an rechter Motorseite); 18 – Pleuel; 19 – Kraftstoffpumpe; 20 – Zündverteiler; 21 – Einlaßventil des 3. Zylinders; 22 – Zündkerze (am 100-PS-Motor rechts); 23 – Tassenstößel mit Ventilfeder (85 PS); 24 – Nockenwelle; 25 – Kurbelgehäuse-Entlüftung. Folgende Teile speziell am 100-, 112-PS-Motor: 26 – Ventilfeder; 27 – Kipphebel; 28 – Stößelstange zur Ventilbetätigung; 29 – Stößeltasse auf der Nockenwelle; 30 – Motorgehäuse; 31 – Antriebskette für die Nockenwelle; 32 – Lichtmaschinen-Keilriemenscheibe.

zustande kommt und vermieden werden kann, ist im Abschnitt über die Kraftstoffe auf Seite 81 erläutert.

Fingerzeig: *Manche Autofahrer machen im Winter den Fehler, den gerade gestarteten Motor erst einmal im Stand warmlaufen zu lassen, weil sie gehört haben, es sei motorschädlich, mit kaltem Motor zu fahren. Das stimmt auch, aber der kalte Motorlauf im Stand ist noch schädlicher, weil es zu lange dauert, bis der unbelastete Motor betriebswarm wird. Diese kritische Zeitspanne wird durch Fahren bei mäßiger Inanspruchnahme des Motors – mittlere Drehzahlen, kein Vollgas – erfolgreich verkürzt. Das erreicht man am besten durch Losfahren, sobald der Motor nach dem Start „rund läuft" und alle Lager und Gleitflächen von einem frischen Schmierfilm überzogen sind. Das kann, je nach Außentemperatur, schon nach 5 Sekunden oder erst nach einer halben Minute der Fall sein. Erst wenn die Nadel des Fernthermometers mitten im grünen Feld steht, darf man „auf die Tube drücken", wenn der Motor lange leben soll.*
Nur bei den mit Automatikgetriebe ausgestatteten Audi-100-Modellen sollen Motor und Drehmomentwandler in erhöhtem Leerlauf – Schalthebelstellung »N« – etwa eine Minute im Stand laufen, damit die Getriebeflüssigkeit (ATF) im Wandler in Umlauf gekommen ist, bevor man losfährt.

Das Schmiersystem

Im Kapitel »Schmieren aller Teile« haben wir uns bereits mit der praktischen Seite der Ölversorgung befaßt. Hier soll noch auf einige andere Zusammenhänge bei der Motorschmierung eingegangen werden.
Im Motor muß das Öl zu einer ganzen Reihe von Schmierstellen geführt werden. Damit es dorthin gelangt, wird es durch zwei ineinanderkämmende Zahnräder der Ölpumpe unter Druck gesetzt. Diese Pumpe sitzt unter in der linken Seite des Motorblocks, am unteren Ende der verlängerten Zündverteilerantriebswelle und wird beim 85-PS-Motor von der Zwischenwelle, beim 100- und 112-PS-Motor von der Nockenwelle angetrieben. Die Ölpumpe treibt das Motoröl auf dem Weg über das Hauptstromölfilter (Seite 38) und den Öldruckschalter (Seite 168) zu den vielfältigen Schmierstellen im Motor. Von dort tropft es wieder zurück in die Ölwanne. Ölpumpenschäden kommen praktisch nicht vor.
Die Ölfördermenge hängt bei diesem System von der Motordrehzahl ab. Damit bei verschmutztem Ölfilter – Patronenwechsel öfter »gespart« – die Ölzufuhr zu den Schmierstellen nicht versperrt wird, sitzt in der Leitung zum Filteransatz ein Überdruckventil, das sich bei hohem Öldruck – der auch durch kältesteifes Öl möglich ist – öffnet und den direkten Weg zu den Schmierstellen freigibt.
Um zu verhindern, daß Motoröl an den Kolben vorbei in den Verbrennungsraum der Zylinder dringt und dort Kohlerückstände absetzt, ist an jedem Kolben der unterste der insgesamt 3 Kolbenringe als Ölabstreifring ausgebildet – er »schabt« bei der Abwärtsbewegung des Kolbens den zu dicken Schmierfilm von den Zylinderwänden.

Die Kurbelgehäuse-Entlüftung

Selbst die besten Kolbenringe sind aber nicht in der Lage, zwischen Kolben und Zylinderwand gegen die unter hohem Druck stehenden Brenngase vollkommen abzudichten. Rund ein Prozent der verbrannten Gase dringen bei einem gesunden Motor am Kolben vorbei ins Kurbelgehäuse. Im Kurbelgehäuse vermischen sie sich noch mit Öldämpfen, wodurch ein hoher Druck entsteht, so daß die Motordichtungen beschädigt würden, wenn der Audi-

Motor nicht über eine Kurbelgehäuse-Entlüftung verfügen würde. Hinten an der Zylinderkopfhaube ist ein mit dem Luftfilter verbundener Schlauch angeschlossen, durch den der Vergaser die Gase ansaugt und dem Motor noch einmal zur Verbrennung zuleitet. Gelegentlich sollte man die Schlauchleitung innen von klebrigen Rückständen befreien.

Sichtprüfung des Motors

Wartungsdienst Nr. 8

Beim halbjährlichen Wartungsdienst ist eine Sichtprüfung des Motors auf Öldichtheit vorgesehen. Bei sehr scharfer Fahrweise »schwitzt« der Motor hier oder dort ein wenig Öl aus – das hat weiter keine Bedeutung. Zeigen sich aber an einer Stelle »Öltränen«, die durch angeklebten Staub besonders deutlich werden können, ist am »Tränenanfang« eine Schraubverbindung nicht ganz fest oder eine Dichtung defekt (Bild Seite 11).
Zur genauen Nachprüfung der Leckstelle kann man den Motor mit Motorreiniger einsprühen, scharf mit Wasser nachwaschen, bis alle Ölschmiere beseitigt ist und nach einigen Kilometern Fahrt nochmals nachschauen, wo genau sich Öl herausdrückt. Aber das ist auch nicht ganz einfach, weil das Öl durch den Fahrwind schnell am Motor entlang getrieben wird.
Wenn an der betreffenden Stelle nicht gerade Schrauben ausgesprochen locker sitzen, sollten Sie nicht selbst dort mit dem Schraubenschlüssel Versuche machen, es sei denn, Sie haben in Ihrem besonders gut ausgestatteten Werkzeugschrank einen Drehmomentschlüssel. Denn solch ein Werkzeug (etwa ab 65 DM) ist notwendig, um Schraubverbindungen an Motor, Fahrwerk usw. mit einem genau vom Werk vorgeschriebenen »Anzugs-Drehmoment«, also mit einer genau festgelegten Kraft, anziehen, sonst können sich miteinander verschraubte Flächen verziehen (und sind dadurch erst recht undicht). Das Nachziehen öIundichter Verschraubungen ist also meist Werkstattsache, da sie auch die zahlreichen Angaben der vorgeschriebenen Drehmoment-Werte hat.
Allenfalls lassen sich am 100- und 112-PS-Motor die sehr gern öldurchlässigen vorderen und hinteren Kurbelwellenlager selbst abdichten, wenn ein Drehmomentschlüssel zur Verfügung steht. Dann wird die Ölwanne demontiert und in deren vordere und hintere Kurbelwellenlagernut eine neue Silikonschnurdichtung eingelegt. Sie ist besser als die früher verwendete Korkdichtung an dieser Stelle. Zusammen mit neuen Seitendichtungsstreifen, deren Enden mit sparsam verwendetem Spezialkleber angeklebt werden, wird die Ölwanne wieder montiert, wobei die Innensechskantschrauben »über Kreuz« in mehreren Gängen und einem schließlichen Anzugsdrehmoment von 1,5 mkp anzuziehen sind.
Falls das Nachziehen der Verschraubungen oder diese Ölwannenmontage am 100- und 112-PS-Motor allein nichts helfen und mit teurer Montage die vorderen und hinteren Kurbelwellenlagerdeckel nachgearbeitet (auch eine Abhilfemöglichkeit) oder neue Dichtungen eingebaut werden müßten, dann lassen Sie sich am besten zuerst einmal von der VW/Audi-Werkstatt einen diesbezüglichen Kostenvoranschlag machen und rechnen sich aus, wieviel Liter Nachfüllöl Sie dafür kaufen könnten und wie es überhaupt mit dem Ölverbrauch Ihres Motors steht – kurzum, vergleichen Sie, was billiger kommt. Meistens ist es in diesem Fall das Nachfüllöl, wenn der Motor sonst keinen Schaden oder Mangel (z. B. Gefahr, daß die Kupplung verölt) hat.

Motor ausbauen

Erfahrene Heimwerker, die bei einem schweren Motorschaden nicht gleich tausendundetliche D-Mark für einen Teilemotor bezahlen möchten, bemühen sich seltener um eine eigenhändige Motorinstandsetzung, da hierzu meist

Als Motorlager-Beispiel hier das rechtsseitige unten vorne am 85-PS-Motor. Zum Ausbau des Motors ist nach Erledigung der im nachstehenden Text beschriebenen Vorarbeiten zuerst die hintere Mutter (SW 13) abzuschrauben, auf die gerade die Stecknuß angesetzt ist. Damit wird das Auspuff-Abschirmblech (1) abgenommen und das Auspuffrohr kann vom Auspuffkrümmer losgeschraubt werden (Bild Seite 63). Danach folgt der Ausbau des seitlich dahinter versteckten Anlassers (4 Sechskantschrauben am hinteren Halteflansch und eine Inbusschraube vorne am Motorblock) und nach dem sorgsamen Abstützen von Motor und Getriebe das Herausdrehen der vorderen Mutter (weißer Pfeil) des rechtsseitigen Motorlagers (2). Soll der 85-PS-Motor nach oben aus dem Motorraum gehoben werden (nur ohne Getriebe möglich), muß der Motorträger (3) auch vom Motorblock losgeschraubt werden.
Zum Motoreinbau neue selbstsichernde Kamaxmuttern an den Motorlagern verwenden und diese zuerst nur lose eindrehen, damit der Motor exakt ausgerichtet und spannungsfrei in seinen Lagern montiert werden kann.

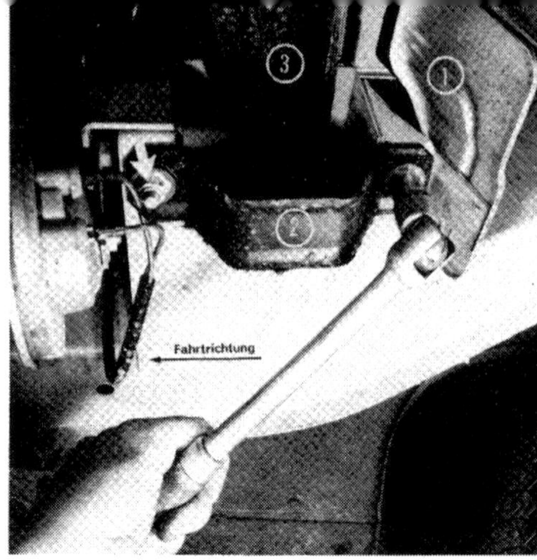

eine ganze Reihe von Spezialwerkzeugen und Feinstmeßgeräten notwendig sind. Sie sehen sich lieber erst einmal nach einem preiswerten Gebrauchtmotor aus einem Unfallfahrzeug um. Das kostet oft nur ein paar Hunderter und kann ein sehr günstiger Kauf sein, zumal man dabei auch noch Lichtmaschine und Vergaser als weitere Ersatzteile übrig hat, die bei dem audiüblichen Teilemotor nicht mitgeliefert werden.

Einfach ist der Aus- und Einbau des Motors allerdings nicht. Man braucht dazu einen gut ausgestatteten Werkzeugkasten mit Ring- und Steckschlüsseln, zum Einbau eigentlich auch einen Drehmomentschlüssel, dazu kräftiges Hebegerät und einige kräftige Helfer. Der 85-PS-Motor läßt sich nach Abschrauben des Getriebes auch nach oben aus dem Motorraum heben, beim 100- und 112-PS-Motor ist der eingebaute Motor nicht vom Getriebe zu trennen und muß mit diesem zusammen nach unten aus dem Motorraum genommen werden, was auch mit dem 85-PS-Motor möglich ist. Der Arbeitsgang in Stichworten:

- Minuskabel der Batterie lösen (Seite 106)
- Vorderes unteres Querblech (»Windschürze«) unterhalb der vorderen Stoßstange demontieren (Für 85-PS-Motorausbau nach oben nicht nötig).
- Luftfilter vom Vergaser abbauen (Seite 102), Kurbelgehäuseentlüftungsschlauch abnehmen und Vergaseransaugstutzen mit fusselfreiem Lappen oder Papier verstopfen.
- Kühlmittel durch Demontage des unteren Verbindungsschlauches zwischen Motor und Kühler ablassen, dabei Heizungshebel auf »warm« stellen und Kühlerverschlußdeckel abnehmen.
- Kabel an Abschaltventil des Vergasers (Seite 93), an Öldruckschalter (Seite 168), Fernthermometer (Seite 167), Hauptzündkabel an Zündverteilerkappe (Seite 141) und Kabel Nr. 1 an Zündspule (Seite 132) lösen.
- Kühlwasser- und Heizungsschläuche an Motor abbauen
- Vergasergestänge bzw. Vergaserzüge abnehmen
- Tachometerwelle am Getriebe herausdrehen (Seite 170)
- Kupplungsseil aushängen
- Benzinzufuhrschlauch an der Kraftstoffpumpe abziehen
- Stecker an der Lichtmaschine (und am elektrischen Ventilatormotor) abziehen.
- Unterdruckschläuche für Bremskraftverstärker lösen
- Auspuffrohr demontieren (Seite 63)
- Kühlerbefestigungsschrauben unten, obere Kühlerstrebe und seitliche

Befestigungsmutter herausschrauben und Kühler mit Kühllufthutze nach oben herausziehen (für 85-PS-Motorausbau nach oben nicht notwendig).

■ Am 100-PS-Motor muß eventuell eine am hinteren Widerlager befestigte Bremsleitung demontiert werden.

■ Kabel am Anlasser lösen, Kabel am Rückfahrscheinwerferschalter oben auf dem Getriebe (Seite 153) abziehen

■ Soll der 85-PS-Motor nun nach oben aus dem Motorraum gezogen werden, ist am aufgebockten Wagen der Anlasser abzubauen und sind die oberen Verbindungsschrauben Motor-Getriebe zu lösen. Danach ist das Getriebe bewegungssicher und stabil zu unterbauen, sowie der Motor an Hebezeug (Kran, Wagenheber) zu hängen. Danach die beiden Motorlager komplett ausbauen, jetzt auch die restlichen Motor-Getriebe-Verbindungsschrauben lösen und mit Montierhebel Motor vom Getriebe abdrücken, wobei mindestens zwei Helfer den Motor halten und führen müssen. Zuletzt Motor bei zweckmäßigen Drehbewegungen vorsichtig nach oben aus dem Motorraum heben. Einbau sinngemäß umgekehrt.

■ Beim Ausbau mit Getriebe nach unten sind die Antriebswellen am Getriebe zu demontieren und an den oberen Dreieckslenkern mit Draht anzubinden.

■ Vorderachsstabilisator (Bild Seite 186) ausbauen

■ Motor und Getriebe stabil unterbauen und beide leicht anheben, damit die Lager entlastet werden.

■ Motor- und Getriebelager ausbauen

■ Motor mit Getriebe nach unten ablassen oder Fahrzeug nach oben wegheben, damit Motor und Getriebe herausgezogen werden können.

Motoreinbau-Hinweise

Der für den Motoreinbau wichtige Drehmomentschlüssel wird einem Heimwerker nur selten zur Verfügung stehen. Und wenn, dann fehlen noch die Dutzende verschiedener Anzugsdrehmomente, die vom Werk für jede Schraube festgelegt sind. Wir konnten sie in diesem Buch nur für die besonders genau einzustellenden Innenschrauben des Motors (siehe Abschnitte »Ventilspiel«, »Lagerschäden«, »Zylinderkopf«) angeben. Aber es gibt noch einen, allerdings keineswegs vollwertigen Ausweg, wenn die gleichen Teile wieder eingebaut werden: Beim Ausbau an jedem Schraubengewinde mit Lackfarbe, Ölkreide oder einer Reißnadel markieren, wie weit die zugehörige Mutter eingedreht war. Dann hat man, vor allem bei den Gummipuffern der Motorlagerung, einen ungefähren Anhaltspunkt. Gerade die Gummipuffer dürfen nicht durch zu straffes Anziehen der Muttern zusammengequetscht werden, der Motor könnte dann nicht mehr genügend in sich schwingen.
Beim Einbau von Motor und Getriebe sollten die »selbstsichernden Muttern«, die an einem meist roten oder blauen Kunststoffring am oberen Gewindegang erkennbar sind, durch neue ersetzt werden. Auch ist schon beim Ausbau genau auf die Lage der verschiedenen Beilegscheiben, Sprengringe und dergleichen zu achten, da sie alle in genau gleicher Reihenfolge wieder eingebaut werden müssen. Es ist deshalb praktisch, alle ausgebauten Kleinteile auf einer größeren sauberen Platte so abzulegen, daß die Reihenfolge des Wiedereinbaus leicht erkennbar ist.
Ganz besonders ist beim Einbau darauf zu achten, daß der Motor sauber ausgerichtet und spannungsfrei im Motorraum sitzt, was vor allem bei einem anderen Motor, der eingebaut werden soll, schwierig werden kann. Andernfalls kann es zu störenden Fahrgeräuschen und vorzeitigem Verschleiß wegen einseitiger Belastung einzelner Teile kommen. Um dies zu vermeiden,

dürfen am in den Motorraum eingehobenen Motor die verschiedenen Motorlager zuerst nur lose angeschraubt werden, dabei müssen Motor und Getriebe so unterstützt werden, daß sie ohne Lagerbelastung gewissermaßen »schweben«. Erst danach sind die Schrauben und Muttern anzuziehen.

Kompressionsdruck prüfen
Wartungspunkt Nr. 36

Bei der empfehlenswerten Computer-Diagnose brauchen zum Prüfen des Kompressionsdruckes aller Zylinder nicht einmal die Zündkerzen herausgeschraubt zu werden, denn er wird indirekt gemessen und ausgewertet. Man nützt nämlich die Tatsache aus, daß der den Motor durchdrehende Anlasser um so mehr Kraft (= Strom) bei jedem Zylinder braucht, je höher dessen Kompressionsdruck liegt – entsprechend sinkt die Spannung des Bordnetzes. Der Computer mißt einfach den Spannungsabfall beim Durchdrehen des Motors für jeden Zylinder und druckt auf dem Diagnose-Prüfbericht die jeweiligen Meßwerte aus. Der Motor ist besonders gut, wenn die Meßwerte innerhalb eines bestimmten Wertbereiches dicht beieinander liegen. Es reicht aber aus, wenn der niedrigste Meßwert nicht kleiner als die Hälfte des größten Meßwertes ist.

Mit dieser Kontrolle soll geprüft werden, ob Kolbenringe und Ventile gut abdichten und damit die Kompression in den Zylindern noch so hoch ist, daß der Druck des verbrennenden Kraftstoff-Luft-Gemisches nicht teilweise nutzlos entweicht. Aber nicht jede Werkstatt hat einen Diagnose-Stand und sie muß daher zur alterprobten Kompressionsdruckprüfung mit dem Druckschreiber greifen, wie sie im Bild unten gezeigt ist.

Für die Audi-100-Motoren rechnet man mit folgenden Kompressionsdrücken:

Druck in kp/cm² (atü)	gut	befriedigend	schlecht
85-PS-Motor	9–11	7,5– 9	unter 7,5
100- und 112-PS-Motor	11–13	9–11	unter 9

Liegen Ihre Werte bei »gut« oder noch darüber, können Sie sehr zufrieden sein. Fällt allerdings ein einzelner Zylinder um 2 und mehr atü ab, dann sollte man dem Mangel nachgehen, auch wenn der schlechteste Zylinder noch »befriedigend« wäre. Die Ursache läßt sich mit folgendem Versuch ermitteln:

Ölprobe

In das offene Zündkerzenloch wird etwas kaltes Motoröl geträufelt und sogleich nochmals mit dem gleichen Kompressions-Druckschreiber dieser Zylinder nachgemessen. Ist der Meßwert nun höher, liegt es an den Kolben-

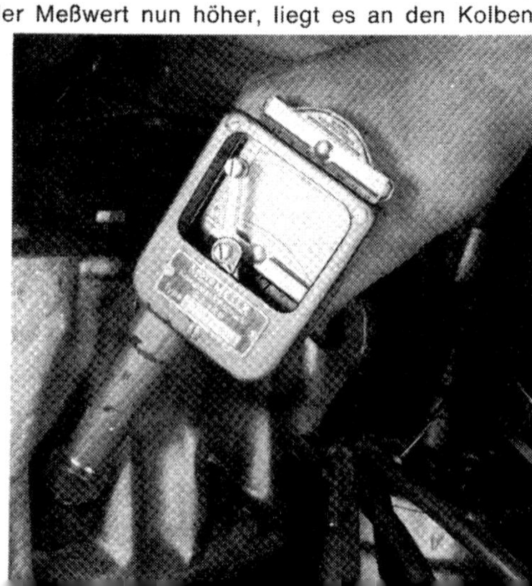

Werkstätten, die keine Möglichkeiten zur Computer-Diagnose haben, und besonders gut ausgestattete Heimwerker prüfen den Kompressionsdruck mit einem Kompressions-Druckschreiber, wie hier im Bild gezeigt. Für diese Messung muß der Motor warmgefahren sein, und alle Zündkerzen müssen anschließend herausgeschraubt werden. Ein Helfer betätigt den Anlasser, während der Druckschreiber mit seinem Gummi-Konus fest in das Zündkerzenloch gedrückt wird. Der Helfer muß dabei das Gaspedal voll durchtreten, damit der Zylinder beste Füllung erhält. Auf dem gewachsten Schreibkärtchen des Druckschreibers zeichnet die Nadel für den geprüften Zylinder eine flache Kurve, die nach einigen Motorumdrehungen ihren höchsten Wert erreicht. Danach wird das Schreibkärtchen weiter geschaltet und der nächste Zylinder gemessen. Alle Zylinder müssen mit dem gleichen Druckschreiber gemessen werden, denn diese Geräte weichen in ihren Meßergebnissen etwas voneinander ab.

Nach Abnahme der Zylinderkopfhaube sieht man beim 85-PS-Motor direkt auf die oben liegende Nockenwelle (beim 100-PS-Motor liegen dort statt dessen die Kipphebel der Ventilbetätigung: siehe Seite 56). Die Ventile hängen nebeneinander senkrecht zu den Zylinderkopfachsen im Zylinderkopf. Die Reihenfolge der Einlaß- (E) und Auslaßventile (A) ist im Bild gekennzeichnet, sie ist »spiegelbildlich« vom Anfang und vom Ende des Motors, im Gegensatz zum 100- und 112-PS-Motor (siehe Text Seite 56).

ringen (oder unrunden Zylinderwänden), denn das eingespritzte Öl hat an diesen Stellen im Augenblick zusätzlich abgedichtet. Bleibt der Meßwert gleich, sind die Ventile schuld. Bei schlechten Kolbenringen oder Zylinderwänden läßt sich das Motorleben noch durch sogenannte »Paßform-Ringe« (siehe Seite 59) anstelle der verschlissenen Kolbenringe verlängern. Sind die Ventile als schuldig zu vermuten, sollte zuerst das Ventilspiel geprüft, nachgestellt und anschließend die Druckprüfung wiederholt werden.

Allgemein zu niedriger Kompressionsdruck kann bedeuten: Schäden an den Ventilen (z. B. verbranntes Auslaßventil), zu knappes Ventilspiel (dichtet nicht genügend ab), klebendes (hängendes) Ventil infolge Rückständen am Ventilschaft und in dessen Führung, Kolben- oder Kolbenringverschleiß, gebrochene oder festsitzende Kolbenringe, verschlissene oder unrunde Zylinder, Riefen in der Zylinderwand als Folge von Kolbenklemmern. Meist liegt jedoch mangelnder Kompressionsdruck und verringerte Motorleistung an undichten Auslaßventilen. Deren Einschleifen bringt Abhilfe, wenn sich nicht wegen hoher Kilometerleistung sowieso ein Austauschmotor empfiehlt.

Das Ventilspiel

In den Technischen Daten eines Automotors taucht immer der Begriff »Ventilspiel« auf. Darunter versteht man einen mehr oder weniger breiten Luftspalt zwischen den Teilen der Ventilbetätigung. Damit soll die unterschiedliche Wärmedehnung zwischen den Motorteilen und den Teilen der Ventilbetätigung ausgeglichen werden. Denn es muß auf alle Fälle verhindert werden, daß bei dieser oder jener Motortemperatur die Ventile wegen mangelnden »Spiels« nicht ganz schließen können. Darum ist das richtige Ventilspiel für die Lebensdauer und Leistung eines Automotors lebenswichtig. Es bewirken dabei:

Zu kleines Ventilspiel: Gefahr, daß die Ventile nicht satt auf dem Ventil-Sitzring aufliegen, wodurch sie ihre Wärme nicht mehr an den Sitzring abgeben können. Dann verbrennen die Ventile und die Sitze, weil an den Ventilsitzen laufend heiße Verbrennungsgase vorbeistreichen. In leichteren Fällen verziehen sich die Ventile, wodurch die Abdichtung leidet und in der Folge auch bald der Sitz abbrennt. Die Kompression sinkt und die Motorleistung fällt ab.

Zu großes Ventilspiel: Die Ventile öffnen etwas später, die Zylinder werden schlechter gefüllt, dadurch sinkt die Motorleistung. Zudem wird der Verschleiß an der Nockenwelle und an den Ventiltriebteilen größer, was sich durch lauteres Ventilgeräusch bemerkbar macht.

Auf diesem Bild wird am 1. Zylinder des 85-PS-Motors das Ventilspiel geprüft. Am vorderen Auslaßventil darf das Spiel nicht mehr unter die gemessenen 0,40 mm absinken, während das dahinterliegende Einlaßventil mit 0,30 mm noch für weitere 30 000 km ausreichendes Spiel aufweist. Die Nocken der Nockenwelle müssen bei der Messung für die einzelnen Zylinder in gleicher Höhe nach außen zeigen, wie die Pfeile dies andeuten.

Ventilspiel prüfen

Wartungsdienst Nr. 66

Das Ventilspiel kann man nicht etwa durch Abhören des Klapperns prüfen. Das hört man allenfalls bei zu großem Ventilspiel, aber viel gefährlicher ist zu kleines Ventilspiel und das hört man gar nicht.

Aus der Tabelle auf Seite 46 und den beiden Motorschaubildern auf Seite 46 und 47 ist zu entnehmen, daß die Ventilsteuerung in den beiden Motormodellen unseres Audi 100 unterschiedlich ist, obgleich bei beiden Motoren die Ventile von oben in den Zylinderkopf hängen.

Vor dem Prüfen des Ventilspiels muß zuerst der feste Sitz der Zylinderkopfschrauben kontrolliert werden (Seite 62).

85-PS-Motor

Obgleich die Nockenwelle im 85-PS-Motor direkt über den Ventilen liegt, sind über die oberen Enden der Ventilschäfte Tassenstößel gestülpt – es sind wie auf den Kopf gestellte kleine Tassen. Sie vermeiden, daß die oval geformten Nocken der Nockenwelle direkt über die schmalen Ventilschaftenden gleiten – sie würden sich durch die ständige einseitige Belastung mit der Zeit verbiegen. Aber auch die Tassenstößel werden von den Nocken nicht genau in der Mitte getroffen, sondern etwas seitlich versetzt. Dadurch werden die Tassenstößel mit ihren Ventilen während des Motorlaufs in leicht rotierende Bewegung versetzt, was verhindert, daß sich die Ventile einseitig einschlagen und undicht werden.

Das Ventilspiel wird bei dieser Konstruktion durch Einlegen von Distanzplättchen eingestellt. Dafür hat die Audi-Werkstatt 26 Arten von Distanzplättchen verschiedener Stärke, einen Niederhalter für die Tassenstößel und eine Spezialzange zum Ausheben der Distanzplättchen. Solches Spezialwerkzeug und den ebenso unentbehrlichen Auswahlkasten der Distanzplättchen zwischen 3,00 bis 4,25 mm (mit je 0,05 Dickenunterschied) nur kaufen, weil alle 30 000 km das Ventilspiel geprüft werden soll, ist recht witzlos. Aber Nachmessen kann man das Ventilspiel allemal und dann erforderlichenfalls die Audi-Werkstatt aufsuchen. Zum Messen brauchen Sie nur eine Fühlerblattlehre und Schraubenschlüssel SW 10 und 13.

Grundsätzlich darf das Ventilspiel nur bei mindestens »handwarmem« Motor gemessen werden. Kühlwasser- und Öltemperatur sollen etwa 35° C betragen, die Anzeigenadel des Fernthermometers muß bei eingeschalteter Zündung mindestens auf die Grenze des grünen Feldes zeigen. Folgendes Ventilspiel ist festgelegt:

- **Einlaßventile 0,2 bis 0,3 mm**
- **Auslaßventile 0,4 bis 0,5 mm**

Die Auslaßventile brauchen wegen stärkerer Erhitzung größeres Spiel.

Die Arbeitsreihenfolge sieht so aus: Luftfilter abnehmen (Halteschraube SW 13 und Befeistigungsschrauben der Zylinderkopfhaube (SW 10) lösen. Achten Sie bei der Demontage darauf, daß die Unterlegbleche unter den Schrauben nicht verloren gehen (sie sorgen für gleichmäßigen Anpreßdruck und somit gegen Undichtigkeiten). Zylinderkopfhaube vorsichtig abheben, sonst wird die darunterliegende Korkdichtung beschädigt. (Grundsätzlich sollte später allerdings eine neue Dichtung montiert werden.) Eine festsitzende Haube kann man lockern, indem man mit einem Hammerstiel am Rand entlang klopft.
Zum Drehen der Kurbelwelle – und somit der Nockenwelle – kann man entweder den 4. Gang einlegen und den Audi hin- und herschieben oder (z. B. bei Getriebeautomatik) das vordere Nummernschild abschrauben und die Kurbelwelle mit einem Steckschlüssel SW 19 drehen. Keinesfalls dürfen Sie an der Befestigungsschraube für das Nockenwellenrad drehen, sonst wird der Zahnriemen überbeansprucht.
Bei abgenommenem Verteilerdeckel wird die Kurbelwelle so weit im Uhrzeigersinn gedreht, bis der Verteilerfinger auf die Einkerbung im Verteilergehäuserand deutet (Bild Seite 140). Jetzt steht der Zylinder 1 (in Fahrtrichtung der vorderste) auf Zündzeitpunkt. Damit sind beide Ventile geschlossen und man kann das Ventilspiel, wie im Bild oben gezeigt, messen. Von vorne nach hinten hat dieser Motor folgende
Reihenfolge der Aus- und Einlaßventile: A-E – A-E – E-A – E-A.
Liegen die mit den verschiedenen Fühlerblättern »erfühlten« Meßwerte innerhalb der oben angegebenen Toleranz, brauchen die Distanzplättchen nicht ausgetauscht zu werden.
Damit die Ventile des zu messenden Zylinders einwandfrei geschlossen sind, muß beim Vorwärtsschieben des Wagens genau beobachtet werden, ob über dem zu messenden Zylinder die beiden für ihn zuständigen Nocken schräg seitlich nach oben zeigen, also die darunter sitzenden Tassenstößel nicht mehr berühren. Um unnötige Motordreherei zu ersparen, wird das Ventilspiel entsprechend der Zündfolge des Motors 1 – 3 – 4 – 2 gemessen.

100- und 112-PS-Motor

Bei diesem Motor liegt die Nockenwelle in Motormitte (Nr. 24 im Schaubild Seite 46) und hebt die in Stößeltassen stehenden langen Stößelstangen an, die ihrerseits die oben in der Zylinderkopfhaube sitzenden Kipphebel anheben. Diese drücken jeweils gegen den Druck zweier kräftiger Ventilfedern die Ventile herunter. Das Ventilspiel wird hier – grob gesagt – durch Höher- oder Tiefersetzen der Kipphebelbefestigungsmuttern eingestellt.
Auch dieser Motor soll zum Einstellen des Ventilspiels »handwarm« sein. Dann sind vorgeschrieben:
■ **Einlaßventile 0,15 mm** ■ **Auslaßventile 0,40 mm**
Bei diesem Motor ist keine Spieltoleranz vorgesehen, weil sich das Ventilspiel durch Drehen der Kipphebelbefeistigungsmuttern genau einstellen läßt. Nach Montagearbeiten ist auch eine Grundeinstellung am kalten Motor möglich, wobei für die Einlaßventile 0,10 mm und für die Auslaßventile 0,35 mm vorgeschrieben sind. Dieses Ventilspiel muß aber alsbald bei warmem Motor noch einmal nachgeprüft werden.
Als Werkzeug brauchen Sie: Fühlerblattlehre, Schraubenschlüssel (am besten Ring- und Steckschlüssel) SW 10 und 13, sowie eine Stecknuß SW 17 mit Betätigungswerkzeug (am besten Drehmomentschlüssel).
Die Arbeitsreihenfolge: Luftfilter abnehmen, Zündkabelhalterechen an der Seite der Zylinderkopfhaube aushängen, die beiden selbstsichernden Halte-

Während sich am 85-PS-Motor das Ventilspiel ohne Spezialwerkzeug nur nachmessen, aber nicht nachstellen läßt, kann man mit einiger Erfahrung am hier gezeigten 100- und 112-PS-Motor das Ventilspiel auch selbst nachstellen. Dazu benutzt man am besten einen Schlüssel mit einer »Nuß« (SW 17), da Rohrsteckschlüssel im allgemeinen nicht in den Kipphebel passen. Hiermit verdreht man die selbstsichernde Kamax-Mutter auf dem Kipphebel nach links (Spiel wird vergrößert) oder rechts (Spiel wird verkleinert), bis die richtige Fühlerblattlehre zwischen Ventil und Kipphebel paßt. Die Einlaßventile liegen auf dem Bild etwas höher als die Auslaßventile, die Vorderkante des Motors liegt an der rechten Bildkante, die Einlaßventile der 3 hier sichtbaren Zylinder liegen also jeweils rechts. Hier wird gerade am kalten Motor das Einlaßventil des 2. Zylinders mit dem dann zuständigen Fühlerblatt 0,10 mm (siehe Text links unten) eingestellt. Während des Nachdrehens der Kipphebelmutter zieht man das Fühlerblatt heraus, weil es sonst bei häufigem Einspannen wellig und meßungenau wird.

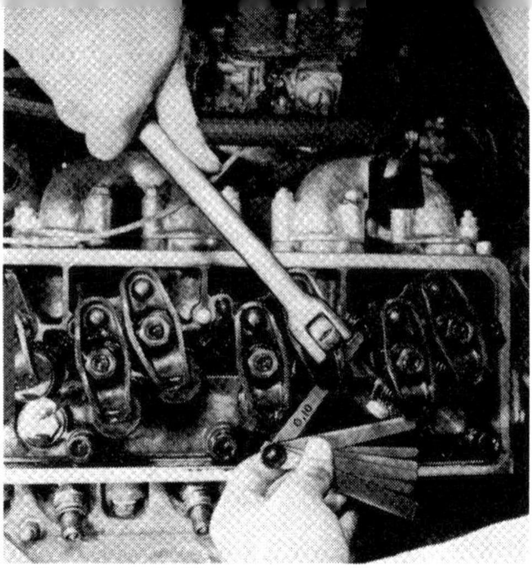

muttern (SW 13) der Zylinderkopfhaube herausdrehen, dabei auf die wichtigen Unterlegscheibchen achten. Zylinderkopfhaube behutsam, damit Korkdichtung nicht reißt, abheben. Der Kurbelgehäuse-Entlüftungsschlauch am Ende der Zylinderkopfhaube kann dran bleiben, wenn diese nach hinten in den Motorraum abgelegt wird.

Zündverteilerkopf abnehmen, 4. Gang einlegen und Audi vorwärts schieben, bis Verteilerfinger auf die »Zylinder-1-Kerbe« (Bild Seite 140) zeigt. Dann sind beide Ventile am Zylinder 1 (vorne am Motor) geschlossen. Bei diesem Motor ist von vorne nach hinten die

Reihenfolge der Ein- und Auslaßventile: E-A — E-A — E-A — E-A

Bei diesem Motor ist nicht so ohne weiteres erkennbar, ob die Ventilstößel tatsächlich entlastet sind, um das Spiel messen zu können. Deshalb nutzt man hier als optische Hilfe das »Überschneiden« der Kipphebel am »Gegenzylinder«, also an jenem Zylinder, bei dem im gleichen Augenblick beide Ventile geöffnet sind (Übergang vom Auspuff- in den Ansaugtakt), wozu sich die beiden, für den Zylinder zuständigen Kipphebel gegenläufig bewegen. Nur in ihrer gleichen »Überschneidungsstellung« ist die Ventilspielmessung am »Gegenzylinder« genau. Entsprechend der Zündfolge 1 — 3 — 4 — 2 ist also zu messen:

Ventilspiel messen am	1. Zylinder	3. Zylinder	4. Zylinder	2. Zylinder
bei Überschneidung am	4. Zylinder	2. Zylinder	1. Zylinder	3. Zylinder

Zum Messen des Ventilspiels schiebt man das entsprechende Blatt der Fühlerlehre zwischen Kipphebelende und Ventilschaft, wie im Bild oben gezeigt. Läßt sich auch ein stärkeres Fühlerblatt einschieben, muß die selbstsichernde Mutter auf dem Kipphebelbefestigungsbolzen rechtsherum gedreht werden. Läßt sich nur ein schmaleres Fühlerblatt einschieben, muß das Ventilspiel durch Linksdrehen dieser Mutter vergrößert werden. Dazu genügen bereits ganz kleine Drehbewegungen, denn mit einer vollen Schraubenumdrehung würde sich das Ventilspiel um volle 3 mm ändern. Für das übliche Nachstellen genügen also kleine Drehbewegungen von 5 bis 10 Winkelgrad. Zum Verdrehen der Einstellmuttern ist ein Drehmomentschlüssel sehr praktisch, denn der Reibwert der selbstsichernden Muttern muß zwischen 1,5 und 4,5 mkp (= 15 und 45 Nm) liegen. Dreht sich die Mutter leichter, muß sie ersetzt werden, denn sie könnte sich während des Motorbetriebs lockern. Sitzt sie fester, kann sie beim Linksdrehen den Kipphebelschraubenbolzen mit herausdrehen, also lockern.

Lagerschäden

Ein böses Zeichen ist ein allmählich immer lauter werdendes Klopfen, das vor allem bei warmem Motor auffallend wird. Damit kündigt sich oft ein Kurbelwellen- oder Pleuellagerschaden an. Solch ein Schaden läßt sich auch schon unterwegs lokalisieren, was sehr anzuraten ist, um weiteres Unheil zu vermeiden:

- Bei Fahrzeugstand und laufendem Motor am Gasgestänge etwas Gas geben und Gas wegnehmen, dabei genau hinhorchen: Beim Gaswegnehmen wird das Klopfen deutlicher. Ist das Klopfen ganz regelmäßig, handelt es sich meist um ein Kurbelwellenlager. Bei unregelmäßigem Klopfen darf man ein Pleuellager als Ursache vermuten.
- Um das Lager genau zu ermitteln, Motor abstellen, Zündkerzenstecker abziehen (da sehr festsitzend) und lose wieder aufschieben, die Zündfunkenweiterleitung muß aber zuverlässig funktionieren. Motor wieder starten und nacheinander bei Leerlauf die Zündkerzenstecker einzeln abziehen und wieder aufstecken (gegen Funkenüberschlag in die Hand, Zündkerzenstecker mit dickem Lappen oder Kunststoffwäscheklammer anfassen). Wenn das Klopfen beim Abziehen eines Zündkabels merkbar geringer wird, hat man das defekte Lager gefunden.
- Damit der Schaden nicht schlimmer wird, die betreffende Zündkerze herausschrauben, das zugehörige Zündkabel aus dem Verteilerkopf ziehen und mit offenem Kerzenloch fahren. Weil in dem betreffenden Zylinder nur noch eine geringfügige Kompression stattfindet, wird das schadhafte Lager geschont. Auch 3 Zylinder bringen den Audi noch zur Werkstatt oder nach Hause. Das pfeifende Knallen aus dem offenen Kerzenloch ist zwar störend aber nicht gefährlich.

Lagerschalen auswechseln

Wenn solch ein Lagerschaden rechtzeitig erkannt wird, läßt sich in der Regel einiges Geld sparen, denn statt einer komplett neuen Kurbelwelle kann dann noch das Auswechseln der beschädigten Lagerschalen ausreichen. Das sollte ein Heimwerker aber nur versuchen, wenn Hebebühne oder Auffahrrampe, ausreichende Erfahrung und ein Drehmomentschlüssel bei auch sonst guter Werkzeugausstattung vorhanden sind. Ansonsten wäre der Lagerschalenaustausch schon zu bewältigen, weil dazu der Motor nicht ausgebaut werden muß, sondern die Demontage der Ölwanne von der Motorunterseite ausreicht. Das geht dann so:

- Fahrzeug auf Hebebühne oder Auffahrrampe nehmen; ein Aufbocken wie zum Rad- oder Ölwechsel genügt nicht
- Motoröl ablassen und Ölwanne durch Herausdrehen der Innensechskantschrauben demontieren
- Lagerdeckel des vermutlich defekten Lagers, am besten auch die der beiden benachbarten Lager ausbauen und in der Ausbaureihenfolge auf sauberem Papier oder Karton ablegen, denn später müssen alle Teile wieder so zusammengebaut werden, wie sie vorher montiert waren
- Die Lagerschalen sind als Verschleißteile Zwischenlagen zwischen Kurbelwelle und Lagerdeckeln, damit bei einem Schmierungsfehler (Hauptursache für Lagerschäden) nicht gleich die teure Kurbelwelle Schaden leidet. Sie sind deshalb sorgfältig auf Riefen und Verschleiß zu prüfen. Und hoffentlich ist die Kurbelwelle noch einwandfrei blank, sonst müßte sie ausgetauscht werden, was aber nur bei ausgebautem Motor mit Werkstattmitteln möglich ist.
- Zeigen die Lagerschalen keinen auffälligen Verschleiß, muß das Lagerspiel gemessen werden. Das ist nur mit dem Spezialmeßfaden »Plastigage« (im Autofachhandel 12-Stück-Packung kaufen) möglich. Dazu Lagerschale und

Kurbelwellenzapfen sorgfältig reinigen, einen »Plastigage«-Faden quer über die Lagerschale legen und diesen mit dem Lagerdeckel montieren. Anzugsdrehmoment für die Messung beim 85-PS-Motor an den Kurbelwellenlagern genau 6,5 mkp, an den Pleuellagern genau 3,5 mkp, beim 100- und 112-PS-Motor bei allen Lagern 4,0 mkp. Wird stärker oder schwächer angezogen, stimmt die Messung nicht.

■ Lagerdeckel wieder abbauen und mit der »Platigage«-Meßskala durch Breitenvergleich feststellen, wie breit der Meßfaden durch den Zusammenbau gequetscht wurde. Die Meßskala darf für den 85-PS-Motor an den Kurbelwellenlagern höchstens 0,17 mm, an den Pleuellagern höchstens 0,12 mm, beim 100-, 112-PS-Motor an den Kurbelwellenlagern höchstens 0,18, an den Pleuellagern höchstens 0,15 mm anzeigen.

■ Die Lagerschalenhälften aus dem oberen Teil der Kurbelwellenlager lassen sich entgegen der Kurbelwellendrehung mit leichten Hammerschlägen auf einen zwischengelegten Holzspan (keinesfalls Metall auf Metall!) heraustreiben.

■ Je nach der eingebauten Kurbelwellengröße (Originalmaß oder Reparaturstufe I, II oder III) müssen die passenden Lagerschalen (unterschiedlich außerdem für Pleuellager, Kurbelwellenlager 3 in der Mitte und die 4 anderen Kurbelwellenlager) beschafft und eingebaut werden.

■ Anzugsdrehmomente bei dieser Montage für den 85-PS-Motor an den Kurbelwellenlagern 6,5 mkp, an den Pleuellagern 4,5 mkp, für den 100-, 112-PS-Motor an den Kurbelwellenlagern 8,0 mkp, an den Pleuellagern 3,5 bis 4,3 mkp.

■ Ölwanne wieder montieren, wobei eine neue Dichtung benutzt werden sollte. Beim 100-, 112-PS-Motor sind vor allem neue Silikonschnurdichtungen in die vordere und hintere Kurbelwellenlagernut einzulegen, sonst tritt dort unweigerlich später Motoröl aus. Anzugsdrehmoment für die Innensechskantschrauben 1,0 mkp (85 PS) bzw. 1,5 mkg (100 und 112 PS).

Zylinderkopf ausbauen

Zu vielerlei Reparaturarbeiten am Motor muß der Zylinderkopf ausgebaut werden. Wenn es sich um die Ventile handelt, sollte man als Heimwerker die Finger davon lassen, denn hierzu braucht man eine Menge Spezialwerkzeug und Spezialmeßgeräte, und das Austauschen der Ventilschaftabdichtungen beispielsweise ist wirklich keine Laienarbeit. Man kann danach durchaus damit rechnen, daß sich später dort Motoröl falsche Wege sucht und zu baldigen Folgeschäden führt.

Möglich sind für einen erfahrenen Heimwerker allenfalls die nachfolgend aufgeführten Reparaturarbeiten, wobei auf jeden Fall ein Drehmomentschlüssel für den Zusammenbau notwendig ist. Denn nur die genau eingehaltenen Anzugswerte garantieren, daß die neue Zylinderkopfdichtung nicht gleich wieder durchbrennt, daß der Zylinderkopf sich nicht verzieht und daß die Einstellung des Ventilspiels erhalten bleibt.

Durchgebrannte Zylinderkopfdichtung

Sie wird erkennbar, wenn die Motorleistung nachgelassen hat, der Kompressionsdruck mindestens eines Zylinders auffallend schwach ist und bei laufendem Motor im geöffneten Kühler nach Auspuffgas riechende Gasblasen hochblubbern, die beim Abstellen des Motors sofort ausbleiben. Dann drückt sich nämlich Brenngas aus mindestens einem Zylinder an der angeschmorten Zylinderkopfdichtung vorbei in einen benachbarten Wasserkanal des Kühlungskreislaufs. Ursache dieses Schadens ist oft ein verzogener Zylinderkopf, wozu man dann doch die Werkstatt braucht.

Verbrennungsrückstände wegputzen

Verbrennungsrückstände (Ölkohle) erhöhen die Motorkompression und damit die Klopfanfälligkeit des Motors, behindern die Motorleistung und erhöhen den Kraftstoffverbrauch. Statt sie nach Abnahme des Zylinderkopfes mechanisch wegzuputzen, gibt es noch einen Trick, der oftmals hilft und den Zylinderkopfausbau erspart. Dabei macht man sich die stark rückstandslösende Fähigkeit spezieller Zweitakteröle zunutze. Nachdem der Motor kräftig warmgefahren wurde, nimmt man den Luftfilterdeckel ab und schüttet bei mit erhöhter Drehzahl laufendem Motor zügig eine kleine Dose Zweitakteröl in den Vergaserstutzen. Aber nicht zu schnell schütten, sonst bleibt der Motor stehen und man bekommt ihn erst nach Zündkerzenreinigung wieder in Gang. Vorsicht: Diese Veranstaltung entwickelt einen geradezu irren Auspuffqualm und es ist nicht ratsam, sich damit den wütenden Zorn der Nachbarn in einem Wohngebiet zuzuziehen. Den Grundsätzen des Umweltschutzes entspricht dieses Verfahren also nicht gerade.
Außerdem ist mit der Ölkohle noch nicht deren Ursache beseitigt, meist sind Ventilmängel oder undichte Kolbenringe (nächster Absatz) daran schuld. Deshalb ist mechanische Reinigung bei abgenommenem Zylinderkopf besser. Die Ölkohle darf aber nur mit einem gut geschliffenen Schaber behutsam schabend beseitigt werden. Nie mit einer scharfen Werkzeugkante die Ölkohle abkratzen, denn in den dadurch entstehenden Metallriefen im Zylinderkopf oder auf dem Kolbenboden setzt sich bevorzugt wieder Ölkohle an und die Grate der Metallriefen kommen leicht zum Glühen (schlechte Wärmeableitung), wodurch Motorklingeln stark gefördert wird. Die Verbrennungsrückstände werden deshalb nur bis auf eine dünne Restschicht und nicht bis aufs blanke Metall abgeschabt.

Goetze „Passform-Ringe" bei undichten Kolben

Wenn der Kompressionsdruck bei einem oder mehreren Zylindern sehr schwach ist und die »Ölprobe« (Seite 52) auf undichte Kolbenringe hinweist, lassen sich als Zwischenreparatur vor einem teuren Ausschleifen der Zylinder mit Einbau neuer Kolben oder einem neuen Austauschmotor sehr gut die »Paßform-Kolbenringe« der Firma Friedrich Goetze (5673 Burscheid) als Ersatz für die verschlissenen oder gebrochenen Kolbenringe einbauen. Voraussetzung zu deren Einbau ist, daß der Motor, vom Zylinder- und Kolbenringverschleiß abgesehen, in gutem mechanischem Zustand ist. Der Zylinderverschleiß darf im Oberen Totpunkt des obersten Kolbenringes nicht mehr als 0,30 mm bei unseren Audi-Motoren betragen, wobei der Zylinder auch ein wenig unrund sein darf, denn die jeweils unter den Paßformringen sitzenden Expanderfedern drücken die Formringe nach außen an die Zylinderwände. Der genaue Einbausatz ist aus dem Goetze-Katalog beim Ersatzfachhandel zu entnehmen und die jeweils beigefügte Einbauanleitung genau zu beachten. Bei sorgsamer Montage kann man damit die Motorlebensdauer preiswert erheblich verlängern.
Auch für diese Arbeit muß der Zylinderkopf ausgebaut werden, denn die Kolben lassen sich nur nach oben aus den Zylindern ziehen. Außerdem muß auch die Ölwanne demontiert werden, da die Pleuellager an der Kurbelwelle gelöst werden müssen.

Montagepraxis

Während beim 100- und 112-PS-Motor der Ausbau des Zylinderkopfes verhältnismäßig einfach ist, macht er beim 85-PS-Motor durch den Zahnriemenantrieb der obenliegenden Nockenwelle zusätzliche Schwierigkeiten. Bei diesem Motor sollten Sie es deshalb erst noch einmal überlegen, bevor Sie zum Werkzeugkasten greifen.

Damit der Zylinderkopf absolut plan und gleichmäßig aufliegt – andernfalls drückt Verbrennungsgas aus den Zylindern und zerstört die Zylinderkopfdichtung –, müssen die 10 Zylinderkopfschrauben in der hier am 85-PS-Motor gezeigten Reihenfolge mit einem Drehmomentschlüssel in mehreren Stufen (nebenstehende Tabelle) angezogen werden. Bei der Demontage löst man die Zylinderkopfschrauben in der Reihenfolge von 10 nach 1.

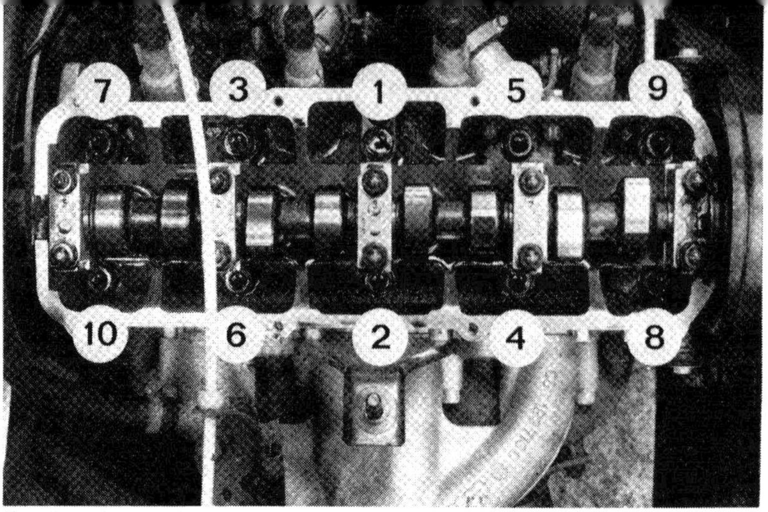

Zur Zylinderkopfdemontage braucht der Motor nicht ausgebaut zu werden. Bei beiden Motortypen sind folgende Vorarbeiten erforderlich:

- Kühlflüssigkeit ablassen (Seite 68)
- Luftfilter ausbauen (Seite 102)
- Minuskabel der Batterie lösen, Zündkabel von den Zündkerzen abziehen, zusammen mit dem Verteilerkopf ausbauen, Kabel am Thermofühler abziehen
- Alle am Zylinderkopf und Vergaser angeschlossenen Schläuche des Kühl- und Heizungskreislaufes lösen
- Zylinderkopfhaube demontieren
- Am Vergaser Unterdrucksaugleitungen zum Zündverteiler, Vergaserzug bzw. -gestänge, Kraftstoffschlauch, Kabel an Abschaltdüse abziehen.
- Saugschlauch für Bremskraftverstärker am Ansaugkrümmer demontieren
- Auspuffrohr am Auspuffkrümmer abschrauben (Bild Seite 63)
- Auspuff- und Ansaugkrümmer demontieren

Unterschiedlich weiter beim 100-, 112-PS-Motor

- Oben auf dem Zylinderkopf die Ventileinstellmuttern (selbstsichernde Kamax-Muttern) so weit lockern, daß sich die Kipphebel seitlich wegdrehen lassen, bis die Stößelstangen frei liegen. Kipphebel nicht ganz abschrauben, damit keine Teile (Muttern und Gleitkugeln in den Kipphebeln) durch die Stößelstangenöffnungen in den Motor fallen. Sollen die Stößelstangen herausgenommen werden, muß man sie so ablegen, daß sie später genau wieder an der gleichen Stelle eingebaut werden.
- Die Zylinderkopf-Befestigungsschrauben (ebenfalls Sechskant-Inbus SW 10) in der Reihenfolge 1–10 des Bildes oben herausdrehen und Zylinderkopf vorsichtig abheben, damit die in der Regel noch eingesetzten Stößelstangen nicht verbogen werden.

Unterschiedlich weiter beim 85-PS-Motor

- Lichtmaschine lockern, etwas nach unten schwenken, Keilriemen von den Keilriemenscheiben abnehmen (Seite 116) und Keilriemenscheibe der Wasserpumpe (Nr. 9 im Schaubild Seite 47) abschrauben.
- Blechschutzhaube des Zahnriementriebs an der Frontseite des Motors abbauen (Nr. 3 im Schaubild Seite 47).
- Spannrolle (Nr. 4 im Schaubild) des Zahnriemens lockern.
- Zahnriemen (Nr. 5 im Schaubild) abnehmen.
- Die Zylinderkopf-Befestigungsschrauben (ebenfalls Sechskant-Inbus SW 10) in der Reihenfolge 1–10 des Bildes oben herausdrehen, in Demontagereihe ablegen und Zylinderkopf abheben.

Fingerzeig: *Die im Zylinderkopf eingebauten Ventiltriebteile sollte man nicht ausbauen. Bei einem Ventilschaden kann man ohne weiteres den Zylinderkopf zur Audi-Werkstatt bringen und dort den entsprechenden Reparaturauftrag erteilen – ohne Meßgeräte und Spezialwerkzeug wird das Pfusch.*

Einbauhinweise

Vor der Montage des Zylinderblocks müssen alle Zylinderkopfdichtungsreste sorgfältig entfernt werden. Dabei darf es keine Kratzer in den gegeneinanderliegenen Auflageflächen geben.

Die neue Zylinderkopfdichtung – auch wenn sie nicht durchgebrannt war, wird sie ausgetauscht – wird so aufgelegt, daß die Beschriftung »OBEN« zum Zylinderkopf zeigt. Damit sie beim Aufsetzen des Zylinderkopfes nicht verrutscht, schraubt man anstelle der Zylinderkopfschrauben Nr. 7 und 8 oder 9 und 10 – also jedenfalls diagonal – je einen langen Führungsbolzen ohne Schraubenkopf mit passendem Gewinde in den Motorblock ein. Das sichert einen paßgenauen Sitz des Zylinderkopfes.

Vor dem Einschrauben der Zylinderkopfschrauben werden deren Gewinde entweder mit Graphitöl (Seite 21) oder HSC-Paste (Seite 63) eingestrichen. Zuerst werden sie nur mit der Hand leicht eingeschraubt, danach in 4 Stufen jeweils genau in der auf dem Bild links oben gezeigten Reihenfolge mit dem Drehmomentschlüssel angezogen:

Drehmoment	1. Stufe	2. Stufe	3. Stufe	4. Stufe
85-PS-Motor	4,0 mkp	5,0 mkp	6,5 mkp	7,5 mkp
100-, 112-PS-Motor	4,0 mkp	5,5 mkp	7,0 mkp	8,0 mkp

Werden die Zylinderkopfschrauben nicht in der angegebenen Reihenfolge und ohne Drehmomentschlüssel eingedreht, muß man mit einer bald durchgebrannten Zylinderkopfdichtung und verzogenem Zylinderkopf rechnen.

Nach etwa 500 bis 1 000 km Fahrt müssen die Zylinderkopfschrauben nachgezogen werden (nächste Seite).

Zahnriementrieb des 85-PS-Motors

Da sich die Nockenwelle in einem genau festgelegten Rythmus zur Kurbelwelle drehen muß – sonst sind die Ventilsteuerzeiten verstellt –, muß beim Auflegen des Zahnriemens genau darauf geachtet werden, daß alle 3 Zahnriemenräder ihre genau vorgeschriebene Stellung zueinander haben.

- Kurbelwelle mit vorne aufgesetztem Steckschlüssel (SW 19) so drehen, daß gleichzeitig der Verteilerfinger des Zündverteilers auf die »Zylinder-1-Marke« im Gehäuserand (Bild Seite 140) zeigt, die OT-Marke auf dem Schwungrad in ihrem Schauloch (Bild Seite 139) vor der Markierungsspitze erscheint und eine Kerbe in der Kurbelwellenkeilriemenscheibe (Nr. 8 im Schaubild auf Seite 47) auf den Zahnkranz der Nebenwellen-Zahnriemenscheibe (Nr. 7 im Schaubild) gerichtet ist.
- Danach die Nebenwellen-Zahnriemenscheibe so drehen, daß eine kleine Kugelmarke in ihrem Zahnkranz genau in der Kerbe der Kurbelwellenkeilriemenscheibe liegt.
- Nockenwellenrad (Nr. 2 im Schaubild) so drehen, bis eine kleine Körnermarkierung in der Rückseite des Zahnkranzes genau mit der Dichtung der Zylinderkopfhaube an der linken Motorseite (in Fahrtrichtung gesehen) auf gleicher Höhe steht. Nur in dieser Stellung der 3 Zahnriemenräder ist gesichert, daß sie gleichzeitig auf »Zündung 1. Zylinder« stehen.
- Zahnriemen auflegen, ohne die Zahnräder dabei zu verstellen.
- Spannrolle (Nr. 4 im Schaubild) durch ihren Exzenter verstellen und fest-

drehen, bis sich der Zahnriemen zwischen Nockenwellen- und Zwischenwellenrad gerade noch in sich um 90° verdrehen läßt.

■ Zuletzt wieder die Zahnriemenschutzhaube sowie die Wasserpumpenkeilriemenscheibe montieren und den Keilriemen auflegen und spannen.

In gleicher Weise wird auch bei Bedarf die Zahnriemenspannung geprüft (eine regelmäßige Wartung ist nicht vorgeschrieben) oder ein gerissener Zahnriemen (seltener Fall, man sollte die Ursache beseitigen) ersetzt.

Zylinderkopfschrauben nachziehen

Wartungsdienst Nr. 65

Am 100- und 112-PS-Motor ist vor dem Prüfen des Ventilspiels (Seite 55) zu kontrollieren, ob die Zylinderkopfschrauben mit vorschriftsmäßigem Drehmoment angezogen sind. Darüber hinaus besteht nach der Neumontage des Zylinderkopfes für beide Motortypen die Vorschrift, nach 500 bis 1 000 km Fahrtstrecke den Sitz der Zylinderkopfschrauben nachzuprüfen, bzw. am 85-PS-Motor das Anzugsdrehmoment auf 8,5 mkp zu erhöhen. Hierzu werden am warmgefahrenen Motor die Zylinderkopfschrauben mit dem Drehmomentschlüssel zuerst um etwa 30° nach links gedreht und dann wieder mit 8,5 mkp in der Montagereihenfolge (Bild Seite 60) angezogen.

Die Auspuffanlage

Die Auspuffanlage muß man zu den Verschleißteilen rechnen, denn in der Regel hat sie nach 2 bis 4 Jahren der Rost gefressen. Dabei richtet sich die Verschleißschnelligkeit nach der Betriebsweise des Fahrzeugs: Wer lange Strecken mit warmem Motor zügig fährt, kann mit längerer Auspufflebensdauer rechnen. Besonders kurz ist die Lebensdauer an einem vorzugsweise im Kurzstrecken- und Großstadtverkehr betriebenen Fahrzeug – kurzfristiger Auspuffverschleiß ist z. B. eine typische Berliner Autokrankheit.

Bei trödeliger Fahrweise mit kühlem Motor bilden sich mehr metallanfressende Gase und Flüssigkeiten im Motor, die die Auspuffrohre von innen zerstören. Die Rosterei von außen ist dagegen nur von verhältnismäßig geringer Bedeutung – man kann etwa mit 20% Rostfraß von außen und 80% von innen rechnen, was natürlich auch von der Straßensalzerei im Winter abhängt.

Rostschutzanstriche wirkungslos

Auspuffanstriche von außen, die in großer Zahl von emsigen Pflegemittelherstellern angeboten werden, haben deshalb nur dürftige Wirkung. Eine gewisse Rostschutzwirkung können Sie allenfalls erzielen, wenn Sie die funkelnagelneue Auspuffanlage bereits vor dem Einbau gründlich mit Aceton abwaschen, damit die dürftige Grundierungsschicht entfernt wird und anschließend das blanke Auspuffmetall mit einem hitzefesten Zinkchromat- oder Zinkstaubanstrich überziehen. Ist der Auspuff schon angerostet oder versäumen Sie das vorhergehende Abwaschen der Grundierung, ist der Zinkanstrich witzlos, weil die echte Rostschutzwirkung durch elektrochemische Verbindung zwischen Eisen und Zink nicht stattfinden kann.

Auspuffanlage kontrollieren

Wartungsdienst Nr. 11

■ Das Hauptaugenmerk bei der halbjährlich vorgesehenen Kontrolle der Auspuffanlage gilt dem Verschleißzustand. Allerdings braucht man dazu nicht grundsätzlich unter den Wagen zu kriechen, denn ein durchgerosteter Auspuff ist bereits durch »sportlichen« Auspuffton und kräftiges Patschen oder Knallen bei schiebendem Wagen (Gas weggenommen bei schneller Fahrt) zu hören. Bei den mit Automatikgetriebe ausgestatteten Audi ist eine undichte Auspuffanlage noch früher durch Schaltrucke beim Fahren bemerkbar. Die Ursache kann in diesem Falle auch eine durchgebrannte Flanschdichtung am Auspuffkrümmer sein, die außerdem durch Zischgeräusche auffällt.

Es hat bei einer schon allgemein recht verrosteten Auspuffanlage wenig Sinn,

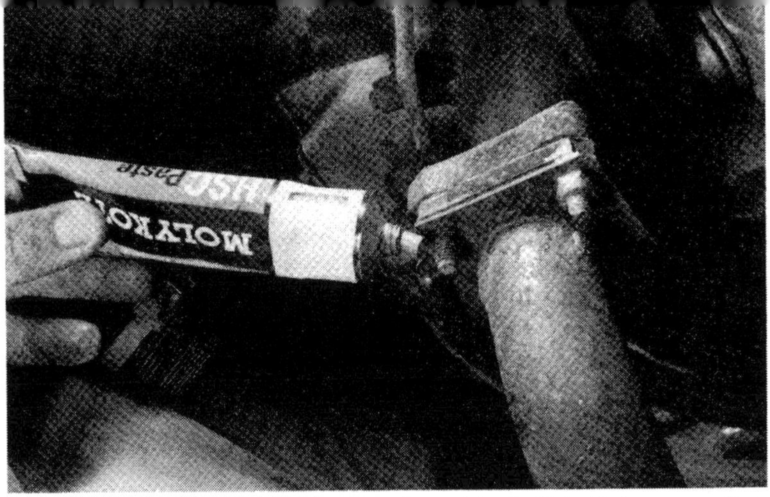

Wer schon einmal einen defekten Auspuff ausgebaut hat, erinnert sich sicherlich der gewaltigen Murkserei mit den festgebrannten und festgerosteten Schrauben. In diesem Falle hilft ein intensiver Rostlöser, wie »Caramba Plus« oder »Multigliss« von Molykote. Aber man muß Geduld haben, bis diese Mittel Wirkung zeigen (am besten über Nacht). Und bei der Montage sollte man die Schraubengewinde mit einem sogenannten »Heißschrauben-Compound« (HSC-Paste von Molykote oder ASC-Paste von Liqui Moly) einstreichen. Das wirkt Wunder, denn noch nach Jahren lassen sich diese Schrauben ohne übermäßige Gewalt wieder lösen.

einen durchgerosteten Schalldämpfer oder solch ein Rohr flicken zu wollen. Schweißarbeit hält auf Rost nicht. Allenfalls kann man eine sonst noch gut erhaltene Auspuffanlage mit der durchaus preiswerten (Packung etwa 4,50 DM) Auspuffreparaturbandage »Gun Gum« der Firma Holt umwickeln.

■ Die weitere Kontrolle der Auspuffanlage richtet sich auf die Gummischlaufen der Auspuffaufhängung. Weil die lange Auspuffanlage die Schwingungen des Motors mitmachen muß, ist sie nicht fest am Fahrwerkboden montiert, sondern elastisch in diesen Gummischlaufen aufgehängt. Fehlende oder mürbe Gummischlaufen müssen unbedingt ersetzt werden. Wird das vernachlässigt, können zu starke Schwingungen zu Rohrbrüchen, vor allem in der Nähe des Auspuffkrümmerflansches führen.

■ Besonderes Augenmerk verdient der Anschluß des vorderen Auspuffrohrs am Auspuffkrümmerflansch und die zwischenliegende Asbestdichtung. Schwarze Blasstrahlen auf dem meist hellen Auspuffrost lassen erkennen, daß die Dichtung durchgebrannt ist oder sich die speziellen selbstsichernden »Thermag«-Muttern gelockert haben. Eine durchgebrannte Dichtung muß ersetzt und das Anzugsdrehmoment der Thermag-Muttern mit 2,5 mkp nachgeprüft werden. Nur diese Thermag-Muttern sind den Wärmebelastungen dieser Stelle gewachsen, vor der Montage gewöhnlicher Muttern sei gewarnt – sie backen unlösbar fest. Damit sich auch die Thermag-Muttern später wieder lösen lassen, deren Schraubbolzen vor der Montage mit Heißschrauben-Compound (Bild oben) einfetten.

■ Bei den meisten Auspuffanlagen der Audi-100-Modelle sitzt hinten über der letzten Endrohraufhängung ein Anschlagpuffer im Karosserieboden. Wenn dieser Gummipuffer fehlt, muß er ersetzt werden, damit sich das Rohr nicht platt klopft. Den neuen Gummipuffer zum besseren Gleiten mit feuchter Seife einstreichen und in das vorgesehene Karosserieloch drücken.

■ Unter der Auspuffanlage hat der Audi 100 nur wenig Bodenfreiheit. Fahren Sie deshalb über Feld- und Waldwege vorsichtig, damit das Auspuffrohr nicht auf Steinen aufschlägt. Risse, Brüche oder zumindest Rohrquetschungen wären die Folge, wobei letztere durch verengten Rohrquerschnitt den Abgasfluß erheblich behindern und damit scheinbar unerklärlichen Leistungsabfall des Motors bewirken.

Fingerzeig: *Knackgeräusche nach dem Abstellen des heißen Motors kommen von der langen, wärmegedehnten Auspuffanlage – sie sind harmlos.*

Kreislaufstörungen

Ein Benzinmotor ist ein ziemlich schlechter Futter-Verwerter, um es einmal landwirtschaftlich auszudrücken. Nur etwa 25 % der Energie des Kraftstoffes kann er in nutzbare Arbeit umwandeln, rund 35 % blasen als heiße Abgase zum Auspuff hinaus und mehr als 30 % der Energie müssen als lästige Hitze vom Kühlwasser in die frische Luft befördert werden, wenn sie nicht zum kleinen Teil als mehr oder weniger mollige Wärme bei kaltem Wetter im Fahrzeuginnern gebraucht werden.

Das Kühlungs- (und Heizungs-)System hat also mächtig zu tun, um dieses runde Drittel der Kraftstoffenergie zu verarbeiten, andernfalls überhitzt sich der Motor, der Schmierfilm in den Zylindern verdampft, die Kolben klemmen, die Dichtungen schmoren durch – wie es geschehen kann, wenn die Kühlung versagt.

Das Kühlsystem unseres Audi 100 faßt 6,2 Liter beim 85-PS-Motor und 7,5 Liter beim 100- und 112-PS-Motor; das ist nur ein kleines Eimerchen Wasser. Zwar wird diese Menge von der Wasserpumpe unablässig durch den Motorblock geschaufelt und trägt dabei die Motorhitze weg. Aber diese Kühlwassermenge wäre doch zu gering, wenn nicht ein Trick angewendet würde, der heute bei allen wassergekühlten Kraftfahrzeugmotoren üblich ist: Er nennt sich Überdruck-Kühlsytem.

Bei kaltem Motor ist das Kühlsystem praktisch drucklos. Der Überdruck baut sich erst mit laufender Erwärmung des Kühlsystems auf. Je heißer es ist, um so vorsichtiger muß man deshalb beim Öffnen des Kühlerverschlußdeckels sein. Bester Schutz gegen Verbrühen: Dicken Lappen oder dichte Reisemütze über den Deckel legen und diesen ganz langsam öffnen. Erst das vom Über-

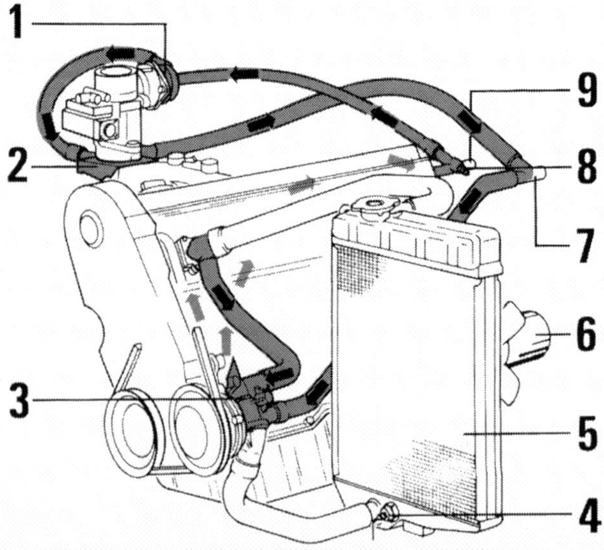

Die Kühlflüssigkeit durchfließt ständig einen Kreislauf, der auf diesen Seiten am Beispiel des 85-PS-Motors gezeigt ist. Die Verbrennungsräume (Zylinder und Zylinderkopf) sind von einem Wassermantel umgeben. Das Kühlmittel nimmt hier Wärme auf und fließt weiter durch eine Schlauchleitung vom Zylinderkopf, an der auch der Geber für die Kühlmittel-Temperaturanzeige (8) sitzt, zur wasserbeheizten Vergaser-Startautomatik (1) und zum beheizten Saugrohr (2). Wenn das Heizventil geöffnet ist, fließt die erwärmte Kühlflüssigkeit in die Warmwasserleitung der Heizung (9) und vom Wärmetauscher zurück durch die Rückflußleitung (7) zur Wasserpumpe (3). Vorn am Zylinderkopf führt ein dicker Wasserschlauch das aufgeheizte Kühlmittel im »Kleinen Kreislauf« direkt wieder zur Wasserpumpe.

druck befreite heiße Wasser beginnt zu kochen und kann entsprechend wild aus der Kühleröffnung sprudeln!

Kühlerverschlußdeckel

Bei diesem rundum druckfesten Kühlungskreislauf (einschließlich druckfester Schläuche und Schlauchanschlüsse) spielt vor allem der Kühlverschlußdeckel eine wichtige Rolle. Seine untere Dichtplatte wird durch Federkraft auf den inneren Rand des Kühlerstutzens gedrückt. Diese Feder gibt erst nach, wenn bei steigender Erwärmung der Druck im Kühlsystem 1 atü übersteigt. Dann kann zum Druckausgleich eine entsprechende kleine Menge Wasserdampf oder Kühlflüssigkeit durch einen dünnen Schlauch am Kühlereinfüllstutzen ins Freie entweichen. Bis zu 1 atü Druck bleibt der Kühlerverschlußdeckel aber dicht und bewirkt damit eine Anhebung des Siedepunktes im Kühlsystem auf knapp 120° C (wozu auch beiträgt, daß die Kühlflüssigkeit schon sowieso durch die Beimischung von Korrosions- und Frostschutzmittel einen etwas höheren Siedepunkt hat). Mit diesem Überdrucksystem werden zwei Fliegen mit einer Klappe geschlagen:

- Dem Kühlwasser kann mehr Hitze zum Abtransport aufgeladen werden.
- Die für den Motor günstige Kühlmitteltemperatur um rund 100°C kann ohne »Kochgefahr« eingehalten werden.

Nebenaufgaben der Kühlung

Die Kühlflüssigkeit dient nicht nur zum Abtransport der überschüssigen Hitze des Motors, sondern hat auch drei Heizungsaufgaben:

- Zur Erwärmung des Fahrzeuginnern bei kühlen Außentemperaturen.
- Zur Steuerung der Vergaser-Startautomatik (siehe Seite 90), deren Einschaltdauer sich nach der Erwärmung der Kühlflüssigkeit richtet.
- Zur Beheizung des Vergaser-Saugrohres, damit der gerade eben fein vernebelte Kraftstoff durch die dort herrschende Kälte nicht wieder zu (nur schwer entflammbaren) Kraftstofftropfen kondensiert. Diese Kraftstoffvorwärmung haben aber nicht alle Audi-100-Modelle.

Stand der Kühlflüssigkeit prüfen

Pflegearbeit Nr. 1

Bei warmem Motor soll die Kühlflüssigkeit bis zur Füllmarke im Kühlereinfüllstutzen reichen. Ein Befüllen über die Marke hinaus ist jedoch nachteilig, da sehr viel schneller als bei dem Vorhandensein einer Luftblase über dem Wasserspiegel der Kühlerverschlußdeckel wegen Überdruck öffnen muß und das Kühlwasser sinnlos abfließt, was nach und nach zur Verdünnung der eingefülllten Frostschutzmischung führt.

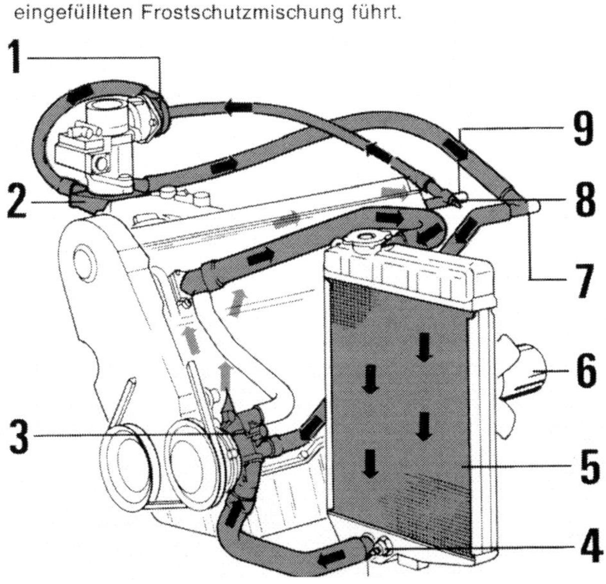

Sobald das Kühlwasser eine Temperatur von etwa 80° C erreicht hat, öffnet der Thermostat im Wasserpumpengehäuse (3) den Abflußschlauch am Kühler (5) und verschließt gleichzeitig den Schlauch zwischen Zylinderkopf und Wasserpumpe. Jetzt durchströmt die Kühlflüssigkeit den »Großen Kreislauf« vom Motor zum Kühler (5). Dort sinkt sie in vielen dünnen Röhrchen nach unten, wobei sie durch den Fahrtwind abgekühlt wird. Die Wasserpumpe saugt das Kühlmittel unten aus dem Kühler wieder an und drückt es in den Motor. Bei zu hoher Temperatur der Kühlflüssigkeit schaltet der Thermoschalter (4; in Wirklichkeit an der Rückseite des Kühlers) zusätzlich den Elektroventilator (6) ein, um den kühlenden Luftstrom zu verstärken.

Der Kühlerverschlußdeckel des Audi 100 ist auf 1 atü Überdruck »geeicht«, um den Wassersiedepunkt auf knapp 120° C hochzulegen. Dementsprechend trägt der Verschlußdeckel auf seiner Oberseite als Kennzeichnung die Zahl »100« (der Schraubenzieher zeigt darauf). Anders bezifferte Verschlußdeckel dürfen nicht verwendet werden, auch wenn sie die gleiche Paßgröße haben. Wenn sich nach dem Abstellen des Motors später das Wasser wieder abkühlt und damit einen geringeren Raum einnimmt, gleicht ein weiteres Ventil in der Mitte der Dichtplatte den dadurch entstehenden Unterdruck im Kühlsystem aus, indem es schon bei einem Unterdruck von 0,08 bis 0,02 kp/cm² Außenluft bzw. Kühlflüssigkeit aus dem eventuell eingebauten Ausgleichbehälter einströmen läßt.

Fingerzeig: *Heißes Wasser dürfen Sie bei Bedarf unbesorgt in das kalte oder heiße Kühlsystem einfüllen. Kaltes Wasser darf nur „schlückchenweise" in einen heißen Kühler eingefüllt werden, wenn nur eine geringe Menge fehlt und derweilen der Motor im Leerlauf zur Wasserdurchmischung dreht. Ging unterwegs eine größere Menge Kühlwasser verloren und der Motor ist überhitzt, darf auf keinen Fall kaltes Wasser eingefüllt werden – der Motorblock könnte durch die schockartige Abkühlung reißen. In diesem Falle muß entweder möglichst heißes Wasser zum Einfüllen beschafft werden oder man muß sich gedulden, bis der Motor einigermaßen abgekühlt ist.*

Der Frostschutz

Dem neuen Audi 100 wird ab Werk im Sommerhalbjahr ein Korrosionsschutzmittel und im Winterhalbjahr ein Frostschutzmittel dem Kühlwasser beigemischt. Eine bessere Behandlung erhalten die mit Automatic-Getriebe ausgestatteten Audi 100, denn sie erhalten auch im Sommer die Frostschutz-Dauerfüllung, die für –25°C ausreicht. Diese Frostschutzmischung, vom Werk oder selbst vor dem ersten Winter eingefüllt, bleibt auch den Sommer über im Kühlsystem, denn sie bietet ebenfalls Korrosionsschutz und hebt, wie bereits erwähnt, auch die Siedetemperatur um einige Grade Celsius an.

Das früher übliche Verfahren, im Frühjahr die Frostschutzmischung abzulassen und das Kühlsystem mit klarem Wasser zu befüllen, gilt also heute nicht mehr, zumal das klare Wasser Kalk in den feinen Kanälen des Kühlsystems absetzen würde.

Da das Einfüllen, Nachfüllen und Nachprüfen der Frostschutzmischung eine Winterangelegenheit ist, findet sich die entsprechende Erläuterung im »Winter-Kapitel« auf Seite 220.

Überdruckventil im Kühlerdeckel prüfen

Wartungspunkt Nr. 33

Wenn das Überdruckventil geöffnet hat, entsteht bei der nachfolgenden Abkühlung des Kühlsystems ein entsprechender Unterdruck, der ebenfalls ausgeglichen werden muß, sonst ziehen sich die Kühlwasserschläuche zu schmalen Bandwürmern zusammen. Für diesen Unterdruckausgleich hat der Kühlerverschlußdeckel in der Mitte der unteren Dichtplatte noch ein zweites kleineres Ventil, das gegenläufig zum Überdruckventil bereits bei einem Unterdruck von 0,08 bis 0,02 kp/cm² öffnet und Außenluft in das Kühlsystem einströmen läßt.

Nach dem Wartungsplan soll der Kühlerverschlußdeckel alle 15 000 km zusammen mit der Dichtheitsprüfung des Kühlsystems (folgender Abschnitt) auf Funktion seiner beiden Ventile geprüft werden. Das ist nur mit dem dafür speziell vorgesehenen Werkstatt-Prüfgerät genau möglich. Mangelhafte Funktion des Kühlerverschlußdeckels kann man aber auch selbst feststellen:

- Findet man am kalten Motor eines Tages eng zusammengezogene Wasserschläuche, wie oben beschrieben, ist das Unterdruckventil defekt.
- Häufiger Kühlwasserverlust ohne äußerlich sichtbare Wasserspuren an Kühlschläuchen oder Verbindungsstellen weist entweder auf ein defektes (lahm gewordenes) Überdruckventil im Kühlverschlußdeckel hin, das schon bei geringem Überdruck Wasserdampf und Kühlwasser entweichen läßt oder der Dichtungsgummi um die Dichtplatte ist ausgefranst oder spröde geworden, so daß Wasserdampf und Kühlwasser sich dort herausdrücken.

Kühlsystem auf Dichtheit prüfen

Pflegearbeit Nr. 34

Läßt Wasserverlust im Kühler auf Leckstellen schließen, sollten Sie es nicht beim Nachfüllen bewenden lassen. Kontrollieren Sie nicht nur die Kühlerschläuche großen Durchmessers, sondern auch die dünneren, die zum Vergaser und zur Heizungsanlage führen. Zunächst muß man bei Kühlmittelverlust feststellen, ob die Schlauchenden nicht zu knapp auf den Stutzen sitzen und ob die Spannschrauben der Schlauchbinder richtig festgezogen sind. Die Wasserschläuche altern und können im Laufe der Zeit hart und spröde werden. Gewöhnlich platzen sie dann, wenn einmal voller Betriebsdruck im Kühlsystem erreicht wird, also entweder in einer stockenden Abendverkehrskolonne im Sommer oder bei schärferer Fahrt außerhalb – jedenfalls in völlig ungeeigneten Augenblicken. Eine plötzlich dampfende Motorhaube ist oft einziges Warnzeichen vor ernstlichen Motordefekten, da die Temperaturanzeige nur Wasser- und keine Lufttemperaturen anzeigt.
Werkstätten benutzen zum Prüfen des Kühlsystems ein spezielles Gerät, wie im Bild unten gezeigt.

Fingerzeig: *Kann ein gerissener Wasserschlauch nicht sofort ersetzt werden, rettet festes Klebeband die Situation. Das Band wickelt man mehrfach stramm um das gereinigte und trockene Schlauchstück. Da diese Bandage den Betriebsüberdruck des Kühlsystems aber nicht aushält, ersetzt man den Kühlerdeckel durch einen (nichtfasernden) Lappenstopfen.*

Der Kühler

In unserem Audi 100 gibt es, je nach Motor, zwei unterschiedliche Kühlertypen, d. h. die eigentlichen Kühler mit der Vielzahl dünnwandiger Röhrchen zum möglichst wirkungsvollen Abkühlen der heißen Kühlflüssigkeit sind sich durchweg ähnlich und sitzen am gleichen Platz im Motorraum, aber das Abkühlsystem durch die Ventilatoren ist grundsätzlich anders.

Mit diesem Spezial-Prüfgerät kontrolliert die Werkstatt, ob das Kühlsystem einwandfrei dicht ist. Es wird anstelle des Verschlußdeckels auf den Einfüllstutzen gesetzt und beim Audi 100 mit der Handluftpumpe des Geräts ein Überdruck von 1 atü aufgepumpt. Fällt der Skalenzeiger jetzt langsam, ist das Kühlsystem irgendwo undicht, was an austretender Kühlflüssigkeit erkennbar wird. Die Leckstelle muß unbedingt gesucht und in Ordnung gebracht werden, weil sich im System kein Druck aufbaut und dadurch das Kühlwasser leicht zum Kochen kommt.
Wenn beim nunmehr gestarteten Motor die Druckmessung schnell ansteigt, kann die Zylinderkopfdichtung durchgebrannt sein und Abgas daran vorbei ins Kühlsystem dringen. Weitere Merkmale für durchgebrannte Zylinderkopfdichtung: aufsteigende Blasen im Kühler, Abgasgeruch aus dem Einfüllstutzen, weißer Auspuffdampf bei warmem Motor.

Beim 85-PS-Motor sitzt der Kühlerventilator hinter dem Kühler und wirt dort von einem Elektromotor angetrieben, der sich nur dann einschaltet, wenn die Kühltemperatur über einen bestimmten Grad steigt (siehe Seite 72). **Beim 100- und 112-PS-Motor** sitzt der Kühlerventilator vor dem Kühler und wird dort von der Kurbelwellenscheibe über einen Keilriemen angetrieben. Dieser Kühlerventilator dreht also bei laufendem Motor immer.

Kühlflüssigkeit ablassen

Zu manchen Arbeiten am Motor oder zu einer Kühlerreparatur muß man die Kühlflüssigkeit ablassen. Da sie in der Regel mit Frost- oder Korrossionsschutz vermischt ist, sollte man sie in einem sauberen Gefäß auffangen, um sie später wieder einfüllen zu können.
Zum Ablassen der Kühlflüssigkeit Heizungshebel am Armaturenbrett auf »warm« stellen, Entlüftungsschraube der Heizleitung (Bild oben rechts) öffnen und den Kühlerverschlußdeckel abnehmen. Der 85-PS-Motor hat überdies noch eine Ablaßschraube (SW 13) auf der linken Motorblockseite vor dem Magnetschalter des Anlassers, die herausgedreht werden soll.
In der Regel, aber nicht immer, hat der eingebaute Kühler unten an seinem tiefsten Punkt (Bild Seite 73) eine besondere Ablaßschraube. Erfahrene Mechaniker drehen sie zum Ablassen der Kühlflüssigkeit jedoch nicht heraus, da diese Schraube durch Kalkansatz innen oft recht fest sitzt und bei Gewaltanwendung das Schraubengewinde aus dem Kühlermessing ausreißen kann. Statt dessen ziehen sie gleich den dort zum Motorblock führenden Kühlschlauch nach Lösen des Schlauchbinders ab. Das Abziehen des Kühlschlauches muß meist durch vorsichtiges Nachhebeln mit einem breiten Schraubenzieher unterstützt werden.
Da bei kaltem Kühlungskreislauf der Thermostat (Seite 71) geschlossen ist, bleibt ein Rest Kühlflüssigkeit im Kühlsystem. Wundern Sie sich also nicht, wenn beim Wiederbefüllen bis zu 2 Liter weniger eingefüllt werden können.

Kühler reinigen

Eine regelmäßige Kühlerreinigung ist nicht notwendig, wenn sich nicht gerade durch ständiges Nachfüllen von Leitungswasser oder falscher Sparsamkeit bei Frostschutz oder Korrosionsschutz im Kühlsystem Kalk und Rost angesetzt haben. Aber auch in diesem Fall ist die Anwendung eines scharfen Kühlerreinigungsmittels problematisch, denn es kann sein, daß dabei plötzlich Leckstellen im Kühlsystem auftauchen, die vorher von Kalkansatz gnädig verschlossen worden waren.
Gar nicht schaden kann es aber, wenn bei abgezogenem unterem Kühlschlauch der Kühler einmal von oben durch den Einfüllstutzen mit scharfem Wasserstrahl durchgespült und dabei eventuell vorhandener Rückstandsschlamm herausgeschwemmt wird. Das geht aber nicht bei nur herausgedrehter Ablaßschraube, denn allein der große Querschnitt am Kühlschlauchstutzen sichert den notwendig kräftigen Durchfluß.

Kühlsystem befüllen

Bei der Neubefüllung geht man folgendermaßen vor:

- Heizungshebel am Armaturenbrett auf »warm«
- Kühler mit vorgemischter Kühlflüssigkeit bis zur Füllmarke im Kühler (Metallwarze oder Quersteg im Einfüllstutzen) befüllen.
- Motor laufen lassen und dabei Entlüftungsschraube im Heizungsschlauch vor der Motorraumspritzwand (Bild oben) öffnen, bis dort blasenfrei Wasser austritt, Entlüftungsschraube wieder schließen.
- Flüssigkeitsbedarf im Kühler nachfüllen

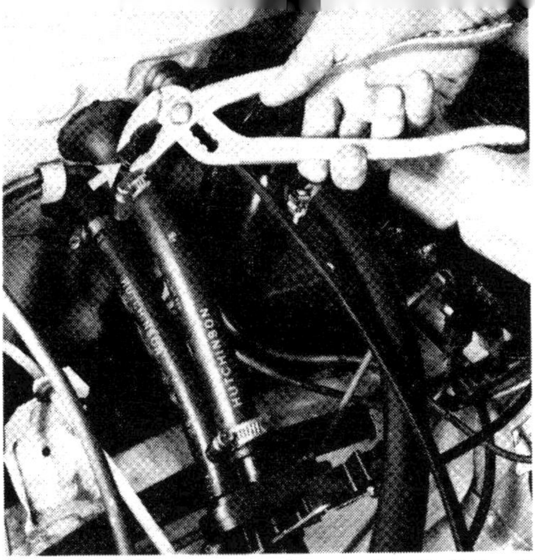

Damit beim Neubefüllen des Kühlsystems keine Luftblasen darin verbleiben, muß zuletzt am Warmwasserstutzen der Heizung kurz vor der hinteren Spritzwand des Motorraums die Entlüftungsschraube mit einer Kombi- oder Rohrzange so weit aufgedreht werden, bis aus einer kleinen Entlüftungsbohrung (weißer Pfeil zeigt darauf) Luftblasen und Wasser austreten. Bei langsam laufendem Motor, der durch seine Wasserpumpe auch restliche Luftblasen aus dem Motorblock treibt, wird die Entlüftungsschraube wieder zugedreht, wenn nur noch Wasser blasenfrei herausläuft. Wird diese Entlüftung versäumt, funktioniert vor allem die Heizung nicht.

■ Die Entlüftung muß später nochmals bei warmen Motor wiederholt werden, da anfänglich wegen des geschlossenen Thermostats nicht alle Luftblasen entweichen konnten.

Kühler ausbauen

Wenn sich der Kühler bei einer Druckprüfung (Bild Seite 67) oder durch feuchte Stellen (am heißen Motor wegen der Verdunstung des Wassers oft nur schwer erkennbar) als defekt erweist, muß er entweder fachmännisch gelötet oder ersetzt und dazu auf jeden Fall ausgebaut werden. Das ist nicht besonders schwer, bei beiden Kühlermodellen jedoch etwas unterschiedlich, denn beim 85-PS-Motor sitzt vor dem Kühler bis zum Frontziergitter ein Luftführungsschacht aus Pappe, der bei diesem Modell zuerst demontiert werden muß (Gummilasche und Blechklammern, Kreuzschlitz-Blechschrauben und Sechskantschrauben SW 10 und 13). Sodann allgemein weiter:

■ Kühlflüssigkeit ablassen

■ Oberen und unteren Kühlschlauch am Kühler nach Lösen der Schlauchbinder abziehen

■ Beim 85-PS-Motor nach Lösen des Minuskabels an der Batterie (zur Kurzschlußvermeidung) die Kabelverbindungen am Kühlerventilatormotor und an dessen Kühler-Thermoschalter (Bild Seite 73) abziehen.

■ Obere Haltestrebe zwischen Kühler und vorderem Frontquerblech ab.

■ Seitliche und untere Kühlerhalteschrauben an den Gummilagern lösen und Kühler herausheben, beim 85-PS-Motor zusammen mit dem Ventilatormotor, beim 100- und 112-PS-Motor ohne den Kühlventilator, da dieser an einer festen Strebe des Motors befestigt ist.

Die Wasserpumpe

Die Wasserpumpe wird bei beiden Motormodellen über einen Keilriemen von der Kurbelwellenscheibe angetrieben, jedoch sitzt sie an der Motorfrontseite an unterschiedlichen Stellen – beim 85-PS-Motor links unten (Nr. 9 im Schaubild Seite 46) und beim 100-, 112-PS-Motor in Motormitte (Nr. 9 im Schaubild Seite 47). Die Wasserpumpe muß die Kühlflüssigkeit ununterbrochen in Umlauf halten, sonst kommt das im Motorblock stockende Wasser sofort ins Kochen und der Motor überhitzt sich gefährlich. Das kann bei gerissenem Keilriemen passieren.

Gerissener Keilriemen

Dieser Defekt ist sehr selten geworden. Wer ohne Wasserpumpenantrieb weiterfährt, riskiert eine durchbrennende Zylinderkopfdichtung. Wenn man keinen Ersatzkeilriemen hat, kann man sich kurzzeitig mit Nylonstrümpfen oder einer starken Schnur helfen, dieser Notbehelf reicht gewöhnlich bis zur nächsten Werkstatt, natürlich mit mäßiger Fahrgeschwindigkeit und »einem Auge auf der Temperaturanzeige«. Siehe dazu Kapitel »Lichtmaschine und Anlasser«, Seite 115.

Wasserpumpe ausbauen

Die Wasserpumpe ist an sich wartungsfrei. Wenn sie undicht ist – Wassertropfen vorne unter dem Wagen – oder ihre Lager mahlende Geräusche hören lassen, muß sie ausgebaut und neu abgedichtet, bzw. ausgetauscht werden. Geräusche der Wasserpumpe lassen sich von Geräuschen im Motor unterscheiden, wenn man den im Dreieck laufenden Keilriemen abnimmt. Ist das Geräusch verschwunden, so kommt höchstens noch die am gleichen Keilriemen hängende Lichtmaschine in Betracht. Diesen Verdacht kann man jedoch schnell ausräumen, indem man die Lichtmaschine von Hand durchdreht.

85-PS-Motor

■ Kühlflüssigkeit ablassen (Seite 68)
■ Lichtmaschine ausbauen (Seite 114) und Keilriemen abnehmen.
■ Blechverkleidung des Zahnriemenantriebs abbauen
■ Kühlschläuche an der Wasserpumpe abziehen
■ 3 Sechskant-Befestigungsschrauben der Wasserpumpe herausdrehen und Wasserpumpe abnehmen. Die Wasserpumpe dieses Typs kann weiter zerlegt werden.

Beim Einbau der Wasserpumpe muß zur Abdichtung ein neuer »O-Ring« in den Montageflansch zum Motorblock exakt eingesetzt werden.

100-, 112-PS-Motor

■ Kühlflüssigkeit ablassen (Seite 68)
■ Keilriemen nach Beischwenken der Lichtmaschine abnehmen
■ Thermostatgehäuse (Nr. 3 im Bild Seite 71 unten) mit 2 Sechskantschrauben an der Motorblockfrontseite lösen
■ Alle 3 Kühlschläuche an der Wasserpumpe abziehen
■ Mit Ringschlüssel die 3 Halteschrauben der Wasserpumpen-Keilriemenscheibe herausdrehen und diese abnehmen.
■ 5 Sechskant-Befestigungsschrauben der Wasserpumpe herausdrehen und diese abnehmen.

Beim Einbau grundsätzlich neue Dichtungen verwenden und die Befestigungsschrauben der Wasserpumpe mit 2 mkp stufenweise über Kreuz anziehen, wenn Drehmomentschlüssel vorhanden ist.

Der Thermostat

Die Bezeichnung »Kühlsystem« kann den Eindruck erwecken, es sei dessen Zweck, den Motor so gründlich wie möglich abzukühlen. Das ist aber gar nicht der Fall, sondern es kommt darauf an, dem Motor eine ihm besonders angenehme Temperatur, bei der er den Kraftstoff möglichst nutzbringend »verbraten« kann, möglichst gleichbleibend zu gewährleisten. Diese günstigste Betriebstemperatur ist keineswegs »kühl«, denn sie liegt so bei 90 bis 100° C. Das Kühlsystem ist sogar so ausgelegt, daß der Motor möglichst schnell diese günstige Temperatur erreicht und läßt dazu nach dem Start zuerst nur einen Teil der Kühlflüssigkeit zirkulieren. Dafür sorgt der Thermostat (Bilder rechts oben und unten), dessen Funktion in den Skizzen auf Seite 64/65 beschrieben ist. Mit seiner Hilfe bleibt der Motor weitgehend innerhalb der günstigsten Betriebstemperatur, was seiner Lebensdauer (sonst chemische Kaltkorrosion) und der Schmierfähigkeit des Öls (durch Hitze weniger Ölschlammbildung) zugute kommt.

Mit Blick in Fahrzeugfahrtrichtung sieht man hier an der Motorölwanne des 85-PS-Motors vorbei (rechts die Ölablaßschraube) das Thermostatgehäuse (3) mit dem ausgebauten Thermostat (2) und dem Anschlußstutzen (1) für den Wasserschlauch zum Kühler. Zum Ausbau müssen die beiden Thermostatgehäuseschrauben von der Fahrzeugunterseite her nach Demontage des Wasserschlauches mit Stecknüssen SW 10 und Gelenkknarre (anders sind sie nicht faßbar) herausgedreht werden. Danach Anschlußstutzen (1) und darüber sitzende Dichtung (beim Zusammenbau erneuern!) abnehmen und Thermostat (2) aus dem Gehäuse (3) ziehen. Zusammenbau sinngemäß umgekehrt.

Zwar sind Thermostate gegenüber früheren Jahren wesentlich zuverlässiger geworden, aber im Fall eines Defektes öffnen sie manchmal nicht mehr. Der Kühler bleibt dann trotz kochendem Motor kalt, weil das Kühlwasser nur im »kleinen Kreislauf« zirkulieren kann und nicht gekühlt wird.
Andererseits kann sich auch ein Fremdkörper, z. B. ein Sandkörnchen, zwischen Ventil und Ventilsitz des Thermostaten eingeklemmt haben, so daß er nicht mehr einwandfrei schließt. Dieser Verdacht besteht, wenn es ungewöhnlich lange dauert, bis die Temperaturenanzeige im Armaturenbrett ihren normalen Wert anzeigt oder ihn überhaupt nicht erreicht.
In beiden Fällen muß der Thermostat ausgebaut werden, bei kochendem Motor (und verhältnismäßig kühlem Kühler: Thermostat öffnet nicht) sogar möglichst schnell. Beim 100- und 112-PS-Motor ist das auch unterwegs kein großes Problem, da nur der gut zugängliche Thermostatgehäusedeckel (2 Sechskantschrauben SW 10; Steckschlüssel erforderlich) demontiert und der defekte Thermostat herausgehoben werden muß. (Bild unten).
Unmöglich ist eine Demontage unterwegs am Thermostat des 85-PS-Motors, da hierzu das Kühlwasser abgelassen und recht schwierig von der Fahrzeugunterseite her gearbeitet werden muß (Bild oben).

Der Kühlventilator

Wie bereits auf Seite 68 beschrieben, funktionieren die Kühlventilatoren bei den beiden Motortypen unserer Audi-100-Modelle unterschiedlich. Thermisch besser und technisch moderner ist der elektrisch betriebene Ventilator des 85-PS-Motors, denn er kühlt die im Kühler herabfließende Kühlflüssigkeit nur

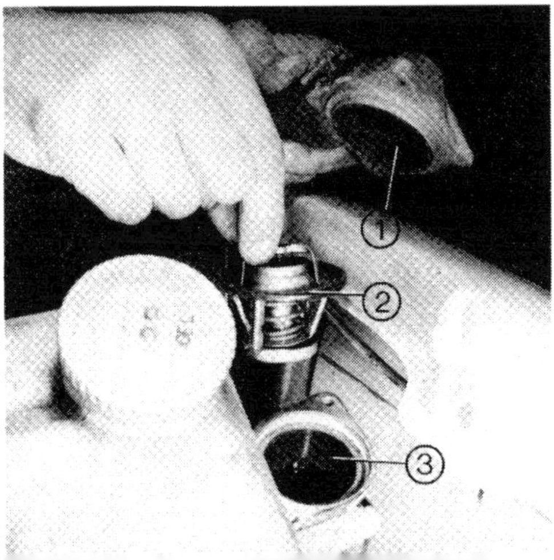

Während der Thermostatausbau am 85-PS-Motor (Bild oben) unterwegs nicht möglich ist, macht er beim 100- und 112-PS-Motor oben vor dem Zylinderkopfdeckel sitzende Thermostat unterwegs keine Ausbauschwierigkeiten, wenn man einen Ring- oder Rohrsteckschlüssel SW 10 zur Hand hat: Nach Abkühlpause die beiden Sechskantschrauben, welche Gehäusedeckel (1) und Thermostatgehäuse (3) zusammenhalten, herausdrehen. Gehäusedeckel hochheben, Thermostat (2) aus dem Gehäuse herausnehmen, das Gehäuse wieder verschrauben und Kühlwasser nachfüllen. Damit kann man ohne weiteres fahren, bis sich Gelegenheit zum Einbau eines neuen Thermostaten ergibt. Einziger Nachteil: Kühlwasser und Heizung erwärmen sich nur sehr langsam, weil der gegen zu viel kaltes Wasser absperrende Thermostat fehlt.

dann, wenn es wirklich notwendig ist, die Außentemperatur und der Fahrtwind also nicht ausreichen. Außerdem werden dem 85-PS-Motor durch den fehlenden Keilriemenantrieb etwa 3 PS Kraftanstrengung erspart.
Dagegen wird durch die Kühlerlamellen am 100- und 112-PS-Motor ständig kalte Luft von dem unentwegt drehenden Kühlventilator gezogen, also auch dann, wenn im Interesse der Motorbetriebstemperatur das Wasser im Kühler ruhig ein wenig wärmer bleiben dürfte.

Frostschutzhaube

Aus dieser Erkenntnis kann bei starkem Frost vor dem Frontgitter des Audi mit 100- oder 112-PS-Motor eine Frostschutzhaube, wie man sie im Zubehörhandel bekommt, durchaus zweckmäßig sein. Beim 85-PS-Motor ist sie jedoch völlig überflüssig; den notwendigen Kaltluftstau besorgt der stehende Kühlventilator schon selbst.

Keilriemenantrieb beim 100-, 112-PS-Motor

Bei diesem System ist der Kühlventilator an einer stabilen Strebe des Motors montiert und er wird von der Kurbelwellenscheibe über einen Keilriemen angetrieben. Die Kurbelwellenscheibe dieses Motortyps ist »zweispurig«, wobei vorne der Keilriemen für Lichtmaschine und Wasserpumpe und dahinter auf der zweiten Spur der Keilriemen für den Ventilator läuft. Dieser Keilriemen hat die **Größe 9,5 x 1050 mm.**
Wenn dieser Ventilator-Keilriemen reißt, darf man unter günstigen Umständen ganz vorsichtig weiterfahren, falls genügend Fahrtwind für ausreichende Kühlung sorgt. Im Stadtverkehr ist das aber unmöglich, im 4. Gang auf der Autobahn wird es reichen, dabei muß die Temperaturanzeige jedoch ständig beobachtet werden. Behelfsmäßig kann man den gerissenen Ventilatorkeilriemen durch einen sehr straff gezogenen und sorgfältig geknoteten Nylonstrumpf (Montage aber leider nur von der Wagenunterseite her erfolgversprechend) ersetzen, denn unterwegs läßt sich ein neuer Keilriemen nur schwer montieren, weil erst einmal der vordere Keilriemen (Lichtmaschine lösen und beischwenken) demontiert werden muß.
Wie der Ventilatorkeilriemen gespannt werden muß, ist im untenstehenden Bildtext beschrieben.

Elektroventilator beim 85-PS-Motor

Erst wenn am 85-PS-Motor der hinter der Wasserpumpe sitzende Thermostat (Bild Vorseite oben) den Kühlungskreislauf zwischen Kühler und Motorblock freigegeben hat und der ganz unten am Kühler sitzende Thermoschalter (Bild rechts) »spürt«, daß das an ihm vorbeifließende Wasser 90 bis 95° C erreicht hat, schaltet er den Kühlerventilator elektrisch ein. Ebenso schaltet er wieder

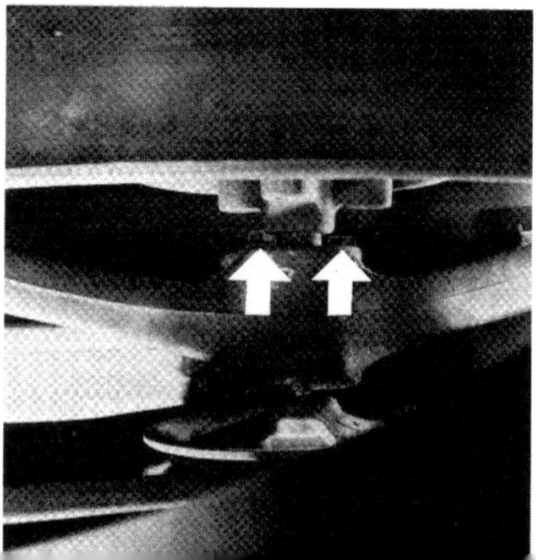

Muß am 100- oder 112-PS-Motor der links unten sichtbare Ventilatorkeilriemen nachgespannt werden, sind von oben auf der Rückseite des Ventilatorflügel-Lagers (vorne – unten im Bild – Ventilator-Keilriemenscheibe sichtbar) die beiden Sechskantschrauben (weiße Pfeile zeigen darauf) ewas zu lockern, das Ventilatorgehäuse ist zum Erreichen der richtigen Spannung nach außen zu verdrehen, dort festzuhalten und gleichzeitig müssen die beiden Schrauben wieder festgezogen werden. Zur Montage eines neuen Keilriemens Ventilatorgehäuse zuerst entsprechend nach innen verdrehen.
Ob der Ventilatorkeilriemen die richtige Spannung hat, wird in der Mitte des Keilriemens zwischen Kurbelwellenkeilriemenscheibe (links außerhalb des Bildes) und der unten sichtbaren Ventilatorkeilriemenscheibe geprüft. Er muß sich um etwa 15 mm bei mäßigem Daumendruck von oben durchdrücken lassen!

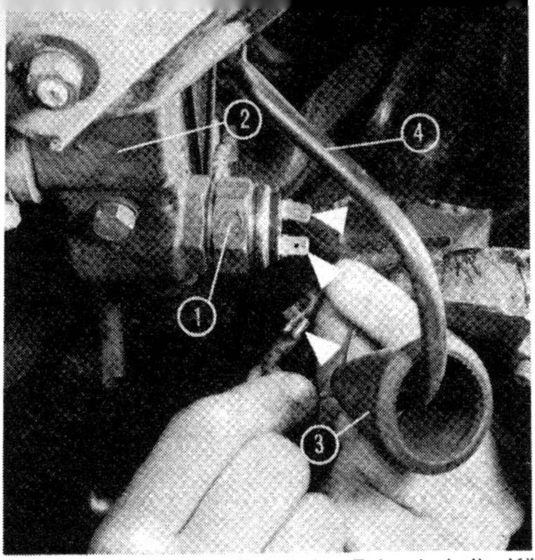

Wie im Text auf diesen beiden Seiten beschrieben, schaltet am 85-PS-Motor der hier gezeigte Thermoschalter (1) über das Doppelkabel (4) den Kühlerventilator erst ein, wenn die Kühlertemperatur über 90° C steigt. Versagt der Thermoschalter (Ursachen im folgenden Textabschnitt) gibt es den hier gezeigten Notbehelf: Die große Gummitülle um den Kabelanschluß am Thermoschalter nach hinten umstülpen (3), die beiden Kabel an den Kontaktstiften (obere weiße Pfeile) abziehen und ineinander (unterer weißer Pfeil) schieben. Der Ventilatormotor wird sogleich losbrausen, nunmehr ohne Unterbrechung, bis die Kabelklemmen wieder auseinandergezogen werden. Weil man diesen Notbehelf von der Fahrzeugunterseite her zusammenbasteln muß, kann man sich auch etwas umständlicher, aber vom Motorraum aus, helfen, wie in Textmitte der nächsten Seite beschrieben. Links hier im Bild die Kühlerunterkante (2).

aus, wenn bei flotter Fahrt der Fahrwind die Kühlflüssigkeitstemperatur auf 85 bis 90 °C gesenkt hat.
Der Strom für den Elektromotor des Kühlventilators fließt von der stets stromführenden Klemme 30 über die Sicherung Nr. 3 im seitlichen Zusatzsicherungskasten (Nr. 4 im Bild Seite 124) durch ein rotes oder schwarzrotes Kabel zum Thermoschalter. Wird die Einschalttemperatur erreicht, fließt der Strom durch ein weiteres Kabel zum Ventilatormotor, an dem ein braunes Kabel den Stromkreis zur Masse schließt, so daß der Elektromotor läuft. Da die Normklemmen 30 auch bei ausgeschalteter Zündung Strom führen, läuft der Ventilatormotor bei Bedarf auch bei ausgeschalteter Zündung weiter. Wundern Sie sich also nicht, wenn nach scharfer Fahrt beim Abstellen des Motors sogleich der Kühlventilator unter der Motorhaube zu brausen beginnt – er tut nur seine Pflicht.

Der Kühler kocht

Wenn der Kühler kocht (oft ist er es gar nicht, sondern der Motorblock), dürfen Sie die früher übliche, auch heute noch propagierte, aber völlig veraltete Autofahrerregel »Sofort rechts ran, anhalten, aber Motor im Leerlauf weiter drehen lassen, damit sich das Kühlwasser langsam abkühlen kann« auf keinen Fall mehr befolgen. Diese »Rechts-ran-Regel« galt, als sich Automotoren bei Bergfahrten leicht überanstrengten. Aber sie gilt nicht mehr für Fahrzeuge, wie den Audi 100, dem Bergfahrten auch mit Wohnanhänger nichts ausmachen, wenn er sonst in Ordnung ist. Die Ursache einer Überhitzung ist heute anderweitig zu suchen, wobei ein weiterlaufender Motor die Sache nur noch verschlimmert. So geht man vor:

■ Motorhaube auf und nachsehen, ob beim 100-, 112-PS-Motor der Ventilator-Keilriemen noch da ist bzw. beim 85-PS-Motor der Elektroventilator weiter läuft, was er auch bei ausgeschalteter Zündung im Audi 100 tun muß.

■ Wenn sich der Elektroventilator des 85-PS-Motor nicht dreht, kann er doch in Ordnung sein, wenn der Kühlflüssigkeitskreislauf irgendwo gestaut wird und nur im Motorblock kocht, im Kühler unten, am Thermoschalter des Ventilatormotors, aber nur mäßige Temperatur herrscht, so daß der Elektromotor abgeschaltet ist.

Dafür und für den 100/112-PS-Motor allgemein gibt es zwei hauptsächlich mögliche Ursachen:

■ Lichtmaschinen-Wasserpumpen-Keilriemen gerissen, was schon am Aufleuchten der roten Ladekontrolle erkennbar gewesen sein muß. In diesem Fall wird die Kühlflüssigkeit nicht mehr umgepumpt, sie staut sich im Motorblock und kocht dort. (Motorleerlauf würde diese Situation noch verschlimmern!) Dazu Abschnitt »Gerissener Keilriemen«, Seite 115.

■ Thermostat klemmt, was heutzutage meist Ursache eines kochenden Kühlsystems ist. Das im Motor erhitzte Wasser kann nicht durch den Kühler fließen, der Kühler fühlt sich nur mäßig warm an und der Elektroventilator des 85-PS-Motors wird gar nicht eingeschaltet, während der Motorblock vor Hitze schmort. Beim 100/112-PS-Motor läßt sich das Problem unterwegs lösen (Seite 71), ein Audi 100 mit 85-PS-Motor muß in der Regel abgeschleppt werden, weil der Thermostat nicht ohne weiteres zugänglich ist.

■ Ist beim 85-PS-Motor das ganze Kühlsystem überhitzt und der Elektroventilator dreht nicht, kann es an seinem korrodierten Thermoschalter (Grünspan innen am Schalter) liegen. Das kann passieren, weil der ganze Strom für den Elektromotor durch diesen Schalter laufen muß und ihn damit elektrolytisch stark beansprucht, während dieser Fall bei einigen Audi-80-Modellen selten ist, weil dort nur ein leichter Schaltstrom für ein Schaltrelais durchfließt. In diesem Fall kann man den Ventilatormotor kurzschließen: Minuskabel an der Batterie lösen, damit der Ventilator nicht bei der Arbeit an ihm plötzlich losbraust und die Finger zerhackt. Stromzuführendes rotes oder schwarzrotes Kabel direkt am Ventilatormotor anschließen und zweites Kabel direkt an Masse legen. Der Thermoschalter ist damit umgangen, der Elektroventilator läuft jedoch ununterbrochen, sobald das Minuskabel der Batterie wieder angeschlossen wird. Thermoschalter deshalb bald austauschen und bei jeder Pause Batteriekabel lösen, sonst rast der Ventilatormotor unermüdlich weiter.

Es gibt aber noch weitere allgemein gültige Möglichkeiten:

■ Das Kühlwasser ist irgendwie abhanden gekommen und der klägliche Rest kocht natürlich. Kühlerverschlußdeckel mit aufgelegtem dickem Tuch vorsichtig öffnen, Kühlflüssigkeitsstand nachprüfen. Meist ist ein defekter Kühlschlauch die Ursache. Abhilfe: Bandagieren, wie auf Seite 67 beschrieben.

■ Im Sommer oder Herbst können sich die Kühlerlamellen so dick mit Fliegenleichen zugesetzt haben, daß kaum noch Kühlluft durchgeht. Dagegen hilft Ausspritzen mit einem scharfen Wasserstrahl von der Kühlerrückseite her. Beim 85-PS-Motor sollte man dazu vorher den Elektroventilator zusammen mit seinem Luftführungsring (3 Schrauben SW 10) ausbauen.

■ Als Folge intensiver Heimwerkerei kann der Vergaser durch lockere Flanschschrauben oder ein herausgefallenes Abschaltventil »falsche Luft« bekommen, so daß das abgemagerte (»verdünnte«) Kraftstoff-Luft-Gemisch den Motor überhitzt. Luftfilter abnehmen und die Vergaserschrauben am Einlaßkrümmer nachprüfen.

■ Spezial-»kochen« bei laufendem Motor und offenem Kühlereinfüllstutzen, ohne merkbare Kühlflüssigkeitsüberhitzung: Zylinderkopfdichtung durchgebrannt, Abgase dringen in den Kühlungskreislauf (Seite 58).

Fingerzeig: *Wenn wegen starkem Grünspanansatz innen am Thermoschalter dieser den Ventilatormotor nicht mehr einschaltet und deshalb ausgetauscht werden muß (siehe vorhergehender Abschnitt) ist die Kühlflüssigkeit sozusagen elektrolytisch »vergiftet«. Sie muß weggeschüttet werden. Außerdem ist nach Einbau des neuen Thermoschalters das Kühlsystem zuerst mit klarem Wasser ganz zu befüllen, der Motor muß damit so lange laufen, bis der Thermostat den ganzen Kreislauf geöffnet hat, dann wird das Wasser wieder vollständig abgelassen und das System mit frischer Frostschutzmischung befüllt.*

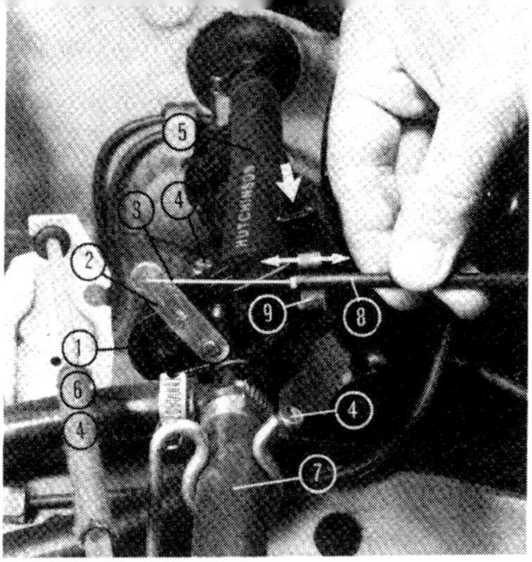

Wenn die Kühlflüssigkeit ohne Korrosionsschutz verwendet wird, kann das Heizungsregulierventil (1) festgehen. Es sitzt vor der hinteren Motorraumspritzwand, durch die ein Wasserschlauch (5) zur Heizanlage führt. Der Ausbau des Ventils ist nicht schwierig, es braucht nicht einmal die Kühlflüssigkeit abgelassen zu werden. Nachdem die drei Schlauchschellen (4) am Ventil gelöst wurden, verstopft man die einzelnen Schläuche (5 – zur Heizanlage; 6 – vom Motorblock; 7 – zum Kühler) und hebelt die Klemmfeder (9) aus ihrer Raste (weißer Pfeil), so daß sich der Heizungszug (8) herausheben und mit seinem Drahtzugende (3) aus dem Ventilhebel (2) ziehen läßt. Dann kann das Ventil ausgetauscht oder ein Reinigungsversuch unternommen werden.
Reagiert der Ventilhebel (2) nicht einwandfrei auf die Heizungshebelbetätigung am Armaturenbrett, läßt sich der Heizungszug (8) an seiner Klemmfeder (9) justieren, also mehr nach »auf« oder »zu« einstellen, wie die kleinen weißen Pfeile über dem Seilzug zeigen.

Heizung und Belüftung

Pflegearbeit Nr. 29

Das Heizungs- und Belüftungssystem des Audi 100 ist recht kompliziert, denn es gibt eine Unmenge von Einstellmöglichkeiten, Düsen und Luftführungswegen, so daß man zwar auf verschiedenste Weise Fahrer und Beifahrer mit kühler oder warmer Luft umfächeln kann, aber bei einem nicht gleich protestierenden Beifahrer Mühe hat, ihm nicht die Socken zu braten oder eine Erkältung an den Hals zu blasen, weil man als Fahrer mit eigener Kalt- und Warmluftzufuhr davon nichts merkt. Als höflicher Audi-Fahrer sollte man deshalb Beifahrer immer wieder mal fragen, wie sie (er) es mit Kalt- und Warmluft gerne hätte.
Die Aufheizung der vorn unterhalb der Windschutzscheibe eintretenden und vom Fahrtwind oder zusätzlich vom Gebläsemotor durch die Lamellen des Heizkörpers gedrückten Frischluft wird von dem Regulierhebel am Armaturenbrett gesteuert. Er läßt sich stufenlos von »kalt« (blauer Punkt rechts) nach »warm« (roter Punkt links) schieben. Die »Warmstellung« ist übrigens auch zum luftblasenfreien Befüllen des Kühlsystems notwendig. Der Heizungshebel ist über einen Drahtzug mit dem Heizventil (Bild oben) vorne im Motorraum verbunden. Um schon kurz nach dem Start eine Erwärmung des Fahrzeuginnenraums zu ermöglichen, liegt dieses Heizventil im sogenannten »kleinen Kühlungskreislauf«, so daß bereits heißes Wasser durch den Heizkörper fließt, bevor der Thermostat den »großen Kreislauf« zum Kühler geöffnet hat.
Heizung, Belüftung und Heizgebläse auf Funktion zu prüfen, ist kein Problem: Alle Hebel schalten und nachprüfen, ob das Gebläse je nach Stellung der beiden unteren Hebel schneller, langsamer oder gar nicht läuft. Dazu muß die Zündung eingeschaltet sein, denn das Heizgebläse ist an Sicherung Nr. 2 angeschlossen, die nur bei eingeschalteter Zündung Strom führt. Und bei linksseitiger Stellung des mittleren Hebels muß während der Fahrt (denn Flüssigkeitsumlauf im Kühlsystem ist Voraussetzung) alsbald Wärme je nach Stellung der beiden unteren Hebel zu spüren sein. Diese Prüfung sollte man auch den Sommer über nicht vergessen, denn vor allem das lange Zeit nicht betätigte Heizventil (Bild oben) kann durch Rückstände festbacken und will dann nicht mehr, wenn es gebraucht wird.

Heizungsventil ausbauen

Eine unzureichende Heizung oder Warmluft auch bei ausgeschalteter Heizung hat meist ihre Ursache im falsch justierten Heizventil, das den Zufluß der heißen Kühlflüssigkeit zum Heizkörper regelt. In diesem Falle ist wahrscheinlich die Bowdenzugumhüllung nicht an der richtigen Stelle einge-

klemmt. Zur Prüfung Heizungshebel im Armaturenbrett ganz auf Kalt oder Warm stellen, Stellung des Ventilhebels beobachten, Bowdenzugklemmfeder abhebeln (Beschreibung Bildtext Vorseite) und am nun losen Bowdenzug versuchen, ob sich der Ventilhebel noch weiter öffnen bzw. schließen läßt. Ist dies der Fall, muß der Bowdenzug so eingeklemmt werden, daß der Ventilhebelweg nach beiden Seiten gleich ist.
Bei schwergängigem oder festgeklemmtem (verkalktem) Heizungsventil läßt sich dieses ohne großen Aufwand selbst ersetzen. Bowdenzug, wie im Bild gezeigt, lösen, Zughaken am Ventilhebel aushängen, die 3 Schlauchschellen (Nr. 4 im Bild) lösen, die Schläuche abziehen und gleich mit je einem Lappen verstopfen, damit nicht zu viel Kühlwasser verloren geht. Heizungsventil gängig machen, mit heißwasserfestem Fett (z. B. Heißschraubencompound; Seite 63) einreiben, oder neues Heizungsventil einbauen.

Heizkörper und Gebläse

Dagegen macht der Ausbau des Heizkörpers oder des Heizungsgebläses erheblich mehr Schwierigkeiten, doch sind Störungen daran recht selten und wir brauchen die Arbeiten hier nur anzudeuten: Kühlflüssigkeit ablassen, sonst läuft sie in den Fußraum; eventuell vorhandene Mittelkonsole ausbauen; Armaturenbrettverkleidung rechts abmontieren; Schlauchschellen am Heizkörper lösen, Heizschläuche und Frischluftschläuche abziehen; Heizungsbetätigung (nächster Abschnitt) aus dem Armaturenbrett ausbauen; Spannbügel und Gehäuseklammern abhebeln und Teile herausnehmen.
An sich ist zum Ausbau der Heizanlage auch der Ausbau der Heizungsbetätigung notwendig, doch ist von dieser Arbeit in Heimwerkerei abzuraten, da die Heizungsbetätigung mit zwei besonderen Klemmscheiben rückseitig im Armaturenbrett befestigt ist, die sich zwar mit Hilfe eines Handspiegels, einer Handlampe, einiger Bodenakrobatik und einem feinen Schraubenzieher abhebeln lassen, aber zum Einbau braucht man später eine weitgreifende Spezialzange, um die (neuen) Klemmscheiben zu montieren.

Heizungsbetätigung

Dieser Ausbau wird aber auch in der Regel nicht notwendig sein, eher ist die Stromführung für das Heizgebläse oder der Anschluß eines Bowdenzuges zu prüfen. Das macht man aber meist doch einfacher am eingebauten Gerät mit Hilfe eines Handspiegels, der die Rückseite des Armaturenbretts sichtbar macht.

Frischluftdüsen

Die beiden, jeweils außen im Armaturenbrett sitzenden Luftdüsen sind nur für Frischluft zuständig. Beim Audi 100 GL können sie Teil einer echten Kaltluft-Klimaanlage sein. Durch Rändelschraube und drehbare Walze läßt sich der Frischluftstrom in gewünschter Richtung steuern. Falls diese Strömungseinstellung oder der Hebel zum Öffnen und Schließen der Luftzufuhr nicht mehr funktioniert, kann das ganze Aggregat zum Fahrzeuginnern hin aus dem Armaturenbrett gezogen werden. Dazu links Ablegefach abbauen (Seite 129) bzw. rechts Handschuhfach öffnen. Danach von der Armaturenbrettrückseite her mit feinem Schraubenzieher je 2 Klemmfederzungen oben und unten am Düsengehäuse anheben, dabei das Düsengehäuse behutsam nach vorne aus dem Armaturenbrett schieben und das Gehäuse vom rückseitig angesteckten Luftschlauch ziehen. Das Düsengehäuse ist also nicht angeschraubt, sondern nur ins Armaturenbrett geklemmt.

Nachschubprobleme

Die Kraftstoffanlage ist mittlerweile bei praktisch allen Fabrikaten ein ziemlich narrensicheres System geworden. Trotzdem ist es besser, sich am eigenen Wagen bei günstiger Gelegenheit den Weg des Kraftstoffs vom Tank bis zum Motor einmal genauer anzuschauen, um für den Ernstfall gerüstet zu sein. Ohne etwas Pflege und Wartung kommt man überdies nicht aus, weshalb das Werk für die Inspektion bestimmte Kontrollen vorgeschrieben hat.

Fingerzeig: *Bei allen Arbeiten an der Kraftstoffanlage das Batterie-Masseband abklemmen. Unbeabsichtigte elektrische Verbindungen könnten zu gefährlicher Funkenbildung führen!*

Der Tank

Der etwa 58 Liter fassende Tank sitzt beim Audi im Heck, und man kommt von oben ohne weiteres an ihn heran, wenn man die Kunststoffmatte im Kofferraum anhebt. Er ist also neben seiner Funktion als Kraftstoffbehälter zugleich gewissermaßen Boden des Kofferraums. Das bedeutet: Vorsicht beim Einladen von Gepäckstücken.
Soll der Tank ausgebaut werden, so nimmt man also zunächst die Kunststoffmatte aus dem Kofferraum heraus. Man erkennt in der Mitte des Tanks den mit fünf Kreuzschlitzschrauben befestigten Geber der Benzinuhr mit den aufgesteckten elektrischen Kabeln. Nun stellen Sie einen Behälter unter den Kraftstofftank und drehen mit einem Ringschlüssel SW 19 die Ablaßschraube am vorderen unteren Ende des Tanks heraus. Damit der leerlaufende Tank nicht nur durch die Entlüftung Luft nachzieht, nimmt man auch den Tankverschluß ab. Der Kraftstoff läuft besser ab. Dann Anschlüsse von der Kraftstoffanzeige ziehen und mit gekröpftem Ring- oder Steckschlüssel (SW 10) die 14 Schrauben rund um den Tank herausdrehen. Nach dem Abziehen der Kraftstoffleitung an der vorderen rechten Ecke des Tanks (Bild Seite 80) kann man den Tank vorsichtig herausheben, wobei man den Einfüllstutzen aus der Gummihülle in der Kofferraumwand herausdrehen muß.
Wichtig beim Einbau: Darauf achten, daß der Flansch des Kraftstofftanks rundum richtig auf der Dichtung liegt, sonst dringt bei Regenwetter Wasser in den Kofferraum. Wenn man sicher gehen will, kann man zusätzlich zur Dichtschnur (Dekaplast Rundschnur) die Auflagefläche für den Tank im Wagenunterbau mit plastischer Dichtungsmasse bestreichen. Darauf achten, daß der Dichtring an der Ablaßschraube einwandfrei ist. Eine undichte Stelle am Tank, durch die tropfenweise Benzin verlorengeht, läßt sich am Garagenboden nicht so leicht erkennen, weil Kraftstoff schnell verdunstet.

Geber für die Kraftstoffanzeige

Zum Ausbau des Gebers der Kraftstoffanzeige ist der Ausbau des Tanks nicht notwendig. Diese Arbeit beschreibt der Bildtext Seite 78.
Der Einbau eines neuen Gebers ist nur in einer bestimmten Lage möglich.

Der lange Hebel mit dem Schwimmer muß in Fahrtrichtung gesehen nach links zeigen, dann stimmen die Lochabstände im Geberflansch mit denen im Tankloch überein. Grundsätzlich sollen die Dichtung zwischen Geber und Tank und die kleinen Dichtbeilagen an den Befestigungsschrauben erneuert werden. Bei Gepäckstücken, die nach Kraftstoff »duften«, nicht gleich den Tankwart verdächtigen. Mal den Geber auf Leckstellen untersuchen!

Kraftstoffanzeiger sind keine Präzisionsinstrumente. Sie zu justieren wäre zuviel Mühe, denn es genügt im Grunde, wenn man – mit gefülltem Reservekanister im Wagen – den Tank leerfährt (natürlich nicht auf der Autobahn) und die Kraftstoffanzeige dabei unter Kontrolle hält. Für die Zukunft weiß man dann recht genau, wann es Zeit für den Besuch der nächsten Tankstelle ist.

Fingerzeige: *Im Hochsommer sollten Sie Ihren Audi nicht „bis zum Stehkragen« auftanken lassen, wenn er anschließend für einige Zeit abgestellt werden soll (z. B. an einer Autobahnraststätte). Denn Kraftstoff, der kühl aus dem Bodentank kommt, dehnt sich unter Hochsommertemperaturen beträchtlich aus, so daß Ihnen glatt 1 Liter über die Tankbelüftung davonfließen kann – Brandgefahr!*

Ansonsten sollte man seinen täglich nur auf kurzen Strecken gefahrenen Audi möglichst mit gut gefülltem Tank fahren. Das verbessert bei sonst leerem Wagen das Hinterachsgewicht und der geringere Luftraum im Tank verringert die Kondenswasserbildung, die auch nur bis zu gewissen Grenzen vom Kraftstoff durch heute übliche Kraftstoffzusätze (Alkohol) schadlos geschluckt werden kann. Rost im Tank ist durch diese Verhinderung der Wassertropfenbildung kaum noch zu befürchten, zur Kraftstoffqualität gehört heute die Verhinderung von Korrosion.

Der Reservekanister sollte für den Audi eine Auslauftülle haben, sonst verschwappt man beim Einfüllen viel Kraftstoff auf den rechten hinteren Kotflügel. Ist das passiert – auch beim Betanken an der Zapfsäule durch Sprudeln leicht möglich –, den übergelaufenen Kraftstoff mit viel Wasser vom Lack abwaschen, denn manche Lacke – besonders Metallicfarben, weiß und vor allem luftgetrocknete Nachlackierungen – sind kraftstoffempfindlich und verfärben sich, wenn der Kraftstoff antrocknet.

Reservekanister aus Kunststoff klappern zwar nicht, aber sie sollten ausdrücklich als Kraftstoffkanister bezeichnet und zugelassen sein, denn manche Kunststoffe sind nicht benzolfest, andere laden sich elektrostatisch auf – Entzündungsgefahr!

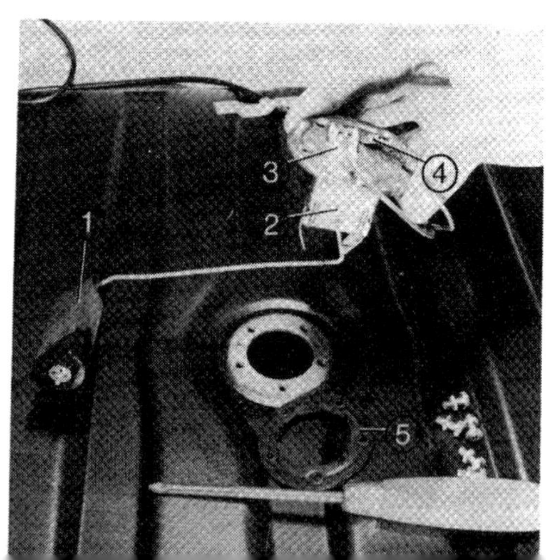

Muß der Geber der Kraftstoffanzeige ausgebaut werden, sind nach Wegnahme der Kofferraumbodenmatte zuerst das braune Massekabel (4) und das lila-schwarze Kabel (3) vom Anzeigegerät abzuziehen, danach die 5 Kreuzschlitzschrauben herauszudrehen und der Geber mit dem Dichtungsring (5) aus dem Tank zu heben. Die Anzeigenadel im Armaturenbrett wird durch einen Regelwiderstand (2) gesteuert, über den das Endstück des Schwimmerarmes (1) gleitet. Durch Verbiegen des Schwimmerarmes kann man die Anzeigegenauigkeit grob regulieren.

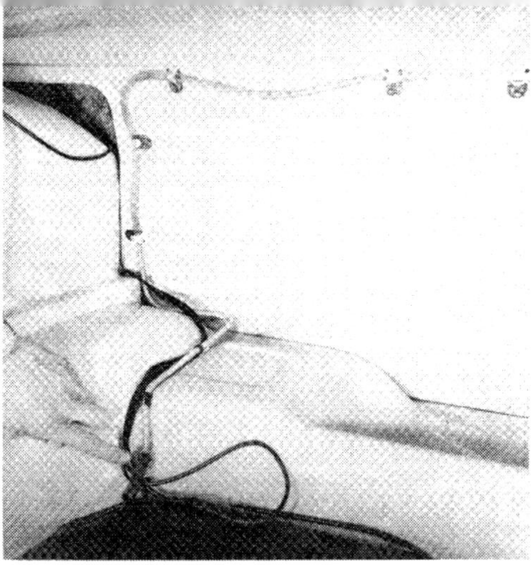

Beim Blick in den Kofferraum bei herausgenommener Bodenmatte sieht man links vorne (in Fahrtrichtung gesehen) am Tank ein dünnes Rohr angeschlossen. Das ist nicht der Kraftstoffauslauf (dieser siehe Bild nächste Seite), sondern die Tankbe- und -entlüftung, die, mit der Tankstutzenentlüftung (Bild unten) gekoppelt, über einen Schlauch durch den Karosserieboden ins Freie führt. Dort entweicht beim Betanken die Luft aus dem Tank und bei Motorlauf strömt umgekehrt Luft für den wegfließenden Kraftstoff ein.

Tankbelüftung und Kraftstoffleitung

Am Tank des Audi sind zwei Schlauchsysteme angeschlossen: Die Tankbelüftung und die Kraftstoffleitung.

Die Tankbe- und -entlüftung hat je einen Anschluß am linken vorderen oberen Ende des Tanks (Bild oben) und am Tankeinfüllstutzen. (Bild unten). Die beiden Schläuche führen hinter dem Reserverad zusammen und nach unten durch den Wagenboden ins Freie. Nr. 1 im Bild auf Seite 80.

Die Kraftstoffleitung sitzt unterhalb des Wagenbodens an der vorderen rechten Ecke des Tanks (Nr. 2 im Bild nächste Seite). Das Anschlußröhrchen ist im Tank durch ein Filtersieb gegen das Eindringen von Schmutz in die Kraftstoffleitung geschützt. Auf dieses Röhrchen ist außen mit einem Verstärkungsschlauchstück die eigentliche Kraftstoffleitung aufgesteckt.

An früheren Modellen des Audi 100 führte die Kraftstoffleitung etwas wagenheber-gefährdet am sogenannten Hilfsrahmen entlang nach vorne. Bei unseren Audi-100-Modellen ist die Kraftstoffleitung parallel zu den von vorne führenden beiden Bremsleitungen in Wagenmitte geschützter verlegt.

Falls sich das Filtersieb im Tank durch Schmutz zugesetzt haben sollte (zu vermuten, wenn die Kraftstoffpumpe kein Benzin fördert), Kraftstoffleitung hinter dem Kraftstoffilter nahe der Kraftstoffpumpe abziehen und die Leitung mit kräftigem Luftdruck frei blasen. Anschließend die Ursache der Tankverschmutzung ermitteln und beseitigen. Wenn die Kraftstoffleitung am Tank abgezogen werden soll, aber zu fest sitzt, kann man sie mit einem entsprechend schmalen Gabelschraubenschlüssel – hinter dem Schlauchende angesetzt – vorsichtig abdrücken.

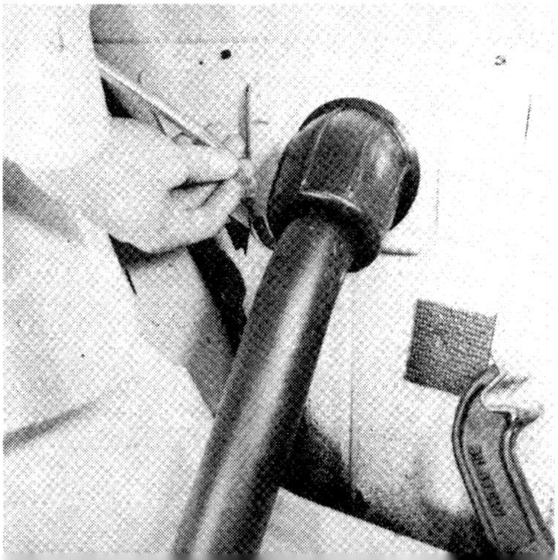

Am Tankeinfüllstutzen sitzt der zweite Schlauch der Tankbe- und -entlüftung. Er soll zusammen mit einem in das Stutzenrohr eingelöteten Entlüftungskanal das Übersprudeln des Kraftstoffes beim Betanken möglichst unterbinden. Aber es sprudelt doch, wenn zu hastig betankt wird und die entsprechende Luft nicht gleich schnell durch das gemeinsame Ablaufrohr im Fahrzeugboden (Nr. 1 im nebenstehenden Bild) abfließen kann.

Wird der Kofferraum des Audi sehr eng bepackt, kann ein Gepäckstück den hier gezeigten Entlüftungsschlauch vom Einfüllstutzen abdrücken. Das ist zumeist der Fall, wenn Wagen und Kofferraum plötzlich intensiv nach Benzin riechen.

Kraftstoff-Vorfilter austauschen
Pflegedienst Nr. 64

Damit möglichst keine Verunreinigungen bis zur Kraftstoffpumpe gelangen, ist bei den neueren Modellen des Audi 100 zusätzlich in die Kraftstoffleitung vor der Pumpe noch ein Kraftstoff-Vorfilter gesetzt. Es kann nicht gereinigt werden, sondern soll nach jeweils 30 000 km ausgetauscht werden. Das ist kein Problem: Die an beiden Seiten aufgesteckten Enden der Kraftstoffleitung abziehen, Filter wegwerfen und neues einsetzen. Solche Kraftstofffilter gibt es überall im Zubehörhandel, in Discountläden und an Tankstellen zu kaufen. Passend sind auf jeden Fall (Preis etwa 4,80 DM):

- Knecht FB 629
- Mann WK 31/2

Die 30 000-km-Tausch-Empfehlung ist natürlich sehr »rund«. Ob früher oder später dieses Kraftstoffilter ausgetauscht werden sollte, läßt sich aber ohne jede Schwierigkeit schon an der Verschmutzung erkennen.

Fingerzeig: *Wenn Sie zu einer Tankstelle einbiegen, bei der gerade ein Tankwagen die Bodenkessel neu befüllt, sollten Sie am besten zur nächsten Tankstelle weiter fahren. Denn das Befüllen wühlt den in Jahren angesammelten Schlamm des Bodentanks auf.*

Die Kraftstoffpumpe

Die mechanisch angetriebene Kraftstoffpumpe sitzt – in Fahrtrichtung gesehen – links am Motor in der Mitte (Bild Seite 84). Am 85-PS-Motor wird sie von der »Zwischenwelle«, am 100- und 112-PS-Motor von der seitlich liegenden Nockenwelle angetrieben (Schaubilder auf den Seiten 46 und 47).

So funktioniert die Kraftstoffpumpe: Eine kräftige Feder am Pumpenstößel zieht diesen und damit die daran befestigte Membrane nach unten, das Saugventil öffnet und saugt Kraftstoff aus der Zuleitung an. Beim Weiterdrehen der Nocken- bzw. Zwischenwelle drückt deren Exzenter den Pumpenstößel mit der Membrane wieder zurück, wobei das Saugventil schließt und das Druckventil öffnet. Dabei wird der Kraftstoff weiter in die Schwimmerkammer des Vergasers gepumpt. Wenn bei gefüllter Schwimmerkammer das Schwimmernadelventil schließt, darf kein Kraftstoff gefördert werden. Dafür hat die Pumpe eine Art »Freilauf« durch eine zweite Feder unterhalb der Pumpenmembrane, die die Bewegung der Membrane über einem bestimmten Leitungsdruck hemmt.

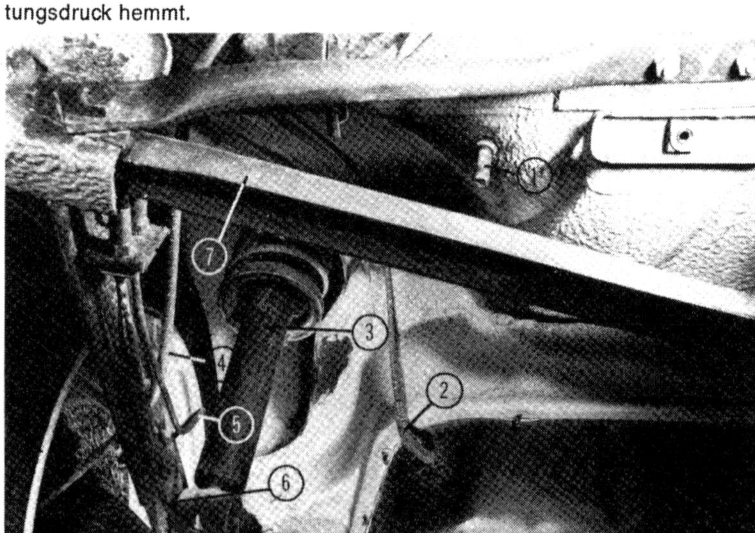

Das Bild zeigt den Fahrzeugboden neben dem rechten Hinterrad entgegen der Fahrtrichtung. Den Zweck des kurzen Schlauchendes (1) der Tankbe- und -entlüftung beschreiben die Bildtexte auf der Vorseite. Wenn dieses Schlauchende durch Schmutz verstopft ist, kann während der Fahrt wegen mangelhaft einströmender Luft und dadurch nur mangelhaft nachströmendem Kraftstoff der Motor stehenbleiben. Deshalb bei einer gelegentlichen Inspektion des Wagenbodens dieses Schlauchende kräftig kneten, damit aller Schmutz abbröckelt. Am rechtsseitigen vorderen Ende des Tanks (in Fahrtrichtung gesehen) sitzt die Kraftstoffleitung (2) zur Kraftstoffpumpe. Weiter bedeuten: 3 – rechtes hinteres Federbein; 4 – Handbremsseilzug zum rechten Hinterrad; 5 – Bremsleitung zum rechten Hinterrad; 6 – Bremsleitung zum linken Hinterrad; 7 – Panhardstab (siehe Bild Seite 187).

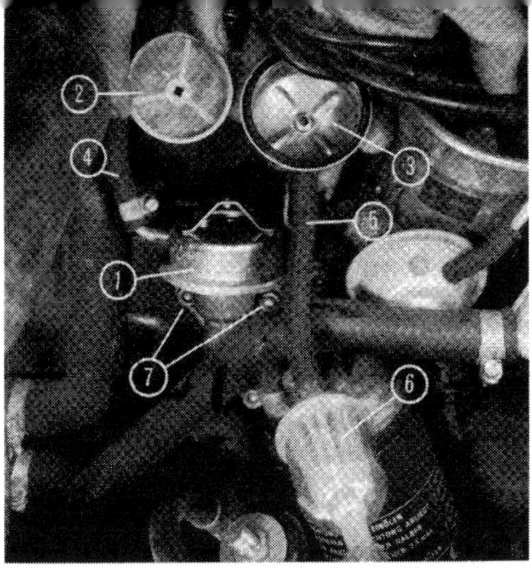

Zum Reinigen der Kraftstoffpumpe zuerst die Querschlitzschraube oben im Deckel (3) der Pumpe (1) herausdrehen, den Deckel mit dem darin sitzenden Dichtring und das darunter sitzende kegelförmige Filtersieb (2) abnehmen, mit dem Mund den Filter durchblasen (ohne Spucke) und in sauberem Kraftstoff ausschwenken. Beim Zusammenbau den Dichtring, die kleine Schraubenbuchse über dem Filter und die Unterlegscheibe unter der Halteschraube nicht vergessen. Weiter bedeuten: 4 – Schlauch zum Vergaser, der zum Prüfen der Pumpenwirksamkeit abgezogen werden muß; 5 – Schlauch vom Tank, in den das Vor-Filter (6) eingebaut ist; 7 – Innensechskantschrauben des Montageflansches am Motorblock.

Ausbau der Kraftstoffpumpe

Hat man bei mangelndem Kraftstoff-Nachschub zum Vergaser den Verdacht, daß die Benzinpumpe defekt ist, wird man zunächst einmal ihr Filtersieb reinigen (siehe nächsten Abschnitt). Zur Prüfung der Pumpe zieht man den zum Vergaser führen Schlauch ab und läßt den Motor von einem Helfer mit dem Anlasser kurz durchdrehen. Wird kein Benzin gefördert, muß die Pumpe ausgebaut werden, falls die Kraftstoffleitung vom Tank her nicht verstopft ist. Das wird zuerst geprüft: Auch den vom Vorfilter herführenden Schlauch von der Pumpe abziehen und nachsehen, ob beim Tieferhalten Benzin herausläuft. Wenn ja, die Kraftstoffleitung mit einer in die Öffnung gedrehten Schraube verschließen (auch ein schmaler Durchschlag wird passen). Mit 2 Inbus-Sechskantschrauben SW 8 oder 6 ist die Pumpe am Motor angeflanscht. Beide herausdrehen und Pumpe mit Zwischenflansch abnehmen. Stockende Benzinversorgung kann auch durch ein hängendes Flatterventil in der Pumpe ihre Ursache haben. Hier hilft bisweilen kräftiges Klopfen gegen das Pumpengehäuse, wodurch das Ventil wieder frei wird.

Beim Audi neuer Bauart ist das Unterteil der Kraftstoffpumpe durch Umbördeln des Bleches verschlossen; man kann z. B. eine defekte Membrane nicht mehr ersetzen, sondern muß eine neue Pumpe einbauen. Wer eine Reise in ferne Länder unternehmen will, nimmt daher sicherheitshalber eine komplette Ersatzpumpe mit, zumal diese billig zusammengenietete Kraftstoffpumpe zu den Schwachstellen des Audi zählt.

Fingerzeig: *Bei Aussetzern und Leistungsverlust in höheren Drehzahlen kann die Ursache an einer beschädigten Pumpendeckeldichtung liegen. Die Saugseite der Pumpe liegt im Oberteil, bei einer defekten Dichtung tritt deshalb kein Kraftstoff aus, sondern die Benzinpumpe saugt Luft an.*

Filtersieb der Kraftstoffpumpe reinigen

Pflegearbeit Nr. 35

Damit die Ventile der Benzinpumpe und die Vergaserdüsen nicht durch Verunreinigungen im Benzin verstopft werden können, fließt der aus dem Tank angesaugte Kraftstoff durch ein Filtersieb. Es soll alle 15 000 km gereinigt werden. Wie dies zu geschehen hat, ist im Bild oben beschrieben.

Normal- oder Superkraftstoff?

Mit Normalbenzin kommt der 85-PS-Motor aus, Superkraftstoff brauchen die 100- und 112-PS-Motoren. Ob ein Motor Superkraftstoff braucht, hängt neben der Konstruktion des Verbrennungsraumes, der Lage der Zündkerze und der Bodenform des Kolbens vor allem von der Verdichtung im Zylinder ab (beim 85-PS-Motor 8,2:1, bei den 100- und 112-PS-Motoren 9,7:1), d. h. das angesaugte Kraftstoff-Luft-Gemisch wird beispielsweise von 9,7 Raumteilen auf 1 Raumteil zusammengepreßt. Bei solchem Druck entzündet sich üblicherweise Normalkraftstoff von selbst, bevor der Zündfunke überspringt. Praktisch donnert dabei das selbstentzündete Kraftstoff-Luft-Gemisch schon dem aufwärts eilenden Kolben entgegen, statt ihn nach seiner höchsten Stellung im Zylinder (man nennt das den Oberen Totpunkt) kräftig nach unten zu treiben. Ob sich ein Kraftstoff von selbst entzündet oder den Zündfunken abwartet, hängt von seiner Klopffestigkeit ab. Die Klopffestigkeit eines Kraftstoffes wird durch die sogenannte Oktanzahl (Kurzzeichen OZ) gekennzeichnet. Dieses Oktan ist nun keine Zugabe zum Benzin, sondern lediglich eine Vergleichsgröße, die in einem speziellen Prüfmotor als Hinweis auf die mehr oder weniger hohe Klopffestigkeit mit Meßkraftstoffen ermittelt wird. Diese Meßkraftstoffe bestehen aus Mischungen von Normal-Heptan (Klopffestigkeit 0) und Iso-Oktan (Klopffestigkeit 100). Beginnt der zu prüfende Kraftstoff z. B. bei genau der gleichen Prüfmotoreinstellung zu klopfen, bei der ein Meßkraftstoff mit 95 % Anteil Iso-Oktan zu kopfen beginnt, hat der geprüfte Kraftstoff ganz einfach 95 OZ. Die bekannteste Oktanzahl-Prüfmethode ist die sogenannte »Research«-Methode, und nach dieser wird die so ermittelte OZ mit Research-Oktanzahl (Kurzzeichen ROZ) bezeichnet. In der Bundesrepublik hat Normalkraftstoff zwischen 91 und 93 ROZ und Superbenzin 98 bis 99 ROZ.

Der Mindest-Oktanzahlbedarf des 85-PS-Motors liegt bei 91 ROZ. Für die beiden Super-Motoren sind 98 ROZ erforderlich. In diesem Oktanzahlbedarf ist jedoch schon einkalkuliert, daß ältere Motoren in der Regel einen höheren Oktanzahlbedarf haben, und auch der seit Anfang 1976 in der Bundesrepublik vorgeschriebene Kraftstoff mit geringem Blei-Anteil (die Bleiverbindungen verbessern die Klopffestigkeit der Kraftstoffe) soll nach Ansicht des Herstellerwerks durchweg ausreichen. Wenn es doch nicht klopffrei geht, muß die Zündung ein wenig auf »Spät« gestellt werden (siehe übernächster Abschnitt).

Klingeln und Klopfen

Dieses Klingeln oder Klopfen wird mit ungenügend klopffesten Kraftstoffen einerseits bei scharfem Gasgeben aus niedrigen Drehzahlen hörbar (Beschleunigungsklopfen), wenn Sie beispielsweise im dritten Gang aus 20 bis 30 km/h heraus scharf beschleunigen oder an einer Steigung schaltfaul fahren, den Motor also quälen. Man muß aber ein aufmerksames Ohr haben, um diese Klingelgeräusche zu hören.

Noch gefährlicher, da es von den starken Fahrgeräuschen fast stets überdeckt wird, ist das Klopfen bei hohen Geschwindigkeiten (Hochdrehzahl-Klopfen), das vor allem bei Superkraftstoff-Motoren auftreten kann. Die Forschung hat erwiesen, daß dieses Hochdrehzahl-Klopfen von einer andern, nach der sogenannten »Motor«-Methode gefundenen Oktanzahl (Kurzzeichen MOZ) abhängig ist. Zahlenmäßig ist diese MOZ zwar niedriger, in Wirklichkeit erheblich anspruchsvoller. So werden für die Audi-Motoren der 85-PS-Ausführung mindestens 80 MOZ und für die 100/112-PS-Ausführungen mindestens 86 MOZ (siehe auch Kapitel »Technische Daten«) gefordert. Eine gute ROZ von 99 oder 100 ROZ (Tankstellen-Werbeplakate im Ausland) ist deshalb keine Garantie, daß auch die MOZ ausreicht, um den Audi-Motor vor Schaden zu bewahren.

Bei der bereits beschriebenen Selbstentzündung des Kraftstoff-Luft-Gemisches gibt es einen gewaltigen Druckanstieg im Zylinder, durch den der Kolben einen schmetternden Schlag erhält, so daß der Motor bis ins letzte

Kurbelwellenlager erschüttert wird. Durch die Schalldämpfung des Zylinderblocks hört es sich von außen nur wie ein hell klingendes Hämmern im Motorinnern an. Erste Maßnahme: Fuß vom Gaspedal, nur noch ganz behutsam Gas geben und alsbald, wenn möglich, klopffesteren Kraftstoff tanken. Übrigens wird der »Oktanzahlanspruch« eines vorwiegend im Kurzstreckenverkehr gefahrenen Wagens durch stärkere Rückstandsbildung im Verbrennungsraum höher. Abhilfe: Motor durch flotte Autobahnfahrt gelegentlich »freiblasen«, aber nicht gleich voll auf das Gaspedal treten!

OZ-Mangel ausgleichen

Vor 1972 zählten die Kraftstoffe in der Bundesrepublik zu den klopffestesten.. Inzwischen wurde jedoch die Zumischung von Bleitetraäthyl, womit Kraftstoffe klopffester gemacht werden, gesetzlich herabgesetzt. Im Gegensatz zu früher ist daher in den meisten europäischen Ländern durch die Erlaubnis höherer »Bleibeimischung« die Klopffestigkeit etwas höher als bei uns – zumindest aber gleich. Auch die Ostblockstaaten bieten zumeist an »Devisentankstellen« hochwertiges Superbenzin an. Für Normalkraftstoff-Motoren empfiehlt sich allerdings Super.
Muß der superbedürftige Audi, hierzulande oder im Ausland, mit »Klingelwasser«, also nicht genügend klopffestem Benzin, auskommen, kann man dies in gewissen Grenzen durch Verstellen des Zündzeitpunktes in Richtung »spät« ausgleichen. Das ist allerdings mit einem merkbaren Leistungsabfall des Motors verbunden. Als Faustregel gilt, daß pro ROZ, die unter den geforderten 98 ROZ liegt, der Zündzeitpunkt um 1° Kurbelwellenumdrehung zurückgestellt werden muß. Er darf jedoch insgesamt um nicht mehr als 5° zurückgenommen werden (Zündzeitpunkteinstellung Seite 138), das entspricht also etwa 93 ROZ. Darunter wird es auf jeden Fall für einen Supermotor mörderisch.
Alte Tricks mit Benzolbeimischung oder Unterlegen einer dickeren Zylinderkopfdichtung (bei den Audi-100-Motoren ohnehin nicht möglich) funktionieren heute nicht mehr. Es bleibt nur als aufwendige Maßnahme der Einbau muldentieferer Kolben (= geringere Kompression = geringerer Oktanzahlanspruch) übrig.
Beim 85-PS-Motor hat man diese Probleme in der Regel nicht, denn zumeist reicht der im Ausland angebotene Superkraftstoff dafür aus.

Nachdieseln

Besonders gefährlich ist für einen Motor das sogenannte »Nachdieseln«, d. h. nach Abstellen der Zündung stolpert und holpert der Motor noch weiter, weil sich in seinem Innern das Kraftstoff-Luft-Gemisch nach dem Dieselverfahren (das ja keine Zündkerze braucht) völlig von selbst entzündet und die Kolben mal vorwärts, mal rückwärts klopft.
An sich soll es dieses Nachdieseln durch eine automatische Abschaltdüse (siehe Vergaserkapitel Seite 93), die mit Abstellen der Zündung den Kraftstoffzufluß absperrt, nicht mehr geben, aber durch Klemmen der Ventilnadel oder eine gelockerte Abschaltdüse kann es doch mal passieren. Dann muß dieses Weiterdrehen des Motors sofort radikal durch Kuppeln, Einlegen eines Ganges und Abwürgen des Motors unterbunden werden. Wenige Minuten Nachdieseln können einen Motor völlig runieren. Bei Nachdieseln Ursache (zumeist klemmendes Abschaltventil) ermitteln und baldmöglichst beseitigen.

Besuch im Gaswerk

Zugegeben, Vergaser sind heute eine recht komplizierte und recht empfindliche Angelegenheit. Man kann nicht mehr, wie vielleicht noch vor einem Jahrzehnt, fröhlich daran herumbasteln – das würde den Vergaser erheblich verwirren. Denn nur durch seine raffiniert ausgewogene Konstruktion und Einstellung ist es möglich, die heute wesentlich höheren Leistungen aus den Motoren zu kitzeln, dabei mit dem Kraftstoff sparsam umzugehen und nicht zuletzt die Umwelt vor zu giftigen Abgasen zu bewahren. Aber es gibt doch manchen Handgriff, der Ihnen im Falle einer Panne oder bei der regelmäßigen Pflege weiterhelfen kann.
Vor dieser im nächsten Kapitel beschriebenen Vergaserpraxis hier erst einmal ein wenig Theorie zum besseren Verständnis der »Gasfabrik«.

Was im Vergaser geschieht

Benzin brennt motorwirkungsvoll nur in Form von fein verteiltem Nebel, also in kleinsten Flüssigkeitströpfchen, die allseitig von einer bestimmten Menge Luft umgeben sein müssen (1 Liter Kraftstoff fein und gleichmäßig zerstäubt in etwa 9 Kubikmeter Luft). Ohne Rücksicht auf die unterschiedlichsten Bedingungen – kalter oder heißer Motor, niedrige oder hohe Motordrehzahlen, bergauf mit schwerer Last oder leicht rollend in der Ebene – muß der Vergaser dieses Kraftstoff-Luft-Gemisch stets so »zubereiten«, daß es gerade für die augenblickliche Fahrbedingung besonders motorwirksam und weder zu »fett« (viel Kraftstoff – wenig Luft) noch zu »mager« (wenig Kraftstoff – viel Luft) ist. Denn bei zu fettem Gemisch bläst viel Kraftstoff ungenutzt zum Auspuff hinaus, außerdem verrußt der Motor damit und bei magerem Gemisch wird der Motor stark überhitzt.
Die Gemischzubereitung findet im Vergaser statt, indem sich die vom Motor angesaugte und durch den Vergaser strömende Luft aus einer oder mehreren Düsen den notwendigen Kraftstoff saugt. Das hört sich zwar sehr einfach an, aber wenn Sie sich einmal die Bilder dieser Seiten anschauen werden Sie zweifellos glauben, daß die Vergaserpraxis so einfach nun auch wieder nicht ist. Darum hier zuerst einmal eine kurze Erklärung der wichtigsten Vergaserteile:
Schwimmerkammer: In diese gelangt der von der Kraftstoffpumpe geförderte Kraftstoff durch das Rohr für den Kraftstoffzufluß und durch das geöffnete Schwimmernadelventil. Wenn sich die Schwimmerkammer füllt, steigt in ihr der Schwimmer hoch und verschließt das Schwimmernadelventil, so daß der Kraftstoffzufluß bei Erreichen des vorgesehenen Kraftstoffniveaus gesperrt ist.
Hauptdüse: Sie sitzt unten seitlich in der Schwimmerkammer und sorgt mit einer genau bemessenen Bohrung für gleichbleibenden Abfluß des Kraftstoffes aus der Schwimmerkammer.
Leerlaufdüse: Da es beim Leerlauf des Motors an der schnellen Luftstro-

mung zum Ansaugen und Zerstäuben des Kraftstoffes mangelt, sorgt die Leerlaufdüse, die höher als das Kraftstoffniveau in der Schwimmerkammer sitzen muß, für eine Luftbeimischung zum für den Leerlauf notwendigen Kraftstoff. Mehr über die unterschiedlichen Leerlaufsysteme auf Seite 93.

Luftkorrekturdüse: Sie mischt den von der Hauptdüse kommenden Kraftstoff mit sogenannter Ausgleichsluft vor, wenn die Motordrehzahlen steigen und damit der Luftsog im Vergaser stärker wird.

Mischrohr: Es erhält den Kraftstoff aus der Hauptdüse und mischt ihn mit der durch die Luftkorrekturdüse eintretenden Ausgleichsluft. Diese Kraftstoff-Luft-»Emulsion«, deren Zusammensetzung vom Luftsog im Vergaser abhängig ist, verhindert, daß zu viel Kraftstoff das Kraftstoff-Luft-Gemisch zu fett macht.

Lufttrichter: Er sitzt im Saugkanal des Vergasers und hat eine starke Verengung des Innendurchmessers rund um den Austrittsarm der Kraftstoff-Luft-Emulsion. Durch die Verengung des Lufttrichters wird die angesaugte Luft stark beschleunigt und damit die »Emulsion« stärker aus dem Austrittsarm abgesaugt.

Drosselklappe: Sie sitzt im »Ausgang« des Saugkanals zum Ansaugkrümmer des Motors. Allein durch die vom Gaspedal über Seilzug oder Gestänge gesteuerte Drosselklappe wird die in den Motor strömende Menge des Kraftstoff-Luft-Gemisches und damit die Leistung des Motors bestimmt.

Anreicherung: Da bei »Vollast« – voll durchgetretenes Gaspedal und hohe Leistungsanforderung an den Motor – der Kraftstoffanteil für das Gemisch zu gering wäre, haben die Vergaser Anreicherungssysteme, so daß zusätzlicher Kraftstoff zugeführt wird. Zwei unterschiedliche Anreicherungssysteme sind üblich: Entweder ein hoch im Saugkanal des Vergasers sitzendes Anreicherungsrohr, aus dem direkt aus der Schwimmerkammer zusätzlich Kraftstoff angesaugt wird. Oder ein ventilgesteuertes System, aus dem bei voller Drosselklappenöffnung dem Mischrohr unter Umgehung der Hauptdüse zusätzlich Kraftstoff zugeführt wird.

Beschleunigung: Beim schnellen Durchtreten des Gaspedals spritzt die Beschleunigungspumpe eine genau dosierte kleine Benzinmenge zusätzlich über das Einspritzrohr in den Saugkanal.

Starterklappe: Sie sitzt im »Eingang« des Vergasers, im Lufteinlaßstutzen und wird bei unseren Vergasern von einer Startautomatik mehr oder weniger geöffnet. Ihr Zweck ist zusammen mit der Wirkungsweise der Startautomatik auf Seite 90 beschrieben.

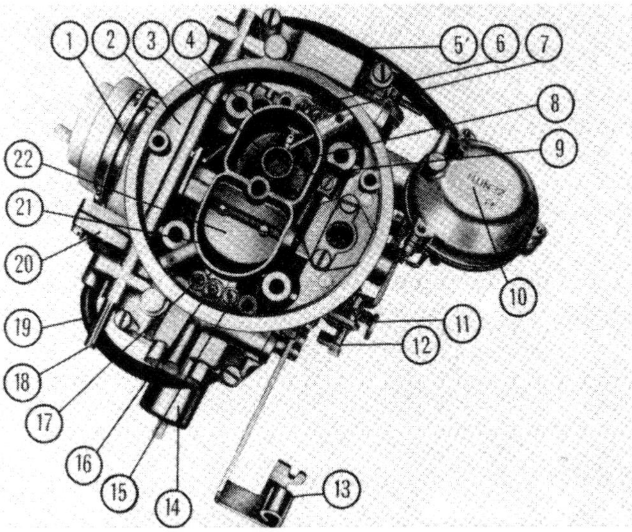

Blick von oben auf den geöffneten Zenith-Fallstrom-Registervergaser 2 B 2, dessen Funktion auf Seite 88 näher beschrieben ist. Es bedeuten: 1 – Startautomatik zur Steuerung der Starterklappe (22) in der 1. Vergaserstufe (21); 2 – Vergaserdeckel; 4 – Lufteinlaß der 2. Vergaserstufe mit Lufttrichter (3), Vorzerstäuber (8) und Drosselklappe (9); 5 – Unterdruckschlauch des Beschleunigungssystems; 6 – Luftkorrekturdüse der 2. Stufe; 7 – kombinierte Kraftstoff-Luftdüse der 2. Stufe; 10 – Unterdruckdose zur Steuerung der 2. Stufe; 11 – Drosselklappenhebel der 1. Vergaserstufe; 12 – Leerlauf-Einstellschraube; 13 – Gaszughalter; 14 – elektromagnetisches Abschaltventil; 15 – kombinierte Kraftstoff-Luftdüse; 16 – Luftkorrekturdüse mit Mischrohr; 17 – desgl. für Zusatzgemischsystem (15–17 nur für 1. Vergaserstufe); 18 – Kraftstoffzuflußrohr; 19 – Unterdruckschlauch des Startsystems; 20 – Pull-down der Startautomatik.

Welcher Vergaser ist eingebaut?

In allen Audi 100 finden Sie Vergaser (Solex und Zenith), die von der Deutschen Vergaser-Gesellschaft, 404 Neuß, Leuschstr. 1, geliefert werden. Falls Sie sich besonders intensiv mit Ihrem speziellen Solex-Vergaser beschäftigen und vor allem seine Funktion ganz genau bis in die letzte Bohrung ergründen wollen – zu solch weitschweifender Beschreibung fehlt hier leider der Platz –, können Sie sich aus Neuß unter Nennung Ihres Audi-Modells und Vergasertyps ausführliche Unterlagen erbitten.
Aber auch die in der nachfolgenden Tabelle den jeweiligen Audi-Modellen zugeordneten Vergasertypen sind in ihrer Düsenbestückung und Detailausstattung keineswegs identisch – insbesondere sind die Vergaser mit gleicher Typbezeichnung je nach Baujahr mit Zusatzgemisch- oder Umluftsystem zum Leerlauf ausgestattet –, so daß Sie in nachstehender Tabelle zusätzlich noch die Bestellnummer der Deutschen Vergaser Gesellschaft

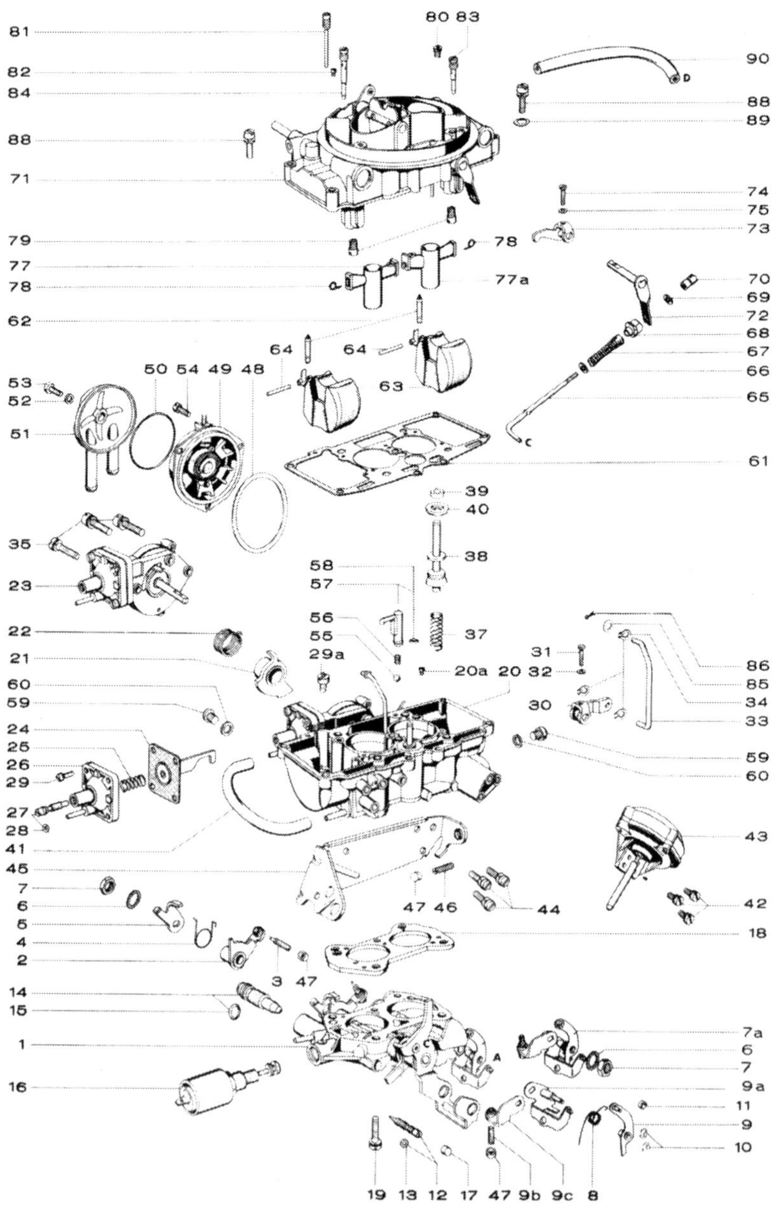

»Explosionszeichnung« des Zenith 2 B 2:
1 – Drosselklappenteil, komplett; 2–7 – Startautomatikhebel für Drosselklappe Stufe 1; 6–7a (A) – Drosselklappenhebelteile 2. Stufe; 8–11 (C) – Drosselklappenhebelteile 1. Stufe; 12, 13, 17 – Leerlaufgemisch-Regulierschraube; 14, 15 – Umluftregulierschraube; 16 – Abschaltventil; 18 – Zwischenflansch; 20 – Vergasergehäuse, komplett; 20a – kombinierte Kraftstoff-Luftdüse für Übergangsreserve; 21–23, 35 Startautomatikteile; 24–29 – »Pulldown«-Membranteil zum Mitsteuern der Starterklappe; 29a – Anreicherungsventil für Vollgas; 30–34 – Verbindungsstange zwischen Startautomatik und Starterklappenhebel; 37–40 – Beschleunigungspumpenkolben; 41 – Unterdruckschlauch zwischen Saugrohr 1. Stufe und Pulldownmembrane; 42, 43 – Unterdruckdose zur Steuerung der 2. Stufe; 44, 45 – Gaszughalter; 46, 47 – Leerlaufdrehzahlschraube; 48–54 – Startautomatik 55–58 – Beschleunigungspumpenteile; 59, 60 – Schwimmerkammerverschlußschraube; 61 – Vergaserdeckeldichtung; 62 – Schwimmerventilnadeln; 63, 64 – Schwimmer; 65–72 – Verbindungsstange zwischen Drosselklappe 1. Stufe und Beschleunigungspumpe; 71, 88, 89 – Vergaserdeckel; 73–75 – Beschleunigungspumpenhebel; 77, 78 – Vorzerstäuber in den Saugrohren; 79 – Hauptdüsen; 80 – Übergangsluftdüse; 81 – Zusatzluftdüse; 82 – Zusatzkraftstoffdüse; 83, 84 – Leerlaufdüsen; 90 – Unterdruckschlauch zwischen Unterdruckdose und Beschleunigungspumpenventil.

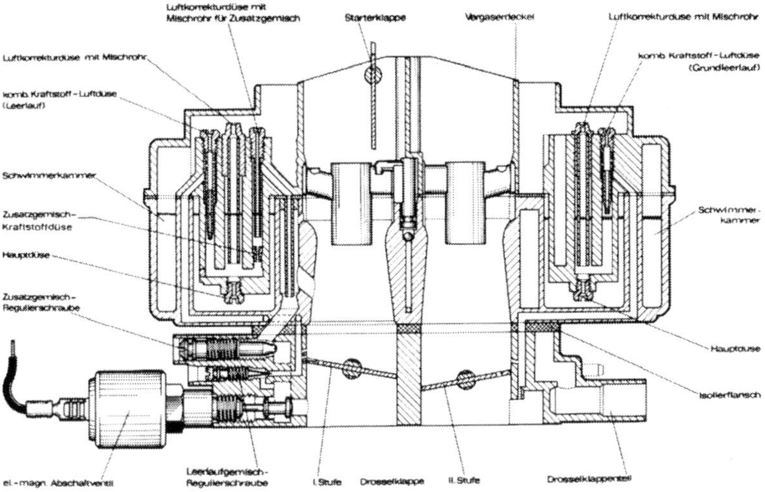

Was aus den Bildern der beiden vorhergehenden Seiten am Zenith-Vergaser 2 B 2 vielleicht noch nicht ganz zu entnehmen ist, zeigt dieser Längsschnitt durch den Vergaser, der auf der folgenden Seite auch im Text beschrieben ist.

(DVG) und die Audi-Werksnummer finden. Weggelassen haben wir die alle Übersicht sprengenden Sonderausführungen für verschiedene Exportländer. Dadurch und durch die selbstverständliche Weiterentwicklung sind natürlich gelegentlich Abweichungen von unserer Tabelle möglich.

Audi-Modell	PS	Baujahr	Vergasertyp	Audi-Nummer	DVG-Nummer
100, LS	85	7. 74–8. 75	32/35 DIDTA	049 129 015 AE	E 17313
		ab 9. 75	2 B 2	049 129 015 D	E 17411
LS	100	7. 71–8. 75	32/35 TDID	059 129 015 L	E 16842
		ab 8. 75	32/35 TDID	059 129 015 Q	E 17416
LS Autom.	100	7. 71–8. 75	32/35 TDID	059 129 015 N	E 16843
		ab 8. 75	32/35 TDID	059 129 015 R	E 17417
GL + Coupé	112	8. 72–7. 75	32/35 TDID	058 129 015 K	E 17044
		ab 8. 75	32/35 TDID	058 129 015 AA	E 17414
GL + Coupé Automatic	112	8. 72–7. 75	32/35 TDID	058 129 015 L	E 17043
		ab 8. 75	32/35 TDID	058 129 015 AB	E 17415

Die wichtigsten Angaben der Vergaserbestückung sind im Kapitel »Technische Daten« vermerkt.

Nur Fallstrom-Registervergaser

Alle 3 in diese Audi-100-Modelle ab Herbst 74 eingebauten Vergasertypen sind Fallstrom-Registervergaser. Das besagt: Das Kraftstoff-Luft-Gemisch »fällt« senkrecht durch das Saugrohr in den Ansaugkrümmer des Motors. Und als Registervergaser haben diese Vergaser 2 Stufen, nämlich 2 Saugkanäle mit jeweils eigenem Lufttrichter, eigenem Hauptdüsensystem und jeweils eigener Drosselklappe.

Damit sind Registervergaser sogenannten Doppelvergasern ähnlich. Aber im Gegensatz zu diesen werden die beiden Stufen erst nacheinander wirksam und münden gemeinsam im gleichen Einlaß des Ansaugkrümmers. Registervergaser sind bei leistungsstarken Motoren die beste Lösung. Denn in Einfachvergasern mit einem entsprechend großen Saugrohrdurchmesser hätte die durchströmende Luft zu geringe Geschwindigkeit, um das richtig abgewogene Gemisch für den Motor aufbereiten können und ein geringerer Querschnitt würde nicht zur Füllung des Motors bei Vollgas ausreichen. Besser arbeitet also in diesem Falle ein Vergaser, dessen Stufen sich nacheinander einschalten und praktisch bei Teillast einen kleinen, aber bei Volllast einen großen Einlaßquerschnitt haben. Da die 2. Stufe bei niedrigem Leistungsbedarf untätig bleibt, hat auch nur die 1. Stufe eine Starterklappe mit der angeschlossenen Startautomatik.

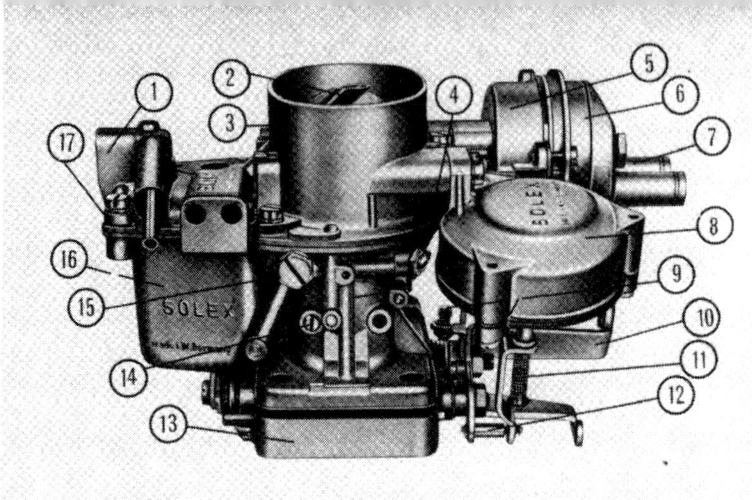

Das Bild zeigt die linke Seite des Solex-Register-Vergasers DIDTA mit seinem typischen Unterschiedsmerkmal zum Solex TDID, der Unterdruckdose (8) zur Steuerung der 2. Drosselklappe: Es bedeuten: 1 – Kraftstoffzufluß; 2 – Innenbelüftungsrohr zum Druckausgleich der Schwimmerkammer (16); 3 – Lufteinlaßstutzen; 4 – Halteschraube des Vorzerstäubers; 5 – Startautomatikkörper; 6 – Startautomatikdeckel; 7 – Wasseranschlußstutzen; 9 – Anschlagschraube des Drosselklappenhebels (10); 11 – Unterdruckbetätigungsstange für Mitnehmerhebel; 12 – Übertragungshebel für 2. Vergaserstufe; 13 – Drosselklappenteil; 14 – Halteschraube für demontierbaren Lufttrichter; 15 – Verschlußschraube für Übergangssystem; 17 – Vergaserdeckel.

Unsere Vergaser bestehen aus jeweils 3 Hauptteilen (von oben nach unten):

- Vergaserdeckel mit Lufteinnlaß, Starterklappe, Schwimmernadelventil und bei einigen Bauausführungen mit angehängtem Schwimmer
- Vergasergehäuse mit Schwimmerkammer, den beiden Saugrohren mit Lufttrichtern, den Mischkammern und den Teilen der Beschleunigungspumpe
- Drosselklappenteil mit den beiden Drosselklappen.

Trotz der grundsätzlich gleichen Arbeitsweise weicht der Zenith-Vergaser 2 B 2 in Aussehen und Konstruktion von den beiden in sich ähnlichen Solex-Vergasern DIDTA und TDID beträchtlich ab.

Zenith-Vergaser 2 B 2

Dieser Vergaser ist erst im Herbst 1975 unter die Audi-100-Vergaser geraten und hat dort am 85-PS-Motor den lange Jahre an vielen Personenwagenmodellen dienenden Solex-Vergaser DIDTA abgelöst.

Seine Besonderheit sind 2 getrennte Schwimmerkammern – für jeden Saugkanal eine eigene. Durch die beiden getrennten Schwimmerkammern kann es nicht passieren, daß bei scharf gefahrenen Kurven oder in unwegsamem Gelände plötzlich der Kraftstoff wegbleibt, weil er durch Fliehkraft oder schiefstehendes Fahrzeug nach einer Seite geschwappt ist. Außerdem ermöglicht die andersartige Düsenanordnung dieses Vergasers eine leichtere Befolgung der immer schärfer werdenden Abgasbestimmungen.

Die Konstruktion dieses Zenithvergasers und sein Funktionsschema zeigen die Bilder auf diesen Seiten.

Funktion des Zenith 2 B 2

Die grundsätzliche Arbeitsweise der wichtigsten Vergaserteile ist bereits auf den Vorseiten beschrieben. Der Arbeitsweise der Startautomatik und der Leerlaufsysteme sind besondere Abschnitte (auf Seite 90 und 93) gewidmet. Daher bleiben nur noch die Besonderheiten dieses Vergasers zu beschreiben:

Die Drosselklappe der 1. Stufe wird durch das Gaspedal mechanisch bewegt. Auf die Drosselklappe der 2. Stufe hat der Fahrer keinen direkten Einfluß, denn sie wird von der Unterdruckdose gesteuert, die den Unterdruck an der engsten Stelle des Lufttrichters der 1. Stufe abnimmt. Ein Hebelsystem verhindert, daß die Drosselklappe der 2. Stufe zu unpassender Zeit geöffnet wird und ein sogenanntes »Übergangssystem« sorgt durch vorzeitige Zugabe von Kraftstoff in die 2. Stufe für eine ruckelfreie Beschleunigung, wenn die 2. Drosselklappe zu öffnen beginnt.

Das Anreicherungssystem für Vollast besteht bei diesem Vergaser aus einem einfachen Steigrohr, dessen Ende als Anreicherungsrohr in den Luft-

einlaß der 2. Stufe ragt. Erst bei Vollast entsteht dort genügend Unterdruck, um den zusätzlichen Kraftstoff, schon vorgemischt mit Luft, aus dem Anreicherungsrohr saugt.
Beide Stufen des Zenith 2 B 2 haben eine Saugrohrweite von 32 mm.

Solex-Vergaser 32/35 DIDTA

Dieser Vergaser war bis zum Herbst 1975 dem 85-PS-Motor beigegeben. Er arbeitet aber auch noch mit etwas anderer Düsenbestückung und jeweils kleinen konstruktiven Abweichungen im früheren Audi Super 90 und im Audi 80 GT sowie zum Teil im Audi 80 GL.
Auch dies ist ein Fallstrom-Registervergaser, bei dem die beiden Zahlen vor der Typbezeichnung erkennbar machen, daß das Saugrohr der 1. Stufe 32 mm und das der 2. Stufe 35 mm Innendurchmesser hat. Wie beim Zenithvergaser 2 B 2 wird die Drosselklappe der 2. Stufe nicht mechanisch, sondern durch die Unterdruckdose gesteuert. Sie beginnt die 2. Drosselklappe zu öffnen, wenn die 1. Stufe etwa ihre ¾-Stellung zu überschreiten beginnt.

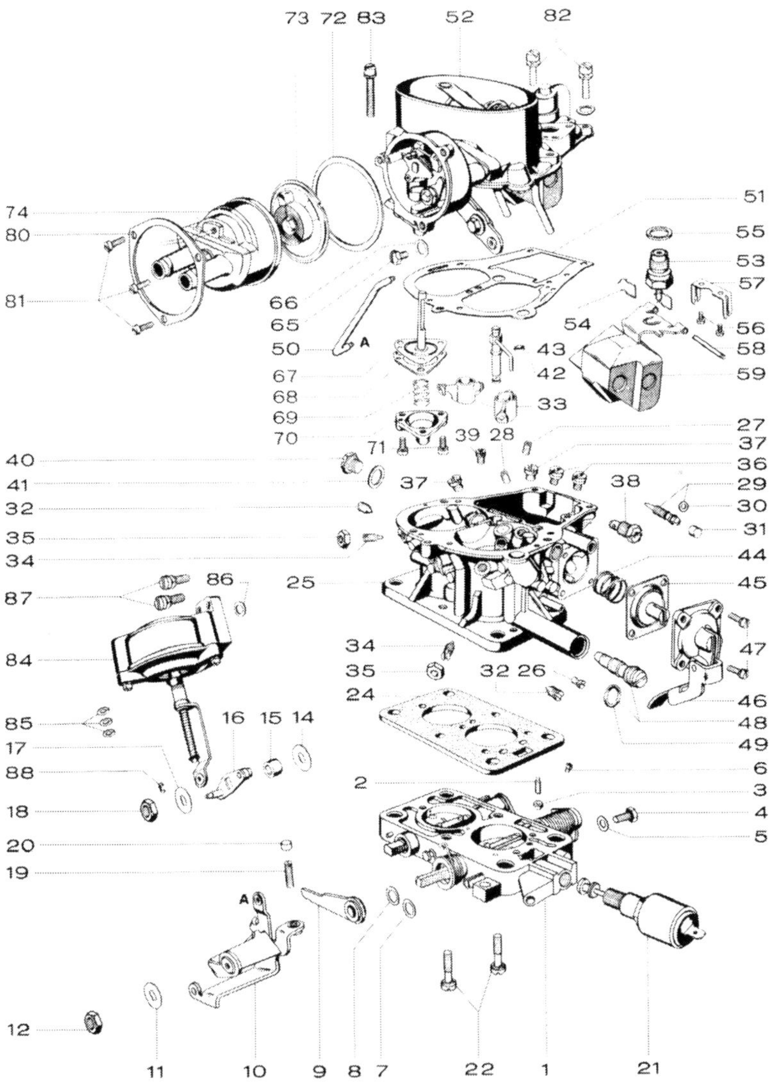

Die »Explosionszeichnung« des Solex 32/35 DIDTA zeigt die Ausführung als »Zusatzgemisch«-Vergaser (Abschaltventil im Drosselklappenteil): 1 – Drosselklappenteil, komplett; 2,3 – Anschlagschraube der Drosselklappe 2. Stufe; 4, 5 – Verschlußschraube; 6 – Leerlaufgemischdüse; 7–12 – Drosselklappenwellenhebel 1. Stufe; 14–18 – Drosselklappenwellenhebel 2. Stufe; 19, 20 – Leerlaufdrehzahlschraube; 21 – Zusatzgemisch-Abschaltventil; 22 – Montageschrauben; 24 – Isolierdichtung; 25 – Schwimmergehäuse; 26 – Verschlußschraube; 27 – Leerlaufluftdüse; 28 – Übergangsdüse für 2. Stufe; 29–31 – Emulsionsregulierschraube; 32 – Lufttrichterhalteschraube; 33 – Vorzerstäuber; 34, 35 – Halteschrauben für Vorzerstäuber; 36 – Hauptdüsen; 37 – Luftkorrekturdüsen; 38 – Leerlaufdüse; 39 – Übergangsluftkorrekturdüse; 40, 41 – Verschlußschraube (Blindschraube); 42, 43 – Beschleunigungseinspritzrohr; 44–47 – Beschleunigungspumpe; 48, 49 – Zusatzgemischregulierschraube; 50 – Verbindungsstange zwischen Drosselklappenhebel 1. Stufe und Startautomatik; 51 – Vergaserdeckeldichtung; 52 – Vergaserdeckel; 53–55 – Schwimmernadelventil; 56–59 – Schwimmer; 65, 66 – Halteschraube; 67–71 – »Pulldown«-Membranteile zum Mitsteuern der Starterklappe; 72–81 – Startautomatik; 84–88 – Unterdruckdose zum Steuern der Drosselklappe der 2. Stufe.

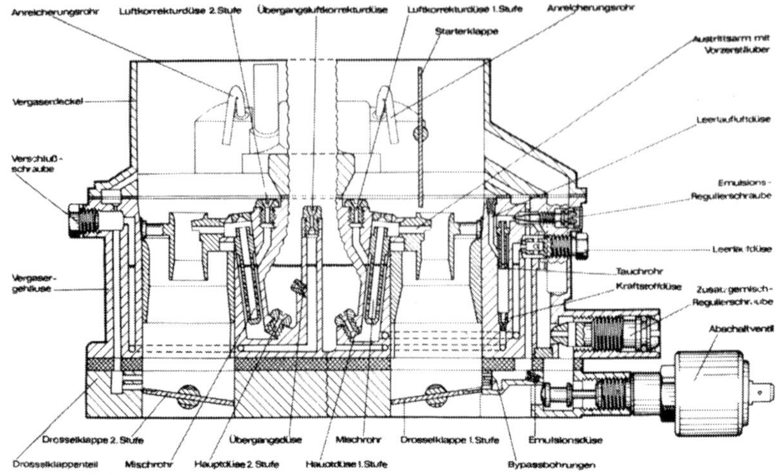

Die Schemazeichnung zeigt einen Schnitt durch die beiden Stufen des Solex-Vergasers 32/35 DIDTA. Man erkennt, daß nur die 1. Vergaserstufe ein Leerlaufsystem hat. Ein Schnitt durch die beiden Stufen des Solex-Vergasers 32/35 TDID (rechte Seite) sieht genau so aus, denn er funktioniert grundsätzlich in der gleichen Weise, nur wird seine 2. Stufe von der schräg außen stehenden und auffälligen Unterdruckdose statt mechanisch gesteuert.

Anreicherungssystem bei Vollast

Wie auf Seite 85 bereits beschrieben, braucht das Kraftstoff-Luft-Gemisch bei »Vollast« eine bestimmte Anreicherung durch zusätzlichen Kraftstoff. Beim Solex-Vergaser 32/35 DIDTA sind je nach Ausführung unterschiedliche Systeme zu finden. Bei der sogenannten Steigrohranreicherung (ähnlich wie beim Zenith 2 B 2) steckt ein Tauchrohr im Kraftstoff der Schwimmerkammer. Wenn im Lufttrichter bei voller Drosselklappenöffnung ein starker Luftsog besteht, wird der zusätzliche Kraftstoff aus dem oben in den Lufteinlaß der 2. Stufe ragenden Anreicherungsrohr gesaugt.

Ein wenig komplizierter ist das ebenfalls gebräuchliche ventilgesteuerte Anreicherungssystem. In diesem Falle mündet ein feines Saugrohr knapp unterhalb der Drosselklappe im Saugrohr. Herrscht dort bei geschlossener Drosselklappe starker Unterdruck, wird eine Membrane im Anreicherungsventil oben auf der Schwimmerkammer angezogen und damit der zusätzliche Kraftstoffabfluß versperrt. Fällt beim Öffnen der Drosselklappe der Unterdruck im Ansaugkrümmer des Motors ab, öffnet eine Membranfeder das Anreicherungsventil und Kraftstoff wird nun unter Umgehung der Hauptdüse zusätzlich in die Mischkammer gesaugt, so daß im dortigen Mischrohr nicht zu viel Luft durch die Luftkorrekturdüse dem Kraftstoff beigemischt wird. Je nach Vergaserausführung versorgt das Anreicherungssystem entweder nur die 2. Stufe oder beide Stufen.

Solex-Vergaser 32/35 TDID

Dieser Vergasertyp versorgt mit teilweise unterschiedlicher Düsenbestükkung (siehe Kapitel »Technische Daten«) die 100- und 112-PS-Motoren der Audi-100-Modelle. Er ist dem Solexvergaser 32/35 DIDTA in vielen Teilen sehr ähnlich. Der wesentlichste Unterschied: Die 2. Drosselklappe wird nicht von einer Unterdruckdose gesteuert, sondern mechanisch von einem Hebelsystem, das die Drosselklappe der 2. Stufe mitzunehmen beginnt, wenn die Drosselklappe der 1. Stufe fast ganz geöfffnet hat.

Die Startautomatik

Alle Vergaser unserer Audi-100-Modelle haben eine automatisch gesteuerte Starterklappe, vielfach auch Luftklappe genannt. Früher wurde die Starterklappe über den »Choke« vom Fahrer mit Handzug betätigt, aber das ist Auto-Vergangenheit.

Zum Starten muß die Starterklappe mehr oder weniger geschlossen werden, womit sie der in der 1. Stufe des Vergasers einströmenden Luft mehr oder weniger den Weg versperrt. Warum ist das notwendig?

Zum Starten braucht der Motor ein fetteres Kraftstoff-Luft-Gemisch, also mehr Benzin als für den normalen Motorlauf. Da sich im ganz kalten Motor ein Teil des Kraftstoffes auf dem Weg in die Zylinder außerdem noch an den Rohrwänden niederschlägt, das Kraftstoff-Luft-Gemisch also unterwegs »abgemagert« wird, muß das Gemisch um so fetter aufbereitet werden. Darum: Je kälter der Motor ist, um so mehr und länger muß die Starterklappe in Richtung »zu« stehen. Dadurch entsteht ein um so stärkerer Unterdruck durch die Saugkraft des Motors, so daß verstärkt Kraftstoff aus dem Hauptdüsensystem gesaugt wird. Je wärmer der Motor wird, um so mehr öffnet die Starterklappe, bis sie schließlich durch Senkrechtstellung den gesamten Lufteintrittquerschnitt frei gibt.

Gesteuert wird die Starterklappe von einer spiralförmigen Bimetallfeder, die im Automatikgehäuse sitzt und sich je nach Temperatur ausdehnt oder zusammenzieht. Bei Abkühlung der Bimetallfeder wird die Starterklappe durch die Federkraft in Schließstellung gedreht. Bei Erwärmung läßt ihre Schließkraft nach und die Starterklappe öffnet sich. Bei unseren Audi-100-Modellen wird die Bimetallfeder hauptsächlich durch die Kühlflüssigkeit im Automatikgehäuse erwärmt. Weil es aber ein wenig zu lang dauern kann, bis die Warmwasserheizung wirkt, ist seit Herbst 75 noch eine zusätzliche Elektroheizung an die Startautomatik angeschlossen. Sie verbessert die Kaltlaufeigenschaften, indem sie eine Überfettung des Kraftstoff-Luft-Gemisches verhindert, wenn die Zylinder schon, die Kühlflüssigkeit aber noch nicht warm ist. Gekoppelt mit dieser Elektroheizung ist ein besonderer Temperaturschalter im Kühlwasserkreislauf, der die Elektroheizung abschaltet, sobald die Kühlflüssigkeit 25 bis 30° C Wärme erreicht hat. Dieses kombinierte System wacht besonders eifrig darüber, daß der Giftanteil in den Abgasen stets niedrig ist und hilft damit auch noch Benzin zu sparen.

Weil aber auch diese Regelung allein noch nicht ausreicht, während und kurz nach dem Start für alle Fahrzustände das genau bemessene Kraftstoff-Luft-Gemisch aufzubereiten, können noch zusätzliche Einrichtungen in Tätigkeit treten:

■ Die Starterklappe bleibt bei und nach dem Start nicht still stehen, sondern sie wird durch den Luftsog des mehr oder weniger schnell drehenden Motors gegen den Federdruck der Bimetallfeder mehr oder weniger weit aufgezogen.

■ Da bei Leerlauf des kalten Motors die Leerlaufeinrichtung des Vergasers den Motor noch nicht allein versorgen kann, ist durch ein von der Startauto-

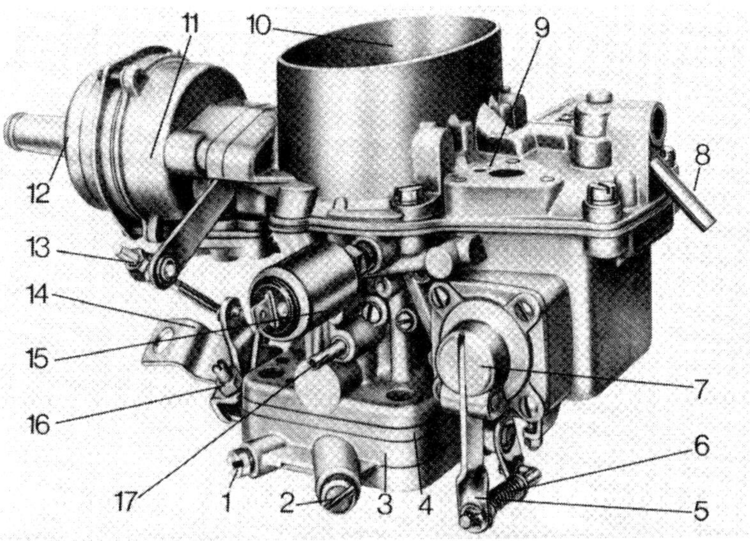

Hier die – in Fahrtrichtung gesehen – rechte Seite des Solex-Registervergasers 32/35 TDID, für den auch die Querschnittschemazeichnung der linken Seite gilt. Es bedeuten: 1 – Leerlaufgemisch-Regulierschraube (versiegelt); 2 – Umluft-Regulierschraube (dort sitzt an den mit Zusatzgemisch ausgestatteten Vergasern 32/35 TDID das Zusatzgemisch-Abschaltventil; siehe Zeichnung links und Seite 93); 3 – Drosselklappenteil; 4 – Isolierflansch; 5 – Beschleunigungspumpenhebel; 6 – Verbindungsstange zur Drosselklappenwelle; 7 – Beschleunigungspumpe; 8 – Anschlußröhrchen für den Krafttsoffzufluß; 9 – Vergaserdeckel; 10 – Lufteinlaßstutzen; 11 – Startautomatikgehäuse; 12 – Wasseranschlußstutzen für Startautomatik; 13 – Starterverbindungsstange (versiegelt); 14 – Drosselklappenhebel; 15 – elektromagnetisches Leerlauf-Abschaltventil (bei den mit »Zusatzgemisch« ausgestatteten Solex 32/35 TDID sitzt dort eine nichtabschaltbare Leerlaufdüse); 16 – Stellschraube für Drosselklappenanschlag (versiegelt); 17 – Anschlußröhrchen für Unterdruck-Zündzeitpunktverstellung.

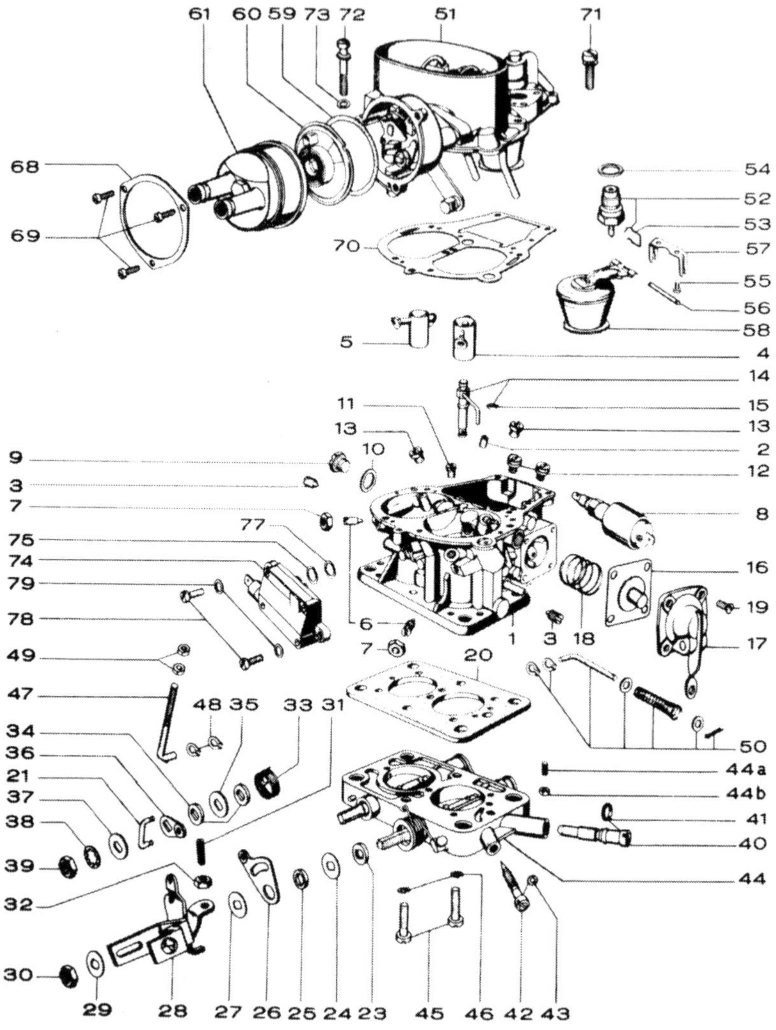

Diese »Explosionszeichnung« des Solex 32/35 TDID zeigt, wie auf der Vorseite, die Ausführung als »Umluft«-Vergaser (Abschaltdüse anstelle Leerlaufdüse): 1 – Vergasergehäuse; 2 – Luftkorrekturdüse über Mischrohr; 3 – Lufttrichterhalteschrauben, 4, 5 – Vorzerstäuber; 6, 7 – Halteschrauben für Vorzerstäuber; 8 – Leerlaufabschaltdüse; 9, 10 – Blindschraube; 11 – Übergangsluftkorrekturdüse; 12 – Hauptdüsen; 13 – Luftkorrekturdüsen; 14, 15 – Beschleunigungseinspritzrohr; 16–19 – Beschleunigungspumpe; 20 – Isolierdichtung; 21 – Verbindungsstange zwischen beiden Drosselklappenhebeln; 23–32 – Drosselklappenhebel 1. Stufe; 33–39 – Drosselklappenhebel 2. Stufe; 40, 41 – Umluft-Regulierschraube; 42, 43 – Leerlaufgemischregulierschraube 44 – Drosselklappenteil, komplett; 44 a, b – Anschlagschraube zum Drosselklappenhebel; 45, 46 – Montageschrauben; 47–49 – Verbindungsstange zwischen Startautomatik und Drosselklappenhebel 1. Stufe; 50 – Verbindungsstange zwischen Beschleunigungspumpe und Drosselklappenwelle 1. Stufe; 51 – Vergaserdeckel, komplett; 52–54 – Schwimmernadelventil; 55–58 – Schwimmer; 59–61 – Startautomatik mit Bimetallfeder; 68, 69 – Festklemmring der Startautomatik; 70 – Vergaserdeckeldichtung; 71–73 – Montageschrauben; 74, 75, 77–79 – Thermostartventil (bei Automatikgetriebe).

matik ausgehendes Hebelsystem die Drosselklappe um einen schmalen Spalt geöffnet, solange die Starterklappe innerhalb eines bestimmten Bereichs den Lufteinlaß verschließt.

■ Zur Startautomatik gehört ein unterdruckgesteuertes »Pulldown«-System. Er sitzt als Membrane mit Zugstange unten am Automatikgehäuse und hat die Aufgabe, die Starterklappe sogleich nach dem Anspringen des Motors zusätzlich ein wenig zu öffnen, damit das Kraftstoff-Luft-Gemisch nicht zu stark »überfettet« wird. Die Membrane dieses Systems wird durch einen Saugkanal, der neben der Drosselklappe im Saugrohr endet, gesteuert.

■ Die mit Automatikgetriebe ausgestatteten Audi 100 haben am Vergaser zusätzlich ein Thermo-Startventil. Es ist elektrisch beheizt und läßt bei kaltem Motor zusätzlich Kraftstoff einfließen, damit beim Gangeinlegen der Motor in den dazu notwendigen niedrigen Drehzahlen nicht stehen bleibt. Bei den Motoren mit handgeschalteten Getrieben hilft man sich einfacher durch eine im Leerlauf des kalten Motors erhöhte Drehzahl.

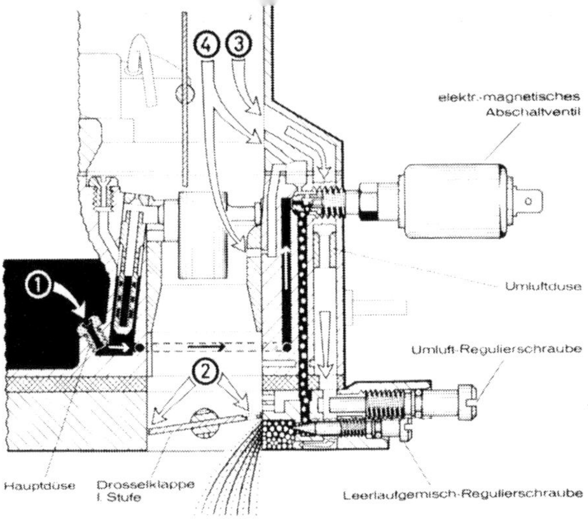

Schemazeichnung des Leerlauf-Umluftsystems an den Solexvergasern DIDTA und TDID. Deutliches Kennzeichen für das Umluftsystem: Das dicke Abschaltventil mit dem angeschlossenen Kabel sitzt oben im Vergasergehäuse als Leerlaufdüse. Die Zeichnung zeigt den Zufluß des Kraftstoffes (1) aus der Schwimmerkammer zur Leerlaufdüse (hier Abschaltdüse), wo sich die oben eintretende Leerlaufluft (4) mit dem Kraftstoff zur Leerlauf-»Emulsion« vermischt und durch einen Kanal nach unten in das Drosselklappenteil strömt, wo es durch den Sog der Hauptluft (2) an der knapp geöffneten Drosselklappe in den Saugkanal eintritt. Zugleich strömt Umluft (3) über die Umluft-Regulierschraube und die Leerlaufgemischschraube hinzu und verhindert eine Überfettung des Gemischs. Das Umluftsystem sorgt also für das »Abmagern« des Leerlauf-Gemisches. Diese beiden Schrauben sind vom Werk eingestellt und durch Lacktropfen plombiert.

Leerlauf, „Umluft" und „Zusatzgemisch"

Als man von Abgasmessung noch nicht viel wußte und an den damals erheblich einfacheren Vergasern noch mutig drehen durfte, war die Leerlaufeinstellung des Vergasers einfach: Man drehte ein wenig an der sogenannten Leerlaufanschlagschraube, die das Gasgestänge entsprechend verstellte und damit die Drosselklappe je nach Drehrichtung etwas mehr öffnete oder schloß. Damit war der Leerlauf schneller oder langsamer. Allenfalls hatte man dann noch an der Leerlaufgemischschraube – dazu gehörte schon etwas mehr Erfahrung – das Leerlaufgemisch ein wenig fetter oder magerer einzustellen.

Weil aber solche Einstellung den giftigen CO-Gehalt (Kohlenmonoxyd) im Abgas sehr erhöhen konnte und vor allem vor der roten Verkehrsampel wartende Autos mit Leerlauf die Luft vergifteten, war solche Vergaserjustierung nicht mehr möglich und die Vergaserkonstrukteure mußten sich etwas Neues ausdenken. Zuerst war es das Umluftsystem, später das bessere Zusatzgemischsystem, das hier Abhilfe schaffte.

Bei unserem Zenithvergaser gibt es nur das Zusatzgemischsystem, an den beiden Solexvergasern findet man je nach Bauserie entweder das Umluft- oder das Zusatzgemischsystem. Wie diese Systeme jeweils funktionieren, ist in den beiden Schemazeichnungen auf dieser Seite an den Solexvergasern (insofern sind beide gleich konstruiert) gezeigt.

Als Heimwerker kann man am Leerlauf nicht mehr viel einstellen, denn alle Einstellschrauben sind im Werk mit Prüfgeräten justiert und plombiert – mehr darüber auf Seite 98.

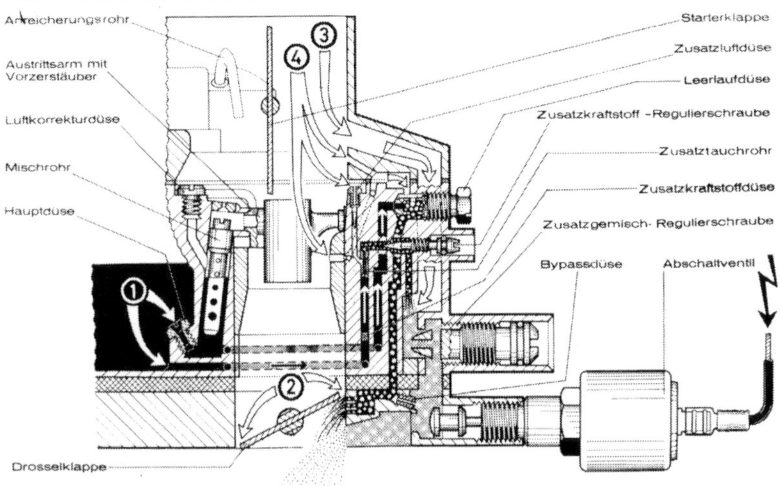

Schemazeichnung des Leerlauf-Zusatzgemischsystems an den beiden Solexvergasern DIDTA und TDID. Deutliches Kennzeichen für das Zusatzgemischsystem: Das dicke Abschaltventil mit dem angeschlossenen Kabel sitzt unten im Drosselklappenteil des Vergasers. Das Leerlaufgrundsystem funktioniert wie beim Umluftsystem. Doch fließt zusätzlich Kraftstoff (1) aus der Schwimmerkammer zu einer Zusatzkraftstoff-Regulierschraube, wird dort durch Leerlaufluft (4) über eine Zusatzluftdüse zur »Emulsion« aufbereitet und strömt von dort durch den Zusatzgemischkanal, in dem außerdem noch Luft für das Zusatzgemisch (3) zuströmt. Das Zusatzgemisch wird von der Zusatzgemisch-Regulierschraube genauer dosiert und beim Ausschalten der Zündung durch das Abschaltventil ganz abgesperrt. Das Zusatzgemischsystem fettet also das Leerlaufgemisch auf. Leerlaufnachregulierung siehe Seite 99.

Das Abschaltventil an Zusatzgemisch-Vergasern ist am kleinen Ventilteller vorne zu erkennen. Wenn die Ventilnadel klemmt oder die Stromzufuhr nicht funktioniert, springt der Motor nicht an. Prüfung der Nadelgängigkeit wie im Bild gezeigt. Dann Kabel wieder anschließen, Zündung einschalten und prüfen, ob bei »Masse«-Berührung mit dem Einschraubgewinde die Ventilnadel deutlich klickt und zurückspringt.

Das Abschaltventil

Die Vergaser unserer Audi-100-Modelle haben alle ein elektromagnetisch gesteuertes Abschaltventil. Es sitzt bei den Vergasern mit Umluftsystem oben im Vergasergehäuse als Leerlaufdüse, beim Zusatzgemischsystem unten im Drosselklappenteil als reines Abschaltventil. Je nach diesem Sitz ist es etwas unterschiedlich gestaltet und hat etwas unterschiedliche Aufgaben. Das Abschaltventil unterbricht jedoch in beiden Fällen den Zufluß des Leerlaufgemisches, wenn die Zündung abgeschaltet wird, denn in der dicken Walze sitzt ein Magnet, der bei angeschlossenem Kabel und eingeschalteter Zündung eine kleine Nadel zu sich anzieht. Beim Ausschalten der Zündung schnellt diese Nadel nach vorne und sperrt in der Ausführung zum Umluftsystem den Kraftstoff für das Leerlaufgemisch. In der Ausführung zum Zusatzgemischsystem sperrt ein Ventilteller auf der Ventilnadel den Kanal für das Zusatzgemisch ab (siehe Zeichnungen auf der Vorseite).

Durch das Sperren des Leerlaufgemisches soll nach dem Ausschalten der Zündung verhindert werden, daß noch Kraftstoff in die Zylinder gelangt und sich dort bei heißem Motor von selbst entzündet. Man nennt dieses selbständige Weiterlaufen eines abgeschalteten Benzinmotors »Nachdieseln«. Wie schädlich dieses Nachdieseln für den Motor ist und wie man es »abwürgt«, ist auf Seite 83 beschrieben.

Das Abschaltventil kann auch schuld sein, wenn der Motor sich gar nicht starten lassen will oder im Leerlauf sofort stehen bleibt. Dann ist entweder das elektrische Kabel zum Ventil gebrochen, abgerissen oder sonstwie defekt oder die Ventilnadel klemmt und läßt sich vom Magnet nicht anziehen

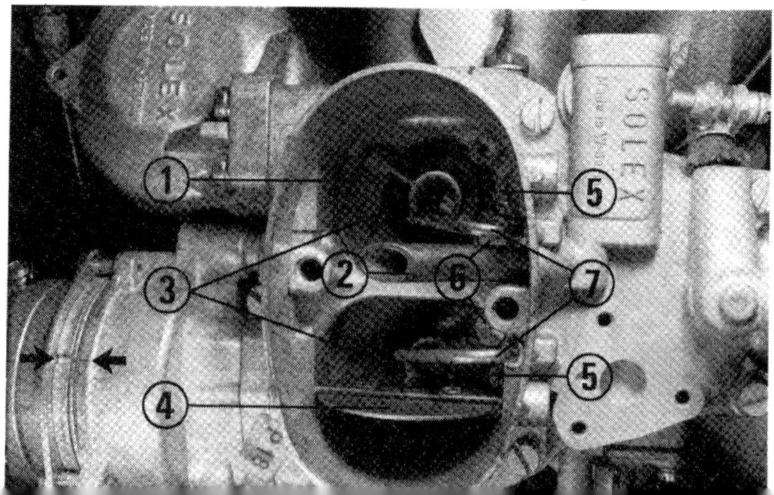

Blick in den zweistufigen Lufteinlaßstutzen, der bei den Solex-Vergasern DIDTA und TDID gleich ist. Doch hier handelt es sich um Solex DIDTA, was an der oben links im Bild sichtbaren Unterdrucksteuerdose der 2. Stufe erkennbar ist. Die 1. Vergaserstufe mit der Starterklappe (4) liegt in der Bildmitte unten: Weiter bedeuten:
1 – Lufttrichter der 2. Stufe; 2 – Schwimmerkammerbelüftungsrohr; 3 – Austrittsarme des Hauptdüsensystems mit Vorzerstäubern; 4 – Starterklappe; 5 – Luftkorrekturdüse; 6 – Verschlüsse der Mischrohrbohrungen; 7 – Anreicherungsrohre für Motorhöchstleistung bei hohen Drehzahlen. Die beiden kleinen Pfeile links zeigen auf die Einstellmarken der Startautomatik. Sie müssen für die Grundeinstellung genau aufeinander ausgerichtet sein.

Energiekrise

Wenn Sie nach der Lektüre des vorangehenden Kapitels dem Vergaser Ihres Audi noch nicht über den Weg trauen, dann machen Sie es doch mal so: Motorhaube öffnen, Luftfilter abbauen, wie auf Seite 102 beschrieben und die Bilder der beiden Vergaserkapitel mit dem Vergaser Ihres Audi vergleichen. Malen Sie sich dann einfach mit einem Filzschreiber – es ist ja Ihr Buch – ein markantes Kreuz an alle für Ihren Audi zutreffenden Bilder und Zeichnungen. Die anderen können Sie dann vergessen und werden nicht mehr von der Vergaservielfalt verwirrt.
Dann lassen Sie mal von einem Helfer den Motor starten, während Sie genau den Vergaser beobachten, was sich da so alles bewegt (das Vergasergestänge), flattert (die Starterklappe) oder weißen Benzinnebel tief in die Saugrohre bläst. Anschauungsunterricht 1. Klasse! Und die Hebelei, die sich am Vergaser bewegt hat, die können Sie mal mit den Fingern fassen und bewegen – der Motor wird schneller oder langsamer, bald brauchen Sie den Helfer am Gaspedal gar nicht mehr, Sie geben selbst Gas mit der Hand. Sie werden mit dem Vergaser schon näher bekannt. Kein Wunder, es ist ja der Zweck dieser Kapitel.

Richtig starten

Bevor wir Sie aber dazu verleiten wollen, mit Schraubenzieher und Schraubenschlüssel dem Vergaser nahezukommen, noch einige Hinweise zum Umgang mit dem Vergaser – Richtig starten:

■ Bei Temperaturen unter + 10° C das Gaspedal zweimal langsam durchtreten und wieder loslassen, Motor ohne Gasgeben starten und gleich losfahren. Nur wenn das Thermometer unter – 10° C sinkt, soll der Motor nach dem Anlassen bis zu einer halben Minute (bei Automatic eine Minute) im Leerlauf drehen, um die Motorschmierung sicherzustellen. Sonst ist aber ein Warmlaufenlassen nur Benzinverschwendung.

■ Bei Temperaturen über + 10° C tritt man das Gaspedal einmal langsam durch und läßt es wieder los, um dann den Motor ohne Gas anzulassen. In beiden Fällen wird mit dem Durchtreten des Gaspedals die Startautomatik eingeschaltet und die Starterklappe geschlossen. Dreht der Motor anschließend im Leerlauf zu hoch, tippt man kurz das Gaspedal an, die Leerlaufdrehzahl sinkt dann ab.

■ Liegen die Außentemperaturen über + 20° C, kann der kalte Motor ohne Startautomatik angelassen werden. Dazu während des Startens das Gaspedal langsam durchtreten.

■ Zum Anlassen des warmgefahrenen Motors tritt man ebenfalls das Gaspedal langsam durch. Nach scharfer Autobahnfahrt wird der Motor mit Vollgas gestartet, aber nicht mit dem Pedal pumpen, sonst säuft der Motor durch Kraftstoffüberschuß ab.

Spätestens nach drei bis fünf Sekunden springt der Audi normalerweise an.

Müssen Sie wesentlich länger »orgeln«, dann hilft bei der Ursachenforschung vor allem der große Fehlerwegweiser in der vorderen Buchklappe. Dabei ist es wahrscheinlicher, daß die Ursache der Startschwierigkeiten in der Zündanlage zu suchen ist, denn ihre Verschleißteile (Zündkerzen, Unterbrecherkontakte usw.) führen durch Abnutzung leichter zur Veränderung der verschiedenen Einstellwerte als die meist plombierten Einstellschrauben des Vergasers.

Startautomatik prüfen

Der Fehler kann aber auch in der Startautomatik stecken, deren Funktion auf Seite 90 beschrieben ist.

■ Bei Startschwierigkeiten hat vermutlich die Starterklappe nicht genügend geschlossen, so daß das Start-Gemisch nicht fett genug ist. Mögliche Ursachen: Sie haben vor dem Herumdrehen des Zündschlüssels das Gaspedal nicht ganz durchgetreten und wieder losgelassen (erst dadurch springt die Starterklappe in Schließstellung). Oder die Starterklappe klemmt. Oder die Startautomatik funkntioniert nicht.

■ Auch nach längerer Warmlaufzeit kommt der Motor nicht recht auf Leistung und der schwarze Auspuff zeigt, daß das Kraftstoff-Luft-Gemisch zu fett ist. Mögliche Ursache: Die Starterklappe öffnet nicht ausreichend, weil sie entweder klemmt oder die Startautomatik nicht funktioniert. (Weitere mögliche Ursache für schlechte Motorleistung und verrußten Auspuff kann allerdings auch ein vollkommen verschmutztes Luftfilter sein, das den Luftzustrom hemmt. Dazu Seite 102 und der Störungsbeistand am Ende dieses Kapitels).

Die Funktionsprüfung von Starterklappe und Startautomatik ist nicht schwer. Dazu das Luftfilter abnehmen und die Starterklappe beobachten:

■ Vor dem Start muß bei Außentemperatur in Frostnähe die Starterklappe geschlossen sein, von einem schmalen Spalt abgesehen. Je nach höherer Außentemperatur steht die Starterklappe weiter offen.

■ Motor starten und (ausnahmsweise) Motor im Leerlauf warmlaufen lassen. Je nach Außentemperatur muß sich die Starterklappe nach Minuten öffnen, bis sie bei betriebswarmem Motor (Temperaturanzeige beobachten) ganz offen (senkrecht) stehen muß.

Starterklappe beweglich?

Wenn die Starterklappe nicht tut, was sie soll:

■ Am Startautomatikgehäuse prüfen, ob die Markierungskerbe oben im Starterdeckel (Bild unten) genau vor der Markierungsspitze im Automatikgehäuse steht. Das ist an sich die Grundeinstellung der Startautomatik. Wenn nicht, nach den nachfolgenden Prüfungen beste Stellung erproben und einstellen.

Am Solex-Vergaser TDID ist hier der wasserbeheizte Startautomatikdeckel (2) abgenommen, nachdem die 3 Klemmschrauben im beweglichen Klemmring (3) herausgedreht wurden. Dieser Gehäusedeckel heizt eine Bimetallfeder (4) auf, die sich bei Wärme ausdehnt und dabei den Mitnehmerhebel (5) bewegt, während sie in ihrer Mitte an einer Haltezunge des Einstellrings (6) fest gelagert ist. Zur Grundeinstellung der Automatik befindet sich auf dem Auomatikgehäuse (1) eine Markierungsspitze (weißer Pfeil rechts), auf die eine Kerbe im Einstellring (6) und eine weitere Kerbe (weißer Pfeil links) im Gehäusedeckel (2) fluchten soll. Im Automatikgehäuse erkennt man die Stufenscheibe (7), die erst beim Tritt auf das Gaspedal am kalten Motor vom Anschlaghebel (8) freigegeben wird.

■ Dann die 3 Klemmschrauben um den Starterdeckel ein wenig lockern, so daß sich der Starterdeckel, der vom Klemmring nur angepreßt ist, drehen läßt. Nun unter Beobachtung der Starterklappe den Starterdeckel weit nach links und rechts drehen. Dabei muß sich die Starterklappe ganz öffnen und schließen (Drehrichtung zum Schließen und Öffnen je nach Vergaserausführung und Bimetallfederwicklung unterschiedlich). Mit diesem Versuch ist festgestellt, ob die Starterklappe leicht beweglich ist. Wenn in Ordnung, Markierungskerbe am Starterdeckel wieder richtig stellen und Klemmschrauben festdrehen.

■ Klemmt die Starterklappe oder bleibt sie beim Drehen hängen, muß sie behelfsmäßig ganz geöffnet werden, damit das Gemisch nicht ständig überfettet wird. Dazu Startautomatikdeckel so verdrehen, bis Starterklappe mit Nachhilfe der Hand voll geöffnet ist und Deckel mit den 3 Klemmschrauben wieder festdrehen. Im Sommer kann man die Urlaubsreise mit ständig offener Starterklappe noch getrost beenden, bevor man die Werkstatt aufsucht, bei kaltem Wetter wird der Start schwieriger.

Behelfsstart

Beim Start mit ganz geöffneter und so festgestellter Starterklappe (auch bei einer aus sonstigem Grund nicht schließenden Starterklappe) hilft man sich durch stärkeres Pumpen mit dem Gaspedal während des Starts (dadurch wird stellvertretend von der Beschleunigungspumpe Zusatzkraftstoff eingespritzt) oder indem man bei abgenommenem Luftfilter mit der Hand (nicht mit einem Lappen, der wird eingesogen) den Lufteinlaß stellvertretend für die Starterklappe fast ganz verschließt, bis der Motor angesprungen ist.

Starterklappe öffnet nicht

■ Wenn sich bei wärmer werdendem Motor die Starterklappe nicht oder nur zum Teil öffnet, obgleich die Starterklappe nicht klemmt (Nachprüfung auf Seite 90), kann die Bimetallfeder defekt sein. Unbedingt sollte man in diesem Fall die Startautomatik durch entsprechendes Verdrehen des Startautomatikdeckels (3 Klemmschrauben lösen, Deckel unter Beobachtung der Starterklappe verdrehen, bei richtiger Stellung Klemmschrauben wieder festziehen) so stellen, daß bei betriebswarmem Motor die Starterklappe auf jeden Fall voll geöffnet ist. Sonst ist das Kraftstoff-Luft-Gemisch ständig überfettet. Die passende Bimetallfeder mit Einstellring gibt es als Ersatzteil, speziell für jeden Vergasertyp. Weil solche eine Bimetallfeder aber auch nicht ohne Ursache defekt wird, ist vielleicht doch der Besuch beim Vergaserspezialisten (nicht jede Autowerkstatt hat einen) ratsam.

Starterklappe schließt nicht

Bei frostnaher Temperatur muß vor dem Start die Starterklappe bis auf einen schmalen Spalt geschlossen sein. Dieser schmale Spalt, das Spaltmaß, ist genau festgelegt:

■ Zenith 2 B 2 4,5 mm ■ Solex 32/35 TDID + DIDTA 3,8 mm

Ein Heimwerker mit guter Werkzeugausstattung kann dieses Spaltmaß, für das je 0,15 mm Toleranz nach oben oder unten erlaubt sind, mit einem Bohrer des entsprechenden Kalibers selbst nachmessen: Von oben den betreffenden Bohrer zwischen Starterklappenrand und Innenwand des Lufteinlaßstutzens schieben (Bild nächste Seite).

Wenn das Spaltmaß nicht stimmt, kann man es zwar durch Verbiegen des kleinen Anschlagzapfens am Mitnehmerhebel (siehe Bild linke Seite) hinter der Bimetallfeder im Automatikgehäuse einstellen, aber bei mangelnder Erfahrung sollte man doch den Vergaserfachmann damit beauftragen, sonst wird der Schaden eher größer.

Drosselklappenstellung

Auch für die Drosselklappe der 1. Vergaserstufe ist ein bestimmtes Spaltmaß vorgeschrieben, wenn sie geschlossen ist. Das kann man aber nur bei ausgebautem Vergaser von der Unterseite des Drosselklappenteils her prüfen. Dagegen muß die Drosselklappe der 2. Stufe wirklich dicht geschlossen sein. Das Drosselklappenspaltmaß der 1. Stufe beträgt:

■ Zenith 2 B 2	2,85 mm	■ Solex 32/35 TDID Getriebe	1,05 mm
■ Solex 32/35 DIDTA	0,75 mm	■ Solex 32/35 TDID Autom.	1,3 mm

Hier kann man als Heimwerker nur grobe Unstimmigkeiten nachmessen, denn die erlaubte Toleranz beträgt je nur 0,05 mm – man braucht also fein kalibrierte Meßdorne.

Vergaser-Leerlauf prüfen

Wartungspunkt Nr. 42

Der warmgefahrene Audi-Motor soll im Leerlauf
- ■ etwa mit 950 U/min (Toleranz ± 50 U/min) drehen
- ■ ruckel- und rüttelfrei laufen
- ■ beim Gasgeben ohne Stottern und Ruckeln beschleunigen

Wenn er das eine oder andere nicht tut, ist meist der Weg zur Werkstatt unvermeidbar, denn es ist heute nicht mehr möglich, wie einst an den Leerlaufschrauben nach Gefühl und Gehör herumzudrehen, bis der Motor wieder rund läuft. Wegen der heutigen Abgasgesetzgebung sind nämlich die umständlichen Umluft- und Zusatzgemischsysteme notwendig geworden, deren Justierschrauben vom Herstellerwerk mit aufwendigen Meß- und Prüfgeräten eingestellt und dann zumeist mit einem Lacktropfen plombiert wurden, damit die Arbeit »Unbefugter« sogleich erkennbar wird.

Vor allem darf nicht mehr so ohne weiteres an der früher dazu vorgesehenen Anschlagschraube am Drosselklappenhebel gedreht werden, denn die Drosselklappenstellung darf wegen der neben ihr einmündenden Bypass-Bohrungen der Umluft- und Zusatzgemischsysteme nicht mehr verändert werden, sonst steigt der Giftanteil im Abgas. In der Regel muß zum Nachstellen des Leerlaufs ein Abgastestgerät an den Auspuff angeschlossen werden (Ausnahme: Vergaser mit Zusatzgemischsystem, wenn nur die Drehzahl nicht stimmt), denn bei der Leerlaufeinstellung kommt es vor allem auf den Giftanteil im Abgas an.

Bei der Nachregulierung der Leerlaufeinstellung in der Werkstatt sollten Sie feststellen, ob folgende Punkte beachtet werden:
- ■ Zuerst Zündanlage auf einwandfreien Zustand prüfen (schlechte Zündkerzen, durch Kontaktabbrand verstellte Zündung und dergleichen können Leerlaufstörung vortäuschen)
- ■ Motor muß warm gefahren sein (Starterklappe muß ganz offen stehen!)

Beim Loslassen des Gaspedals nach dem Start des kalten Motors darf die Starterklappe nicht völlig schließen – sie würde durch Luftabsperrung den Motor abwürgen –, sondern es muß ein kleiner Spalt von etwa 4 mm offen bleiben (genaue Angabe siehe Seite 97 unten). Dieses Spaltmaß kann man bei abgenommenem Luftfilter mit dem Schaft eines 4-mm-Bohrers selbst prüfen, indem man den Bohrer zwischen Lufteinlaßwand und Starterklappenrand (weißer Rand) sofort nach dem Motorstart zu schieben versucht, falls der Motor bei Kälte nach dem Start auffällig oft gleich wieder stehenbleibt. Falls die Starterklappe zu weit schließt oder offenbleibt, sollte man den Vergaserspezialisten aufsuchen, denn es muß mit einer Spitzzange in der geöffneten Startautomatik ein bestimmter Hebel nachgebogen werden.

■ Obgleich man dadurch beim Einstellen der Justierschrauben behindert wird, muß bei der Leerlaufregulierung der Luftfilter und Ansauggeräuschdämpfer auf dem Vergasereinlaß montiert sein, sonst bestehen praxisfremde Luftströmungsverhältnisse
■ Die angesaugte Luft soll möglichst 20 bis 30 °C warm sein. Eine korrekte Leerlaufeinstellung ist also im Winter im Freien nicht möglich.

Vergaser mit Umluftsystem

An diesen Vergasern läßt sich der Leerlauf nur mit angeschlossenem Abgastestgerät, also von der Werkstatt, prüfen. Dabei dürfen nur die Umluft-Regulierschraube und die Leerlaufgemisch-Regulierschraube (siehe Bilder auf diesen Seiten und Zeichnungen auf Seite 93) betätigt werden.

Vergaser mit Zusatzgemisch-system

Ausnahmsweise kann an diesen Vergasern auch der Heimwerker etwas am Leerlauf einstellen, falls er einen elektronischen Drehzahlmesser zur Verfügung hat. Wenn der Mangel nur an einer zu hohen oder zu niedrigen Drehzahl liegt (Leerlauf-Soll: 950 U/min), kann bei angeschlossenem Drehzahlmesser die Leerlaufdrehzahl an der Zusatzgemisch-Regulierschraube (nur an dieser!) korrigiert werden. Denn diese Zusatzgemisch-Regulierschraube (siehe Bilder auf diesen Seiten) ändert die Zusammensetzung des Leerlaufgemischs und damit die Abgasvergiftung nicht, sondern verändert nur die weiterströmende Menge des Leerlaufgemischs, die ihrerseits die Drehzahl in gewissen Grenzen beeinflußt.
Meist wird sich aber herausstellen, daß es die Drehzahl allein nicht war. Dann muß man doch zur Werkstatt und bei angeschlossenem Abgastester die Stellung der Zusatzkraftstoffschraube nachregulieren. Erforderlichenfalls darf in diesem Falle auch unter genauer Beobachtung des Abgastesters die Anschlagschraube an der Drosselklappenwelle nachjustiert werden.

Fingerzeige: *Wenn der Leerlauf im Verlauf einiger Tage schneller wird, dann bekommt der Vergaser wahrschienlich „falsche Luft«, d. h. wegen lokkerer Schrauben oder Düsen dringt mehr Luft in den Vergaser, als Starterklappe und Drosselklappe hereinlassen. Abhilfeversuch: Alle Montageschrauben an Vergaserdeckel und Ansaugflansch nachziehen, ebenso vor allem die Leerlaufdüse und sonstige Blindschrauben, mit denen Kanäle im Vergaser verschlossen sind.*
Ein richtig eingestellter Leerlauf spart nicht nur Kraftstoff, sondern die Motorbremswirkung bei Bergabfahrten wird verbessert, weil der Motor nur Kraftstoff für eine niedrige Leerlaufdrehzahl erhält.

Bei den Zusatzgemisch-Ausführungen der Solex-Vergaser DIDTA und TDID sitzt die Zusatzgemisch-Regulierschraube etwas versteckt in einem Rohrstutzen (Schraubenzieher ist darauf angesetzt). An ihr darf bei zu hohem oder zu geringem Leerlauf (Leerlauf-Soll 950 U/min) unter Beobachtung eines angeschlossenen Drehzahlmessers (notfalls Drehzahlmesser im Armaturenbrett) korrigiert werden. Dagegen darf an der Zusatzkraftstoff-Regulierschraube (4), die die Zusammensetzung des Leerlaufgemischs bestimmt (siehe Seite 93), nur von der Werkstatt gedreht werden, wenn gleichzeitig ein Abgastestgerät angeschlossen ist, andernfalls kann der Giftanteil des Abgases steil ansteigen. Weiter bedeuten: 1 – Zusatzgemisch-Abschaltventil; 2 – Unterdruckschlauch zur automatischen Zündzeitpunktverstellung; 3 – Leerlaufdüse.

Hier wird der Solex-Vergaser 32/35 TDID zwecks Reinigung der Schwimmerkammer zerlegt. Es bedeuten: 1 – Vergaserdeckel; 2 – Anreicherungsrohr der 2. Stufe für Motorhöchstleistung; 3 – Starterklappe der 1. Stufe; 4 – Schwimmer (verschließt Schwimmernadel im Kraftstoffeinlaß); 5 – Startautomatik; 6 – Dichtung zwischen Vergaserdeckel und Vergasergehäuse; 7 – Erste Stufe des Registervergasers; 8 – Schwimmerkammer.

Eine Nachregulierung des Leerlaufs kann notwendig werden, wenn der Motor eingefahren ist und dadurch sein innerer Reibungswiderstand niedriger wurde. Für den nun leichter laufenden Motor kann das Leerlaufgemisch abgemagert werden.

Wenn der Motor beim Gasgeben aus dem Leerlauf stottert und ruckelt, anstatt zügig zu beschleunigen, sollte vor allem die Beschleunigungspumpe geprüft werden, die beim Tritt auf das Gaspedal möglicherweise zu viel oder zu wenig Kraftstoff in den Vergaser einspritzt.

Abgastest
Wartungsarbeit
Nr. 61

Die Werkstatt kontrolliert alle 15 000 km, ob der Audi nicht in unmäßigen Mengen giftige Abgase ausstößt (Richtwert: 1,5 ± 0,5 Volumenprozent, 85-PS-Motor seit Herbst 75: 1,0 ± 0,2 Prozent). Das geschieht mit einem Abgastester, den man sich als Hobbybastler wegen des Preises kaum kaufen wird. Aber auch der TÜV interessiert sich für die Auspuffgase Ihres Autos: Bei den regelmäßigen Überprüfungen wird ebenfalls der CO-Gehalt des Abgases gemessen, was kaum Schwierigkeiten bereitet, wenn beachtet wird:

■ Der Motor muß betriebswarm sein. Lassen Sie ihn beim TÜV nicht unnötig im Leerlauf tuckern, das verschlechtert den CO-Wert.

■ Wird der Audi ausschließlich im Kurzstrecken-Stadtverkehr bewegt, sollten Sie ihn vor der Messung rund 100 km zügig bewegen. So werden Verbrennungsrückstände im Motor durch die Auslaßventile hinausgeblasen.

Einen guten Anhaltspunkt liefert auch das Auspuffrohr: Ist es auch nach längerer zügiger Fahrt innen schwarz und rußig und kriecht diese Schwärze gar um das Rohr auf die Außenseite, so sollte man vor dem TÜV das Abgas messen lassen. Ist der Auspuff dagegen innen grau, so ist alles in Ordnung.

Fingerzeig: *Früher konnte man noch Änderungen der Vergasereinstellung versuchen, um damit die Leistung zu steigern oder den Verbrauch zu senken. Das ist bei den heutigen Abgasbestimmungen nicht mehr „drin", denn es bedurfte bereits mühseliger Abstimmungsversuche zwischen Vergaser- und Motorenhersteller, um jeweils den besten Kompromiß und die günstigste Düsenbestückung herauszutüfteln. Das schließt aber nicht aus, daß in den ständig weiterlaufenden Werksversuchen mal andere Düsen gefunden werden. Danach kann man sich in seiner Vertragswerkstatt mal erkundigen, vielleicht liegt dort inzwischen eine entsprechende Werksmitteilung vor. Aber selbst andere Düsen einbauen? Lieber nicht, das kann teuer werden.*

Vergaser reinigen

Die früher üblichen Korrosionserscheinungen am und im Vergaser sind heutzutage selten geworden, denn moderne Kraftstoffe enthalten Zusätze, die eine bestimmte Menge Feuchtigkeit ohne Wassertropfenbildung »aufsaugen« können. Darum ist regelmäßige Vergaserreinigung schon lange aus Wartungsplänen gestrichen. Aber nach Fahrten in exotische Länder, in denen das Benzin aus irgendwelchen Fässern gezapft wurde, kann es doch mal ratsam werden, den Vergaser innen zu putzen. Auch durch starke Öldämpfe aus der Kurbelgehäuseentlüftung, die ja über den Vergaser strömen und im Motor verbrannt werden sollen, kann sich schmieriger Schmutz im Vergaser ansetzen.

Trotzdem soll hier aber nicht dazu geraten werden, den Vergaser unbedingt komplett zu zerlegen. Solch eine Demontage verlangt einige Erfahrung, es können leicht Teile des Hebelmechanismus verbogen oder verschoben werden, so daß nachher die Vergasereinstellung nicht mehr stimmt oder verklemmte Teile dem Gaspedal nicht mehr gehorchen. Aber auf den Bildern dieser Seiten ist vielfach zu sehen, welche Düsen von außen verhältnismäßig leicht zugänglich sind und welche Vergaserteile sich ohne besondere Schwierigkeiten demontieren lassen. Durch Farbkleckse plombierte Schrauben oder Verbindungen sollten Sie möglichst unangetastet lassen und dies beachten:

■ Ausgebaute Vergaserteile in Kraftstoff oder Spiritus reinigen. Die Teile auf sauberes Tuch legen. Genau merken, wohin sie und in welcher Reihenfolge sie zusammengehören. Besonders auf Dichtungen, Sicherungen und Federringe achten.

■ Düsen, Bohrungen und Schwimmerkammer mit mäßigem Preßluft-Druck ausblasen, auch Handluftpumpe ist geeignet. Düsen können notfalls auch mit dem Mund durchgeblasen werden (aber möglichst ohne Spucke). Auf keinen Fall mit hartem Draht reinigen, geeignet ist jedoch eine Borste aus einer Bürste. Düsen sind aus weichem Metall (Messing), daher nicht zu fest schrauben.

■ Drosselklappenwelle auf zu großes Spiel an den Lagerungen untersuchen. Dort könnte Nebenluft eindringen und Start und Leerlauf verschlechtern.

■ Die Spitze der Leerlaufgemisch-Regulierschraube darf keine Druckstellen aufweisen. Sonst auswechseln.

■ Den Schwimmer kontrolliert man, ob er dicht ist (schütteln und gegen das Ohr halten). Eventuell in heißes Wasser legen und auf Blasen achten. Auch muß die Schwimmerachse gut gängig sein.

■ Im Vergaserdeckel, von unten eingeschraubt, findet sich das Schwimmernadelventil. Ist es nicht locker? Die Ventilnadel muß einwandfrei beweglich sein. Gegen sie drückt von unten der Hebel des Schwimmers. Undichtes oder hängendes Schwimmernadelventil liefert dem Vergaser zu viel Kraftstoff: Erhöhter Verbrauch, Vergaser läuft über. Ventil austauschen.

■ Bei dieser Gelegenheit die Schwimmerkammer entleeren und die letzten Kraftstoffreste (mit eventuellem Schmutz) vom Schwimmerkammerboden mit einem blütensauberen Läppchen auftupfen. Dann lassen sich auch die Hauptdüsen unten an der Schwimmerkammerseite herausdrehen und durchblasen.

Fingerzeige: *Am Audi gibt es zwar einige Stellen, die nach Schmierung verlangen, der Vergaser zählt aber nicht hierzu.*

Bei allen Vergasern ist die Flanschdichtung zwischen Drosselklappenteil und Vergasergehäuse mehrschichtig. Diese Schichten können sich verschieben und dadurch Bohrungen zusetzen. Dieser Fehler führt zu schlechtem Leerlauf. Abhilfe bringt eine neue Flanschpackung.

Zum Reinigen des Luftfilters rund um das Filtergehäuse die 5 Spannklammern (1) öffnen, den Luftfilterdeckel (3) abnehmen und den Papierfilterring (2) herausheben. Gröbere Schmutzteilchen werden durch leichtes Aufschlagen auf eine harte Unterlage aus dem Filterring geklopft. Der feinere Staub muß mit Preßluft ausgeblasen werden, wobei der Luftstrahl seitlich an den Filterlamellen vorbeistreichen soll. Dagegenblasen drückt statt dessen den Staub in die Filterporen. Auf keinen Fall darf der Papierfilterring in Benzin ausgewaschen werden – das kostet einen neuen Filter. Der über die Kurbelgehäuseentlüftung (4) in das Luftfilter gehäuse gelangte Öldunst wird mit einem benzinfeuchten Lappen ausgewischt.
Soll das Luftfiltergehäuse demontiert werden, ist die Halteschraube SW 13 (5) herauszudrehen und das Gehäuseunterteil vom Vergaser-Einlaß (6) zu ziehen.

Luftfilter pflegen
Pflegearbeit
Nr. 32 und Nr. 63

Die in der Luft enthaltenen Schmutzteile müssen daran gehindert werden, zusammen mit der angesaugten Verbrennungsluft in den Motor zu gelangen. Straßenstaub wirkt in den Zylindern wie Schmirgel und verursacht frühzeitigen Verschleiß von Zylinderwänden und Kolben. Das Luftfilter sorgt für einen entsprechenden Schutz und dämpft gleichzeitig die Ansauggeräusche. Fahren ohne Luftfilter bedeutet also Verkürzung der Motorlebensdauer.
Der Audi besitzt ein Trockenfilterelement, das nach 15 000 km oder einmal im Jahr gereinigt werden soll. Wer oft über staubige Landstraßen fahren muß, sollte diese Intervalle auf 7500 km oder ein halbes Jahr verkürzen.
Durch ein verschmutztes Luftfilter erhält der Motor nicht mehr genügend Ansaugluft, das Gemisch wird fetter, wodurch der Verbrauch ansteigt und die Leistung sinkt. Man sollte daher auch den Ersatz des Papiereinsatzes nicht über die empfohlenen 30 000 km hinausschieben. Im VW/Audi-Ersatzteillager gibt es die passenden Filtereinsätze.
Die alle 15 000 km empfohlene Reinigung beschreibt der Bildtext oben. Beim Einbau des Filtertopfes muß zuerst das Unterteil ohne Deckel auf den Vergaser gesetzt werden. Nur so kann man richtig sehen, ob die Gummidichtung zwischen Vergaseransaugstutzen und Luftfiltertopf richtig sitzt. Erst dann Filterpatrone einlegen und Deckel aufsetzen.

Ansaugluftvorwärmung

Der Audi-Motor soll bei Temperaturen unter + 15 °C vorgewärmte Ansaugluft erhalten. Dadurch wird bei kalter Witterung das Kraftstoff-Luft-Gemisch besser verbrannt. Zum Vorwärmen der Ansaugluft wird der Vorwärmschlauch,

Wenn die Außentemperatur unter + 15° C sinkt, soll der Vorwärmschlauch (1) des Luftfilters am Auspuffkrümmer (2) mit seiner Schlauchschelle (3) befestigt werden, damit die Ansaugluft vom Auspuff vorgewärmt wird. Bei wärmerer Temperatur Vorwärmschlauch wieder demontieren und mit seinem Kugelkopf (weißer Pfeil rechts) in die Gummitülle (schwarzer Pfeil links) drücken.

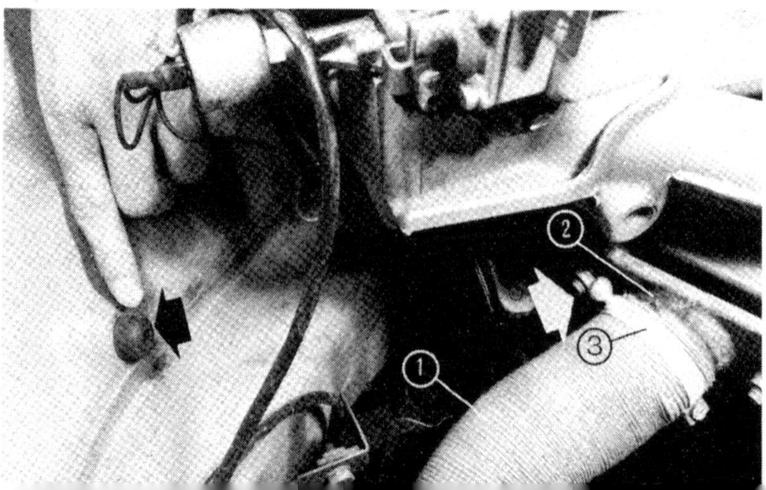

wie im Bild unten am Beispiel des 85-PS-Motors gezeigt, zwischen Herbst und Frühjahr an einem Stutzen dicht über dem Auspuffkrümmer befestigt. Beim 85-PS-Motor wird außerdem der Luftschieber hinter dem Ziergitter neben dem rechten Scheinwerfer geschlossen.

Die 100-PS-Motoren haben seit Herbst 75 und die 112-PS-Motoren seit Herbst 71 eine temperaturabhängige Steuerung der Ansaugluft, bei der der Vorwärmschlauch nicht mehr umgesteckt werden muß, sondern eine von einem Thermosteuerventil im Ansaugkrümmer geregelte Unterdruckdose im Schnorchel des Luftfilters öffnet oder schließt eine dort sitzende Klappe, die entweder vorgewärmte Luft aus der Umgebung des Auspuffkrümmers oder kalte Luft durch den Kaltluftschlauch einströmen läßt.

Prüfung dieser Ansaugluftsteuerung:

■ Kaltluftschlauch am Schnorchel des Luftfilters lösen, abziehen und im Schnorchel kontrollieren, ob die Luftregelklappe leichtgängig ist. Kaltluftschlauch noch nicht wieder aufstecken.

■ Dünnen Unterdruckschlauch zwischen Ansaugkrümmer unter dem Vergaser und dem Luftfilterschnorchel auf festen Sitz prüfen

■ Kalten Motor starten und im Leerlauf drehen lassen. Dünnen Unterdruckschlauch vom Thermosteuerventil am Ansaugkrümmer abziehen und im Schnorchel des Luftfilters Stellung der Luftregelklappe prüfen. Sie muß die Warmluftzufuhr absperren.

■ Dünnen Unterdruckschlauch wieder auf Thermosteuerventil am Ansaugkrümmer aufschieben. Jetzt muß die Regelklappe im Schnorchel die Warmluftzufuhr öffnen. Wenn alles in Ordnung, Kaltluftschlauch wieder montieren.

Störungsbeistand

Vergaser

Wenn Sie die Zahl der möglichen Störungen und noch zahlreicheren Ursachen erschreckt, dann sollten Sie bedenken, daß hier mit Sammlerfleiß alle uns bekannt gewordenen Möglichkeiten zusammengetragen wurden. Die Praxis sieht glücklicherweise wesentlich freundlicher aus. Und noch eins: Wenn der Motor Mucken zeigt, dann sollte zuerst einmal die Zündanlage (Zündkerzen, Unterbrecherkontakte, Zündzeitpunkt) überprüft werden. Fehler der Zündanlage sind häufiger als Vergaserstörungen.

Die Störung	– ihre Ursache	– ihre Abhilfe
A Motor springt nicht an (siehe auch vordere Buchklappe)	1 Zündanlage nicht in Ordnung	Kontrollieren (siehe Kapitel Zündanlage und vordere Buchklappe)
	2 Tank leer	Auftanken
	3 Kraftstoffpumpe versperrt a) Kraftstoffpumpe defekt	Prüfung: Benzinschlauch am Vergaser lösen, Lappen an Schlauch halten und bei stromloser Zündung (Hauptzündkabel ab) Motor kurz starten. Kommt kein Benzin, siehe unter Kraftstoffpumpe
	b) Schwimmernadelventil im Vergaser verklemmt (Schwimmerkammer leer oder läuft über)	Gegen Schwimmerkammer klopfen, evtl. Vergaserdeckel abbauen, Schwimmer überprüfen
	c) Düsen und Bohrungen im Vergaser verstopft	Vergaser zerlegen und reinigen
	4 Startautomatik gestört a) Starterklappe schließt nicht oder klemmt	Luftfilter ab, Starterklappenstellung prüfen und evtl. gängig machen
	b) Bimetallfeder verklemmt oder defekt	Bimetallfeder ersetzen

Die Störung	– ihre Ursache	– ihre Abhilfe
	5 Leerlaufabschaltdüse oder Abschaltventil öffnet nicht	Kabelanschluß prüfen, evtl. Teil austauschen
B Kraftstoffverbrauch zu hoch (siehe auch Hinweise Seite 13)	1 Starterklappe öffnet nicht voll bei warmem Motor	Luftfilter ab, Starterklappenstellung prüfen
	a) Starterklappe klemmt	Gängig machen
	b) Bimetallfeder verklemmt oder defekt	Startautomatik öffnen, Feder austauschen
	c) Elektrische Zusatzheizung der Startautomatik funktioniert nicht	Kabelanschluß auf Strom prüfen, reparieren
	2 Leerlaufdrehzahl zu hoch	Einstellen lassen
	3 Leerlaufgemisch zu fett	Abgasmessung machen lassen
	4 Düsen beschädigt (mit Nadel oder Draht »gereinigt«)	Düsen in Spezialwerkstatt nachmessen lassen, beschädigte ersetzen
C Leerlauf ungleichmäßig	1 Motor erhält »falsche Luft«	(Gefahr bei Normalleistung: Zu mageres Gemisch überhitzt den Motor)
	a) durch lockere Düsen	Fest anziehen
	b) durch Luftspalte zwischen Vergaserdeckel, Gehäuse, Drosselklappenteil und Flansch	Alle Montageschrauben fest nachziehen, evtl. demontieren und neue Dichtungen einmontieren
	2 Leerlaufsystem verstopft	Leerlaufdüse reinigen, Bohrungen durchblasen
D Motor bleibt beim Gasgeben stehen	1 Kraftstoffmangel wie bei A 3, aber noch geringer Zufluß	Wie bei A 3
	2 Beschleunigungssystem arbeitet nicht	Luftfilter ab, nachsehen, ob bei Tritt auf Gaspedal Benzin eingespritzt wird, andernfalls Werkstatt
E Vergaser patscht beim Gasgeben, schlechte Übergänge beim Gaswechsel	1 Einspritzmenge der Beschleunigungspumpe falsch	Einstellen lassen
	2 Motor erhält »falsche Luft« wie bei C 1	Wie bei C 1
	3 Ansaugluft-Vorwärmung nicht den Außentemperaturen angepaßt	Vorwärmschlauch aufstecken, bzw. abziehen
	4 Kraftstoffstand in der Schwimmerkammer falsch	Messen und justieren lassen
	5 Wassertropfen im Kraftstoff	Mit Vollgas versuchen, einzelnen Tropfen durch Düsensystem zu ziehen; bei mehr Wasser Kraftstoffsystem ab Tank reinigen
	6 Nach Arbeit am Motor: Zündkabel falsch aufgesteckt	Zündkabel richtig anschließen
	7 Einlaßventil klebt, schließt nicht ganz	Zylinderkopf und Ventile prüfen, instandsetzen

Mit Spannung erwartet

Hier, auf dieser Seite, beginnen wir mit der Auto-Elektrik, vor der die meisten Fahrer so einen schrecklichen Respekt haben. Selbst versierten Autobesitzern scheint sie unheimlich und kaum durchschaubar.
Gewiß, Benzin sieht man aus der Kraftstoffleitung tröpfeln – oder auch nicht –, wenn man diese abmontiert, wohingegen Elektrizität nicht so ohne weiteres zu sehen ist. Aber man kann sie sichtbar machen. Und wenn Sie die nachfolgenden Seiten gelegentlich einmal ein wenig aufmerksam studieren, dabei von Fall zu Fall die Schaltpläne am Buchende zu Rate ziehen und zwischendurch auch einen Blick auf die jeweils beschriebenen Teile unter Motorhaube und Armaturenbrett Ihres Audi werfen, so werden Sie auf einmal feststellen – jedenfalls ist dies unser ganzes Bemühen –, daß das mit der Elektrik am Auto gar nicht so schwierig und eigentlich immer vollkommen logisch ist. Man muß es nur einmal »mitgedacht« haben und merkt dann, daß gar keine Geheimnisse dort sind, wo man sie haufenweise vermutete. Und wer noch mehr über Auto-Elektrik wissen will, sollte den Sonderband »Auto-Elektrik, alle Typen« dieser Buchreihe als Weihnachts- oder Geburtstagsgeschenk seinen Lieben für sich empfehlen.

Volt, Ampere und Watt

Aber schnell mal eine Erinnerung an die Schulkenntnisse, die vielleicht schon ein wenig verblaßt sind. Den elektrischen Strom kann man ungefähr mit einem (unsichtbaren) Wasserfall vergleichen (gelernte Physiker sollten jetzt nicht mit Steinen werfen!):
Die Höhe des Wasserfalls ist dann die Spannung, in der Elektrik in Volt gemessen. Weil jede Zelle in der Art unserer Autobatterien etwa 2 Volt Spannung abgibt, haben Sie also eine 12-Volt-Batterie in Ihrem Audi 100.
Die Breite des Wasserfalls ist danach die Stromstärke, in Ampere gemessen.
Die Wassermenge, die, in Höhe und Breite gemessen, unser Wasserfall leistet, wird in der Elektrik in Watt berechnet und so wird: Watt = Volt x Ampere. Die Leistungsaufnahme in Watt ist z. B. auf den Glühlampensockeln eingeprägt.

Ein wenig Batterietechnik

Beginnen wir mit unserer Autobatterie, die eigentlich ein Akkumulator, ein Stromspeicher, ist, der nur so viel Strom abgeben kann, wie vorher (über einen chemischen Umwandlungsprozeß) in ihn hineingepumpt wurde.
Irgendwo auf einer Batterieseite finden Sie außer dem Markennamen und der fabrikinternen Typ-Kennzeichnung die Bezeichnung 12 V/36 Ah oder 12 V/45 Ah oder 12 V/54 Ah. Serienmäßig haben unsere Audi-Modelle:

- Batterie 12 V/36 Ah: Audi 100 L
- Batterie 12 V/45 Ah: Audi 100 LS mit Schaltgetriebe
- Batterie 12 V/54 Ah: Audi 100 LS mit Automatic-Getriebe, Audi 100 GL, Audi 100 Coupé S und gegen Aufpreis auch die anderen Modelle.

Die Batterie befindet sich bei den Audi-100-Modellen entweder, wie hier, am hinteren Endes des Motorraumes rechts (in Fahrtrichtung gesehen), wenn ein 85-PS-Motor eingebaut ist oder rechts unter der hinteren Sitzbank bei 100- und 112-PS-Motoren. Bei allen Arbeiten an der Auto-Elektrik (natürlich nicht bei Strompfüfungen) soll das Minuskabel an der Batterie gelöst werden, um Kurzschluß- oder Brandschäden zu vermeiden. Auch bei noch angeschlossenem Plus-Kabel ist damit das Fahrzeug stromlos.
Batterieklemme mit Schraubenschlüssel SW 10 (oder SW 13) lockern, Klemme mit zwischengestecktem Schraubenzieher spreizen (weißer Pfeil Mitte). Klemme drehend abziehen. Die beiden weißen Pfeile rechts und links zeigen auf Zusatzkabel für die Computerdiagnose.
Die Minus-Klemme ist an einem Minus-Zeichen auf oder neben dem Polkopf der Batterie und am nichtisolierten dicken Kupferkabel erkennbar. Dazu als Merksatz: **M**inus an **M**asse! Das gilt für alle Stromverbraucher im Auto.

Es ist möglich und auch durchaus ratsam, beim späteren Kauf einer neuen Batterie, die nicht sehr viel teurere 54-Ah-Batterie zu kaufen, denn gerade das ältere Fahrzeug kann größere Stromreserven gut gebrauchen und auch für eventuell eingebaute zusätzliche Stromverbraucher (Nebellampen usw.) ist das wichtig.

Der erste Teil der Batteriebezeichnung gibt die bereits erläuterte Spannung in Volt an, also 12 Volt. Hinter dem Schrägstrich ist die Stromstärke, die in Ampere gemessen wird, in ihrer »zeitlich lieferbaren Menge«, in Ampere-Stunden, angegeben, abgekürzt »Ah«. Das ist die Batterie-Kapazität. Bei einer Kapazität von 36 bzw. 45 Ah kann die Batterie theoretisch 36 bzw. 45 Stunden lang 1 Ampere, oder umgekehrt 1 Stunde lang 36 bzw. 45 Ampere abgeben. Das setzt aber eine vollgeladene Batterie in neuwertigem Zustand voraus. Selten ist jedoch eine Batterie ganz geladen – das kommt eigentlich nur bei neuer Batterie und sommerlicher Temperatur nach einer ausgesprochenen Autobahn-Langstreckenfahrt am Tage vor, während man im allgemeinen nur etwa mit zwei Drittel oder sogar nur mit der Hälfte der Nenn-Kapazität rechnen kann.

Was die Batterie leistet

Wenn man am geparkten Fahrzeug das Standlicht mit allen zugehörigen Lampen brennen läßt, werden zusammen etwa 48 Watt Leistung gebraucht. Bei 12 Volt Spannung werden dazu also (Watt: Volt = Ampere) 4 Ampere gebaucht, die die 45-Ah-Batterie theoretisch etwas mehr als 11 Stunden lie-

Zum Ausbau der Batterie zuerst Minus-, dann Plus-Kabel lösen und beiseite spreizen, um Funkengefahr zu vermeiden. Dann mit Rohrsteckschlüssel SW 13 (oder Stecknuß) in Batteriemitte unten (weißer Pfeil) die Halteschraube der Batterieklemmleiste herausdrehen. Die modernen Autobatterien haben unten einen Montagesteg für diese Klemmleiste. Batterie herausheben. Beim Einbau der Batterie zuerst Plus-, dann Minuskabel anschließen und die Kabelklemmen gut festziehen, denn Wackelkontakte können die sehr empfindlichen Dioden der Lichtmaschine schädigen. Deshalb dürfen auch nicht bei laufendem Motor die Batteriekabel abgenommen oder festgeklemmt werden.

fern könnte. In der Praxis (bei ½ bis ⅔ Kapazität) sind es aber nur etwa 6 Stunden, dann ist das Licht aus und die Batterie alle!
Die Berechnung, wie lange die Batterie wohl durchhalten könnte, ist besonders wichtig beim Ausfall der Lichtmaschine. Dann kann man mit Hilfe der Batterie weiterfahren (wenn nicht der Keilriemen gerissen und dadurch die lebenswichtige Wasserpumpe ausgefallen ist), so lange ihr Strom für Zündspule und Vorwiderstand (zusammen rund 25 Watt) reicht. Mehr darüber im Abschnitt »Fahren ohne Lichtmaschine« auf Seite 118.
Am meisten wird die Batterie durch den Anlasser in Anspruch genommen (man nennt sie deshalb auch Starterbatterie, das ist ihre Hauptaufgabe, denn bei laufendem Motor liefert ja die Lichtmaschine allen notwendigen Strom). Durch die »Gefräßigkeit« des Anlassers sinkt die Batteriespannung sehr schnell auf etwa 10 oder im Winter sogar auf 7,5 Volt ab. Diese niedrige Spannung ist jedoch bereits eingeplant, denn der Anlasser ist darauf eingerichtet. Der Strombedarf des Anlassers ist bei warmem Öl in Motor und Getriebe geringer – der Motor läßt sich leichter durchdrehen. Je tiefer die Temperatur sinkt und je zäher dadurch die Schmierstoffe werden, um so höher wird der Strombedarf des Anlassers. Das ist ungünstig, denn bei kalten Temperaturen ist auch die Leistungskraft der Batterie an sich schon geringer.

Temperaturabhängigkeit der Batterie

Die Temperatur hat erheblichen Einfluß auf die Leistung einer Batterie. Selbst eine tadellos geladene Batterie hat bei tiefem Frost von –25 °C nicht einmal mehr die Hälfte ihrer Leistungskraft. Bei schlecht geladener oder alter Batterie reicht es aber nicht einmal mehr dazu und der Anlasser vermag den kältesteifen Motor nicht mehr durchzudrehen.

Fingerzeige: *Es ist sehr vorteilhaft, auch wenn es reichlich altmodisch klingt, vor kalten Nächten die Batterie auszubauen und sie in die Nähe der Heizung – aber nicht darauf! – zu stellen. Wer einmal festgestellt hat, wie leicht sein Wagen daraufhin am nächsten Morgen anspringt, wird sich diese Mühe vor wirklich kalten Nächten gerne machen.*
Ein weiterer Grund zum Ausbau der Batterie bei scharfem Frost: Eine tief entladene Batterie (z. B. durch versehentlich eingeschaltete Beleuchtung) kann schon bei – 10° C gefrieren. Bei einer gut geladenen Batterie reicht es allerdings für rund 30° Frost.

Batterie sauberhalten

Beim Ausbau der Batterie schaut man natürlich sorgfältig nach, wie es darunter aussieht. Denn gelegentlich übertretende Batteriesäure kann mächtige Rostlöcher in das Batterie-Standblech fressen.
Bei Schmutz wird gründlich gereinigt mit viel warmem Wasser, etwas Auto-Shampoo und einem dicken Waschpinsel.
Zeigt sich auf dem Batterie-Standblech bereits Rost, wird dieser so gut wie irgend möglich abgeschliffen. Die verbleibenden Rostporen streichen Sie darauf mit einem Rostumwandler (etwa »Teroxyd« von Teroson oder »Pingo Roststop«) ein, warten einige Stunden (mit Heizstrahler kann man die Rostumwandlung sehr beschleunigen), waschen die überschüssige Umwandlersäure mit Wasser ab, trocknen möglichst schnell und sorgfältig und streichen zuletzt das ganze Standblech mit Unterbodenschutz oder einer Lackfarbe (recht brauchbar Chlorkautschuklack, wie man ihn für Schwimmbecken benutzt). Diese Überzugsschicht darf nicht vergessen werden, denn Rostumwandler allein bieten keinen Rostschutz (trotz gegenteiliger Behauptungen vieler Hersteller).

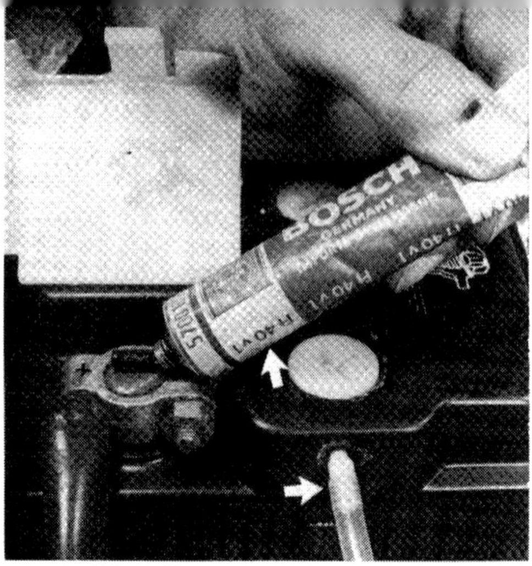

Mit der Zeit setzt sich auf der Batterieoberfläche Schmutz an und die Batteriekabelanschlüsse zeigen bei mangelhafter Pflege weiß-grünliche Oxydkristalle. Den Schmutz und die Oxydkristalle bürstet man an der ausgebauten Batterie mit einem Waschpinsel und viel warmem Wasser (am besten eine gut warme Sodalösung) ab, reibt die Batterie und besonders die Polköpfe gut trocken und fettet nach dem Wiedereinbau der Batterie die Polköpfe und Anschlußklemmen mit einem Spezial-Säureschutzfett (wie hier Bosch Ft 40 v 1) dick ein.
Diese Batterie, die speziell für den Einbau unter der hinteren Sitzbank vorgesehen ist, hat einen Entlüftungskanal unter den Zellenstopfen für den Säuredunst und am Kanalende einen angeschlossenen Schlauch (unterer weißer Pfeil), der den Säuredunst nach unten durch den Wagenboden ableitet. Daher: Wenn es im Audi 100 mit 100- oder 112-PS-Motor scharf nach Säure riecht, sogleich prüfen, ob der Entlüftungsschlauch der Batterie nicht versehentlich abgestreift wurde.

Säurestand der Batterie prüfen

Wartungspunkt Nr. 4

Nicht nur alle 7500 km, beim regelmäßigen Wartungsdienst, sollte der Säurestand der Batterie nachgeprüft werden, sondern vor allem im heißen Sommer wesentlich öfter.
Oft zeigt sich bei zu seltener Säurestandkontrolle, daß bereits ein erheblicher Teil Wasser aus der Batteriesäure verdunstet ist. Solch ein Verdacht auf Säuremangel besteht auch, wenn der Anlasser eines Morgens den Motor nur noch ganz müde durchdreht, oder wenn die Scheinwerfer beim Gasgeben deutlich heller werden. Dann fehlt es meist der Batterie an Kraft, weil die Batterieplatten trocken stehen.

Vorsicht beim Nachfüllen!

Wenn die Batterie stark entladen ist, darf auf keinen Fall destilliertes Wasser gleich bis zur Füllstandsmarke bzw. 10 mm über die Plattenoberkanten (das ist der richtige Säurestand) aufgefüllt werden, sondern man darf bei Batterien, deren Plattenoberkanten vollkommen trocken sind, zuerst nur destilliertes Wasser bis zu diesen Plattenkanten und auf keinen Fall darüber hinaus auffüllen. Denn beim Wiederaufladen der Batterie durch die Lichtmaschine steigt der Säurestand ganz erheblich und die Batterie »kocht über«, d. h. die Batteriesäure drückt sich zu den kleinen Entlüftungslöchern der Zellenverschlußstopfen heraus. Abgesehen von der Verschmutzung der Batterieoberfläche durch Oxydkristalle und dem Verrosten des Batteriestandblechs wird auf diese Weise die Batteriesäure auch unkontrolliert verdünnt, was ihre Lebensdauer beeinträchtigt. Erst wenn eine »trockengefallene« Batterie wieder von der Lichtmaschine (oder vom Garagenlader) aufgeladen wurde, darf der Batteriesäurestand mit destilliertem Wasser bis zur vorgeschriebenen Höhe aufgefüllt werden.

Fingerzeige: *Zum Nachfüllen des Batteriesäurestandes darf auf gar keinen Fall Batteriesäure, Leitungswasser oder Regenwasser verwendet werden, sondern nur „destilliertes" Wasser, das, genau genommen, durch einen Ionenaustauscher entsalztes Wasser ist, denn echtes, durch Verdampfung destilliertes Wasser ist zu teuer.*
Wenn Batteriesäure ausgelaufen sein sollte (etwa durch Kopfstand des Autos), kann nur die Fachwerkstatt helfen, denn in diesem Falle muß eine fachmännisch hergestellte Akkumulatorensäure eingefüllt werden.
Falls Sie immer wieder auf der Batterie feine Säuretröpfchen oder starke Korrosion an den Batteriepolköpfen finden, die beide darauf hinweisen, daß die Batterie gelegentlich „überkocht", kann es an zu viel eingefülltem de-

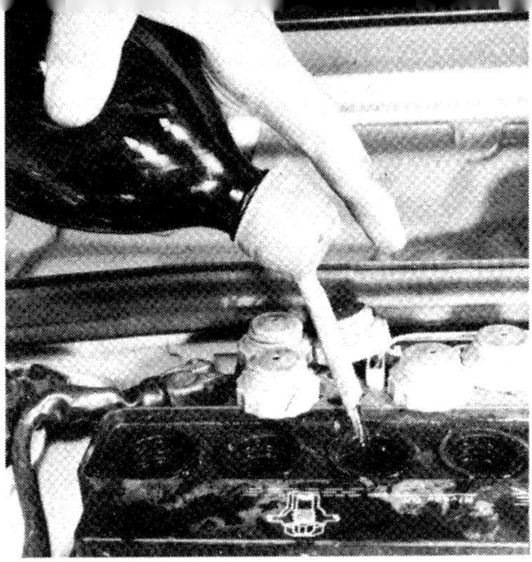

Fehlt Flüssigkeit in der Batterie, darf nur destilliertes Wasser nachgefüllt werden, auf keinen Fall Batteriesäure, denn es verdunstet nur der Wasseranteil aus der Batteriesäure. Weil die 6 Zellen der Batterie flüssigkeitsdicht voneinander getrennt sind, müssen alle 6 Verschlußstopfen zur Nachprüfung herausgedreht werden. Der richtige Säurestand ist in den Batterien heute zumeist durch eine kleine Markierungskante am unteren Ende des Einfülltrichters der Zelle gekennzeichnet. Ist die Batterie stark entladen, darf zuerst nur Wasser bis zu den Plattenoberkanten aufgefüllt werden (siehe Text auf der linken Seite), sonst »kocht« die Batterie beim anschließenden Aufladen über.
Das destillierte (eigentlich nur »entsalzte«) Wasser hebt man in einer Plastik- oder Glasflasche auf, auf keinen Fall in einem Metallgefäß. Winzige Metallteilchen im destillierten Wasser können bereits die Batterie ruinieren. Auch den Säurestand deshalb niemals mit einem Nagel oder Schraubenzieher prüfen, sondern allenfalls mit Pappstreifen oder Holzspan.

stilliertem Wasser liegen. Das ist durch Öffnen der Zellenstopfen leicht festzustellen. Muß aber allzu oft Wasser nachgefüllt werden oder fühlt sich die Batterie nach dem Abstellen des Motors immer noch warm an, funktioniert der Reglerschalter der Lichtmaschine nicht richtig – die Batterie wird ständig mit viel zu hoher Leistung überladen. Das ruiniert natürlich die Batterie ziemlich schnell. Deshalb so bald wie möglich zur Audi-Werkstatt oder zum Bosch-Dienst, um den Reglerschalter nachmessen zu lassen.
Batterieäsure ist ein Teufelszeug. Selbst in ziemlicher Verdünnung, also etwa beim Abwaschen von Oxydkristallen von der Batterie oder ihrem Standblech, frißt es erstaunlich große Löcher in Hose oder Jacke, wenn es beim Hantieren dorthin spritzte. Besonders gemein ist, daß man erst nach Tagen diese Wirkung sieht. Deshalb muß jeder Spritzer auf der Bekleidung sofort mit einer überschwemmenden Sodalösung behandelt werden. Wasser allein tut's nicht! Noch besser ist dafür das Spezialmittel „Neutralon", das es von der Batteriefirma Varta in einer großen Spraydose gibt. Empfehlenswerte Vorsorge: Beim Hantieren an oder mit der Batterie eine Kunststoff-Folie, die bis zu den Schuhen reicht, vorbinden.

Ladezustand der Batterie prüfen

Wartungsdienst Nr. 43

Solange die Batterie den Anlasser flott durchdreht und die Scheinwerfer beim plötzlichen Gasgeben nicht wesentlich heller aufstrahlen – das ist das Zeichen, daß die Batterie irgendwie »müde« ist –, braucht man außer dem Säurestand den Ladezustand der Batterie nicht unbedingt zu prüfen. Wenn sich aber Müdigkeit bei der Batterie zeigt, obgleich der Säurestand mit de-

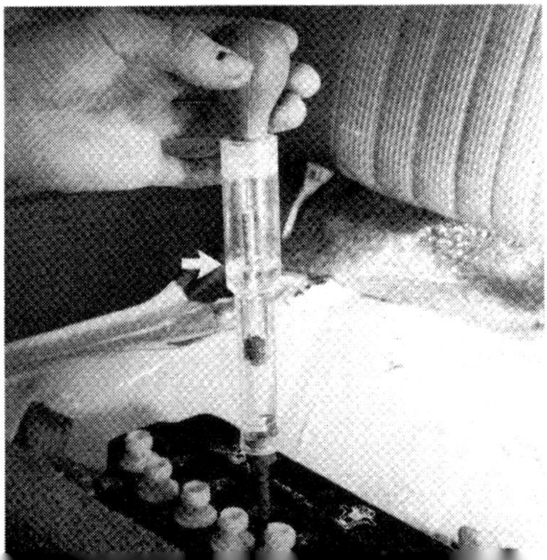

Zum Messen der Säuredichte in der Batterie dient ein Hebesäuremesser, mit dem man etwas Batteriesäure aus jeder Zelle absaugt und an der Skala des Schwimmers die Dichte, also das spezifische Gewicht der Säure, abliest. Dazu muß der Schwimmer, das Aräometer, im senkrecht gehaltenen Kolben frei schwimmen. Durch diese Messung wird der Ladezustand jeder einzenen Batteriezelle geprüft. Das Meßergebnis soll in allen Zellen nahezu gleich sein. Werden starke Unterschiede in einzelnen Zellen festgestellt, ist die Batterie »krank«. Die Batterie ist voll geladen bei einem spezifischen Gewicht von 1,285 kg/l, bei 1,21 kg/l ist sie noch halb geladen und bei 1,14 kg/l ganz entladen.

stilliertem Wasser auf vorgeschriebene Höhe aufgefüllt wurde und sich die Batterie gar nicht erholen will, muß die Säuredichte jeder einzelnen Batteriezelle zur Kontrolle des Ladezustandes nachgemessen werden. Denn die Säuredichte, also das spezifische Gewicht, zeigt an, ob die Batteriezellen Strom abgeben können oder nicht.

Man kann sich den dazu notwendigen Hebe-Säuremesser selbst anschaffen, er kostet etwa 7,50 DM. Das spezifische Gewicht der zur Prüfung angesaugten Batteriesäure läßt sich auf dem Schwimmer in der Prüfspindel ablesen.

Es muß noch kein schlimmes Zeichen sein, wenn alle 6 Zellen eine gleichmäßig niedere Säuredichte zeigen, dann kann es, wenn die Batterie noch nicht zu alt ist, mit Nachladen getan sein. Bedenklich wird es jedoch, wenn eine einzelne Zelle entladen ist: In der Fachwerkstatt nachprüfen lassen, ob die Batterie noch brauchbar ist oder ersetzt werden muß. Zumeist wird in diesem Falle Kurzschluß in einer oder mehreren Batteriezellen (durch eingedrungene Fremdstoffe) festgestellt werden. Das kostet eine neue Batterie.

Anleitung zum Laden

Die Batterie besitzt die unschöne Angewohnheit, sich auch im unbenutzten Zustand zu entladen. Im Winter geht die Selbstentladung etwas langsamer als im Sommer vor sich. Sie beträgt pro Tag ½ bis 1 Prozent ihrer Kapazität. Eine vollgeladene Batterie kann also in 100 Tagen leer sein. Da eine Batterie im entladenen Zustand Schaden leidet, müssen Batterien stillgelegter Fahrzeuge ausgebaut und etwa jeden Monat nachgeladen werden. Oder man gibt sie bei einer Elektrikwerkstatt in »Pension«, wo sie dauernd an ein Frischhaltegerät mit schwachem Ladestrom angehängt wird.

Der Ladestrom für eine schwach gewordene Batterie wird dem normalen Stromnetz entnommen, aber natürlich nicht direkt, sondern über ein besonderes Ladegerät, das den Wechselstrom des Lichtnetzes auf Gleichstrom und die passende Voltzahl umformt. Bei Entladung muß die Batterie an solch ein Ladegerät angeschlossen werden, wie es das Bild unten zeigt.

Wir sind der Meinung, daß der Kauf eines Heimladegerätes auf die Dauer durchaus lohnt, auch wenn das Batterieladen nur selten vorkommt, denn normalerweise sorgt ja die Lichtmaschine für das Wiederaufladen. Es soll auch keineswegs routinemäßig etwa beim Wartungsdienst die Batterie besonders geladen werden. Vor allem bei plötzlich leerer Batterie (weil das Licht stundenlang brannte) hilft ein gutes Heimladegerät. Denn in der Zeit, in der man die leere Batterie zum nächsten Batteriedienst transportiert, dort »schnellgeladen« und wieder geholt und eingebaut hat – das dauert doch mehr als eine Stunde –, hat auch ein kräftiges Heimladegerät wieder so viel

Zum Aufladen der Batterie gibt es einfache Heimladegeräte, die für 12 Volt etwa ab 60 DM kosten. Es sollte aber schon möglichst ein Gerät mit 5 Ampere Ladestrom und automatischer Laderegelung sein, wie der hier gezeigte Eisemann-Batterielader PKK 12/5.
Beim Laden sollen, da auch gleichzeitig die Säuredichte und der Säurestand (er steigt beim Laden) kontrolliert werden müssen, die Zellenstopfen geöffnet sein, aber bei Heimladegeräten ist es nicht unbedingt notwendig. Ebenso darf man sich bei einem Heimlader das Lösen des Minuskabels an der Batterie, das sonst wegen Schadensgefahr für die Lichtmaschinen-Dioden ratsam ist, ersparen. Der Ladestrom soll zu Anfang etwa 10 % der Batteriekapazität betragen, also etwa 4,5 Ampere bei der 45-Ah-Batterie, und sich im Laufe der Ladung automatisch heruntersteuern. Bei einer neuen Batterie wird der Ladestrom bis etwa 1 A sinken, bei älteren Batterien kaum unter 2 Ampere.
Bei tiefer Entladung dauert das Laden der Batterie mit einem guten Heimladegerät 15 und mehr Stunden.

Wenn bei Startversuchen die eigene Batterie den Motor nur noch ächzend oder gar nicht mehr durchzudrehen vermag, sind Starthilfekabel das beste Rettungsmittel. Das Bild zeigt den Anschluß der Starthilfekabel am Audi 100 mit Batterie unter der hinteren Sitzbank, und zwar jeweils Plus an Plus und Minus an Minus bei beiden Batterien. Wenn dazu der Motor des hilfreichen Autofahrers in höheren Drehzahlen läuft, erhält die eigene Start- und Zündanlage ausreichend Strom, um auch bei großer Kälte den startunwilligen Motor auf Trab zu bringen. Es spielt übrigens keine Rolle, welches Auto der hilfreiche Fahrer besitzt, es muß lediglich eine 12-Volt-Batterie haben.

Strom zugeführt, daß der Audi gestartet werden kann. Die Restladung der Batterie besorgt dann sowieso die Lichtmaschine.

Schadet die Schnelladung?

Eine durch eingeschaltete Stromverbraucher »leer gelutschte« aber sonst intakte Batterie läßt sich auch durch Batterie-Schnellader, wie sie die Werkstatt oder der Elektrik-Dienst hat, in kürzester Zeit wieder »aufputschen«. Allerdings ist dies eine Roßkur, die nur ganz gesunde Batterien schadlos überstehen, denn es wird mit 40 und mehr Ampere geladen.
Ältere Batterien können dagegen durch die Schnelladung vollends zu Tode gejagt werden – das kostet dann eine neue (aber vielleicht sowieso bald fällige) Batterie. Ganz neue Batterien dürfen auf gar keinen Fall an ein Schnelladegerät gehängt werden. Aber das Laden neuer Batterien ist sowieso heute eine Ausnahme, denn moderne Batterien werden vom Hersteller schon »trocken vorgeladen«. Man braucht nur die vorgeschriebene Menge Batteriesäure einzufüllen und kann nach kurzer Zeit den Motor starten.

Starten mit leerer Batterie

Eines Tages passiert es dann doch: Man kommt zu seinem Audi, dreht den Zündschlüssel herum – nichts rührt sich und die rote Ladekontrolleuchte brennt auch nur noch ganz schwach oder gar nicht. Wahrscheinlich wird sich schnell herausstellen, daß irgendein Stromverbraucher eingeschaltet war, der die Batterie leer »gesaugt« hat. Kein Grund zum Verzweifeln. Vor allem ist es unwahrscheinlich, daß eine an sich gesunde Batterie durch diese Dauerstromabgabe Schaden gelitten hat, es sei denn, sie war tage- oder wochenlang eingeschaltet.

Mit Starthilfekabel

Am einfachsten gelingt das Starten trotz leerer Batterie mit einem Satz Starthilfekabel (wirklich gute kosten rund 35 DM). Diese Starthilfekabel haben einen genügend großen Kupferquerschnitt und starke Anschlußklemmen, um auch die entsprechende Stromstärke zum Motorstart durchzulassen. Selbst gebastelte Kabel reichen dagegen meist nicht aus.
Beim Audi 100 mit vorne liegender Batterie ist der Startvorgang noch einfacher als bei der Batterie unter der Sitzbank, wie im Bild oben gezeigt.

Starten durch Anschleppen oder Anschieben

Das Anschleppen mit defekter Batterie – also bei Kurzschluß, der durch warmes bis heißes Batteriegehäuse oder völlig übergekochte Batterie erkennbar wird – ist beim Audi nicht möglich, denn der Kurzschlußstrom über die Batterie würde die Drehstrom-Lichtmaschine sofort schwer schädigen.

Der Audi 100 ist mit einer Drehstrom-Lichtmaschine ausgestattet, bei der der zugehörige Spannungsregler (6) »integriert«, also direkt in die Lichtmaschine eingebaut ist. Zur Kontrolle oder zum Austausch der Schleifkohlen muß dieser Regler abgeschraubt werden, denn der Schleifkohlenhalter sitzt an dessen Innenseite.
Weiter bedeuten: 1 – Klemmschraube am Spannbügel (2) zum Einstellen der Keilriemenspannung; 4 – Klemmbügel zum Halten des Dreifach-Kabelsteckers (3) in seiner Steckbuchse (5). Der Klemmbügel ist hier nach Lockern seiner Halteschraube beiseite geschwenkt, damit der Kabelstecker abgezogen werden kann; 7 – Entstör-Kondensator; 8 – Typenschild auf dem Lichtmaschinengehäuse. Im Lichtmaschinengehäuse ist durch die Belüftungsschlitze die Diodenplatte erkennbar.
Bei den Lichtmaschinen spricht man von 14 Volt Spannung (Text rechte Seite), beim Bordnetz allgemein von 12 Volt. Die erhöhte Lichtmaschinenspannung soll lediglich den allgemeinen Spannungsverlust des Bordnetzes ausgleichen.

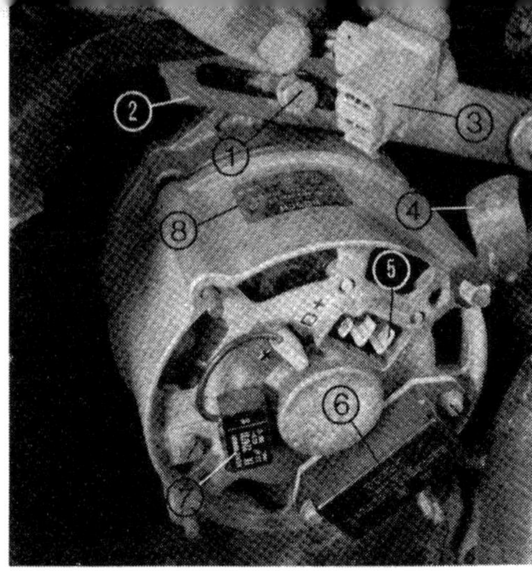

Wenn sich der Audi-Motor drehen soll, muß immer eine intakte Batterie angeschlossen sein, auch wenn diese leer ist. Sie dient dann der Drehstrom-Lichtmaschine gewissermaßen als Puffer gegen die für sie gefährlichen Spannungsspitzen. Bei defekter Batterie hilft dagegen nur das Abschleppen zur nächsten Werkstatt oder das Herbeischaffen einer einwandfreien, wenn auch leeren Batterie. Mit dieser ist dann das Anschleppen (im 2. oder 3. Gang) oder Anschieben (bei eingelegtem 1. Gang) kein Problem mehr.

Lebensdauer der Batterie

Normalerweise soll eine einigermaßen gepflegte Batterie etwa 3 Jahre lang halten. Dann künden Müdigkeitserscheinungen dem aufmerksamen Fahrer an, daß langsam eine neue Batterie fällig wird. Wenn Nachladen nichts mehr hilft, dann ist es soweit. Zumeist ereignet sich das jährliche Batteriesterben bei den ersten Nachtfrösten, wenn die letzte Kraft der Batterie vom Frost ganz zerschlagen wird.
Das ist dann ein bitterer Tropfen, denn die Batterie kostet rund 165 DM. Wenn die Batterie jedoch noch nicht völlig ruiniert ist, lohnt sich aber ein Versuch, der etwa 13,85 DM kostet (das ist im Vergleich zur neuen Batterie ein geringer Preis): Eine Behandlung der Batterie mit »Cobalt-MG« (erhältlich zumeist in Kaufhäusern oder Bezugsquellennachweis durch Firma Walter Neuber, Jahnstr. 13, 581 Witten).
Am besten füllt man dieses »Cobalt-MG« einmal auf (entsprechend verlängerte) Lebenszeit bereits in die neue oder neuwertige Batterie – dann hilft es bestimmt.

Hier ist die im Audi 100 eingebaute Bosch-Drehstrom-Lichtmaschine in ihre Einzelteile auseinandergenommen.
Es bedeuten:
1 – Keilriemenscheibe;
2 – Belüftungsrad;
3 – Antriebslager; 4 – Klauenpolläufer; 5 – Ständerwicklung; 6 – Diodengruppen-Teil;
7 – Polgehäuse mit Schleifringlager; 8 – Bürstenhalter mit Kohlebürsten (auswechselbar); 9 – Transistorregler; 10 – Entstörkondensator (auswechselbar).

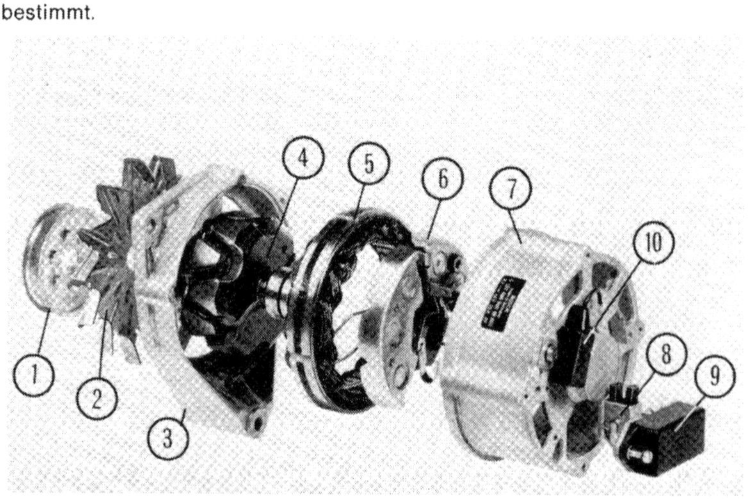

Mitläufer

Unser Audi 100 ist, wie alle Audi-Modelle, mit einer modernen Drehstrom-Lichtmaschine ausgestattet. Obwohl sie beim 85-PS-Motor (in Fahrtrichtung betrachtet) am Motor links oben und am 100/112-PS-Motor rechts unten sitzt, handelt es sich um das gleiche Modell.
Im Unterschied zur früher üblichen Gleichstrom-Lichtmaschine

- darf bei laufender Drehstrom-Lichtmaschine kein Kabel im Verbund Batterie-Lichtmaschine gelöst oder angeschlossen werden, auch nicht das Minuskabel der Batterie. Denn die dabei auftretenden Spannungsspitzen vertragen die Dioden der Drehstrom-Lichtmaschine schlecht oder gar nicht,
- darf die Drehstrom-Lichtmaschine niemals ohne mit ihr verbundene Batterie laufen, denn sie braucht diese als Strom-Puffer,
- müssen alle Kabelverbindungen zwischen Drehstrom-Lichtmaschine, Batterie und Masse (Karosserieblech) besonders sorgfältig festsitzen, denn Wackelkontakte führen bereits zu den gefährlichen Stromstößen.

Dem stehen als Vorteile der Drehstrom-Lichtmaschine gegenüber:

- Stromlieferung bereits bei Leerlaufdrehzahl des Motors,
- weitgehend wartungsfrei und wesentlich höhere Lebensdauer.

Technische Daten und Funktion

Die in unseren Audi 100 eingebaute Bosch-Drehstrom-Lichtmaschine trägt die Typbezeichnung K 1 – 14 V 35 A 20 bzw. K 1 – 14 V 55 A 20, wobei letztere leistungsstärker, in den Bauabmessungen aber gleich ist, serienmäßig am 112-PS-Motor montiert wird, aber auch ohne weiteres als Ersatz für die etwas schwächere Lichtmaschine genommen werden kann. Das empfiehlt sich sogar, wenn man seinen Audi 100 mit zusätzlichem Elektrokram ausstattet.
Die Typenbezeichnung K 1 – 14 V 35 A 20 (bzw. K 1 – 14 V 55 A 20) besagt nach der mit K 1 gegebenen Bauartkennzeichnung, daß diese Lichtmaschine bei einer maximalen Spannung von 14 Volt 35 Ampere (bzw. 55 Ampere), also 490 Watt (bzw. 770 Watt) liefert und bei 2000 U/min (Kennzahl 20 am Ende der Typbezeichnung) bereits $^2/_3$ ihrer Höchstleistung, also etwa 23 A (entspricht etwa 325 Watt) bzw. 36 A (entspricht etwa 510 Watt) abgibt. 2000 Umdrehungen der Lichtmaschinenwelle sind bei einer Keilriemenübersetzung von etwa 1 : 1,9 an der Motorkurbelwelle etwa 1050 U/min, also nur rund 100 Umdrehungen mehr als die für unseren Audi 100 vorgeschriebene Leerlaufdrehzahl von 950 U/min! Mit dieser Drehstrom-Lichtmaschine besteht also nicht die Gefahr, daß bei einem Verkehrsstau im Motorleerlauf (da sollte man sowieso schon wegen Umweltschutz den Motor abstellen) unbemerkt die Batterie leergelutscht wird, wie dies früher bei der Gleichstrom-Lichtmaschine oft geschah.
Unsere Drehstrom-Lichtmaschine ist für eine Höchstdrehzahl von 12 000 U/min ausgelegt, was bei der Übersetzung von etwa 1 : 1,9 einer Motordrehzahl von etwa 6300 U/min entspricht.

Der Spannungsregler

Ein Dynamo – und das ist unsere Lichtmaschine, auch als Generator bezeichnet, ebenfalls – liefert um so mehr Strom mit immer höherer Spannung, je schneller er sich dreht. Das weiß und kennt man ja vom Fahrrad-Dynamo. Weil aber die Stromverbraucher im Auto solches Auf und Ab nicht vertragen, muß ein besonderer Spannungsregler die Lichtmaschinenspannung begrenzen und das Überladen der Batterie verhindern.
Solch ein Spannungsregler – in diesem Falle ein elektronischer Feldregler – ist an der Drehstrom-Lichtmaschine K 1 – 14 V 35 A 20 (bzw. 55 A) direkt angebaut (siehe Bilder Seite 112) und trägt die Bosch-Bezeichnung EE 14 V 3.

Lichtmaschine und Spannungsregler prüfen

Wartungspunkt Nr. 62

Zur Prüfung von Lichtmaschine und Spannungsregler sind selbstverständlich aufwendige Werkstattgeräte notwendig. Nur die Fehler, wie sie in der Störungstabelle auf Seite 119 aufgeführt sind, geben dem Heimwerker Hinweis, daß etwas nicht stimmt. So bleibt dieser Wartungspunkt der empfehlenswerten Computer-Diagnose überlassen.
Doch bevor man beispielsweise beim Aufleuchten der roten Ladekontrolllampe gleich die Werkstatt mit ihren teuren Prüfgeräten in Anspruch nimmt, kann man z. B. die Schleifkohlen auf der Innenseite des Spannungsreglers prüfen, denn das kann die Ursache sein.

Schleifkohlen ersetzen

Dazu ist der Regler abzuschrauben, wozu nicht einmal die Lichtmaschine ausgebaut werden muß:

- Spannungsregler durch Lösen der 2 Querschlitzschrauben abschrauben.
- Auf der Rückseite des Spannungsreglers die beiden Schleifkohlen auf ihre Länge prüfen.
- Sind die Schleifkohlen nur noch 5 mm lang oder kürzer, können sie nicht mehr auf dem Schleifring aufliegen und müssen ersetzt werden.
- Zum Austausch die beiden Anschlußlitzen der verbrauchten Schleifkohlen auslöten, diese herausziehen und neue anlöten (Lötstellen nicht verwechseln). Die neuen Schleifkohlen sind 10 mm lang.
- Spannungsregler mit den neuen Schleifkohlen wieder einbauen. Wenn nun die Zusammenarbeit Lichtmaschine-Batterie-Ladekontrollampe funktioniert, war die Ursache schon gefunden.

Kein Lichtmaschinenaustausch bei Diodenschäden!

Wie bereits erwähnt, können im Bordnetz auftretende Spannungsspitzen die Lichtmaschinen-Dioden beschädigen. Auch das ist oft an brennender oder glimmender Ladekontrolle (siehe Störungsbeistand Seite 119) zu erkennen. In diesem Fall ist es keineswegs notwendig, die ganze (teure) Lichtmaschine zu tauschen, sondern es ist nur die Diodenplatte zu wechseln (Werkstattarbeit), was natürlich erheblich billiger ist. VW-Audi hat speziell für diesen Reparaturfall seine Vertragswerkstätten ermahnt, denn da wurde offensichtlich etwas großzügig Generatorwechsel den Kunden verkauft.

Lichtmaschine aus- und einbauen

Wenn die Lichtmaschine zwecks Austausch oder Reparatur ausgebaut werden soll, ist dies kein Problem und die nachfolgend für den 85-PS-Motor beschriebene Arbeitsreihenfolge gilt sinngemäß auch für den rechts unten am 100/112-PS-Motor angebauten Generator:

- Minus-Kabel an der Batterie lösen.
- Halteklemmbügel (Nr. 4 im Bild auf Seite 112 oben) des Kabelsteckers an seiner Lichtmaschinen-Gehäuseschraube mit Schraubenschlüssel SW 8 lokkern und beiseite schwenken (im Bild bereits geschehen).
- Dreifach-Kabelstecker (Nr. 3 im Bild) aus seiner Steckbuchse (Nr. 5 im

Bild) ziehen (im Bild bereits geschehen). Dabei nicht an den Kabeln zerren, sondern nur den Stecker fassen und eventuell mit einem feinen Schraubenzieher hebelnd unterstützen.

■ Eventuell vorhandenes Masseband (geflochtene Kupferlitze) zwischen Lima-Gehäuseschraube rechts unten und benachbartem Lima-Träger an der Lichtmaschine mit Schraubenschlüssel SW 8 lösen.

■ Klemmschraube (Nr. 1) am Haltebügel (Nr. 2) herausdrehen.

■ Lichtmaschine vom Motor wegschwenken und Keilriemen über die Keilriemenscheibe abstreifen (beim 110/112-PS-Motor zum Motor schwenken).

■ Von vorne durch das Loch im vorderen Motorverkleidungsblech einen Innensechskant-(Inbus-)Steckschlüssel SW 6 in den Kopf des Schwenklagerbolzens einsetzen und gegenhalten (entfällt bei 100/112-PS-Motor), während am hinteren Ende des Bolzens die Mutter mit Ringschlüssel SW 13 herausgedreht wird.

■ Schwenklagerbolzen nach vorne herausdrehen und Lichtmaschine nach oben herausheben.

Der Einbau der Lichtmaschine erfolgt sinngemäß umgekehrt. Dabei muß der Keilriemen sorgsam gespannt werden (siehe nächste Seite).

Keilriemenspannung prüfen

Wartungsdienst Nr. 31

Zusammen mit der Wasserpumpe wird der Generator von der Motor-Kurbelwelle über einen Keilriemen angetrieben.

■ 85-PS-Motor Keilriemengröße 9,5 x 875 mm

■ 100/112-PS-Motor Keilriemengröße 9,5 x 950 mm.

Wie die Keilriemenspannung geprüft wird und welchen Sinn sie hat, ist in den Bildtexten auf den folgenden Seiten beschrieben.

Gerissener Keilriemen

■ Wenn der Keilriemen reißt, dürfen Sie auf keinen Fall weiterfahren!

Es ist sofort am Aufleuchten der Ladekontrolle und kurz danach am Steigen der Kühlwassertemperatur erkennbar. Denn der Kühlwasserumlauf ist durch die ausgefallene Kühlwasserpumpe unterbrochen und im Motorblock gerät das stillstehende Kühlwasser sofort ins Kochen, was schweren Motorschaden ergibt. Auch Langsamfahrversuche sind sträflicher Leichtsinn. Deshalb sofort neuen Keilriemen montieren oder abschleppen lassen.

Notbehelf-Keilriemen

Ist kein Ersatz-Keilriemen zur Hand oder die Montage unterwegs nicht möglich, kann man sich mit einem Behelfs-Keilriemen aus einem Nylon- oder Perlon-Damenstrumpf aus dieser Lage retten, wenn eine Dame mitreist und zu solch einem Opfer zu überreden ist. Man darf ihr ruhig das beste Paar Strümpfe als späteren Ersatz in Aussicht stellen, denn das ist bestimmt billiger als ein Abschleppwagen. Es darf übrigens auch ein Strumpf mit Löchern sein, der nur noch für den Mülleimer taugt. Die Sache geht so:

■ Strumpf mit aller Gewalt vor der Montage langziehen (keine Angst, er reißt nicht).

■ Gedehnten Strumpf so stramm, wie nur irgend möglich, um die 3 Keilriemenscheiben legen, nochmals stramm ziehen, die Enden sorgfältig verknoten und die überhängenden Enden abschneiden (nicht zu kurz, sonst löst sich der Knoten).

■ Wenn vorhanden, zweiten Strumpf zur Verstärkung gleich stramm um die 3 Keilriemenscheiben schlingen.

■ Nach dem Start des Motors beobachten, ob sich Wasserpumpe und Lichtmaschine einwandfrei mitdrehen. Wenn der Strumpf-Keilriemen nicht beide einwandfrei durchzieht, Nachspannen versuchen.

Das Nachspannen des Lichtmaschinen-Keilriemens ist am 100- und 112-PS-Motor nur von der Fahrzeugunterseite her möglich (das Bild zeigt den Blick von unten gegen die Rückseite der rechts unten am Motor sitzenden Lichtmaschine in Fahrtrichtung). Zuerst die untere Halteschraube mit 2 Schraubenschlüsseln SW 13 (Pfeil) und danach die hier nicht sichtbare Schwenklagerschraube der Lichtmaschine vom Motorraum aus etwas lockern, die Lichtmaschine nach außen ziehen und gleichzeitig zuerst die untere Laschenschraube und danach die Schwenklagerschraube wieder fest anziehen.

■ Bei der Weiterfahrt Ladekontrolle und Kühlwasseranzeige sorgfältig im Auge behalten und bei Bedarf Behelfs-Keilriemen nachspannen oder durch einen anderen Strumpf ersetzen.

Fingerzeig: *Besser ist natürlich, wenn man einen richtigen Keilriemen in der angegebenen Größe aus dem Kofferraum seines Audi ziehen kann. Weil aber beim nächsten Autokauf dieser Keilriemen sicher nicht mehr für dieses Auto paßt, ist es noch praktischer, sich im Zubehörhandel einen „Weyer Universal-Ersatzkeilriemen zu kaufen (Preis etwa 8,– DM). Der paßt für alle Pkw, denn er wird erst bei Bedarf auf die passende Länge zugeschnitten, ist allerdings kein vollwertiger Keilriemen und muß alsbald ersetzt werden.*

Keilriemen nachspannen

Wurde ein neuer Keilriemen aufgelegt, dehnt sich dieser in der ersten Einlaufzeit und muß sich erst »setzen«. Nach der ersten Tagesfahrt und nach 500 km Fahrtstrecke überprüft man deshalb nochmals die Keilriemenspannung und spannt erforderlichenfalls nach.

Was sagt das rote Licht

Wenn Sie einmal die Schaltpläne auf den letzten Buchseiten betrachten, können Sie erkennen, daß die Ladekontrollampe einerseits mit einem (in Natur blauen, aber im Kabelschlauch versteckten) Kabel an der Klemme D+ der Lichtmaschine und andererseits mit einem schwarzen Kabel (auf Umwe-

Beim 85-PS-Motor sitzt die Lichtmaschine (in Fahrtrichtung gesehen) links oben am Motor. Muß hier der Keilriemen nachgespannt werden, wird die Klemmschraube (Pfeil) oben am Spannbügel der Lichtmaschine etwas gelockert, wobei die rechte Hand das Lichtmaschinengehäuse, wie hier gezeigt, hält. Soll der Keilriemen straffer gespannt werden, muß die Hand das Lichtmaschinengehäuse mit kräftigem Ruck nach oben reißen (wie der schwarze Richtungspfeil zeigt), während blitzschnell die linke Hand die Klemmschraube mit dem Schraubenschlüssel festdreht. Nach unseren Erfahrungen stimmt dann in der Regel die Keilriemenspannung. Am besten läßt man nun den Motor kurz laufen, stellt ihn wieder ab und prüft die Keilriemenspannung nochmals. Stimmt sie nicht, muß mit mehr oder weniger kräftigem Ruck nochmals gespannt werden.
Zur Abnahme des Keilriemens ist die Lichmaschine am 85-PS-Motor nach unten zu schwenken, bis sich der Keilriemen über die Keilriemenscheibe streifen läßt.

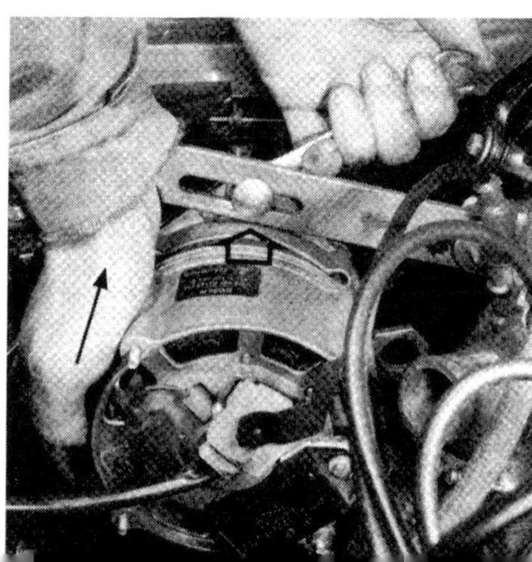

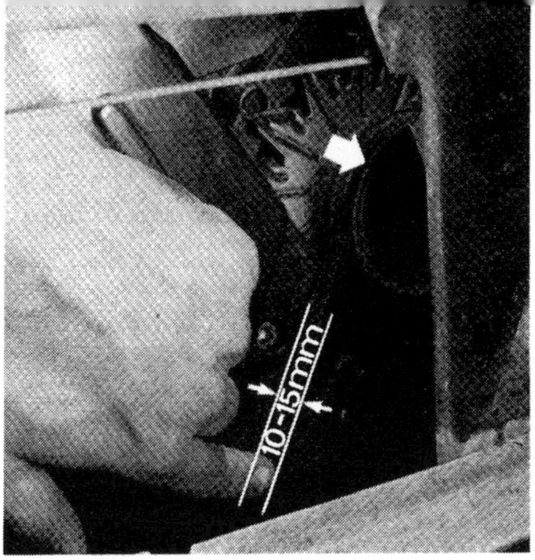

Der Keilriemen soll sich in der Mitte zwischen den Keilriemen der Kurbelwelle und der Lichtmaschine (weißer Pfeil) bei kräftigem Fingerdruck um etwa 10 bis 15 mm durchdrücken lassen. Wenn der Keilriemen zu locker oder zu stramm sizt, muß die Keilriemenspannung entsprechend geändert werden, wie auf den linksseitigen Bildern gezeigt.
Die richtige Keilriemenspannung ist wichtig, weil bei zu geringer Spannung der Keilriemen durchrutscht, Wasserpumpe und Lichtmaschine nur ungenügende Leistung zeigen und sich der Keilriemen so stark erhitzen kann, daß er in kurzer Zeit verschleißt. Bei zu straffer Spannung werden Lager von Wasserpumpe und Lichtmaschine einseitig zu stark belastet und vorzeitig »ausgeleiert«. Ein neu aufgelegter Keilriemen dehnt sich in der Einlaufzeit und muß nach spätestens 500 km auf richtige Spannung geprüft und eventuell nachgespannt werden. Um die Prüfung der Keilriemenspannung besser zeigen zu können, haben wir an unserem Audi 100 das Frontziergitter ausgebaut. Das ist bei dieser Prüfung natürlich nicht notwendig.

gen) an Klemme 15 des Zündschlosses angeschlossen ist. Die Klemme D+ bringt von der Ankerwicklung bei Lichtmaschinenbetrieb »Plus-Strom« und ebenfalls das Zündschloß von Klemme 15, sobald die Zündung eingeschaltet wird. Zweimal »Plus-Strom«, da kann die Lampe doch nicht brennen, oder? Nein, dann brennt sie auch nicht, sondern sie verlöscht in diesem Augenblick. Aber vorher wirkt bei stehender Lichtmaschine und eingeschalteter Zündung der »tote« Plus-Kontakt D+ der Lima als »Minus« und deshalb brennt die Ladekontrolleuchte. Solange noch eine Spannungsdifferenz zwischen der Batterie und der Klemme D+ der Lima besteht, weil letztere noch nicht genug Strom liefert, glimmt die Ladekontrolle schwach und schwächer, bis sie ganz verlöscht. Falls also die Ladekontrolle bei normalem Motorlauf zu glimmen beginnt oder gar hell leuchtet, besteht eine Spannungsdifferenz, die deutlich einen Fehler in der Anlage zeigt. Er muß gesucht und beseitigt werden, sonst werden alle Stromverbraucher von der Batterie nur noch solange gespeist, wie diese Strom zur Verfügung hat. Welche Mängel beim Aufleuchten vorliegen können, ist in unserem »Störungsbeistand« zusammengestellt. Aus der Erläuterung dieses Vorgangs ist auch zu erkennen, daß die Ladekontrolle ihren Namen gar nicht verdient, denn ihr Verlöschen beweist keineswegs, daß die Batterie geladen wird, sondern nur, daß zwischen Batterie und Lichtmaschine keine Spannungsdifferenz besteht. Und das ist nicht unbedingt dasselbe. Überdies hat die Ladekontrollampe im Verbund mit einer Drehstrom-Lichtmaschine noch eine spezielle Funktion: Sie muß durch Weiterleiten des Batteriestromes beim Einschalten der Zündung die Drehstrom-Lichtmaschine »vorerregen«, damit diese selbst schon bei geringen Drehzahlen Strom abgeben kann. Fällt die Ladekontrolle aus, weil sie durchgebrannt oder ein Kabel gebrochen ist, dann setzt die Drehstrom-Lichtmaschine nicht schon bei 1000 U/min, sondern erst etwa bei 1600 U/min mit der Stromlieferung ein. Eine durchgebrannte Ladekontrolle muß deshalb so bald wie möglich ersetzt werden (3-Watt-Lämpchen, siehe Seite 166).

Selbsthilfe an der Drehstrom-Lichtmaschine

Die Leistungsprüfung am Generator ist nur mit den aufwendigen Prüfgeräten einer gut ausgestatteten Fachwerkstatt möglich. Eine Werkstatt, die solche Prüfgeräte nicht führt, wird Ihnen eilfertig eine Austausch-Lichtmaschine verkaufen wollen. Ob das teure Stück aber wirklich notwendig ist, weiß man nicht. Lassen Sie sich also nicht so ohne weiteres auf eine Austausch-Lima ein, sondern fahren Sie erst mal zur wirklichen Fachwerkstatt, am besten zu einem großen Bosch-Dienst.

So ist Selbsthilfe an einer Drehstrom-Lichtmaschine auch dem erfahrenen Heimwerker nur in sehr begrenztem Umfang möglich. Er kann lediglich nachsehen – und das empfiehlt sich bei einer Störung durchaus –, ob die Schleifkohlen innen am Spannungsregler (Seite 114) noch lang genug sind und sie erforderlichenfalls auswechseln (lassen). Das Auseinandernehmen der Lichtmaschine hat aber keinen Zweck, denn die Lager lassen sich nur mit Sonderwerkzeugen abziehen und aufpressen und das Heimwerker-Löten ist hier auch nicht angebracht, da die Löt-Hitze bei einfachem Lötkolben manche Bauteile an der Diodenplatte schädigen kann.

Fahren ohne Lichtmaschine

Ohne Batterie darf man den Audi nicht fahren; bei einer Gleichstromlichtmaschine ginge das. Aber ohne die Drehstromlichtmaschine läßt sich der Audi ohne weiteres betreiben, solange die Batterie noch genügend »Saft« hat. Das ist beispielsweise notwendig, wenn die Ladekontrolle durch falsches Verhalten zeigt, daß mit Lichtmaschine oder Reglerschalter etwas nicht stimmt. Dann muß die Batterie einspringen. Sie kann das auch ganz gut, wenn sie gut geladen ist. Die Zündspule des Audi hat zusammen mit dem Vorwiderstand bei sehr niederen Motor-Drehzahlen einen Verbrauch von etwa 30 Watt, der bei mittleren Drehzahlen auf 25 Watt und bei hohen Drehzahlen auf 20 Watt abfällt.

Theoretisch müßte das bei vollgeladener Batterie für 21 Stunden reichen. Da die Zündspule aber einen Mindeststrom zum Aufbau eines brauchbaren Zündfunkens benötigt und die Batterie im praktischen Betrieb kaum ganz aufgeladen ist, kann man vielleicht mit 10 Stunden rechnen.

Sehr erschwerend und die Batteriezeit verkürzend kommt bei unserem Audi 100 mit 85-PS-Motor allerdings hinzu, daß der Ventilatormotor des Kühlers elektrisch betrieben wird und zusätzliche 100 Watt verbraucht. Aber er läuft ja nicht ständig, vor allem nicht, wenn man bei zügiger Fahrweise genügend kühlenden Fahrtwind hat.

Im Winter kommt nachteilig auch noch die geringere Leistungskraft der Batterie durch Kälte hinzu, was andererseits wieder für längere Strecken den Betrieb des Ventilatormotors erspart. Dagegen muß im Winter oft mit Licht gefahren werden (rund 130 Watt). Wie lange die Batterie also durchhält, ist schwer zu weissagen. Es kann aber durchaus zur Heimfahrt genügen, wenn

- die Fahrt nicht unterbrochen werden muß (der Anlasser braucht zum Wiederstarten des Motors besonders viel Strom),
- kein Radio und kein Heizgebläse eingeschaltet wird,

Am Magnetschalter des Anlassers sind 3 Kabel mit genormten Klemmenbezeichnungen angeschlossen: 30 – diese Klemme steht dauernd unter Strom und liefert dem Anlasser von der Batterie her den Arbeitsstrom zum Durchdrehen des Motors; 50 – diese Klemme erhält beim Herumdrehen des Zündschlüssels bis in Startstellung Strom, wodurch das Zahnritzel des Anlassers in den Zahnkranz des Motor-Schwungrades geschleudert wird; 16 – diese Klemme liefert während des Startvorganges unter Umgehung des Vorwiderstandes direkt Batteriestrom an die Zündspule, damit sich der Spannungsabfall im Bordnetz während der Anlasserarbeit nicht zu nachteilig auf die Leistung der Zündspule auswirkt.

- Scheibenwischer und Hupe nicht in Aktion treten,
- nachts keine Zusatzscheinwerfer eingeschaltet werden
- und der Mehrfachstecker an der Lichtmaschine abgezogen wird, damit sich die Batterie nicht über die Lichtmaschine durch Kurzschluß in kürzester Zeit entlädt.

Störungsbeistand
Batterie und Lichtmaschine

Da Batterie und Drehstrom-Lichtmaschine in engem Verbund miteinander stehen, haben wir die Störungstabelle für beide Aggregate hier zusammengefaßt:

Die Störung	– Ihre Ursache	– ihre Abhilfe
A Rote Ladekontrolle brennt nicht bei Einschalten der Zündung	1 Anzeigenlampe durchgebrannt	Neues 3-Watt-Lämpchen einsetzen
	2 Batterie leer	Wagen anschieben
	3 Batteriekabel lose oder gebrochen	Batteriekabel kontrollieren
	4 Kabelweg Zündschloß – Kontrollampe – Lima unterbrochen	Stromweg mit Prüflampe kontrollieren
	5 Schleifkohlen hinter Regler liegen nicht auf Schleifringen auf	Lima instandsetzen lassen
	6 Erregerwicklung der Lima durchgebrannt	Schleifkohlen prüfen
B Ladekontrolle brennt beim Ausschalten der Zündung weiter	Plus-Diode der Lima hat Kurzschluß	Mehrfachstecker an Lima abziehen und mit Batteriestrom zur Werkstatt
C Ladekontrolle verlöscht nicht bei hohen Drehzahl	1 Spannungsregler defekt	Mit Batteriestrom zur Werkstatt, Regler austauschen lassen
	2 Erreger-Dioden der Lima haben Unterbrechung	Dioden überprüfen lassen
D Ladekontrolle brennt bei Stand richtig, aber glimmt bei Motorlauf	Defekte Lima-Diode	Werkstatt aufsuchen
E Batterie wird überladen (Säurekritstalle auf Batterieoberseite)	Spannungsregler defekt	Baldmöglichst zum Bosch-Dienst, Anlage durchmessen lassen
F Ladekontrolle flackert bei flottem Motorlauf	Keilriemen locker	Nachspannen

Der Anlasser

Der Anlasser sitzt am Motor rechts hinten unten und trägt die Bosch-Typenbezeichnung EF (R) 12 V/0,8 PS. Seine Typenbezeichnung offenbart, daß er eine Nennspannung von 12 Volt hat und 0,8 PS leistet. Trotz dieser Leistung ist der Anlasser sehr klein. Die kompakte Bauweise bedingt, daß er nur kurzzeitig angestrengt werden darf. Bei längerer »Orgelei« wird er sehr heiß. Der Anlasser sollte jeweils nicht länger als 5 Sekunden betätigt werden. Dann muß der Batterie und dem Anlasser eine kleine Erholungspause gegönnt werden. Da die Spannung der Batterie bei ständig wiederholten Startversuchen schnell abfällt und dadurch den für den Anlasser notwendigen Mindeststrom nicht mehr zustande bringt, reicht es oft nur zu 20 Startversuchen. Aber auch die sind beim Audi wenig sinnvoll, denn wenn der Audi-Motor nicht sofort oder nach ganz wenigen Startversuchen anspringen will, liegen Startschwierigkeiten vor, die man mit Hilfe der Störungstabelle in der vorderen Buchklappe in der Regel einkreisen kann.

Der Anlasser des Audi 100 ist ein Schub-Schraubtrieb-Starter. Das besagt, daß beim Durchdrehen des Zündschlüssels nach rechts zuerst die Zündschloß-Klemme 50 an die Klemme 50 des oben auf dem Anlasser sitzenden Magnetschalters Strom bringt, wodurch der Einrückhebel der Freilaufkupplung das Zahnritzel des Anlassers auf einem Steilgewinde der Ankerwelle in den Zahnkranz des Motor-Schwungrades schiebt. Beim Eingreifen des Ritzels in den Zahnkranz schaltet der Magnetschalter den vollen Batteriestrom, den die dicke Klemme 30 anliefert, ein, so daß der Anlasser den Motor erst nach dem Einspuren des Ritzels kräftig durchdreht. Läuft der Motor, wird das Ritzel aus dem Motor-Zahnkranz ausgespurt und in seine Ausgangsstellung zurückgedrückt.

Anlasserstörungen

Im allgemeinen wird man am Anlasser für die Lebensdauer des Motors keine Störungen haben, wenn man die Zündanlage so in Ordnung hält, daß der Motor willig anspringt. Dann haben die wichtigsten Verschleißteile des Anlassers, die Schleifkohlen, gar keine Gelegenheit, sich abzunutzen. Darum gibt es auch keinen besonderen Wartungspunkt für den Anlasser in unserem Pflegeplan, nur bei der Computer-Diagnose wird ihm mal auf den Zahn gefühlt.

Mag der Anlasser nicht so, wie er soll, gilt natürlich der erste Blick der Ladekontrolle. Brennt sie vor dem Herumdrehen des Zündschlüssels, ist wenigstens Strom da. Verlöscht sie beim Herumdrehen des Zündschlüssels fast oder ganz, dann

- hat die Batterie nur noch einen schwachen Rest Strom oder
- der Anlasser hat Kurzschluß.

Kabelanschlüsse und Batterie prüfen. Letztere ist bestimmt schwach, wenn der Anlasser nur noch müde dreht. Als Behelf Wagen anschleppen oder anschieben, bzw. mit Starthilfekabel durch eine fremden Wagen prüfen, ob sich bei genügendem Strom der Anlasser flott dreht.

Rührt sich dagegen beim Herumdrehen des Zündschlüssels nichts und die Ladekontrolle brennt ungetrübt weiter, klemmt wahrscheinlich der Magnetschalter des Anlassers und zieht das Ritzel nicht auf der Ankerwelle vorwärts oder die Spannung an Klemme 50 reicht nicht aus, um das Zahnritzel in den Zahnkranz zu ziehen.

Im ersten Fall kann unterwegs ein Hammerschlag gegen das Anlassergehäuse den »Krampf lösen«. Im zweiten Fall muß unter dem aufgebockten Fahrzeug (es darf in diesem Fall ein Gang eingelegt und die Zündung nicht eingeschaltet sein!) mit einem kurzen dicken Kabelstück eine Kurzschlußbrücke zwischen der dicken Klemme 30 und der Klemme 50 gebildet werden. Wenn beim Antippen das Ritzel einspurt und der Anlasser den Motor durchzudrehen beginnt (aller Strom kommt über die stets stromführende Klemme 30 direkt von der Batterie, ohne daß die Zündung eingeschaltet ist), muß die Kabelverbindung von Klemme 50 des Zündschlosses zu Klemme 50 des Anlassers überprüft werden. Dreht der Anlasser auch bei diesem Test nicht, muß er ausgebaut und von der Werkstatt repariert werden.

Alles auf Draht

Wenn Sie die Motorhaube Ihres Audi 100 öffnen und erst recht, wenn Sie einmal die Verkleidungen unterhalb des Armaturenbrettes abbauen und nach geeigneter Bodenakrobatik einen Blick hinter das Armaturenbrett werfen, werden Sie dort eine Menge Kabel in dicken schwarzen Kabelschläuchen und Einzelkabel in vielerlei Farben durcheinander laufen sehen. Das ist ein wenig verwirrend.

Hilfe durch Normung

In Wirklichkeit ist das alles halb so schlimm, denn gerade die verschiedenen Kabelfarben sind mit Bedacht gewählt (wenn auch zumeist in den schwarzen Kabelschläuchen, die mehrere Kabel zusammenfassen, versteckt, aber man weiß durch die Kabelfarbe, welche Klemmen vorne und hinten am Kabelschlauch zusammengehören). Aber zuvor eine kleine Wissensauffrischung aus der Schulzeit:
Natürlich wissen Sie, daß ein elektrischer Strom nur in einem geschlossenen Kreislauf fließen kann. Erst wenn Sie im Wohnzimmer den Lichtschalter einschalten, wird der Stromkreislauf geschlossen und die Lampe brennt. So muß beim Auto der von Batterie oder Lichtmaschine ausgeschickte Strom über den entsprechenden Stromverbraucher wieder zur Batterie oder Lichtmaschine zurückfließen.

Minus an Masse

Den Hinweg zum Stromverbraucher übernimmt im Auto in der Regel ein irgendwie farbiges Kabel, der »Rückfluß« des Stromes erfolgt zumeist über »Masse«, d. h. die Stahlteile von Motor, Fahrgestell und Karosserie leiten den Strom zurück zum Minuspol (Merksatz: **M**inus an **M**asse!). Daher ist der Stromkreis doch geschlossen, auch wenn Sie an vielen Stromverbrauchern Ihres Audi nur ein einziges Kabel angeschlossen finden.
Aber es gibt auch spezielle Minuskabel, wenn der Stromverbraucher z. B.

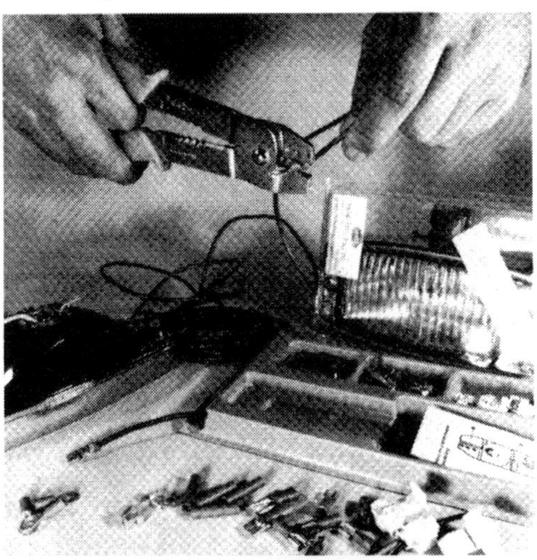

Wer selbst in seinem Fahrzeug Kabel verlegen will, kommt mit einer gewöhnlichen Kombizange zum Verbinden der Anschlußklemmen nicht weit. Andrerseits sind die dazu geeigneten Spezial-Quetschzangen der Autoelektriker recht teuer (ab 35 DM aufwärts). Hella hat darum eine einfache, aber trotzdem gebrauchstüchtige Quetschverbinderzange für Heimwerker entwickelt, die zusammen mit einem Sortiment gebräuchlicher Kabelverbinder (im Kasten und im Vordergrund des Bildes)) nur etwa 27 DM kostet (Hella-Bestell-Nr. 8 KW 002 733-001). Mit dem Mittelteil der Zange kann man die Isolierungen der gängigen Kabel abtrennen, ohne dabei die Metallitze des Kabels zu durchschneiden. Im Kopfteil der Zange werden Kabel und Verbinder so kräftig zusammengepreßt, daß sich auch ohne Verlötung die Verbindung nicht mehr lockert oder den Stromdurchfluß hemmt.

auf einem nicht zuverlässig leitenden Karosserieteil sitzt (zwischen manchen Fahrzeugteilen sind beispielsweise isolierende Gummistreifen montiert oder sie sind nur durch gefettete, also ebenfalls isolierende Scharniere mit der Karosserie verbunden) und daher eine sicher leitende Verbindung zum nächsten einwandfrei leitenden Fahrzeugteil hergestellt werden muß.

Klemmen-Normbezeichnungen

Damit sich der Autoelektriker auch in einem fremden Fahrzeug leicht zurechtfindet (und dadurch kann sich auch ein Heimwerker gut durch das Kabelgewirr finden), sind viele Einzelheiten der Kraftfahrzeug-Elektronik genormt. Beispielsweise sind viele Zahlen, die man neben Kabelanschlüssen aufgemalt oder eingeprägt findet, in allen Kraftfahrzeugen deutscher Produktion (und zunehmend auch in ausländischer) gleich. So ist in Ihrem Audi, wie auch im Opel, Ford oder BMW

■ die Klemme 31 die sogenannte »Masse-Klemme«, die jeweils jene Seite eines Stromverbrauchers anzeigt, die mit »Masse« verbunden werden muß. Die entsprechenden Kabel sind grundsätzlich braun.

■ die Klemme 30 stets vom Plus-Pol der Batterie bzw. Lichtmaschine gespeist und auch bei ausgeschalteter Zündung stets stromführend (also Vorsicht beim Berühren der Kontakte, wenn das Batterie-Minuskabel nicht abgehängt wurde). In aller Regel sind diese stets stromführenden Kabel rot, eventuell mit einem zusätzlichen weiteren Farbstreifchen als spezielle Kennzeichnung für einen bestimmten Stromverbraucher,

■ die Klemme 15 erhält nur Strom bei eingeschalteter Zündung ab Zündschloß und versorgt damit vor allem die Zündspule und außerdem jene Stromverbraucher, die nur bei Betrieb des Wagens Strom erhalten, z. B. die Blinkanlage (die selbst wieder die Norm-Klemme 49 hat) oder das Signalhorn. Die Kabel an den Norm-Klemmen 15 sind zumeist schwarz (nicht zu verwechseln mit den dicken schwarzen Kabelschläuchen oder schwarzen Zündkabeln zu den Zündkerzen), manchmal mit einem farbigen Zusatzstreifen oder rot mit einer Zusatzfarbe. Aber das ist unterschiedlich angelegt und umgekehrt sind die farbig so gekennzeichneten Kabel nicht alle an Klemme 15 angeschlossen.

■ die Klemmen 56, 57 und 58 sorgen in allen Fahrzeugen für das Licht der Schweinwerfer (Klemme 56) und alle anderen Beleuchtungen. Die hauptsächlichen Kabelfarben sind meist weiß und gelb, je nach spezieller Markierung auch mit einem Zusatzfarbstreifen,

■ die Klemmen 85, 86, 87 liegen an den im Audi 100 verwendeten Schaltrelais, die auf dem Sicherungskasten aufgesteckt sind.

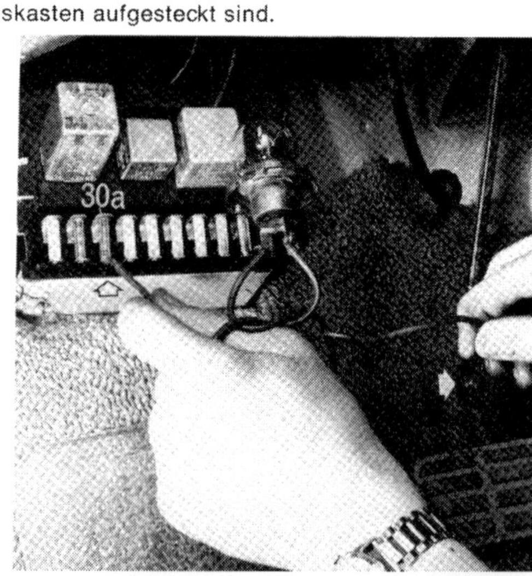

Elektrischer Strom kann nur fließen und damit eine Prüflampe leuchten lassen, wenn der Stromkreis geschlossen ist. Hier wird mit einer ganz simplen Prüflampe, die sich jedermann selbst aus einer Scheinwerferglühlampe und zwei Drahtstücken basteln kann, an der Klemme 30 a der Sicherungsleiste (die auch bei ausgeschalteter Zündung stets Strom führt) geprüft, ob auch tatsächlich Strom anliegt. Wird mit dem zweiten Prüflampenkabel gut leitfähige »Masse« wie hier am Kupplungspedalhebel (isolierenden Schutzlack ein wenig abkratzen), berührt, muß die Lampe aufleuchten. So kann man alle 12-Volt-Anschlüsse des Audi prüfen.

Im Motorraum des Audi 100 finden Sie hinten neben der Befestigung des linken vorderen Federbeins eine Steckdose mit zahlreichen angeschlossenen bunten Kabeln. Es ist die Zentral-Steckdose für die Computer-Diagnose, in die nur der dafür bestimmte Spezialstecker der Diagnoseanlage (siehe Seite 25) eingedrückt werden darf. Damit sind die wichtigsten Teile des Motors, die bei der Computer-Diagnose überprüft werden, zentral mit den Meßgeräten verbunden. Versuchen Sie niemals an diesem Zentralstecker (schwarzer Pfeil oben) Stromprüfungen vorzunehmen oder gar Kabel anzuschließen, das könnte später nur zu falschen Meßergebnissen oder Schäden führen.
Neben dem Zentralstecker befindet sich am Karosserieblech ein typischer »Masse-Anschluß« (schwarzer Pfeil unten), an dem mehrere braune Kabel (Klemmen-Normbezifferung: 31 angeschraubt sind. Sie sichern, daß der Strom durch das Karosserieblech zum Minus-Pol der Batterie zurückläuft, wodurch die jeweiligen Stromkreise geschlossen sind.

Müssen übrigens ganze Kabelsätze erneuert werden, weil etwa die seitherigen durch Brand verschmort sind, dann sollten Sie wissen, daß es diese kompletten Kabelsätze als fix und fertig montierbare Ersatzteile gibt.

Strom „um die Ecke"

Audi verwendet im Bordnetz mehrere Schaltrelais. Das ist zweifellos ein aufwendiges Verfahren, das jedoch für den Fahrer die Bedienung mancher Verbraucher sehr vereinfacht. Auch gewährleisten die Schaltrelais, daß der eigentliche »Arbeitsstrom« für den betreffenden Stromverbraucher ohne Spannungsverlust direkt von der Batterie oder Lichtmaschine geliefert wird. Das hat aber für den Heimwerker, der sich nicht auf Auto-Elektrik spezialisiert hat, die Schwierigkeit, sehr lange nachdenken und im Schaltplan sorgsam mit spitzem Bleistift den Linien nachfahren zu müssen, bis ihm ganz klar ist, wie wo und warum der Strom für den gerade überprüften Stromverbraucher fließt, es geht da gewissermaßen »um die Ecke«. Deshalb haben wir ab Seite 162 die Schaltrelais in ihrer Funktion besonders erläutert.

Schutz gegen Spannungsabfall

Je nach Stromstärke und Stromspannung, die den einzelnen Stromverbraucher im Auto erreichen sollen, wurde die Dicke der einzelnen Kabel gewählt. Wie man weiß, wird ein zu dünnes Kabel durch hohe Stromstärke heiß und die Spannung fällt ab, d. h. statt der erwünschten 12 Volt erhalten z. B. die Scheinwerfer vielleicht nur 10 oder 9,5 Volt – das Licht wird trübe.
Wenn man solchen Spannungsabfall an seinem älter werdenden Fahrzeug erlebt, liegt es allerdings weniger an den Kabeln, denn die wurden vom Herstellerwerk wenn auch knapp, so doch ausreichend in ihrem Querschnitt gewählt und werden im Alter nicht dünner, wenn sie nicht gerade teilweise brechen. Die Ursache liegt vielmehr in den verdreckten (und daher stromableitenden), verrosteten oder grünspanigen Übergängen von einem Kabel zum andern, also in Kabelklemmen, Steckkontakten und sehr oft in den Verschraubungen der Masse-Kabel am Karosserieblech. Dort berührt sich das stromweiterleitende Metall nicht mehr auf ganzer Fläche und der hohe Widerstand von Schmutz, Rost oder Grünspan bewirkt Spannungsabfall. Die Abhilfe geht so:

■ Nach gründlichem Säubern der Kabelklemmen usw. mit einer Zündkerzenbürste oder feinen Drahtbürste auch die Klemmenumgebung von Schmutzkrusten reinigen.

■ Gereinigte Kontaktstelle mit einem Isolierspray (z. B. Aral Intact, 4 x Silikon-Spray von Molykote oder Teroson mo) einsprühen.

Der Sicherungskasten im Fußraum vor dem Fahrersitz zeigt auf seinem Klarsichtdeckel die Normklemmenbezeichnungen und wichtigsten angeschlossenen Verbraucher eingeprägt. Die genauen Angaben sind in der rechts stehenden Tabelle zu finden, wobei die Reihenfolge der Sicherungen von links nach rechts zählt. Der kleine weiße Pfeil an jeder Sicherung gibt an, aus welcher Richtung der Plus-Strom (wichtig für eventuelle Strompürfungen) an die Sicherungszunge kommt. Auf dem Sicherungskasten das Blink- und Warnblink-Relais (1), das Arbeitskontaktrelais (2) für die Beleuchtung und das Licht-Umschaltrelais (3). Rechts ein weiterer Sicherungsblock (4) für bis zu 4 zusätzliche Sicherungen.

■ Langzeitschutz erhält man an diesen Stellen, wenn man außerdem nach dem Antrocknen des Isoliersprays diese Stellen mit einem glasklaren Motorschutzlack (z. B. von Topper oder von Pingo) übersprüht (»Motorschutzlack« nicht verwechseln mit »Motorreiniger«).

Schalterkontakte überprüfen

Falls man oxydierte Schalterkontakte, die im betreffenden Schaltergehäuse nicht erreichbar sind, im Verdacht hat, den Stromfluß zu behindern, hilft eine einfache Probe: Verbraucher mit dem betreffenden Schalter einschalten und anschließend Stromaus- und -eingang des Schalters mit einem kurzen, dikken Kabelstückchen überbrücken. Zeigt sich beim Antippen der beiden Schalterklemmen eine bessere Leistung des Verbrauchers (z. B. Gebläsemotor dreht schneller), liegt die Schuld eindeutig im korrodierten Schalter. Neuen Schalter montieren.
Oft zeigen Stromverbraucher auch eine schwache Leistung, weil ihr Masseanschluß wegen verrosteter Blechschrauben den Stromfluß behindert. Abhilfe: Schrauben an den Enden des braunen Minuskabels oder kupfernen Massebandes lösen, mit Feile, Schleifpapier oder Drahtbürste Verbindungsstellen blank schleifen, wieder (mit neuer Schraube) fest verschrauben und mit Motorschutzlack, einigen Tropfen Unterbodenschutz oder Lackfarbe gegen Rost schützen.

Die Sicherungen

Die meisten einschaltbaren Stromkreise im Audi 100 liegen an einer der 9 bis 12 Sicherungen, die bei Kurzschluß oder Überlastung der betreffenden Leitung durchzubrennen haben, bevor das Kabel zu schmoren beginnt oder der Stromverbraucher beschädigt wird. Aus diesem Grunde darf eine durchgebrannte Sicherung niemals durch einen Nagel oder durch eine mit Stanniolpapier umhüllte »Ersatz-Sicherung« (beliebter Hilfstrick früherer Autofahrer-Generationen, der aber durch Autobrand sehr teuer zu stehen kommen kann) überbrückt werden. Nicht durch Sicherungen überwacht sind die Schaltungen zwischen Batterie, Lichtmaschine, Anlasser und Zündschloß.
Wenn aber ein elektrisches Aggregat, das in unserer nachfolgenden Sicherungstabelle aufgeführt ist, einmal nicht funktioniert, gehört der erste Blick der zuständigen Sicherung.

Sicherungstabelle

Sicherung Nr. und Klemme	erhält Strom von	Kabel-Farbe	angeschlossene Stromverbraucher	Kabel-Farbe
1 (15 Bl)	bei eingeschaltetem Blinker oder Warnblinkschalter ab Klemme 49 Warnblinkschalter	schwarz-rot	Blinker-Relais (für Blinken und Warnblinken)	(ohne)
2 (15)	bei eingeschalteter Zündung von Klemme 15 Zündschloß	schwarz	Warnlichtschalter Klemme 15 a (für Blinken), Rückfahrlichtschalter, Heizgebläsemotor, Wisch-Wasch-Schalter Klemme 53 a, Wisch-Waschintervall-Relais, Signalhornrelais Blinkerkontrolle, Öldruckkontrolle, Spannungskonstanthalter, Drehzahlmesser, Heckscheibenheizungsschalter, (Bremsenkontrolleuchte)	hellblau-rot
3 (30 a)	stets stromführend von Plus-Pol der Batterie	rot	Bremslichtschalter, Innenleuchte Lichtschalter Klemme K 1 (für Instrumentenbeleuchtung, Kennzeichenleuchten u. Handschuhkastenlicht) Wischermotor Klemme 53 a, Waschermotor	schwarz-rot rot-schwarz
4 (58 R)	bei eingeschaltetem Lichtschalter von Klemme 57 R oder bei blockiertem Zündschloß von Parklichthebel Klemme PR	grün-rot grün-rot	Standlicht, Schlußlicht und Parklicht rechts	grau-rot
5 (56 a)	bei eingeschaltetem Fernlicht vom Umschaltrelais	(ohne)	Fernlicht links	weiß-schwarz
6 (56 a)	vom Umschaltrelais	(ohne)	Fernlicht rechts Fernlichtkontrolle	weiß
7 (56 b)	bei eingeschaltetem Abblendlicht vom Umschaltrelais	(ohne)	Abblendlicht links	gelb-schwarz
8 (56 b)	vom Umschaltrelais	(ohne)	Abblendlicht rechts	gelb
9 (58 L)	bei eingeschaltetem Lichtschalter von Klemme 57 L oder bei blockiertem Zündschloß von von Parklichthebel Klemme PL	grün-schwarz grün-schwarz	Standlicht, Schlußlicht und Parklicht links	grau-schwarz
Zusatz-sicherungen 10-13 (30)	stets stromführend vom Plus-Pol der Batterie	rot	2–3 Anschlüsse frei für Nebellampen, Zusatzscheinwerfer, Scheinwerferwascher usw., jeweils „Arbeitsstrom" für betreffendes Relais Klemme 30. belegt: Nr. 2 – Heckscheibenheizungsrelais (Arbeitsstrom), Zeituhr Nr. 3 bei 85-PS-Motor – Thermoschalter für Kühlerventilator	

Wenn das Zündschloß Ihres Audi 100 defekt ist (Seite 130) oder der Zündschlüssel ganz fehlt (das Lenkschloß muß aber offen sein), können Sie trotzdem fahren, indem Sie eine Strombrücke zwischen Batterie und Zündspule herstellen. Ein Groschen genügt, es kann auch eine Büroklammer sein. Wie im Bild am Sicherungskasten im Fußraum vor dem Fahrer gezeigt, den Groschen unter Sicherung Nr. 2 (Zündstromklemme 15) und Nr. 3 (stets stromführende Klemme 30) stecken. Damit ist das defekte oder nicht schaltbare Zündschloß umgangen, alle Kontrollinstrumente funktionieren und die Zündspule hat Strom. Nur zum Start muß man den Audi anschieben. Warum das funktioniert, können Sie im Stromlaufplan in der hinteren Buchklappe »nachlesen«.

Fingerzeige: *Die Sicherungen im Audi 100 sind auf 8 Ampere (serienmäßig weiße Farbe) oder 16 Ampere (serienmäßig rote Farbe) ausgelegt. Sie können also 96 bzw. 192 Watt übertragen. Brennt eine Sicherung öfter wegen Überlastung durch, ist oft kurzzeitige Abhilfe durch Einstecken einer Sicherung mit höherem Wert (16 A für 8 A; 25 A für 16 A) möglich. Sie sollten also in Ihrem Ersatzlampen-Kästchen außer den vorgeschriebenen 8-Ampere-Sicherungen auch stets einige mit 16 und 25 Ampere haben.*

Wenn ein Stromverbraucher ausfällt, kann es auch daran liegen, daß die Halteklemmen der zuständigen Sicherung locker und oxydiert sind, so daß der Strom nicht hindurch fließen kann. Sicherung herausnehmen, Halteklemmen enger zusammendrücken, Sicherung wieder einsetzen und mehrmals in den Halteklemmen drehen, damit sich die Berührungsflächen gegegeneinander blank reiben und wieder einwandfreier Kontakt hergestellt ist.

Bei zusätzlich eingebauten Stromverbrauchern sitzt seitlich am Sicherungskasten der Grundausstattung im Fahrerfußraum unter dem Armaturenbrett ein Zusatzsicherungskasten (siehe Nr. 4 im Bild Seite 124), der allerdings nur mit Hebammenfingern zu bedienen und erst nach strapaziöser (und schmutziger) Bodenakrobatik genauer zu besichtigen ist. Auch braucht man eine rüstige Taschenlampe dazu, um feststellen zu können, ob eine der Sicherungen durchgebrannt ist. Wer sich also Zusatzgeräte in sein Fahrzeug einbaut, kann für die notwendige Sicherung dort noch freie Klemmen benutzen, wenn er das Zusatzgerät über ein Relais an Klemme 30 (rotes Kabel liegt dort an) anschließen will oder überlegt sich, ob nicht eine im Motorraum leichter zu prüfende Kabelhülsensicherung einfacher ist. Eine solche braune Bakelit-Hülsensicherung hat z. B. auch ein im Werk eingebautes Radio (Sicherung durch Seitenwand des geöffneten Handschuhkastens erreichbar).

Irrtum vorbehalten

Leider können wir nicht die Hand dafür ins Feuer legen, daß vorstehende Sicherungstabelle auch ganz genau für Ihr Fahrzueg stimmt, denn da gibt es im Laufe der Modelländerungen auch Änderungen im Schaltplan, da sind im einen Modell Stromverbraucher serienmäßig, im anderen aber nur als Sonderwunsch erhältlich und eventuell an einer anderen Sicherung angeschlossen, da gibt es kleine Unterschiede zwischen Fahrzeugen mit Schaltgetriebe und Schaltautomatik und schließlich werden in manche Exportländer Wagen mit leicht abweichender Schaltung geliefert. Dementsprechend ist auch auf die mit Ihrem Fahrzeug gelieferte Betriebsanleitung des Werks nicht unbedingt Verlaß.

Gewitter im Zylinder

In der Statistik der freundlichen Straßenwachtfahrer der Automobilclubs rangieren die Hilfeleistungen bei Störungen in der Zündanlage an erster Stelle. Das liegt daran, haben die Straßenwachtfahrer festgestellt, daß viele Autofahrer die Vorwarnzeichen, die auf eine bevorstehende Elektrik-Störung hinweisen, nicht erkennen, nicht ernst nehmen oder die entsprechende Wartung und Instandsetzung sich selbst zugetraut haben, ohne die rechten Kenntnisse dazu zu besitzen. Gestatten Sie uns darum in den ersten Abschnitten dieses Kapitels ein wenig Theorie. Das ist in der Elektrik ja alles kein Teufelswerk, sondern ganz logisch aufgebaut und durchschaubar, wie wir zu Anfang des Batteriekapitels schon festgestellt haben. Also:

Wie der Zündfunke entsteht

Den Blitz für die Entflammung des Feuerchens im Zylinder erzeugt die Zündkerze. Für den Strom dazu sorgt die Batterie bzw. die Lichtmaschine. Soweit weiß das jeder Fahrschüler. Was aber zwischen Batterie und Zündkerze geschieht, das liegt schon etwas mehr im Dunkeln. Denn die schlichten 12 Volt aus der Batterie genügen ja nicht, um gegen den Druck des zusammengepreßten Kraftstoff-Luft-Gemisches im Zylinder einen so kräftigen Zündfunken an der Zündkerze überspringen zu lassen, wie dort notwendig ist. Das gelingt nur durch Hochspannung, die beim Auto-Motor weit über 10 000 Volt betragen muß. Die Stromstärke spielt in diesem Zusammenhang kaum eine Rolle, denn der Funke springt zwischen zwei Polen nur durch eine hohe Spannung, aber nicht durch eine hohe Stromstärke über. Die 12 Volt der Batterie müssen also in Hochspannung verwandelt werden und außerdem muß geregelt sein, wann und an welcher Zündkerze der Zündfunke überzuspringen hat.

Ein elektrischer Strom kann nur fließen, wenn der Stromkreis geschlossen ist. Bei der Zündanlage gibt es zwei Stromkreise, die gewissermaßen ineinander verschlungen sind. Im ersten, dem Primär-Stromkreis, fließen die 12 Volt Spannung von Batterie oder Lichtmaschine und im zweiten, dem Sekundär-Stromkreis, sorgt der hochgespannte Strom für den Zündfunken.

Fangen wir mit dem Primär-Stromkreis an. Dieser Strom fließt vom Pluspol der Batterie und der Lichtmaschine über das Zündschloß zur Zündspule, darin durch eine Wicklung aus dickem Draht – die Primär-Wicklung – weiter von der Zündspule zum »Untergeschoß« des Verteilers, der den Primär-Strom über den Unterbrecher, solange dieser geschlossen ist, wieder an »Masse« leitet. Damit wäre der Primär-Stromkreis geschlossen. In der dicken Drahtwicklung der Zündspule entsteht dabei ein magnetisches Feld, das durch einen Eisenkern in der Mitte noch verstärkt wird. Wenn nun der Unterbrecher im »Untergeschoß« des Verteilers den Primär-Stromkreis unterbricht, fällt das Magnetfeld um die Primärwicklung der Zündspule schlagartig zusammen. Dabei entsteht (durch Induktion) in einer zweiten Drahtwicklung der

Wenn der Motor nicht will und der Fehler ist in der Zündanlage zu vermuten, ist dies die erste »Primitivprüfung«, ob die Zündanlage überhaupt Strom hat: Eine Zündkerze herausdrehen (weißer Pfeil rechts), in Zündkerzenstecker stecken, von Helfer den Motor starten lassen, während man selbst mit Zündkerzengewinde oder Zündkerzenkörper eine gut leitende »Masse« (weiße Gegenpfeile) berührt. Dann müssen beim Motordurchdrehen Zündfunken zwischen den Zündkerzenelektroden überspringen. Wenn ja, ist dies noch kein Beweis, daß die Zündfunken auch unter Kompressionsdruck im Zylinder gut sind, aber es ist wahrscheinlich. Wenn keine Zündfunken, Fehler wahrscheinlich in Unterbrecher, Zündspule oder Kondensator (siehe entsprechende Texte).

Zündspule, der Sekundär-Wicklung, die aus vielen Lagen dünnen Drahtes gewickelt ist, ein plötzlicher Stromstoß von weit über 10 000 Volt für den Zündfunken. Dieser Stromstoß wird von der Zündspule in das »Obergeschoß« des Verteilers an den sich drehenden Verteilerfinger geleitet, der ihn jeweils einer Zündkerze weitergibt. Dort springt der hochgespannte Sekundär-Strom als Zündfunke zwischen den Zündkerzenelektroden über, so daß auch dieser Stromkreis geschlossen ist.

Fingerzeig: *Bei Störungen in der Zündanlage brauchen Sie niemals nach einer durchgebrannten Sicherunng zu suchen, denn die Teile der Zündanlage erhalten ihren Strom ohne zwischengeschaltete Sicherung.*

Das Lenk-Anlaß-Schloß

Mit Batterie und Lichtmaschine als Stromquellen für die Zündanlage und als mögliche Störungsursache haben wir uns bereits befaßt. So käme auf dem Weg des Zündstromes bei unserem Audi 100 zunächst das Zündschloß.

Das Lenk-Anlaß-Schloß ist ein Kind unserer Gesetze, wonach ein Auto mehrfach gegen Diebstahl geschützt sein muß (was die einschlägigen »Fachkräfte« nur geringfügig beeindruckt). Einmal hat das Lenk-Anlaß-Schloß die Lenkung des abgestellten Fahrzeugs zu blockieren, zum anderen als Zündschloß nur dem Zündschlüssel-Besitzer das Fahren zu gestatten. Daß Letzteres an Ihrem Audi 100 nur ein frommer Wunsch ist, zeigt das Bild Seite 126 – wir verraten damit kein Geheimnis, das in »Fachkreisen« nicht bekannt wäre.

Um an die Zündschloß-Rückseite – etwa zum Austausch eines defekten Schlosses zu gelangen, muß die rechte Hälfte der Lenksäulenverkleidung abgenommen werden. Sie läßt sich aber nur losschrauben (siehe Seite 159), nachdem das Lenkrad demontiert wurde. Das sollte man als Heimwerker nur im Notfall und auch nur bei Vorhandensein eines Steckschlüsses SW 27 tun (Beschreibung Seite 158), denn mit einem normalen Schraubenschlüssel läßt sich die Lenksäulenmutter nicht lösen und erst recht nicht genügend festziehen.

Armaturenbrett-Verkleidung abbauen

Zuallererst muß aber die Armaturenbrettunterseiten-Verkleidung abgenommen werden. Das ist kein Problem und genügt auch schon zur Prüfung des Zündschlosses auf Funktion, denn hinter der rechten Lenksäulenverkleidung sind die am Zündschloß angeschlossenen Kabel zusammengefaßt.

Beim Audi 100 ab Herbst 74 besteht die Armaturenbrettunterseiten-Verklei-

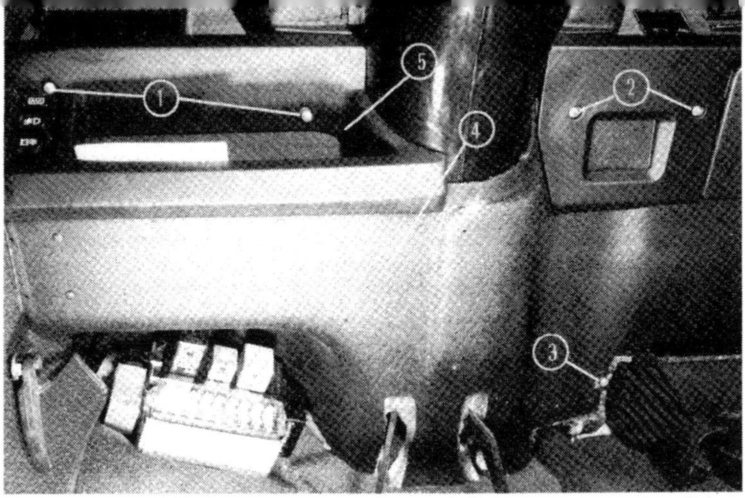

Das Bild veranschaulicht die im Text unten beschriebene Demontage der Armaturenbrett-Verkleidung, um an die hinter dem Armaturenbrett verlegten Kabel und die Rückseiten der Instrumente gelangen zu können. Es bedeuten: 1 – Kreuzschlitzschrauben im Ablagefach (5) links der Lenksäule; 2 – Halteschrauben der mittleren Kantenpolsterunterseite; 3 – Halteschraube der Unterseitenpappe neben dem Fußraumbelüfter; 4 – Unterseitenpappe.

dung aus einem Stück Pappe, von der linken Fußraumwand vor dem Fahrersitz bis rechts zum Handschuhfach. Darüber sitzt rechts und links von der Lenksäulenverkleidung je ein Knieschutzpolster an der Armaturenbrettkante, links in einem Stück mit offenen Ablagefach. Zum Ausbau benötigen Sie einen Kreuzschlitzschraubenzieher:

- 2 Kreuzschlitzschrauben im offenen Ablagefach (Nr. 5 im Bild oben) innen oben am Kantenpolster herausdrehen (Nr. 1 im Bild oben).
- 5 Kreuzschlitzschrauben an der rechtsseitigen Kantenpolsterunterseite (2 rechts der Lenksäule, Nr. 2 im Bild, 1 rechts vom Ascher, 2 oberhalb des Handschuhkastendeckels)
- Ascher herausziehen; Klemmfeder innen nach unten drücken und ganz herausnehmen
- Kantenpolster rechts der Lenksäule zu sich hin abziehen; es klemmt und klebt in seinen Sperrlaschen, deshalb über die ganze Breite hin behutsam, aber kräftig ziehen; bei zu starkem Zug an einer Stelle kann es abknicken
- Je 1 Kreuzschlitzschraube rechts und links vom Fußraumlüfter (Nr. 3 im Bild) und 2 Kreuzschlitzschrauben unterhalb des Handschuhkastens herausdrehen
- Kleine Pappe unter dem Handschuhkasten abnehmen
- Große Pappe (Nr. 4 im Bild) mit linksseitigem Ablagefach (Nr. 5) zusammen abziehen.

Damit kann man an den im Bild Seite 131 gezeigten Vierfachstecker der Zündschloßkabel heran. Um an die Zündschloßrückseite heranzukommen, muß, wie bereits erwähnt, das Lenkrad und die rechtsseitige Lenksäulenverkleidung (Beschreibung Seite 158) demontiert werden.

Defekt im Lenkschloßteil

Die Sperrung der Lenkung besorgt der im hinteren Teil des Lenk-Anlaß-Schlosses sitzende Schließzylinder, in den der Zündschlüssel gesteckt wird. Sein Austausch ist beispielsweise notwendig, wenn der Zündschlüssel im Schloß abgebrochen ist und sich der »Bart« des Schlüssels nicht mehr herausoperieren läßt (mit einem feinen Laubsägeblatt, das mit Sägezahnrichtung nach außen zum Schlüssel in das Schloß geschoben wird, kann man es versuchen) oder wenn die Zündschlüssel verloren gingen.
Dieser Ausbau ist schwierig, weil dazu nach Ausbau des Lenkrades und der beidseitigen Lenksäulenverkleidung von der linken Seite her die beiden sogenannten »Abreißschrauben«, die die Schloßschelle um die Lenksäule halten, mit einem 3-mm-Bohrer haargenau durchgebohrt und danach mit einem

Die beiden Bilder auf diesen Seiten zeigen das freigelegte Lenk-Anlaß-Schloß (linke Seite) und daneben sozusagen die Fortsetzung mit Zündschloß-Kabelstecker, denn am Zündschloß (2) selbst sind die Zündschloßkabel (3) nicht abzuziehen. Das Zündschloßteil läßt sich durch Lösen der beiden feinen Halteschrauben (weiße Pfeile) von der Schloßrückseite her leicht abschrauben. Beim Anbau darauf achten, daß der Drehzapfen des Lenkschloßteils (1) sauber in die entsprechende Führung des Zündschloßteils (Mitte zwischen den Halteschrauben) eingreift.

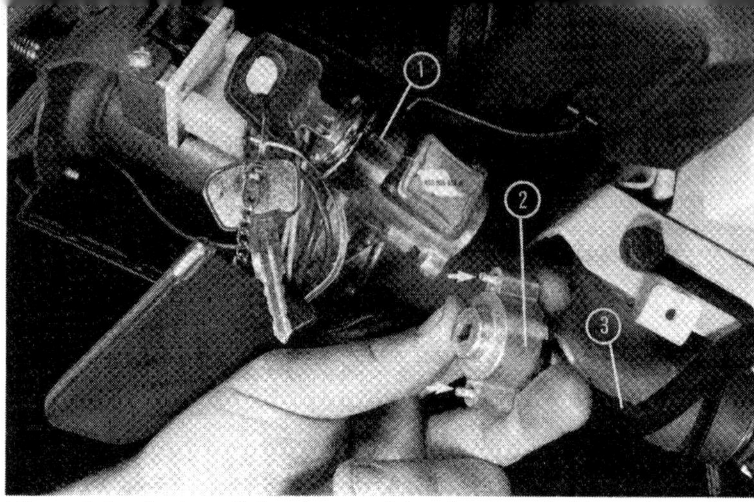

feinen, linksgängigen Schraubenauszieher herausgedreht werden müssen. Wenn's nicht sein muß, überläßt man das der Werkstatt. Beim Einbau eines neuen Lenk-Anlaß-Schlosses müssen die beiden dazugehörigen Sechskantschrauben der Halteschelle so scharf angedreht werden, bis die Sechskantköpfe abreißen (Diebstahlsicherung!).

Defekt im Zündschloßteil

Bei Verdacht auf ein defektes Zündschloßteil (nach Störungsfahrplan in der vorderen Buchklappe) läßt sich dieses jedoch ohne große Schwierigkeiten überprüfen (nächster Abschnitt) und notfalls austauschen, denn es ist nur mit 2 feinen Schrauben (Bild oben) am Zündschloßgehäuse angeschraubt. Geschaltet wird das Zündschloßteil von der längs durch das Gehäuse gehenden Schaltwelle, die vom Zündschlüssel betätigt wird. Vor dem Anbau eines neuen Zündschloßteils ist darauf zu achten, daß die Schaltwelle mit ihren Nasen genau in das Zündschloß eingreift.

Zündschloß prüfen

An der Zündschloßrückseite sind 5 Kabel angelötet:

■ Klemme 30: Sie erhält dauernd Strom durch ein dickes rotes Kabel von der Batterie bzw. von der Lichtmaschine.

■ Klemme 15: erhält beim Weiterdrehen des Zündschlüssels Strom von Klemme 30 und liefert ihn durch ein schwarzes Kabel über die Eingangsklemme 15 am Sicherungskasten an die Zündspule. Dieser Strom fließt nicht über die Sicherung Nr. 2, nur an deren Eingang vorbei! Ab Mehrfachstecker liefert ein zweites dünnes schwarzes Kabel Strom an die Ladekontrolle (ihre Wirkungsweise siehe Seite 116).

■ Klemme 50: erhält nur Strom von Klemme 30 während der Startstellung des Zündschlüssels und liefert ihn über ein rot-schwarzes Kabel an den Magnetschalter des Anlassers.

■ Klemme X: erhält von Klemme 30 Strom beim Einschalten der Zündung, jedoch nicht während des Startvorganges, und liefert ihn über ein gelbes, ab Mehrfachstecker schwarz-gelbes Kabel an Klemme X (oder R) des Lichtschalters für die Hauptscheinwerfer. Dadurch verlöschen die Hauptscheinwerfer während des Startens.

■ Klemme P: erhält nur Strom von Klemme 30 bei ganz ausgeschalteter Zündung und liefert ihn durch ein grünes Kabel direkt an Klemme P des Blinkerhebels für Parklicht.

Wenn alle am Zündschloß angeschlossenen Stromverbraucher versagen, Mehrfachkabelstecker mit Schraubenzieher vorsichtig auseinanderhebeln

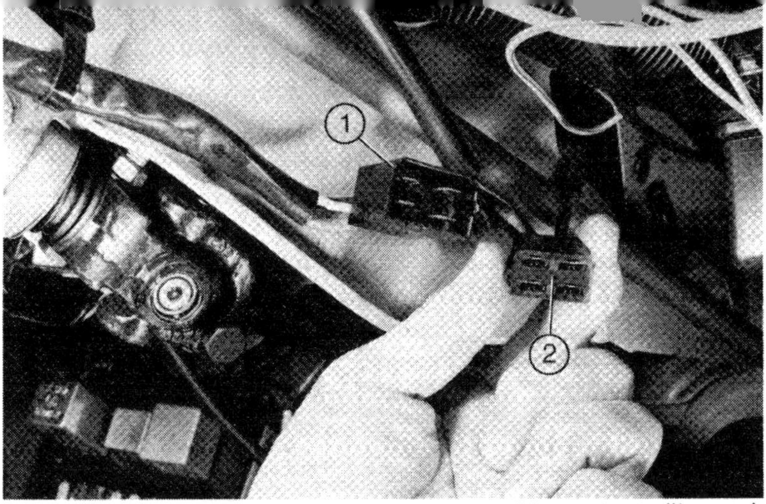

Die vom und zum Zündschloß (Bild auf der linken Seite) führenden Kabel sind in einem Kabelstrang und einem Vierfachstecker (1) zusammengefaßt, den man zur Stromprüfung von seiner Steckbuchse (2) vorsichtig abhebeln kann, denn beide Teile sitzen sehr fest ineinander. Strom bringt die Steckbuchse (2) am dickeren roten Kabel. Bevor man an diese Steckverbindung gelangt, muß vorher die untere Armaturenbrettverkleidung (siehe Seite 129) demontiert werden.

und am äußeren Steckerteil Nr. 2 im Bild oben mit Prüflampe kontrollieren, ob das dickere der beiden roten Kabel Strom von der Batterie zuführt (vor dieser umständlichen Prüfung hat man natürlich zuerst den Batteriestrom durch Einschalten des Standlichtes geprüft).
Wenn nur einzelne Funktionen des Zündschlosses versagen, mit Prüflampe nach entsprechendem Einschalten des Zündschlüssels (das Zündschloßteil ist also nicht demontiert!) an den betreffenden Kabellötstellen und danach an der entsprechenden Klemmzunge des Vierfachsteckers kontrollieren, ob dort Strom ankommt. Wenn ja, entsprechend Schaltplan Kabel weiter zu den betreffenden Stromverbrauchern mit der Prüflampe kontrollieren.

Die Zündspule

Zwar ist bei allen Audi-100-Modellen die gleiche Zündspule eingebaut, aber sie ist im Motorraum je nach Motor an verschiedenen Stellen montiert.
Die Zündspule ist wartungsfrei. Sie soll, um Kurzschlüsse oder »Kriechströme« (z. B. durch Nässe abfließender Teilstrom) zu vermeiden, sauber und trocken gehalten werden. Wenn sie nicht mehr funktioniert, was jede Bosch-Werkstatt mit ihren Meßgeräten leicht feststellen kann, ist an ihr nichts mehr zu reparieren, sie muß ausgetauscht werden.

Der Zündspulen-Vorwiderstand

Trotz der Aufschrift »12 Volt« hat der Audi 100 keine echte 12-Volt-Zündspule, sondern diese Bosch-Zündspule vom Typ KW 12 Volt (im Zündspulenboden eingeprägt) ist auf echte 8 bis 9,5 Volt ausgelegt. Zum Schutz gegen die Bordnetzspannung von 12 bis 14 Volt muß diese Zündspule mit einem Vorschaltwiderstand betrieben werden, der in das schwarze Kabel zwischen Klemme 15 des Zündschlosses und Klemme 15 der Zündspule geschaltet ist. Der Vorschaltwiderstand von 0,9 Ohm besteht aus Drahtwicklungen, die entweder in einen kleinen Keramikblock oder eine Metalldose eingebettet sind. Dieser Vorschaltwiderstand ermöglicht, daß die Primärwicklung der Zündspule mit weniger Windungen gebaut werden kann. Dadurch steigt beim Betrieb der Zündspule in den Unterbrecher-Intervallen der Primärstrom schneller auf seine volle Höhe an und dementsprechend kann die Zündspule auch bei hohen Drehzahlen (und entsprechend kurzen Unterbrecher-Intervallen) eine hohe Sekundärspannung für den Zündfunken abgeben, der Zündfunken muß also besonders kräftig sein. Außerdem hilft der Vorwiderstand, daß die Unterbrecherkontakte geschont werden (sie leben länger). Das ist wichtig, wenn die Zündung eingeschaltet wird, der Motor aber nicht läuft und die Unterbrecherkontakte sind zufällig geschlossen.

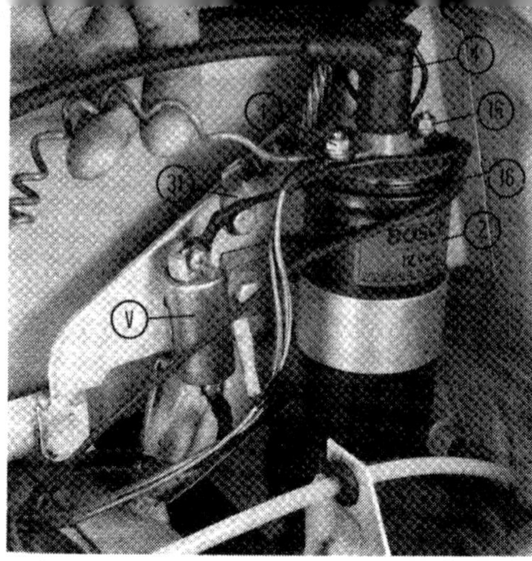

Die Zündspule (Z) sitzt beim 85-PS-Motor, wie hier, am Batterieträger, bei den 100- und 112-PS-Motoren aber innen am rechtsseitigen Radkasten im Motorraum. Die Bezifferung entspricht den Normenklemmenbezeichnungen: 15 – Eingangsklemme für Primärstrom, den die Zündspule von der Batterie bei eingeschalteter Zündung über den Vorschaltwiderstand (V) erhält. Ohne diesen darf dieser Zündspulentyp »KW 12 V« nicht betrieben werden, denn er drückt die Spannung auf etwa 9 Volt. 16 – Umgehungskabel an Zündspulenklemme 15, durch das während des Startens unter Umgehung des spannungdrückenden Vorschaltwiderstandes direkt Primärstrom von Klemme 16 des Anlassers geliefert wird. Der stromfressende Anlasser wirkt ersatzweise als »Vorschaltwiderstand«. 1 – Ausgangsklemme für den Primärstrom mit grünem Kabel zu Klemme 1 des Unterbrechers. An Zündspulenklemme 1 sind weitere Kabel (für Drehzahlmesser und Computerdiagnose) angeschlossen. 4 – Ausgang für den hochgespannten Zündstrom durch das Hauptzündkabel. 31 – Am Batterieträger angeschraubter Minus-(Masse-)Anschluß.

Stromumweg beim Starten

Vielleicht erinnern Sie sich noch aus dem Abschnitt über den Anlasser, daß dieser Kraftprotz bei seiner Startarbeit die Batterie ganz schön in die Knie zwingt, so daß das Bordnetz in diesem Augenblick nur noch etwa 8,5 bis 9,5 Volt Spannung hat. Dazu noch den Vorwiderstand der Zündspule, da hätte die Zündspule eine arg magere Spannung für einen kräftigen Zündfunken beim Starten. Deshalb finden Sie an Klemme 15 der Zündspule ein zweites schwarzes Kabel, das mit Klemme 16 des Anlassers verbunden ist. Diese Klemme 16 ist normalerweise stromlos. Wenn jedoch der Anlasser gestartet wird, verbindet dessen Magnetschalter diese Klemme 16 direkt mit der Klemme 30 am Anlasser, so daß der volle Strom der Batterie, der in diesem Augenblick allerdings bei etwa 9 Volt liegt, über Klemme 16 direkt an Klemme 15 der Zündspule unter Umgehung des Vorwiderstandes geleitet wird. Die Zündspule hat also zu einem kräftigen Zündfunken ihre normale Spannung. Im gleichen Augenblick, in dem der Anlasser abgeschaltet wird, weil der Motor läuft, wird auch Klemme 16 wieder stromlos und die Zündspule erhält nur noch über ihren Vorwiderstand Strom.

Zündspule und Vorwiderstand prüfen

Mangelhafte oder gar nicht vorhandene Zündfunken können unwahrscheinlich viele Ursachen haben (wenn der Motor nicht will: siehe »Störungsfahrplan« in der vorderen Buchklappe als Pfad durch diesen Dschungel). Für eine Bosch-Werkstatt ist es kein Problem, mit ihren Meßgeräten eine schlappe Zündspule zu erkennen. Aber es gibt für den Notfall auch noch einige behelfsmäßige Prüfmethoden:

Zuerst prüfen, ob aus der Zündspule überhaupt hochgespannter Zündstrom durch das dicke Hauptzündkabel (Norm-Klemme 4) »herauskommt«. Dazu Hauptzündkabel aus der Mittelbuchse des Zündverteilers ziehen. Motor (ohne Gasgeben) von Helfer starten lassen und Hauptzündkabelende auf etwa 10 mm Abstand gegen Motorblock halten. Springen beim Motordrehen kräftige Zündfunken über, ist es wahrscheinlich nicht die Zündspule (sie kann es aber bei hohen Drehzahlen trotzdem sein).

War diese Hochspannungsprüfung unbefriedigend, müssen Sie feststellen, ob an den Kontakten der Zündspule und des Vorwiderstandes überhaupt Strom anliegt. Dazu brauchen Sie entweder ein Voltmeter oder einfacher eine Elektrikprüflampe oder noch einfacher die auf Seite 122 gezeigte selbstgebastelte Behelfs-Prüflampe. Als Vorbereitung den Zündverteilerdeckel abnehmen (Bild rechts), die Unterbrecherkontakte (Seite 137) mit einem kleinen Schraubenzieher abheben und ein kleines Streifchen Karton zur Isolierung dazwischen schieben. Dadurch ist der Stromweg auch bei geschlossenen Unterbrecherkontakten unterbrochen und der zu prüfende Strom muß durch Ihr Voltmeter oder die Prüflampe fließen.

■ Zündung einschalten (aber kein Startversuch!), Ladekontrolle und Öldruck-Kontrolle müssen brennen.

■ Am außenliegenden Kontakt des Vorwiderstandes (nebenstehendes Bild) prüfen, ob dort Strom anliegt. Dazu ein Ende der Prüflampe (des Voltmeters) an den Vorwiderstand-Kontakt, das andere an »Masse«. Die Lampe muß hell brennen, das Voltmeter zeigt mindestens 10 Volt.

■ Die gleiche Prüfung am zur Zündspule hin liegenden Vorwiderstand-Kontakt. Die Lampe brennt etwas trüber, das Voltmeter zeigt etwa 9 Volt. Andernfalls Vorwiderstand defekt.

■ Gleiches Ergebnis muß die Prüfung der Klemme 15 der Zündspule haben.

■ Gleiche Prüfung an Klemme 1 der Zündspule. Brennt die Prüflampe nicht, ist die Primärwicklung der Zündspule unterbrochen, sie muß ausgetauscht werden.

■ Zeigen Voltmeter oder Prüflampe, daß an Klemme 1 Strom anliegt, gab es aber keinen befriedigenden Zündfunken, kann die Sekundär-(Hochspannungs-)Wicklung der Zündspule defekt sein. Oder es liegt am Kondensator.

■ Nicht vergessen: Isolierpappestreifchen zwischen Unterbrecherkontakten wieder herausziehen, sonst funktioniert gar nichts mehr.

Fingerzeig: *Ist die Zündspule defekt und Sie erhalten (vor allem im Ausland) nicht die zum Vorwiderstand passende Bosch-KW-Zündspule, können Sie sich als vorübergehenden Ersatz auch eine „echte“ 12-Volt-Zündspule besorgen, von Bosch eine K-Zündspule ohne »W“ (z. B. Bosch K 12), auch jede gleichartige 12-Volt-Zündspule von Magneto Marelli in Italien (z. B. Typ BE 200 B) oder einem anderen Zündspulenhersteller. In diesem Fall muß natürlich die Ersatz-Zündspule ohne Vorschaltwiderstand direkt an das schwarze Kabel von Zündschloßklemme 15 her angeschlossen werden, sonst hat man keine rechte Freude an der Zünderei.*

Der Kondensator

Ein schwacher Zündfunke, dessen Ursache man in erster Linie in einem Fehler der Zündspule sucht, kann auch an einem defekten Kondensator liegen, der ja mit dieser durch ein Kabel über Klemme 1 der Zündspule verbunden ist. Eine genaue Prüfung des Kondensators auf »Durchschlag«, also Kurzschluß, Isolationsverlust und ausreichende Kapazität ist nur in der Fachwerkstatt mit einem entsprechenden Prüfstand möglich.

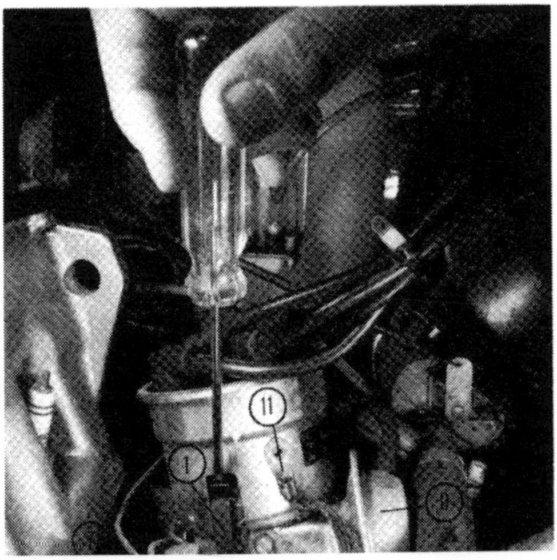

Wenn Sie in das Innere des Zündverteilers eindringen wollen, sollten Sie nicht versuchen, mit den Fingernägeln die beiden Halteklammern (1) für den Verteilerkopf abzuziehen, dabei brechen nur die Fingernägel ab. Statt dessen, wie hier gezeigt, die Halteklammern mit einem schmalen Schraubenzieher abhebeln. Dann läßt sich der Verteilerkopf nach oben abziehen.
Beim Aufsetzen des Verteilerkopfes darauf achten, daß er seitenrichtig genau in seinen Einrastkerben im Verteilergehäuserand sitzt und sich seitlich nicht mehr verdrehen läßt. Dann mit dem Daumen die beiden Halteklammern andrücken.
Der hier gezeigte Zündverteiler ist mit einem Metalltrichter abgeschirmt, um Radiostörungen zu vermeiden. Dieser Entstörschutz braucht einen Massekabelanschluß (11). Weiter bedeuten: 7 – Kondensator; 9 – Unterdruckdose (einfach) für die automatische Zündzeitpunktverstellung.

Bei stark verschmorten Unterbrecherkontakten, die noch nicht lange in Betrieb sind, besteht der Verdacht, daß der Kondensator defekt ist. Aber langes Prüfen des Kondensators rentiert sich zumeist nicht. Wenn er verdächtig ist: Austauschen. Er kostet nur etwa 6 DM.

Der Unterbrecher

Er sitzt im »Untergeschoß« des Verteilers auf der Unterbrecherplatte, gegen »Masse« isoliert. Er bestimmt durch sein Abheben den Zündzeitpunkt. Vom Überspringen des Zündfunkens im richtigen Augenblick ist die Leistung des Motors abhängig. Die beste Leistung hat der Motor, wenn der Druck des brennenden Kraftstoff-Luft-Gemsiches unmittelbar bei Beginn der Abwärtsbewegung des Kolbens am größten ist. Da nun aber das Kraftstoff-Luft-Gemisch stets eine gleichbleibende Zeit zum vollen Entflammen braucht – es ist zwar nur rund 1/3000 Sekunde, aber das spielt bei der rasenden Geschwindigkeit des Kolbens schon eine Rolle –, muß mit steigender Drehzahl der Zündzeitpunkt immer früher gelegt werden. Wird er allerdings zu früh gelegt, schlägt das bereits entflammte Kraftstoff-Luft-Gemisch dem noch aufwärts strebenden Kolben entgegen. Gibt man zu wenig Frühzündung, wird die Energie des Kraftstoffes nicht vollständig ausgenutzt.

Automatische Zündverstellung

Diese Verstellung des Zündzeitpunktes bei steigender Motordrehzahl übernimmt beim Zündverteiler des Audi der Fliehkraftversteller. Da aber das Entflammen des Kraftstoff-Luft-Gemisches auch von seiner Konzentration abhängig ist und bei nur halb durchgetretenem Gaspedal, bei »Teil-Last«, das Kraftstoff-Luft-Gemisch »langsamer« verbrennt, muß in diesem Fall der Zündzeitpunkt zusätzlich früher gelegt werden, dagegen bei Vollgas am Berg später liegen.

Die Unterdruckverstellung auf „früh"

Diese Frühzündung bei Teillast besorgt die zusätzliche Unterdruckverstellung am Zündverteiler. Diese Unterdruckverstellung bewirkt eine seitlich am Zündverteiler angebrachte Blechdose, die durch eine dünne Saugleitung mit der Ansaugleitung des Motors kurz vor der Drosselklappe im Vergaser verbunden ist. Wenn dort bei nur teilweise durchgetretenem Gaspedal ein kräftiger Unterdruck entsteht, zieht dieser über die Saugleitung in der Unterdruckdose eine Membrane an, von der eine kleine Zugstange in den Verteiler hineinreicht und dort die drehbare Unterbrecherplatte anzieht. Dabei wird die Unterbrecherplatte entgegen der Drehrichtung des Verteilernockens gezogen, so daß die Unterbrecherkontakte früher geöffnet werden.

Mit Unterdruck auf „spät"

Da bei den Automatik-Fahrzeugen der Motor besonders ruckelfrei abgestimmt sein muß, haben ab Herbst 1974 die mit Automatik-Getriebe ausgestatteten Audi 100 und ab Herbst 75 auch die Modelle mit Schaltgetriebe eine doppelt wirkende Unterdruckdose mit 2 angeschlossenen Saugleitungen zum Vergaser. Sie ist im Bild rechts oben gezeigt und beschrieben.
Dieses doppelte Unterdrucksystem trägt überdies wesentlich zur Entgiftung der Abgase bei Leerlauf bei, denn bekanntlich sind die Abgase im Leerlauf bei einem Verkehrsstau im allgemeinen besonders giftig.

Unterdruckverstellung prüfen

Ob die Unterdruckverstellung für die Frühzündung funktioniert, läßt sich, allerdings ohne genaue Meßwerte, selbst prüfen: Den dünnen Schlauch, der vom Vergaser her zur Unterdruckdose führt, an dieser abziehen und mit der Fingerspitze fest zuhalten. Von Helfer Motor starten und in erhöhter Drehzahl (etwa 3000 U/min) halten lassen. Wenn Drehzahl gleichmäßig ist, dün-

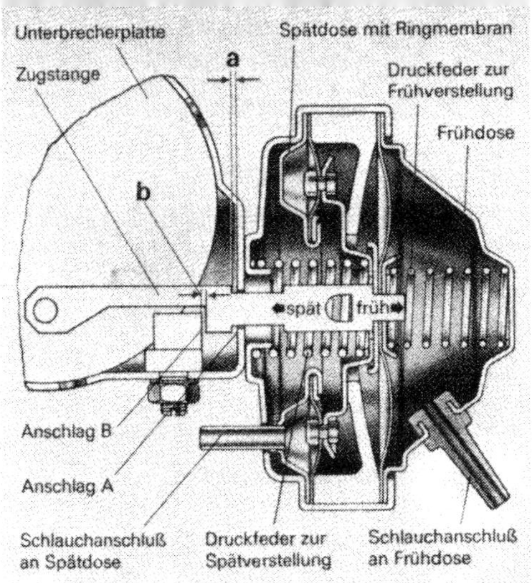

Das Bild zeigt einen Schnitt durch die doppelt wirkende Unterdruckdose am Zündverteiler für die automatische Zündzeitpunktverstellung. Diese doppelt wirkende Unterdruckdose ist vorzugsweise an dem mit Automatik-Getriebe ausgestatteten und seit Herbst 75 auch an den anderen Audi 100 montiert. Über die Zugstange (Nr. 8 im Bild unten) verschiebt die Unterdruckdose (auch die einfach wirkende) die im Zündverteiler begrenzt drehbare Unterbrecherplatte, wodurch die Unterbrecherkontakte (Nr. 5 unten im Bild) etwas früher oder später öffnen, womit der Zündzeitpunkt ein wenig früher oder später gelegt wird.

nen Schlauch schnell auf Röhrchen der Unterdruckdose schieben. Da nun vom Vergaser her Luft durch den Schlauch angesaugt wird, muß die Unterdruckverstellung in diesem Teillast-Bereich in Aktion treten, wodurch die Motordrehzahl ohne Gaspedalveränderung sofort merklich erhöht wird. Falls Motordrehzahl nicht etwas schneller wird, ist die Unterdruckverstellung wahrscheinlich gestört.

Der Fliehkraftregler

Der Fliehkraftregler wirkt »innerlich« auf die Nocken der Verteilerwelle. Diese ist nämlich kein Stück aus einem Guß, sondern in Antriebswelle und Verteilerwelle geteilt. Beide sind beweglich ineinandergesteckt. Damit sie beweglich bleiben, müssen sie geschmiert werden (siehe Seite 42).
Die Trägerplatte des Fliehkraftverstellers sitzt nun im Verteilergehäuse unter der Unterbrecherplatte fest auf der Verteiler-Antriebswelle. Je schneller sich diese dreht, um so intensiver drücken die Fliehgewichte auf ihrer Trägerplatte gegen einen »Mitnehmer«, der seinerseits die eigentliche Verteilerwelle mit den Nocken zusätzlich in ihre Drehrichtung bewegt. Dadurch öffnen die Unterbrecherkontakte früher. Folge: zunehmende Frühzündung.
Die Fliehgewichte und deren Rückholfedern sind genau aufeinander abgestimmt. Eine fehlerhafte Veränderung oder eine Störung kann nur die Fachwerkstatt feststellen. Eine Störung kann man vermuten, wenn der Motor bei sonst einwandfreier Zündanlage in höheren Drehzahlbereichen nicht auf Leistung kommt, obgleich der Zündzeitpunkt einwandfrei eingestellt ist.

Blick in den geöffneten Zündverteiler, bei dem allerdings bereits der den unten sitzenden Unterbrecherteil abschließende Staubschutzdeckel abgenommen ist.
Es bedeuten: 1 – Halteklammern des Verteilerdeckels (Handhabung Seite 133); 2 – Verteilerfinger, auch als Verteilerläufer bezeichnet; 3 – Verteilerwelle mit Einkerbung für den Verteilerfinger; 4 – Unterbrecherhebel oder -hammer; 5 – Unterbrecherkontakte; 6– Kabelanschluß für Normkabel 1 vom Zündverteiler; 7 – Kondensator außen am Verteilergehäuse; 8 – Zugstange der Unterdruckdose (9) zur automatischen Zündzeitpunktverstellung; 10 – Unterdruckleitung.
Der Verteilerfinger (2) und der hier bereits abgenommene Staubschutzdeckel bilden eine zueinander passende Kombination, denn die Unterkante des Fingers läuft in einer angepaßten Rille des Staubschutzdeckels. Darauf muß man beim Kauf eines neuen Verteilerfingers achten, denn beide wurden im Januar 1975 leicht abgeändert, so daß nur paarweiser Austausch möglich ist.

Die Unterbrecher-Kontakte

An den Kontakten des Unterbrechers, am Hammer und am Amboß, bewirkt das ständige Öffnen und Schließen des Stromkreises einen unvermeidbaren Verschleiß durch Abbrand, Verschmoren oder Metallwanderungen. Durch den Gleichstrom bilden sich am Hammer kleine Krater und am Amboß kleine Höcker, die sich in den Krater einfügen. Das stört zu Anfang nicht weiter, macht aber eine genaue Messung des Kontaktabstandes mit der Fühllehre unmöglich (siehe Abschnitt »Kontaktabstand behelfsmäßig einstellen«).

Unterbrecherkontakte prüfen

Wartungspunkt Nr. 38

Alle 15 000 Kilometer sollen die Unterbrecherkontakte durch neue ersetzt werden. Ist die Zündanlage einwandfrei in Ordnung, können sie auch mehr als 15 000 Kilometer aushalten. Darum: Erst prüfen, ob Austausch nötig.
Zum Prüfen der Unterbrecherkontakte Verteilerkappe nach Lösen der Halteklammern abheben und Verteilerfinger von der Verteilerwelle ziehen. Das Aussehen der Kontakte bedeutet:

- Kontakte silberartig, wie hell poliert: Zündanlage in Ordnung
- grauer Überzug durch Oxydation: Zu kleiner Kontaktabstand oder zu geringer Kontaktdruck
- verbrannt, blau angelaufen: Kondensator oder Zündspule nicht einwandfrei
- verkrustet: Öl, Fett oder Schmutz zwischen die Kontakte geraten.

Sind die Kontakte verkrustet oder verschmutzt, mit einem scharfkantigen Schraubenzieher oder Taschenmesser den Schmutz abschaben (keine Feile oder Schmirgelleinen dazu verwenden!). Anschließend ein Läppchen um einen dünnen Holzstab wickeln und mit Tetrachlorkohlenstoff tränken (ist als Fleckenreinigungsmittel in Drogerien bekannt). Damit die Kontakte abwischen. Benzin nicht dazu verwenden, da die Kontakte gegen Benzin empfindlich sind.

Unterbrecherkontakte austauschen

Wenn die Kontakte verbraucht sind, müssen sie durch neue ersetzt werden, (Preis etwa 4,– DM). Sind die alten Kontakte verschmort oder blau angelaufen, genügt das Austauschen allein nicht, es muß auch nach dem verursachenden Fehler (Kondensator oder Zündspule) gesucht werden.
Zum Auswechseln der Kontakte, Kabelschuh des Verbindungskabels zum Unterbrecherhebel innen am Verteilergehäuse abziehen und Festhalteschraube des Unterbrecher-»Amboß« auf der Unterbrecherplatte lösen. Unterbrecherkontakte herausheben.
Vor dem Einbau der neuen Kontakte die Lagerwelle des Unterbrecherhammers mit einem Tropfen Öl und die Nockenbahn der Verteilerwelle sowie das Gleitstück des Unterbrecherhammers sparsam mit etwas Heißlagerfett (z. B. Bosch-Fett Ft 1 v 4) oder Mehrzweckfett (Abschmierfett ist nicht hitzefest) einreiben. Anschließend Kontaktabstand und Zündzeitpunkt neu einstellen.

Unterbrecherkontaktabstand und Schließwinkel

Wartungspunkt Nr. 40

Wenn Sie bei abgenommenem Verteilerkopf, abgezogenem Verteilerfinger und herausgenommenem Staubschutzdeckel den Motor von einem Helfer mit dem Anlasser (ohne Gasgeben) durchdrehen lassen, können Sie genau beobachten, wie die Nocken der Unterbrecherwelle den Unterbrecherhammer jedesmal vom »Amboß« abheben. Wie lange die beiden Unterbrecherkontakte bei jeder Vierteldrehung der Unterbrecherwelle, also jeweils zwischen den einzelne Nocken, geöffnet und geschlossen sind, hängt vom Abstand der beiden Unterbrecherkontakte ab. Ist dieser Abstand beim vollen Abheben nur gering, bleiben die Unterbrecherkontakte bis zum nächsten Abheben verhältnismäßig lange geschlossen. Ist der Kontaktabstand dagegen groß, ist die »Schließzeit« bis zum nächsten Abheben nur gering. Den Winkel, um den sich

Beim Drehen der Verteilerwelle heben die Nocken (4) jeweils das Gleitstück (3) und damit den Unterbrecherhammer (2) vom Kontakt (1) des Unterbrecher-»Amboß« ab.
Zum Verstellen des Unterbrecherkontaktabstandes Halteschraube (8) der Amboßplatte etwas lockern (weißer Pfeil links). Dann mit einem Schraubenzieher in Richtung des rechten weißen Pfeiles zwischen den kleinen Verstellwarzen (7) und der gegenüberliegenden Amboßplattenkerbe durch leichtes Drehen des Schraubenziehers nach rechts oder links den Unterbrecherabstand auf 0,4 mm einstellen. Abstand mit zwischengeschobener 0,4-Fühlerblattlehre nachprüfen.
Man kann auch die Fühlerblattlehre zwischen die zuerst gespreizten Kontakte halten, diese dann mit zwei Fingern zusammendrücken, so daß der Abstand stimmt und dabei die Festklemmschraube (8) wieder stramm anziehen. Beim Einsetzen neuer Kontakte das leichte Schmieren der Unterbrecherhebelwelle (6) mit hitzefestem Fett nicht vergessen und auf den genauen Sitz der Spannfeder (5) achten.

die Unterbrecherwelle vom Beginn bis zum Ende der »Schließzeit« weiter dreht, nennt man den Schließwinkel. Er muß zum Zweck des günstigsten Aufbaus des Magnetfeldes in der Zündspule genau berechnet werden und ist bei allen Modellen des Audi 100 mit **47°** **(44 bis 50° sind erlaubt)** vorgeschrieben, was 52,3 % eines rechten Winkels (darauf sind manche Meßgeräte geeicht) entspricht. Dieser Schließwinkel läßt sich natürlich nur mit einem entsprechenden Schließwinkeltester (den in der Regel nur die Werkstatt, allerdings auch mancher ganz passionierte Autobastler hat) messen.

Kontaktabstand behelfsmäßig einstellen

Ist die Werkstatt weit und ein Schließwinkeltester nicht zur Hand, geht es zur Not auch durch Messung des Kontaktabstandes bei voller Kontaktöffnung (Gleitstück des Unterbrecherhammes muß genau auf dem Gipfelpunkt eines Verteilerwellen-Nockens stehen!). Dann muß der Kontaktabstand genau 0,4 mm betragen, die Messung geschieht mit einer entsprechenden Fühlerblattlehre. Eigentlich ist diese Messung auch nur bei neuen Kontakten genau, da diese noch eben und glatt sind. Durch die Höcker und Krater nach längerer Betriebszeit der Kontakte wird die Messung immer ungenauer. Doch im besagten Notfalle geht es so:

■ Bei offenem Zündverteiler Wagen mit eingelegtem 4. Gang vorwärts rukken, bis eine Unterbrechernocke den Unterbrecherhammer voll abhebt.

■ Mit Schraubenzieher Klemmschraube des Amboß lockern, Kontaktabstand mit der Hand etwas erweitern, Fühlerblatt 0,4 mm zwischen Kontakte halten und diese mit der Hand fest zusammenpressen (dabei Unterbrecherhammer nicht biegen!), so daß Amboß-Kontakt auf 0,4 mm an Hammer-Kontakt herangerückt wird.

■ Klemmschraube wieder fest anziehen und Fühlerblattlehre herausziehen. Bei älteren Kontakten vor der Messung feine Kontaktfeile zwischen beide Kontakte halten, diese zusammendrücken und dabei Feile einige Male hin- und herziehen. Durch das Feilen zwischen den zusammengedrückten Kontakten werden deren Flächen einigermaßen parallel.

Der Zündverteiler

Der Zündverteiler hat für die verschiedenen Audi-Motoren unterschiedliche »Kenn-Linien« für die automatische Zündzeitpunktverstellung. Das muß bei Ersatz beachtet werden. Das wird man jedoch in der Regel in der Werkstatt überlassen, da für die entsprechenden Einstellwerte die Meßgeräte der Fachwerkstatt notwendig sind. Behelf wird nur die Motorleistung erheblich herabsetzen.

Zündverteiler kontrollieren und pflegen
Wartungspunkt Nr. 37

Dagegen kann man sich sehr gut der Pflege des Zündverteilers widmen. Daß der Filz in der Verteilerwellenbohrung alle 15 000 Kilometer einen Tropfen Öl und die Unterbrechernockenwelle eine Spur Mehrzweckfett erhalten soll, ist bereits im Kapitel „Schmieren aller Teile" auf Seite 42 erläutert.
Ein weiterer wichtiger Punkt ist die sorgfältige Reinigung der Verteilerkappe innen und außen, damit keine Strombrücke über Schmutz, Abrieb oder Feuchtigkeit den Zündstrom ableitet. Auch auf den Verschleiß der einzelnen Teile ist dabei zu achten. So muß die Kontaktkohle innen in der Mitte des Verteilerkopfes glatt und glänzend sein, sich leicht einfedern lassen und ohne zu klemmen wieder zurückfedern, denn sie hat den Hochspannungs-Zündstrom vom Hauptzündkabel zum Mittelkontakt des Verteilerfingers weiterzuleiten. Der Verteilerfinger darf an seiner Zunge und über der Abdeckung des Entstörwiderstandes zwischen seinem Mittelkontakt und der Zunge nicht verschmort sein. Sie sollten den Verteilerfinger auch einmal von der Verteilerwelle abziehen und von innen betrachten. Dort sitzt ein Kunststoffnocken, der in die entsprechende Aussparung oben auf der Verteilwerwelle genau einrasten muß. Dieser Innen-Nocken darf nicht »verwürgt« sein, denn nur ein unverschlissener Nocken kann dem Verteilerfinger seine genaue Stellung auf der Verteilerwelle sichern, sonst erhält gelegentlich ein falscher Zylinder den Zündfunken.
Entdeckt man innen im Verteilerdeckel bleistiftartige Striche, dann muß dieser ausgetauscht werden, denn diese »Striche« sind die Brandspuren von Kriechströmen, die sich dort über Schmutz oder Feuchtigkeit einen Weg gebahnt und eingebrannt haben. Solche Kriechströme setzen die Spannung des Zündstromes natürlich stark herab. Steht jedoch keine neue Verteilerkappe zur Verfügung, kann man als Behelf die »Bleistiftstriche« mit einem Schraubenzieher oder Messer tief auskratzen und mit Nagellack oder Alleskleber die Kratzspuren sorgfältig überstreichen.
Macht der Audi-Motor nach taufrischer Nacht oder nach einer Motorwäsche beim Starten Schwierigkeit, sollten Sie sich die Verteilerkappe einmal von innen betrachten. Gegen die zündfunkenablenkende Feuchtigkeit hilft ein Ausprühen mit einem Isolier-Spray (Bild Seite 21), das auch bei nässeüberschwemmtem Motor hilft (z. B. nach einer zu heftigen Motorwäsche).

Zündzeitpunkt einstellen
Wartungspunkt Nr. 41

Bei jeder 15 000-Kilometer-Wartung, nach jedem Neueinstellen oder Auswechseln der Unterbrecherkontakte, nach dem Zusammenbau des Motors oder nach Aus- und Wiedereinbau des Zündverteilers muß der Zündzeitpunkt neu eingestellt werden, denn von seiner genauen Einstellung ist sowohl die gute Motorleistung wie auch ein sparsamer Kraftstoffverbrauch abhängig.
Weil es bei der Zündzeitpunkteinstellung so genau darauf ankommt, empfiehlt die Auto Union die Einstellung mit der Stroboskoplampe, wie sie jede gute Fachwerkstatt hat. Unbedingt sind vorher die Zündkerzen herauszuschrauben und zu überprüfen (siehe Seite 142), und selbstverständlich muß vorher auch der Unterbrecherkontaktabstand geprüft werden.

Oberer Totpunkt und Vorzündung

Natürlich wissen Sie, daß der Zündfunke das zusammengepreßte Kraftstoff-Luft-Gemisch um so wirkungsvoller entzünden kann, je stärker dieses auf engstem Raum zusammengepreßt, also verdichtet ist. Diese höchste Verdichtung besteht beim Viertaktmotor in jenem Augenblick, in dem der Kolben bei Beendigung des 2. Taktes, des Kompressionshubes, von der Aufwärtsbewegung in die Abwärtsbewegung des 3. Taktes, des Arbeitstaktes, übergehen will. Der Kolben steht dann in seinem höchsterreichbaren Standpunkt für ei-

Zur üblichen Zündzeitpunkteinstellung mit der Stroboskoplampe bei laufendem Motor wird diese auf das Schauloch (schwarzer Pfeil rechts) in der Kupplungs-Glocke gerichtet. Darin läuft die Schwungscheibe des Motors mit den Zündeinstellmarken vorbei. Hier ist die Markierung OT für den »Oberen Totpunkt« zu erkennen.
Muß der Zündverteiler zur Berichtigung des Zündzeitpunktes verstellt werden, ist die Klemmscheibe (Pfeil links) unten am Zündverteiler zu lockern und dieser entsprechend den im Text dieser Seiten gegebenen Anweisungen zu verdrehen.

nen winzigen Sekundenbruchteil still, bis er sich nach unten bewegt. Diesen Punkt nennt man den »Oberen Totpunkt« (Kurzzeichen: OT), zu dem es als Gegenstück den »Unteren Totpunkt« (UT) gibt.
Wie bei der Erläuterung der automatischen Zündzeitpunktverstellung im Zündverteiler auf Seite 134 bereits dargestellt, reicht die »langsame« Verbrennung des Kraftstoff-Luft-Gemisches (etwa 1/3000 sec) aber zur Entzündung im »Oberen Totpunkt« nicht aus – der Kolben ist bei höherer Drehzahl schon vor der »Flammenfront« des Kraftstoff-Luft-Gemisches davongelaufen. Darum muß der Zündfunke schon vor Erreichen des OT den »Startschuß« geben. Diese Frühzündung wird auch bei der Zündpunkteinstellung mit der Stroboskoplampe berücksichtigt, wobei genau zu beachten ist, daß Audi je nach Motor und je nach Ausstattung des Zündverteilers teilweise unterschiedliche Einstellwerte vorschreibt:

- **85-PS-Motor mit »Einfachdose«** (Seite 134): Bei einer Leerlaufdrehzahl von rund 950 U/min Zündzeitpunkt auf 9° vor OT. Dazu muß der **Schlauch** an der Unterdrockdose **abgezogen** werden.
- **85-PS-Motor mit »Doppeldose«** (seit Herbst 75): Bei einer Leerlaufdrehzahl von rund 950 U/min genau auf OT, weil dabei die **Schläuche** an der Unterdruckdose **nicht abgezogen** werden dürfen.
- **100/112-PS-Motor** mit »Einfachdose« oder »Doppeldose« gleicherweise: Bei einer erhöhten Drehzahl von genau 3000 U/min Zündzeitpunkt auf 30° vor OT. Dabei muß der Schlauch bzw. müssen die **Schläuche** an der Unterdruckdose **abgezogen** werden.

Eingestellt wird stets mit Hilfe des OT des 1. Zylinders (der vorderste Zylinder in Fahrtrichtung). Darum wird die Stroboskoplampe in das Zündkabel 1 eingeschaltet, der Motor auf die entsprechende Drehzahl gebracht (macht der Werkstattmechaniker direkt am Vergasergestänge) und die Stroboskoplampe auf das Schauloch in der Kupplungs-»Glocke« gerichtet, wo das Schwungrad vorbeiläuft. Beim Aufblitzen der Stroboskoplampe wird die entsprechende Zündzeitpunktmarke als »stehendes Bild« erkennbar, wenn die Einstellung genau stimmt. Andernfalls muß das Zündverteilergehäuse unten an seiner Klemmschraube gelockert und der ganze Zündverteiler behutsam etwas verdreht werden, bis die Zündzeitpunktmarke im Schauloch »steht«.

Zum Einstellen des Zündzeitpunktes bei stehendem Motor oder zum Einsetzen des ganzen Zündverteilers in das Motorgehäuse muß der Kolben des 1. Zylinders ganz oben im »Oberen Totpunkt« stehen. Bei dieser Motorstellung muß im geöffneten Zündverteiler die »Nase« des Verteilerfingers (2) auf eine Kerbmarkierung (weiße Pfeile) im Rand des Verteilergehäuses zeigen. Vor der behelfsmäßigen Zündeinstellung bei stehendem Motor wird der Wagen bei eingelegtem 3. oder 4. Gang behutsam vorwärts geschoben, bis der Verteilerfinger genau auf diese Kerbmarke zeigt.
Diese »Zylinder-1-Marke« liegt, wie hier gezeigt, beim Zündverteiler des 85-PS-Motors zum Motorblock im Gehäuserand, bei den 100- und 112-PS-Motoren gegenüber (schwarzer Pfeil rechts unten). Die Verteilerwelle dreht sich bei den Audi-100-Motoren »im Uhrzeigersinn«.
Zum Einbau des Zündverteilers ist die OT-Stellung des 1. Kolbens durch das Zündkerzenloch mit einem steifen Draht zu ertasten und der Zündverteiler mit genau eingestelltem Verteilerfinger in das Motorgehäuse einzuschieben.

Behelfsmäßige Zündeinstellung bei stehendem Motor

Früher stellte man allgemein den Zündzeitpunkt bei stehendem Motor ein. Das ist bei der Feinabstimmung der heutigen Zündverteiler mit ihrer automatischen Zündzeitpunktverstellung nicht mehr ratsam, denn jeder Zündverteiler arbeitet ein wenig individuell. Darum gibt es auch vom Werk keine Einstellwerte für eine sogenannte »Grundeinstellung«. Doch es gibt auch für den Heimwerker einen Behelf, wenn Stroboskoplampe und Fachwerkstatt weit sind. Allerdings muß die Zündung vorher einmal von der Werkstatt mit allen vorgenannten Hilfsmitteln genau eingestellt worden sein – das ist Voraussetzung. Danach ist eine eigenhändige Zündpunktmarkierung notwendig:

■ Verteilerkappe ab, damit keine Zündfunken an die Zündkerzen gelangen.

■ 4. Gang einlegen und Fahrzeug behutsam vorwärts schieben, bis der rechtsherum drehende Verteilerfinger kurz vor der Kennmarke für den 1. Zylinder steht (siehe Bild oben).

■ Zündung einschalten und Prüflampe mit einem Kabelende an Klemme 1 der Zündspule (grünes Kabel). Das andere Kabel der Prüflampe fest gegen Masse drücken. Da in diesem Stand in der Regel die Unterbrecherkontakte geschlossen sind, brennt die Prüflampe nicht, weil der Strom den geringeren Widerstand über die geschlossenen Kontakte nimmt.

■ Jetzt Fahrzeug ganz behutsam vorwärts schieben (brannte vorher schon die Prüflampe, zuerst ein Stück zurückschieben und erst dann vorwärts), bis Prüflampe gerade aufleuchtet. Das ist der Zeitpunkt, in dem die Unterbrecherkontakte zu öffnen beginnen und der Zündfunke in der Zündspule entstehen würde.

■ Die jetzt gerade vor der Nocke im Schauloch befindliche Stelle der Schwungscheibe mit einem Bleistift markieren.

■ Dieses Aufleuchten der Prüflampe durch Rückwärts- und danach Vorwärtsschieben des Fahrzeugs (nicht nur Rückwärtsschieben, das gibt durch Toleranzen in den Motorteilen Einstellfehler) dreimal wiederholen und jedesmal mit Bleistift markieren. Liegen die Markungspunkte ganz dicht beieinander, hat man gut gearbeitet und kann in der Mitte die eigene Zündzeitpunktmarkierung entweder mit einem Körner in das Schwungrad einschlagen oder mit einem auffallenden Farbpunkt markieren.

Wollen Sie später den Zündzeitpunkt nachprüfen oder nach Austausch unbrauchbarer Unterbrecherkontakte (und deren möglichst genauer Einstellung auf 0,4 mm Abstand) den Zündzeitpunkt möglichst gut einstellen, geht es so:

■ Zündverteilerkappe abnehmen und Zündung einschalten.

■ Prüflampe an Klemme 1 der Zündspule mit einem Kabelende zusätzlich

Entsprechend der Zündfolge 1-3-4-2 sind bei rechtsdrehendem Verteilerfinger (durch Richtungspfeil angedeutet) die Zündkabel im Verteilerkopf angeordnet. Wo das Zündkabel Nr. 1 einzustecken ist, kann man bei geöffnetem Verteilergehäuse an der kleinen Kerbmarke im Verteilergehäuserand erkennen, wie im linksseitigen Bild gezeigt. Bei Motorstottern empfiehlt es sich, zuerst einmal für alle Fälle die Kabelstecker nacheinander mit dem Daumen fest in ihre Buchsen zu drücken, denn sie können sich durch Erwärmung der eingeschlossenen Luft etwas aus den Buchsen herausgehoben haben.

zum dort angeschlossenen grünen Kabel anschließen und anderes Kabelende der Prüflampe gegen Masse drücken.

■ Fahrzeug behutsam vorwärts schieben, bis »Ihre« Einstellmarke am Schaulochnocken vorbeiwandert. In diesem Augenblick muß die Prüflampe aufleuchten, wenn die Zündung richtig eingestellt ist.

■ Leuchtet die Prüflampe früher oder später auf, »Ihre« Marke genau vor dem Schauloch-Nocken zum Stillstand bringen (nur vorwärts schiebend! Rückwärtsruckeln gibt Einstellfehler!).

■ Verteilerklemmschraube unten (Bild Seite 139) etwas lockern und das ganze Verteilergehäuse ein wenig im Uhrzeigersinn nach rechts verdrehen, bis die Prüflampe verloschen ist (die Unterbrecherkontakte sind geschlossen). Darauf Zündverteiler wieder linksdrehend ganz langsam bewegen, bis Prüflampe gerade aufzuleuchten beginnt.

■ Nicht weiterdrehen, denn jetzt haben die Unterbrecherkontakte gerade abgehoben. In dieser Stellung muß der Zündverteiler durch Festdrehen der Klemmschraube wieder festgelegt werden.

Die Zündkabel

Die Zündkabel machen beim Audi 100 keine besonderen Schwierigkeiten, zumal ihre Anschlußkappen gut wasserdicht sitzen.
Wenn Zündkabel alt und brüchig geworden sind, wodurch natürlich Feuchtigkeit eindringen und den Zündstrom abwandern lassen kann, sollte man gar nicht lange nach dem Fehler suchen, sondern sie durch neue ersetzen, die man sich ohne weiteres selbst aus Meterware passend schneiden kann.

Die Zündkerzen

Die Zündkerze ist die letzte Station der Zündanlage. Eine fehlerhafte oder falsch gewählte Zündkerze macht alle gute Vorarbeit der Zündanlage wirkungslos. Tatsächlich haben es die Zündkerzen beim Audi-Motor besonders schwer, denn der hochgezüchtete Audi-Motor zeigt bei unterschiedlichen Betriebsbedingungen (einerseits unterkühlte Stadtbummel- und Kurzstreckenfahrt, andererseits scharfe Autobahnfahrt) thermische Unterschiede, die man bei schlichten »Wald- und Wiesenmotoren« in dieser Spannweite nicht kennt. Deshalb ist für den Audi-Motor eine sorgfältige Zündkerzenauswahl und eine ebenso sorgfältige Zündkerzenpflege wirklich notwendig.
Dazu gehört nicht, daß man jeweils nach 15 000 Kilometer, wie manche verkaufseifrige Werkstatt empfiehlt, unbedingt die Zündkerzen herauswirft und durch neue ersetzt. Richtig gewählte und gepflegte Zündkerzen können auch länger halten; sie sind jedenfall besser als neue von weniger günstigem Typ.

Der Audi-Motor reagiert empfindlich auf falschen Zündkerzen-Elektrodenabstand. Deshalb empfiehlt sich die Anschaffung dieser Bosch-Zündkerzenlehre, die entsprechend feine Meßdrähte hat. Hier wird gerade mit dem Meßdraht 0,7 mm der vorgeschriebene Elektrodenabstand gemessen. Nachgestellt wird bei Bedarf jeweils die Außen-Elektrode mit der passenden Nachstellgabel. Zu großer Elektrodenabstand führt vor allem bei Winterbetrieb leicht zu Zündstörungen. Vorgeschrieben sind 0,7 mm Elektrodenabstand. Weiter soll der Abstand nicht sein, er darf eher 0,6 mm betragen, denn weiter brennt er sich von selbst. Im Winter empfiehlt sich nach unseren Erfahrungen ein knapper gehaltener Elektrodenabstand von 0,5 mm, um das Starten des Motors zu erleichtern.

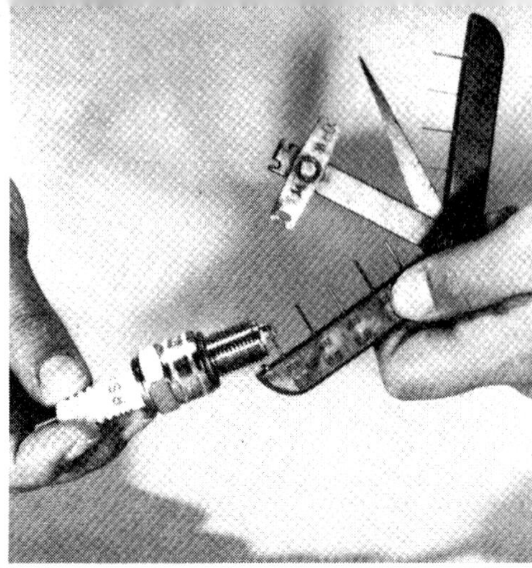

Gewindelänge der Zündkerzen

Bei der Wahl der richtigen Zündkerze wird zumeist nur vom richtigen Wärmewert gesprochen. Noch wichtiger ist beim Kauf neuer Zündkerzen die richtige Gewindelänge. Bei falsch gewähltem Wärmewert bleibt der Motor irgendwann stehen, bei falscher Länge des Einschraubgewindes kann er aber ernsthaften Schaden nehmen.

Das Einschraubgewinde der Zündkerze muß für alle Audi-Motoren 19 mm lang sein. Das ist die größte handelsübliche Gewindelänge und deshalb dauert auch das Heraus- und Hineinschrauben der Zündkerze am Audi so lange. Andere gängige Zündkerzen haben 9,5 oder 12,7 mm Gewindelänge. Sie dürfen beim Audi auf keinen Fall benutzt werden, es gäbe böse Motorschäden.

Wärmewert und Zündkerzengesicht

Auch den Wärmewert sollte man nicht zu leicht nehmen. Mit ihm hat es folgende Bewandtnis: Da die verschiedenen Kraftfahrzeugmotoren sehr unterschiedliche Temperaturen in ihren Verbrennungsräumen entwickeln (es leuchtet ein, daß Motoren mit hoher Verdichtung und hoher Leistung mehr Hitze erzeugen als gemütliche Durchschnittsmotoren), kann man nicht jede Zündkerze in jeden Motor einsetzen. Sie muß auf die vom Motor erzeugte Hitze abgestimmt sein. Diese Eigenschaft wird durch den Wärmewert gekennzeichnet, der bei deutschen Zündkerzen einheitlich angegeben wird, z. B. mit 175, 225 oder 240. Je höher diese Zahl ist, um so mehr Hitze kann die Zündkerze vertragen, d. h. ableiten, um selbst nicht zu heiß zu werden. Bei »kälter« arbeitenden Motoren oder für »unterkühlten Fahrbetrieb« (Kurzstreckenverkehr) darf man aber auch keinen zu hohen Wärmewert wählen, denn dann wird von der Zündkerze her zu viel Wärme abgeleitet und sie hat nicht ihre günstigste Betriebstemperatur, die an der Isolatorspitze der Mittelelektrode bei 850 °C liegen soll. Das ist die sogenannte »Selbstreinigungs-Temperatur«, bei der die heißen Zündkerzenelektroden sich selbst von Rußansatz befreien können. Ob man den für seine Fahrweise besonders günstigen Wärmewert gewählt hat, kann man aus dem Aussehen und der Färbung der Zündkerzenelektroden erkennen. Darüber hinaus gibt dieses »Zündkerzengesicht« auch Aufschluß über den Zustand des Motors sowie die Vergaser- und Zündeinstellung.

- mittelbraun oder mittelgrau = gute Vergasereinstellung, Zündkerzen und Motor arbeiten richtig
- schwarz = Vergaser zu fett eingestellt oder Zündkerze ist im Betrieb durch vorwiegende Kurzstreckenfahrten zu kalt. Zündkerze mit nächstniedrigerem Wärmewert probieren, wenn Vergasereinstellung stimmt.

- silbrig = Zündkerze wird zu heiß, eventuell durch scharfe Langstreckenfahrten; Zündkerze mit nächsthöherem Wärmewert probieren. Oder Zündung ist zu früh gestellt.
- verölt = Zündkerze setzt aus oder Kolbenringe undicht; wenn bei allen Zündkerzen, Fehler in der Zündanlage und schlechter Motorlauf
- hellgrau = Vergaser zu mager eingestellt

Zündkerzenempfehlung

Aus diesen Ausführungen ist erkennbar, daß es nicht ganz einfach ist, für seinen Audi 100 und die persönliche Fahrweise die beste Zündkerze zu finden, ohne sich über Motorstottern (was natürlich auch andere Ursachen haben kann) ärgern zu müssen. Auch das Herstellerwerk hat gelegentlich seine Zündkerzenempfehlungen aus diesem Grund abgewandelt. So finden Sie in der nachfolgenden Tabelle, abgesehen von den 3 unterschiedlichen Zündkerzenmarken und den unterschiedlichen Wärmewerten auch jeweils in ihrer Elektrodenform unterschiedliche Zündkerzentypen.
Die eine Zündkerzenreihe (Bosch W ... T 2, Beru ... 14/3, Champion ohne Endbuchstabe) hat eine sogenannte Stirnelektrode, die vorne über die Mittelelektrode hinausragt und diese überdeckt. Nach unserer Erfahrung ein Zündkerzentyp nur für flotte Fahrweise des Audi, denn bei gemächlich drehendem Motor gelingt dem verdeckt überspringenden Zündfunken nicht immer eine gute Verbrennungseinleitung.
Geeigneter ist deshalb im allgemeinen die andere Zündkerzenreihe (Bosch W ... T 30, Beru ... 14/3A, Champion N ... Y) mit zwar gleicher Stirnelektrode, die aber zusammen mit der Mittelelektrode weiter in den Verbrennungsraum vorgezogen ist. Dadurch ist auch bei ungünstiger Kraftstoff-Luft-Gemischzusammensetzung eine gute Zündung zu erwarten.
Darüber hinaus haben wir selbst sehr gute Erfahrungen mit sogenannten Luftgleitfunken-Zündkerzen (Bosch WG ... T 30) gemacht, die außer der Stirnelektrode noch einen »Elektrodenkragen« rund um die Mittelelektrode haben, so daß der Zündfunke eine größere Strecke zwischen den Elektroden »gleiten« muß und damit besser zündet. Mit diesen Zündkerzen war das Audi-typische Motorstottern selten.
Recht gut hat sich auch die neue »Breitband-Zündkerze RS-dynaflex« von Beru angelassen. Diese Zündkerze ist zwar teurer (etwa 6,80 DM), sie überdeckt aber mehrere Wärmewerte, hat deshalb nicht die übliche Wärmewertangabe und eignet sich besonders für die heute erzwungene gemischte Fahrweise von Stadtbummel bis zu rasanter Autobahnfahrt.
Mithin kann man für die Audi-100-Modelle ab Herbst 74 zu folgenden Zündkerzen raten:

Motortyp		Bosch	Beru	Champion
85 PS		W 200 T 2	200/14/3	N 8 Y
	oder	W 200 T 30	200/14/3A	
	oder	WG 200 T 30	RS 37	
100 PS		W 215 T 30	215/14/3A	N 7 Y
	oder	WG 215 T 30	RS 37	
112 PS		W 230 T 30	230/14/3A	N 6 Y
	oder	WG 235 T 30	RS 37	

Wenn Sie entsprechend Ihrer Fahrweise und durch Kontrolle des »Zündkerzengesichts« (Beschreibung links und oben) den Eindruck haben, daß der gewählte Wärmewert zu hoch oder zu niedrig ist, sollten Sie es mit dem nächsthöheren bzw. -niederen versuchen, aber nach wenigen hundert Kilometer Fahrt am Aussehen des Zündkerzengesichts prüfen, ob diese Wahl nun besser war.

Zündkerzen pflegen

Pflegedienst Nr. 30

Nach unseren Erfahrungen genügt es beim Audi nicht, nur alle 15 000 km nach den Zündkerzen zu sehen. Man sollte es wenigstens alle halbe Jahre tun. Am 85-PS-Motor ist dies kein Problem, denn an diesem sind auf der linken Motorseite – in Fahrtrichtung gesehen – die Zündkerzen sehr gut zugänglich. Für die 100- und 112-PS-Motoren jedoch ein guter Rat: Schrauben Sie, wenn Sie es noch nicht getan haben, einmal in einer ruhigen halben Stunde die an der rechten Motorseite tief unten sitzenden Zündkerzen heraus, auch wenn dazu kein besonderer Anlaß besteht. Denn es überrascht viele Audi-Fahrer, daß an diesem Motormodell die Zündkerzen nicht im rechten Winkel, also genau quer zur Fahrtrichtung, im Motorblock sitzen, sondern schräg von vorne heraus- und hineingedreht werden müssen. Das muß man vorher üben, denn in Eile und bei heißen Zündkerzen ist ein Versuch in falscher Richtung sehr gefährlich, weil dabei leicht das Einschraubgewinde des Leichtmetall-Zylinderblocks ruiniert wird. Beim Einschrauben sollen deshalb die Zündkerzen zuerst mit der Hand in den ersten Gewindegang eingesetzt werden und nicht mit dem Zündkerzenschlüssel. Der kommt erst dran, wenn die Zündkerze richtig angesetzt ist.

Und allgemein beachten: Nicht die Zündkabel ergreifen und von den Zündkerzenstiften zerren, sondern die zwischengesteckten Entstörstecker erfassen und diese mit den Kabeln durch Ruckelbewegungen von den Zündkerzen ziehen. Die ausgebauten Zündkerzen in der Reihenfolge der Zylinder ablegen, denn das »Zündkerzengesicht« läßt Rückschlüsse auf den betreffenden Zylinder zu (siehe Seite 142). Mit einer Zündkerzenbürste kann man das Zündkerzengesicht danach putzen, viel Schmutz darf sich bei einer einwandfrei funktionierenden Zündkerze nicht angesetzt haben.

Vor allem ist der Elektrodenabstand (**0,7 mm**) genau nachzuprüfen und, falls notwendig, die Stirnelektrode entsprechend nachzubiegen (Bild Seite 142).

Fingerzeige: *Um nach einer Zündkerzenschrauberei den ersten Start zu erleichtern, kann man vor dem Einbau die Zündkerzenelektroden mit einem Bleistift bestreichen. Der anhaftende Graphit verbessert durch seine ionisierende Wirkung die Zündfunkenbildung.*

Falls Sie in Ihrer Werkzeugausstattung bereits Steckschlüsseleinsätze und die dafür erforderlichen Betätigungswerkzeuge (Gelenkgriff, Verlängerung usw.) haben, sollten Sie sich statt des in unserer Werkzeugliste auf Seite 17 empfohlenen Zündkerzenschlüssels eine lange „Stecknuß", mit SW 20,8 speziell für Zündkerzen, kaufen, z. B. die Hazet-Nr. 880 TZ – 20,8 für etwa 10 DM. Damit lassen sich am 100/112-PS-Motor die Zündkerzen leichter als mit einem Zündkerzenschlüssel handhaben.

Manchen Audi-Motoren kann man das Motorstottern einfach nicht abgewöhnen. Das kann übrigens durchaus an der zu zaghaften Fahrweise des Besitzers liegen. Weil das aber – vor allem bei Wagen mit Automatic-Getriebe – auf die Dauer sehr störend ist, bietet VW-Audi eine kontaktgesteuerte elektronische Hochspannungs-Kondensator-Zündanlage (HKZ) an. Diese Zündanlage liefert einen außerordentlich kräftigen Zündfunken (Zündkerzen-Elektrodenabstand muß auf 0,9 mm erweitert werden) und die Kontakte des Unterbrechers werden nicht mehr abgenutzt. Der Einbausatz hat die Teilenummer 059 998 045. Da diese Zündanlage speziell auf den Audi abgestimmt ist, sollte man sie im Bedarfsfalle anderen Hochleistungszündanlagen, die allgemein angeboten werden, vorziehen.

Zwischen Licht und Schatten

Unterwegs sparen Sie sich Ärger, Geld und Zeit, wenn Sie bei einer Beleuchtungskontrolle durch die Polizei hurtig ein Kästchen mit Ersatzlampen aus Kofferraum oder Handschuhkasten ziehen und sofort die schadhafte Lampe auswechseln. Die Polizeibeamten werden in diesem Falle keine gebührenpflichtige Verwarnung erteilen, denn bei einem so vorsorglichen Autofahrer ist es nach gerichtlicher Meinung durchaus glaubhaft, daß die Lampe »gerade eben« erst durchgebrannt ist. Und dafür kann kein Autofahrer etwas. Für Ihren Audi 100 brauchen Sie als wichtigsten Ersatz (Preisangaben nach Tankstellen- und Werkstatterfahrungen, anderswo auch billiger):

- Asymmetrische Zweifadenlampe, 45/40 Watt, Sockel P 45 t — 4,60 DM
- Kugellampe, 21 Watt, Sockel BA 15s (Blinker, Rückfahrleuchte, bei Coupé auch Bremslicht) — 1,95 DM
- Zweifaden-Kugellampe 21/5 Watt, Sockel BAY 15 d (kombiniertes Brems-Schlußlicht außer Coupé) — 2,80 DM
- Röhrenlampe, 4 Watt, Sockel BA 9 s (Standlicht vorne, Kennzeichenbeleuchtung bei manchen Modellen) — 1,10 DM
- Soffittenlampe, 5 Watt, Sockel S 8,5 (Innenleuchte, bei manchen Modellen auch Kennzeichenbeleuchtung) — 1,10 DM

Das sind die wichtigsten Typen, die Sie unterwegs immer mal brauchen.
Wer als Hauptscheinwerfer solche mit Halogenlicht hat, benötigt als Ersatz:

- Zum Zwei-Scheinwerfer-System (je Scheinwerfer Fern- und Abblendlicht) Zweifadenlampe H 4, 60/55 Watt, Sockel P 43t — 20,40 DM
- Zum Vier-Scheinwerfer-System Einfadenlampe H 1, 55 Watt, Sockel P 14,5 s — 11,60 DM

Beleuchtung prüfen
Wartungspunkte Nr. 17 und 18

Natürlich kontrolliert man die Brauchbarkeit der Lampen öfter, als es der Pflegedienst vorschreibt, denn diese Prüfung macht ja gar keine Mühe, besonders, wenn ein freundlicher Helfer bei der Lampenkontrolle einmal rund um den Wagen springt. Es geht aber auch ohne fremde Hilfe vor einer hellen Wand, einem senkrecht zur Fahrtrichtung stehenden Schaufenster, auf Wagenheck- und -front des Vorder- und des Hintermannes vor einer roten Verkehrsampel oder sogar in der engen Garage, wenn sie hell gestrichen ist. Schalten Sie nacheinander Standlicht, Fernlicht und Abblendlicht ein, betätigen Sie dann (allerdings nicht beim Warten vor der Verkehrsampel!) Blinker und Warnblinker und vergessen Sie auch nicht die Bremslichtprobe durch einen Tritt aufs Bremspedal. Auch Zusatzbeleuchtung, wie Zusatz-Fernscheinwerfer, Nebellampen und Nebelschlußleuchten dürfen Sie nicht vergessen, denn auch solche nichtvorgeschriebene Beleuchtungseinrichtungen müssen betriebsbereit sein, wenn sie montiert sind. Die Ausrede, eine defekte Nebellampe schade nicht, denn solche Nebellampen habe man ja freiwillig am Auto, gilt nicht! Natürlich sehen Sie sich eine unwillige Lampe, bevor Sie sie weg-

Zum Auswechseln einer defekten Scheinwerferglühlampe die Motorhaube öffnen und an der Scheinwerferrückseite durch eine Halbdrehung die Kunststoffkappe lösen oder oben sitzende Klammer anheben. Im Scheinwerfertopf sitzt der Scheinwerferspiegel, in dessen Mitte der Glühlampen-Klemmring (1) in einer sogenannten Bajonettfassung (links am Scheinwerferspiegel) sitzt. Klemmring etwas eindrükken, nach links drehen und zusammen mit der Glühlampe aus dem Scheinwerferspiegel ziehen. Im Bild handelt es sich um eine Halogen-H4-Lampe (4) für Fern- und Abblendlicht in dem speziell dafür eingerichteten Hauptscheinwerfer. Der Unterschied ist am dreizapfigen Lampensockel (kleine Pfeile) erkennbar, der nicht in den serienmäßigen Scheinwerfer paßt. Zum Austausch defekte Glühlampe aus dem Kabelstecker (2) ziehen oder hebeln, neue Lampe einsetzen und darauf achten, daß beim Zusammenbau die Zapfen und Nocken des Glühlampensockels genau in die entsprechenden Aussparungen im Spiegelrand passen und die Andrückfeder (3) richtig sitzt. Weiter bedeutet: 5 – Standlichtlampe.

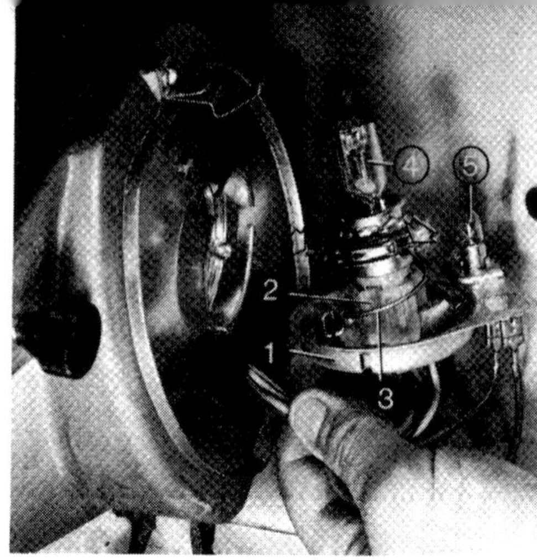

werfen, einmal genau an. Sie kann auch selbst in Ordnung sein und vermag nur nicht zu leuchten, weil an einem Steckkontakt, an einem Kabel, einer Sicherung oder der Lampenfassung der Strom gehemmt wird.

Scheinwerferlampen auswechseln

Asymmetrische Zweifadenlampe (»Bilux«-Lampe) 45/40 Watt bzw. Halogen-Zweifadenlampe H 4, 60/55 Watt. Fernlicht (Klemme 56 a) rechts: Sicherung Nr. 6, weißes Kabel; Fernlicht (56 a) links: Sicherung Nr. 5, weiß-schwarzes Kabel; Abblendlicht (Klemme 56 b) rechts: Sicherung Nr. 8, gelbes Kabel; Abblendlicht (56 b) links: Sicherung Nr. 7, gelb-schwarzes Kabel.

Zum Auswechseln einer defekten Lampe am Audi 100 Motorhaube öffnen, an der Scheinwerferrückseite Kunststoffkappe eine halbe Umdrehung nach links drehen, abnehmen. Den weiteren Fortgang beschreibt der Bildtext oben. Dabei sollte man beachten, daß eine lang eingesetzte Glühlampe mit ihren Steckstiften meist sehr fest im Kabelstecker sitzt. Unbedachtes Zerren führt zu nichts, dagegen kann man mit einem feinen Schraubenzieher behutsam den Lampensockel Stück um Stück aus dem Kabelstecker hebeln.

Beim Audi 100 mit 85-PS-Motor und entsprechend anderem Kühler kommt man etwas schwieriger an den linksseitigen Hauptscheinwerfer heran – zuerst muß die Luftführungspappe des Kühlers abgeknüpft werden.

Neue oder intakte Glühlampe nicht am Glaskolben mit bloßer Hand anfassen, denn der Abdruck von Handschweiß wäre unvermeidbar. Dieser verdampft dann auf der brennenden Glühlampe und trübt den Scheinwerferspiegel. Darum beim Einsetzen einer neuen Lampe sauberes Taschentuch benutzen (dient auch zum sorgfältigen Abreiben einer versehentlich angefaßten Glühlampe).

Halogen-Lampen auswechseln

Das Auswechseln der Halogen-H4-Lampen aus den dafür eingerichteten Schweinwerfern (jeder Scheinwerfer hat Fern- und Abblendlicht in einer Glühlampe) geschieht genauso, wie im obigen Absatz beschrieben.

Etwas anders verläuft das Auswechseln der Halogen-H1-Lampen beim Vierscheinwerfer-System: Ebenfalls vom Motorraum aus Gummischutzkappe am betreffenden Scheinwerfer abziehen, Kabelflachstecker an der defekten Glühlampe abziehen, Drahtklammer über dem Lampensockel aushängen und zurückklappen, defekte Lampe herausziehen. An der neuen Glühlampe Kabelflachstecker andrücken, Lampe in den Reflektorausschnitt einsetzen (dabei auf die Abflachung an einer Seite des Sockels achten, der ein verdrehtes Einsetzen verhindern soll), Drahtklammer über Lampensockel klappen und einhängen, Schutzkappe wieder aufschieben.

Zum Ausbau der Scheinwerfereinsätze muß vorher das Frontziergitter ausgebaut werden. Man benötigt dazu nur einen Kreuzschlitzschraubenzieher, mit dem die insgesamt 8 Blechschrauben (3 im oberen Blechsteg, 2 im unteren Blechsteg und 3 in den Streben der Karosseriefront) herausgedreht werden. Wo die Blechschrauben sitzen und eingedreht werden müssen, zeigen die jeweils symmetrisch hinweisenden Pfeile.

Standlichtlampe auswechseln

Röhrenlampe 4 Watt, Sockel BA 9 s. Standlichter haben die Normklemme 57 oder 58; rechts: Sicherung Nr. 4, grau-rotes Kabel; links: Sicherung Nr. 9, grau-schwarzes Kabel.

Die kleine langlebige Standlichtlampe brennt immer, wenn überhaupt ein Licht eingeschaltet wird. Sie dient als Park- und Notbeleuchtung, wenn eine Scheinwerferglühlampe ausfällt und heißt offiziell »Begrenzungslicht«.

Zum Auswechseln einer defekten Standlichtlampe wie zum Ausbau einer Hauptglühlampe vorgehen, lediglich die kleine Glühlampe aus ihrer besonderen Fassung durch Druck und kleine Drehung herausnehmen.

Beim Vier-Scheinwerfer-System sitzt nur je eine Standlichtlampe in den beiden äußeren Scheinwerfern und steckt dort noch einmal in einer besonderen Lampenhülse im Reflektor.

Scheinwerferscheibe auswechseln

Wenn durch Steinschlag oder Unfall die Streuscheibe des Scheinwerfers beschädigt ist, soll sie so bald wie möglich ersetzt werden, damit nicht inzwischen durch eindringende Feuchtigkeit die Verspiegelung verschmutzt oder getrübt wird. Diese Spiegelfläche ist »aufgedampft« und äußerst empfindlich; man kann sie nicht mit einem Lappen reinigen, sie darf auch nicht beim Austausch der Scheinwerferscheibe mit den Fingern berührt werden!

Zum Ausbau der Streuscheibe (ihr Name besagt, daß sie das gebündelte Licht des Scheinwerferspiegels fahrgerecht »streut«) baut man am besten den ganzen Scheinwerfertopf und dazu als Voraussetzung das Frontziergitter aus (im Bild oben gezeigt).

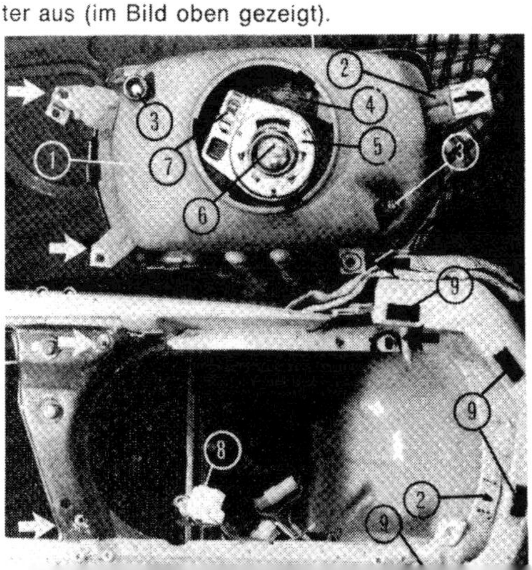

Zum Ausbau des Scheinwerfertopfes (1) sind 3 Blechschrauben (die Pfeile auf die Schraubenbohrungen) herauszudrehen, dann ist der Topf zur Fahrzeugmitte hin mit seiner Haltelasche (2, oben) aus seiner Halterung (2, unten) zu ziehen. Zuletzt ist der Kabelstecker (8) aus dem Glühlampensockel (6) und das Einzelkabel aus der Kontaktzunge des Standlichtes (7) zu ziehen. Weiter bedeuten: 3 – Scheinwerferjustierschrauben; 4 – Scheinwerferspiegel (Reflektor); 5 – Glühlampenklemmring; 9 – Vier Kunststoffclips als Halter des Chromzierbügels, der nicht angeschraubt ist, sondern mit breitem Schraubenzieher abgehebelt werden muß.

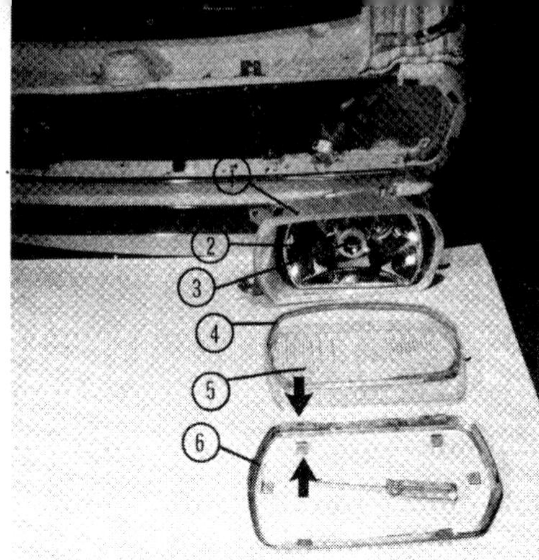

Zum Austausch einer Streuscheibe (5) am ausgebauten Scheinwerfertopf (1) braucht man nur einen schmalen Schraubenzieher. Damit am Chromzierring (6), der zugleich die Streuscheibe auf dem Scheinwerfertopf festklemmt, die insgesamt 6 feinen Blechfedern von ihren Federzungen hebeln. Die schwarzen Pfeile zeigen auf eine Klemmfeder und die dazu gehörige Federzunge am Chromring. Die beiden Klemmfedern im Vordergrund sind auf ihre Zungen geklemmt. Dabei darauf achten, daß die Klemmfedern einwandfrei in die Durchbrüche der Federzungen einrasten, sonst sitzt die Streuscheibe nicht wirklich fest. Zwischen den Rändern der Streuscheibe (5) und des Scheinwerfertopfes (1) liegt eine Weichgummidichtung (4), die beim Zusammenbau glatt anliegend eingepaßt werden muß, denn sie verkantet und quetscht sich leicht. Läßt man die Weichgummidichtung verkantet, kann durch den daraus bewirkten unterschiedlichen Klemmdruck die neue Streuscheibe beim Heißwerden platzen. Weiter bedeuten: 2 – Scheinwerferspiegel; 3 – Glühlampe mit Blendkappe für H-4-Lampe.

Scheinwerfer einstellen

Wartungspunkt Nr. 59

Nach einer Reparatur an der Fahrzeugfederung oder wenn unterwegs eine neue Scheinwerferlampe eingesetzt werden mußte, ist ein Neueinstellen der Scheinwerfer fällig, denn selbst Bruchteile eines Millimeters in der Fertigungs-Toleranz einer Scheinwerferlampe machen sich natürlich auf 25 oder 100 Meter Entfernung im Scheinwerferstrahl bemerkbar. Weil man nun im Kofferraum kein Scheinwerfereinstellgerät mitzuführen pflegt, bleibt unterwegs nichts weiter übrig, als den Wagen rund 10 oder 20 Meter vor einer möglichst hellen Wand aufzustellen und den neu bestückten Scheinwerfer der Höhe nach mit dem unveränderten Scheinwerfer gleichzustellen. Dazu wird das Abblendlicht eingeschaltet, das nach oben eine scharf abgegrenzte Hell-Dunkel-Grenze hat, und durch wechselseitiges Verdecken festgestellt, welches »Lichtbild« auf der Wand zu dem neu einzustellenden Scheinwerfer gehört und ob dieser höher oder tiefer gestellt werden muß. Nur die jeweils oben sitzende Rändelschraube an der Scheinwerfereinsatz-Rückseite (Bild rechts oben) wird dazu gedreht. Rechtsdrehen (in Fahrtrichtung gesehen) dieser Einstellschraube hebt den Scheinwerferstrahl. Linksdrehung senkt ihn ab. Die Seiteneinstellung kann man sich bis zur baldmöglichen fachgerechten Scheinwerferjustierung sparen. Unterläßt man jedoch diese behelfsmäßige Einstellung nach dem Einsetzen einer neuen Lampe, ist zumeist entweder die Fahrbahn schlecht ausgeleuchtet oder die entgegenkommenden Autofahrer machen durch wütendes Geblinke darauf aufmerksam, daß auch der abgeblendete Scheinwerfer noch blendet. Beachten Sie solche Blinzeleien entgegenkommender Fahrzeuge als entsprechenden Hinweis.

Das richtige Einstellen der Scheinwerfer nimmt die Werkstatt oder der Bosch-Dienst mit einem Scheinwerfereinstellgerät vor, das direkt vor jeden einzelnen Scheinwerfer geschoben wird.

Behelfsmäßige Scheinwerferkontrolle

Der Audi 100 hat mit vielen Mittelklassewagen die miserable Eigenschaft, daß Gepäcklast im Kofferraum den Scheinwerferstrahl so hoch hebt, daß auch bei abgeblendetem Licht jeder entgegenkommende Autofahrer geblendet wird, besonders wenn es sich um die helleren Halogen-Scheinwerfer handelt. Man merkt's am wütenden Geblinzel der Entgegenkommenden.

Läßt man sich aber als rücksichtsvoller Autofahrer die Scheinwerfer für das belastete Fahrzeug einstellen (was sowieso nicht den Vorschriften entspricht), reicht bei leerem Fahrzeug das Abblendlicht nur wenige Meter weit. Da die Höhenverstellung des Scheinwerferstrahls beim Audi 100 nur einen verhältnismäßig einfachen Griff unter die Motorhaube erfordert (Ausnahme: Luft-

Die Richtung des Scheinwerferstrahls wird vom Motorraum aus an der Rückseite des Scheinwerfergehäuses eingestellt. Dabei dient die geriffelte Stellschraube rechts oben zumeist der Höhenverstellung (H), die Rändelschraube links unten der Seitenverstellung (S) des Scheinwerferstrahls. Es kann je nach eingebautem Fabrikat aber auch umgekehrt sein (wie in einigen Serien der Betriebsanleitungen beschrieben), deshalb gelegentlich selbst nachprüfen. Beim Vier-Scheinwerfersystem sitzen die Höhenverstellschrauben allgemein oben und jene für die Seite in halber Höhe seitlich an den Scheinwerfergehäusen. Bei 4 Scheinwerfern muß auch das Fernlicht der Fernscheinwerfer justiert werden.

führungspappe am 85-PS-Kühler), kann man sich sehr gut selbst helfen und Ärger mit anderen Verkehrsteilnehmern ersparen:
In der Werkstatt Scheinwerfer peinlich genau einstellen lassen. Zu Hause das Fahrzeug mit eingeschaltetem Abblendlicht vor der geöffneten Garage stehen lassen, aussteigen und die Abknickpunkte (in diesem Punkt steigt das Lichtbild des asymmetrischen Scheinwerferstrahls mit 15 Grad nach rechts an) der beiden Scheinwerfer auf der Garagenrückwand möglichst genau mit einem Kreuz markieren.
Wenn das auf wenige Meter auch keine sehr genaue Kontrolle ist, so läßt sich doch, wenn Sie mit schwer beladenem Fahrzeug unterwegs sind, bei Einbruch der Dunkelheit der Scheinwerferstrahl blendungsschonend senken und nach der Heimkehr für den Normalbetrieb wieder justieren.
Es gibt auch noch ein etwas genaueres Hand-Einstellverfahren für die Scheinwerfer, dazu muß man aber eine mindestens 9 m lange ebene Fläche mit abschließender Wand (auf der man Striche ziehen darf) haben. Es ist wegen der Vermessung etwas umständlich, weil man dazu außer einem Helfer auch noch Kohle oder Kreide und ein Metermaß haben muß. Die untenstehende Skizze zeigt, wie es gemacht wird.

Fingerzeig: *Zum Einstellen der Scheinwerfer wird nur das Abblendlicht der kombinierten Fern- und Abblendlicht-Scheinwerfer benutzt. Das Fernlicht stimmt dann automatisch. Beim 4-Scheinwerfer-System sind die Fernlicht-*

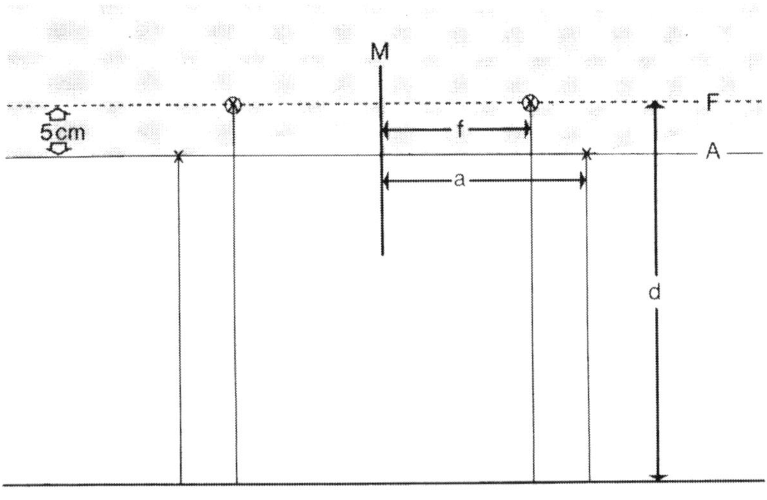

Hilfslinien zur behelfsmäßigen Scheinwerfereinstellung. Davor sind wenigstens 9 m ebener Fläche notwendig. Fahrzeug in genau 5 m Abstand vor Mittellinie M aufstellen. Hilfslinie F markieren in Höhe d (= Höhe des Scheinwerfermittelpunktes vom Boden aus am eigenen Fahrzeug gemessen). Abblendlinie A 5 cm darunter markieren (5 cm = Abblendneigung auf 5 m Entfernung). Auf Linie A Kreuze markieren im Abstand a (= Abstand des Scheinwerfermittelpunktes, von Fahrzeugmittelachse aus gemessen). Abgeblendete Scheinwerfer mit dem »Abknickpunkt« ihres asymmetrischen Lichtes auf diese Kreuze justieren. Bei Vier-Scheinwerfersystem zusätzlich Fernlicht der Fernschweinwerfer auf Markierung X auf Linie F justieren im Abstand f (= Abstand der Fernscheinwerfermittelpunkte von Fahrzeugmittelachse).

scheinwerfer bei abgedeckten Abblend-Scheinwerfern gesondert so einzustellen, daß der Lichtbündel-Mittelpunkt genau waagrecht geradeaus zeigt, also auf einer Meßwand die gleiche Höhe wie der Scheinwerfer-Mittelpunkt über der Fahrbahn hat.

Besseres Scheinwerferlicht

Es bleibt leider Theorie, daß rechtechtige Scheinwerfer besseres Licht spenden als runde mit kleinerem Durchmesser. Die Schuld liegt weniger bei den Lampenmachern als bei den Auto-Zeichnern, die aus stilistischen Gründen unbedingt die Scheinwerferscheibe nach vorne oder hinten geneigt sehen wollen. So ist es auch bei den Audi-Modellen, die trotz imponierender Scheinwerferbreite nur unterdurchschnittliches Licht auf die Fahrbahn bringen.

Vier-Scheinwerfer-System

So wird als Alternative, auch beim Audi 100, das Vier-Scheinwerfersystem mit »Sport-Look« angeboten. Man verzeihe uns, wenn wir diese Scheinwerfer-Winzlinge nur als »bessere Fahrradscheinwerfer« beurteilen, obwohl sie zweifellos bei eingeschaltetem Fernlicht viel Licht vor sich herstreuen, weil alle 4 Scheinwerfer zusammen brennen. Diese Licht-»Überfütterung« verwöhnt jedoch das Auge, so daß man sich bei Nur-Abblendlicht um so dunkler »im Keller« wähnt. Dieses Vier-Scheinwerfersystem nachträglich in den Audi 100 einbauen zu lassen, ist zwar möglich, aber man kann nur abraten, denn es wird ein Spaß, der in die hunderte geht! Außer den beiden Doppelscheinwerfern (einschließlich Lampen rund 325 DM) müssen ein neues Frontziergitter, ein zusätzliches Schaltrelais, eine Menge »Kleinteile« gekauft und die Karosseriefront für den größeren Scheinwerferausschnitt verändert werden.

Halogen-H 4-Scheinwerfer

Im Endergebnis nicht ganz so teuer, aber trotzdem noch ein saftiger Happen, ist die Umrüstung des Audi 100 auf Halogen-H4-Scheinwerfer, die äußerlich den serienmäßigen ähneln, aber im Innern eine mit höherer Leistung (60/55 Watt) brennende Halogenlampe mit Fern- und Abblendfaden haben. Der ganze Umbausatz von Hella kostet einschließlich Glühlampen etwa 320 DM (Hella-Bestell-Nr. 1 AG 002 846–801) und gibt tatsächlich eine bessere Straßenausleuchtung, wobei vor allem der Unterschied zwischen Fern- und Abblendlicht nicht so kraß ist wie beim Vier-Scheinwerfersystem oder bei Zusatz-Fernscheinwerfern. Weitere Teile, wie Ziergitter und dergleichen, sind nicht notwendig, Arbeitslöhne fallen auch nicht an, weil man den Austausch mit einem Kreuzschlitzschraubenzieher selbst machen kann.
Mit diesen helleren Scheinwerfern hat man jedoch auch eine größere Verantwortung gegenüber anderen Autofahrern, denn diese Lampen blenden bei ungenauer Einstellung äußerst lästig – sie müssen also besonders sorgfältig eingestellt werden.

Fingerzeig: *Versuchen Sie nicht, die helleren Halogenlampen irgendwie in die serienmäßigen Scheinwerfer zu »basteln«, um die teuren Halogenscheinwerfer zu sparen. Das ist verboten, man fällt durch starke Blendung auf und es gibt Ärger beim nächsten TÜV-Besuch. Denn für die Halogenlampen müssen die Scheinwerferspiegel und die Streuscheiben anders geformt sein, um das Licht der anders angeordneten Glühfäden verkehrsgemäß zu reflektieren. Deshalb ist kompletter Umbau leider nicht zu vermeiden.*

Zusatz-Fernscheinwerfer

Eine preiswertere Lösung zur Aufbesserung des serienmäßigen Audi-Fernlichtes bieten Zusatz-Fernscheinwerfer, die man sich auf die Stoßstangen montieren darf (beim Vier-Scheinwerfersystem sind sie nicht erlaubt! Da bren-

nen bei Fernlicht ja schon 4 Lampen). Allerdings – und das ist die Kehrseite der Medaille – wird davon das »kranke« Abblendlicht auch nicht besser und der Unterschied zwischen Fern- und Abblendlicht ist besonders kraß. Zwar ist es offiziell nicht erlaubt, aber es ist trotzdem fahrgerechter, diese Zusatz-Fernscheinwerfer mit einem unabhängigen Schalter zuschaltbar zu machen, so daß man sie nur auf verkehrsschwachen Straßen zum flotteren Vorankommen benutzt.
Wenn man sich die Arbeit (oder Kosten) mit der zusätzlichen Verkabelung schon macht, sollte man nicht den nächstbilligen Zusatz-Fernscheinwerfer kaufen, sondern jene mit den wirklich leistungsstarken Halogen-H3- oder H1-Lampen. Denken Sie auch daran, daß kräftiges Licht einen großen Scheinwerfer voraussetzt (der übrigens Entgegenkommer weniger blendet!). Der Lichtaustritt des runden Scheinwerfes (für Zusatz-Fernlicht sind rechteckige Scheinwerfer witzlos) soll demnach möglichst 150 oder 180 mm Lichtaustritt haben. Die Ersparnis durch kleinere Scheinwerfer ist im Rahmen der Gesamtkosten kümmerlich. In Frage kommt beispielsweise von Hella die fertige Einbaugarnitur 1 F 4 002 608-801, mit Glühlampen, Relais, Befestigungshaltern und Kabelgarnitur für etwa 110 DM. Dazu braucht man für den Audi 100 noch einen besonderen Verstärkungswinkel je Zusatz-Scheinwerfer, damit die großen Scheinwerfer auf der Stoßstange nicht zittern. Der Selbsteinbau ist – einige Erfahrungen und eine Bohrmaschine vorausgesetzt – durchaus möglich. Prinzip-Schaltpläne liegen den Packungen bei. Für die notwendige Sicherung wird der Zusatzsicherungskasten (siehe Bild Seite 124) in Anspruch genommen.

Nebellampen

Im Gegensatz zu den Zusatz-Scheinwerfern sollen Nebellampen möglichst tief montiert werden, denn nur so können sie den meist nicht ganz auf dem Boden aufliegenden Nebel «unterwandern«. Darum gehören Nebellampen beim Audi 100 unter die Stoßstange. Im Gegensatz zu vielfacher Meinung sind sie dort keineswegs steinschlaggefährdet. Genügend große runde Scheinwerfer würden dort allerdings zu tief herunterhängen, und da sowieso wegen der angestrebten Breitstrahlerwirkung rechteckige Scheinwerfer vernünftiger sind, hat man also zwei Gründe, unter der Stoßstange rechteckige Nebellampen zu montieren. Sie sollten aber größer als jene sein, die von Audi im kompletten »Schlechtwetterpaket« angeboten werden. Nehmen Sie deshalb solche mit einer Lichtaustrittsöffnung von wenigstens 140 mm Breite für Halogenlampen der Ausführung H 1 oder H 3. Ferner müssen die Nebellampen unter der Stoßstange ausdrücklich für »hängenden Anbau« (Wasserablauf

Bei den neueren Audi 100 sitzen die »Schlechtwetterschalter« (oben: Heckscheibenheizung; Mitte: Nebelscheinwerfer; unten: Nebelschlußleuchte) im linken Rand des Ablagefaches vor dem Fahrersitz. Auch wenn nicht serienmäßig eingebaut, sitzen zumeist hinter den betreffenden Blinddeckeln in der Schalterleiste schon die vormontierten Kabelstecker, die nachträglichen Einbau sehr vereinfachen. Dazu Ablagefach ausbauen, betreffenden Blinddeckel herausdrücken, Schalter (1) einschieben, der von seinen Spreizfedern (2) gehalten wird und zugehörigen Kabelstecker (4) auf die Kontaktzungen (3) des Schalters schieben. Der richtige Kabelstecker: Nebelscheinwerfer 5 Kabel, Nebelschlußleuchte 4 Kabel angeschlossen.

Zum Auswechseln der vorderen Binkerlampen brauchen Sie nur einen Kreuzschlitzschraubenzieher, mit dem die beiden Halteschrauben (2) des Blinkerdeckglases (1) gelöst und dieses abgezogen wird. Die Blinkerlampe etwas in ihre Fassung (4) eindrücken, damit ihre Sockelstifte aus den Kerben in der Fassung (schwarze Pfeile) gedrückt werden, die Lampe etwas verdrehen und herausziehen. Im Lampenspiegel (3) ist eingeprägt, daß eine 21-Watt-Lampe eingesetzt werden muß.

gegenüber dem Montagezapfen) eingerichtet oder der betreffende Scheinwerfereinsatz muß entsprechend ummontierbar sein.
Guten Einbausätzen von Hella oder Bosch sind selbstverständlich Schaltskizzen beigefügt. Bevor Sie jedoch an Ihrem Audi entsprechende Kabel zu ziehen beginnen, sollten Sie nachprüfen, ob Ihr Fahrzeug nicht bereits auf den Einbau von Nebellampen vorgerüstet ist. Vor allem ist schon der Platz für den Nebellampenschalter vorgesehen: Im Audi 100 und LS an der linken Kante des linksseitigen Ablagefachs (Bild Vorseite) und beim GL und Coupé in der Mittelkonsole. Auch wenn statt der Schalter an diesen Stellen Blindkappen eingesteckt sind, weil das Fahrzeug nicht schon serienmäßig mit Nebelleuchten ausgestattet wurde, sollten Sie sich die entsprechenden Spezialschalter bei der Audi-Vertretung holen und nicht jene Schalter mit Bohrmaschine und vielen Umständen einbauen, die vielleicht der Nebelscheinwerferpackung beigelegt sind.
Um an die Rückseite der Schalterleiste an der linken Seite des Ablagefaches heranzukommen, zuerst 2 Kreuzschlitzschrauben an der Oberkante des Ablagefaches innen herausdrehen, Ablagefach waagrecht herausziehen.
Schauen Sie nach dem Ausbau des Ablagefaches hinter diesem nach, ob dort »überflüssige« Mehrfachkabelstecker herumhängen, die dort bereits für Nebellampen vorinstalliert wurden. Vor allem, wenn an einem solchen Kabelstecker je ein grünes, ein graues, ein blau-rotes, ein grau-grünes und ein braunes Kabel angesteckt ist, besitzen Sie bereits die richtige Verkabelung. Mit der Prüflampe und der Prinzipschaltskizze kontrollieren, welche Bestimmung die einzelnen Kabel haben.

Lampenwechsel
Blinkleuchten

Kugellampe 21 Watt, Sockel BA 15 s. Sicherung Nr. 1 für ganze Blinkanlage zuständig; Blinker rechts schwarz-grüne, Blinker links schwarz-weiße Kabel. Den Ausfall einzelner Blinkerlampen erkennt man am kurzen Aufblitzen der Blinker-Kontrollampe in kürzeren Zeitabständen. Andere Blinkerstörungen siehe Seite 159. Als Blinkerlampe darf keine andere als die oben genannte Kugellampe mit 21 Watt (nicht mit 15 oder 18 Watt, die es mit gleichem Sokkel auch gibt) eingesetzt werden, denn das Blink-Relais ist, wie seine Aufschrift ausweist, speziell für 21 Watt eingerichtet. Andere Lampen verändern den Blinkrhythmus. Blinkerlampenaustausch siehe Bild oben.

Heckleuchte

Die Lampen der Heckleuchte sind vom Kofferraum aus zugängig. Aber die Heckleuchte am Audi 100 seit Herbst 74 ist unverständlicher Murks (gilt nicht

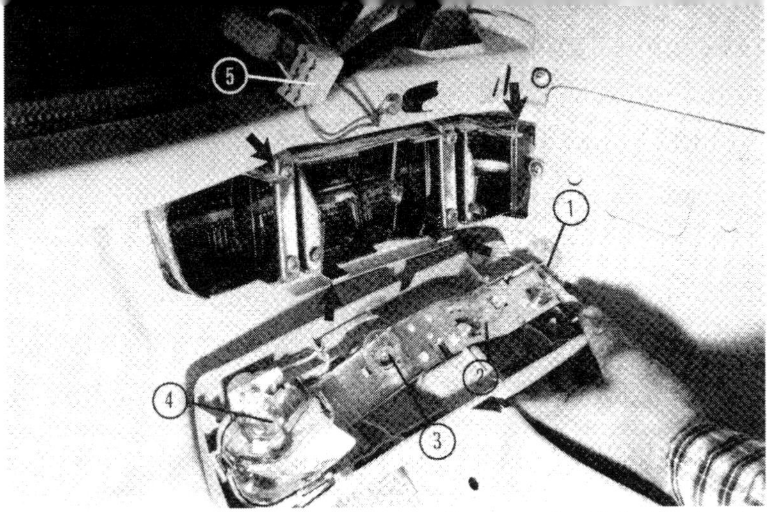

Eine defekte Heckleuchtenlampe wird vom Kofferraum her ausgetauscht. Dazu die 4 bruchempfindlichen Haltezungen (die 4 Pfeile zeigen darauf) nach außen drücken und den ganzen Lampenträger nach Abziehen des Mehrfachkabelsteckers (5) abnehmen. Im Lampenträger sitzen von der Wagenseite her das Blinklicht (1), die Zweifadenlampe des Schluß- und Bremslichtes (2), die Rückfahrleuchte (3) und in der linken Heckleuchte noch die auf Sonderwunsch erhältliche, aber in dieser Form nicht empfehlenswerte Nebelschlußleuchte (4).

für die vernünftige Heckleuchte des Coupé), denn die Abdeckhaube der Heckleuchte ist nicht etwa irgendwie angeschraubt, sondern mit 4 spröden Kunststoffzungen angeklemmt. Diese Zungen brechen leicht ab und man kann sehen, wie man die Abdeckhaube wieder festbekommt.

Mehr als dürftig ist auch die »integrierte Nebelschlußleuchte« in der linksseitigen Heckleuchte (siehe nachfolgender diesbezüglicher Abschnitt) und ein ausgesprochener Rückschritt ist die Kombination von Schluß- und Bremslicht (nächster Abschnitt). Also über diese Heckleuchte ist nichts Gutes zu sagen.

Die hinteren Blinkleuchten sitzen außen in der Heckleuchte. Kabelfarben und Sicherung der hinteren Blinklampen sind bereits im vorhergehenden Abschnitt beschrieben. Zum Austausch einer defekten Blinklampe die Abdeckhaube vom Kofferraum aus nach Anheben der leicht abbrechenden Klemmzungen abziehen, die defekte Glühlampe etwas in ihre Fassung drücken, dabei drehen und herausziehen. Wenn man beim Einbau der neuen Lampe deren Glaskolben mit der bloßen Hand angefaßt hat, diesen mit einem blütensauberen Taschentuch wieder abwischen (Handschweiß macht den Reflektor blind!).

Schluß- und Bremslicht

Zweifaden-Kugellampe 21/5 Watt, Sockel BAY 15 d (Sockelangabe BA 15 s in den Werksbetriebsanleitungen falsch!). Schlußlicht rechts: Sicherung Nr. 4, graurotes Kabel; Schlußlicht links: Sicherung Nr. 9, grau-schwarzes Kabel. Bremslicht: Sicherung Nr. 3, von dort schwarz-rotes Kabel zum Bremslicht-

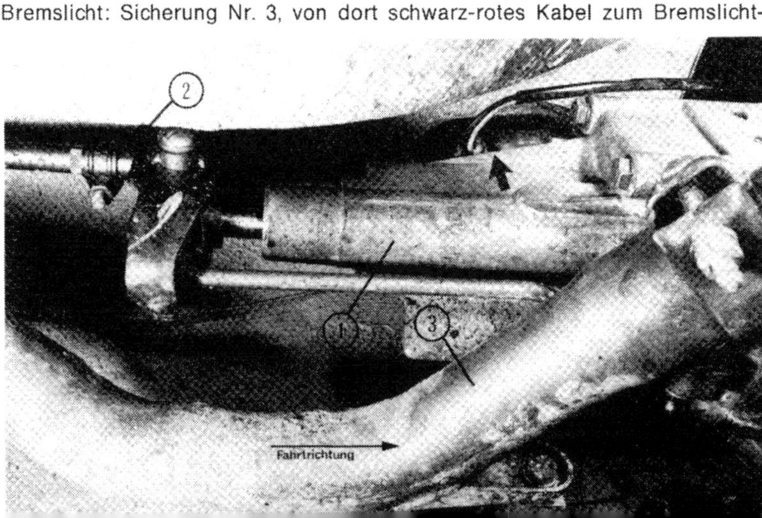

Bei diesem Blick senkrecht von unten gegen den hinteren »Getriebehals« (1) mit seinem, zum Schaltknüppel führenden Schaltgestänge (2), sieht man oben auf dem Getriebegehäuse den Rückfahrlichtschalter (schwarzer Pfeil). Der Schalter wird automatisch beim Einlegen des Rückwärtsganges vom Getriebe mitgeschaltet. In der Regel sind daran ein blau-rotes und ein schwarzes Kabel angeschlossen (siehe Stromwegplan in der hinteren Buchklappe). 3 – Auspuffrohr.

Die Nummernschildbeleuchtung sitzt in der Unterkante der Kofferraumhaube. Nach Lösen der beiden Kreuzschlitzschrauben nimmt man den ganzen Lampenträger aus dem Blechausschnitt (Pfeile) der Kofferraumhaube.

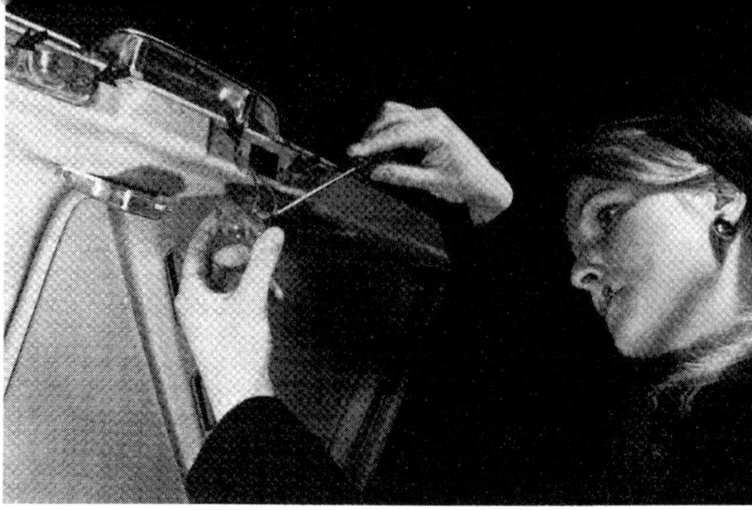

schalter (Bild Seite 156), weiter schwarz-rotes Kabel zu den Bremslichtern. Für die minderwertige integrierte Nebelschlußleuchte mußte Platz geschaffen und aus Platzmangel das Schluß- und das Bremslicht in einer Zweifadenlampe kombiniert werden. Das ist ein bedauerlicher Rückschritt, denn wegen eines defekten Glühfadens muß gleich die ganze Lampe weggeworfen werden. Wo diese kombinierte Lampe sitzt, zeigt das Bild Seite 153 oben.
Im Gegensatz hierzu hat das Coupé je eine eigene Lampe für die Schluß- und die Bremslichter mit 5 bzw. 21 Watt als Einfadenlampe mit Sockel BA 15 s.

Rückfahrscheinwerfer

Kugellampe 21 Watt, Sockel BA 15 s. Sicherung Nr. 2, von dort hellblau-rotes Kabel zum Rückfahrlichtschalter, von dort schwarze Kabel zu den Rückfahrscheinwerfern. Den Rückfahrlichtschalter zeigt das Bild Seite 153 unten.
Da Rückfahrscheinwerfer amtlich nicht vorgeschrieben und unterwegs auch nicht so notwendig sind, hat man mit ihren 21-Watt-Lampen auf jeden Fall eine Reserve für die lebenswichtigen Blinklichter, wenn man keinen Ersatzlampenkasten dabei hat.

Nebelschlußleuchte

Die bereits erwähnte Nebelschlußleuchte erhält man gegen Aufpreis als Sonderwunsch bei der Wagenbestellung. Man sollte diesen Wunsch durchaus äußern, obgleich die in die linksseitige Heckleuchte integrierte Nebelschlußleuchte nur von armseliger Wirkung ist. Denn das dafür vorgesehene 21-Watt-Lämpchen ist nicht heller als jenes der Brems- und Blinkleuchten und der windige Blechreflektor der Nebelschlußleuchte strahlt das Licht irgendwohin,

Wenn beim Öffnen einer Tür die Innenraumleuchte nicht einschaltet, obgleich sie beim Öffnen der anderen Tür funktioniert, liegt der Fehler zumeist im betreffenden Türkontaktschalter. Dessen Halteschraube herausdrehen (Pfeil zeigt auf die Bohrung), ganzen Schalter aus dem Türrahmen ziehen. Sitzen die Kabel (3) fest? Ist der Schaltkontakt (2) blank, so daß er bei Herausfedern des Kontaktstiftes (1) den Stromkreis zur Masse schließen kann? Alle Teile reinigen, korrodierte Stellen blankschaben. Ein Farbvergleich der angeschlossenen Kabel mit jenen an der Innenleuchte (Bild rechts oben) zeigt, welches Kabel von dort kommt und welches zum anderen Türkontaktschalter führt.

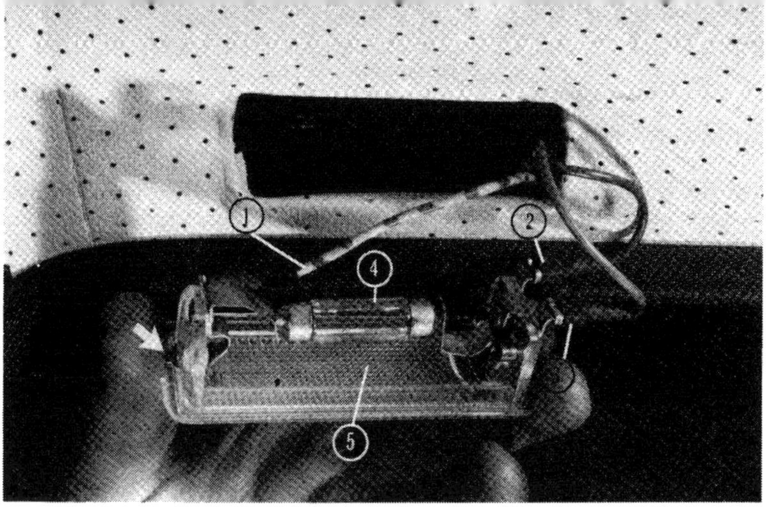

Wenn die Innenleuchte nicht brennen will, kann sowohl ein klemmender Türkontaktschalter als auch ein defektes Lämpchen (4) die Ursache sein. Zum Ausbau braucht man einen möglichst breitflächigen, flachen Schraubenzieher oder noch besser einen flachen Löffelstiel, um die Dachbespannung nicht zu beschädigen. Damit die ganze Leuchte heraushebeln. Das grau-grüne, rote oder rot-schwarze Kabel (1) bringt auch bei ausgeschalteter Zündung von Sicherung Nr. 3 Strom. Zum Aufleuchten des Lämpchens muß der Stromkreis je nach Schaltstellung des Abdeckglases entweder über das braune Kabel (2) direkt zur Masse oder über das braun-blaue Kabel (3) und einen Türkontaktschalter geschlossen werden.

nur nicht waagrecht zur Fahrbahn geradeaus nach hinten. Trotzdem hat die Montage dieser Nebelschlußleuchte den Vorteil, daß Kabel und Schalter bereits da sind, das Lämpchen kann man auch gebrauchen und nun kommt es nur noch darauf an, eine wirklich brauchbare Nebelschlußleuchte mit dem tatsächlich hellen Halogenlicht (z. B. die viereckige Hella Nr. 2 ZR 001 409-062 für etwa 30 DM) zu kaufen, das für die integrierte Nebelschlußleuchte zuständige Kabel aus dem Zentralstecker der Heckleuchte auszubauen, zu verlängern und die richtige Nebelschlußleuchte unter der Stoßstange hängend zu montieren.
Hinweis: Die helle Halogenlampe kann dicht nachfolgende Autofahrer erheblich blenden, wenn sie nicht richtig justiert ist. Deshalb öfter prüfen, ob der gebündelte Lichtstrahl vorschriftsmäßig parallel zur Fahrbahn gerichtet ist. So trifft der nur allmählich ansteigende Lichtstrahl erst den weiter entfernten Fahrer voll.

Kennzeichenleuchte

Röhrenlämpchen 4 Watt, Sockel BA 9 s. (wie für Standlicht) oder Soffittenlampe 5 Watt, Typ S 8,5 (wie für Innenleuchte). Sicherung Nr. 3, grünes Kabel ab Klemme K 2 des Hauptlichtschalters.
Zum Auswechseln eines defekten Lämpchens an der Unterkante des Kofferraumdeckels das betreffende Abdeckglas mit Kreuzschlitzschraubenzieher lösen, Abdeckglas vom Lampenträger abnehmen und das defekte Lämpchen aus der Fassung drehen.

Innenleuchte

Soffittenlampe 10 Watt, 41 mm lang. Sicherung Nr. 3, von dort Strom über weitere Stromverbraucherkontakte, die ebenfalls an Sicherung Nr. 3 angeschlossen sind, weiter mit zumeist hellgrau-grünem Kabel an Innenleuchte (Bild oben).
Wenn das Lämpchen nicht brennen will, zuerst einmal mit der Prüflampe feststellen, ob am grau-grünen Kabel überhaupt Strom anliegt. Ein brennunwilliges Lämpchen kann übrigens auch seine Ursache in zu weit auseinander gebogenen Klemmzungen haben. Lämpchen herausziehen, Zungen zusammendrücken, Lämpchen wieder einsetzen und mehrmals drehen, damit sich die Berührungsstellen blank schleifen.
Brennt die Innenleuchte trotz richtiger Schalterstellung beim Öffnen einer Tür nicht sofort (das passiert nach einigen Jahren in aller Regel an der besonders oft geöffneten Fahrertür), muß der betreffende Türkontaktschalter, wie im Bild links gezeigt, ausgebaut und gereinigt werden.

Mit freundlichen Grüßen

Auf verschiedene Weise kann der Autofahrer seiner verkehrsteilnehmenden Umwelt mitteilen, was er vorhat: Durch die tönende Hupe, die Lichthupe, die Blinker, die Warnblinkanlage und die Bremslichter.
Sehr höfliche Autofahrer merken nur zufällig, wenn ihr Signalhorn mal defekt ist – sie brauchen es gar nicht. Man sollte es mal probieren, es geht tatsächlich ohne Hupe, wenn man entsprechend aufmerksam und rücksichtsvoll fährt. Trotzdem muß die Hupe und ihre Sicherung in Ordnung sein.
Die Lichthupe ist amtlich nicht vorgeschrieben und sie hat auch nicht den Zweck, andere Autofahrer von der Fahrbahn oder Fußgänger vom Zebrastreifen zu scheuchen. Sie ist aber auch höflichen Autofahrern beim Überholen und nachts bei Annäherung an eine unübersichtliche Straßenkreuzung nützlich.
So sparsam man als kultivierter Autofahrer mit den beiden Hupen – Ton und Licht – umgehen sollte, so reichlich soll von den Blinkern Gebrauch gemacht werden, wenn man seine Richtung ändern oder zum Überholen seine Fahrbahn wechseln will.
Die Warnblinker dienen keineswegs dazu, das Parken »in der 2. Reihe« in einer verkehrsverstopften Straße zu ermöglichen – das kostet Bußgeld –, sondern zur Warnung vor ernsthafter Gefahr für andere Verkehrsteilnehmer. Kein direkter Einfluß besteht auf das Aufleuchten der Bremslichter, sie werden beim Tritt auf das Bremspedal automatisch mit eingeschaltet.

Das Bremslicht

Täglich sollte man prüfen, ob die beiden Bremslichter funktionieren, es macht auch gar keine Mühe – die Garagenwand hinter dem Wagen muß an zwei Stellen besonders hell rot aufleuchten, wenn Sie das Bremspedal treten. Oder Sie haben bei einem Verkehrsstau vor der roten Ampel Langeweile: Treten Sie mal aufs Bremspedal und schauen Sie dabei im Rückspiegel, ob die

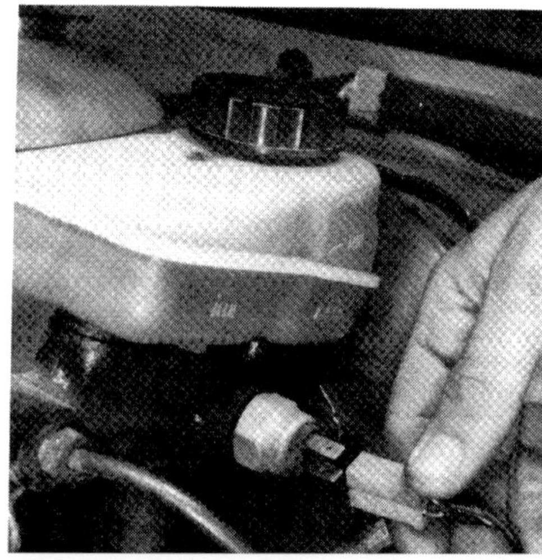

Im Motorraum hinten sitzt unter dem Bremsflüssigkeitsbehälter seitlich am Hauptbremszylinder ein Bremslichtschalter, der bei Flüssigkeitsdruck seine Kontakte schließt und damit die Bremslichter zum Aufleuchten bringt. Bei Fahrzeugen mit Automatik-Getriebe oder Sonderausstattung findet sich ein zweiter Bremslichtschalter auf der gegenüberliegenden Seite des Hauptbremszylinders, wodurch jeder der beiden Diagonal-Bremskreise einzeln erfaßt wird. Bei Versagen leuchtet die Bremswarnleuchte im Armaturenbrett auf.

Zu vielerlei Arbeiten an den elektrischen Einrichtungen und Armaturen muß das Lenkrad ausgebaut werden. Vergeblich sucht man zu Anfang jene Schrauben, die das ermöglichen. Die Arbeit beginnt auch mit der Abnahme der Hupentastenauflage ohne Werkzeug. Mit den Händen hebt man diese Polsterung aus ihren drei Fanglöchern (auf das untere zeigt der weiße Pfeil). Vorher werden die Vorderräder haargenau gerade gestellt, so daß eine Lenkradspeiche genau nach unten zeigt.

Scheinwerferspiegel des Hintermannes die beiden Bremslichter reflektieren. Und eine ausgefallene Bremslicht-Glühbirne sollte sofort ersetzt werden. Sind beide Bremslichter ausgefallen, probeweise Innenleuchte einschalten. Brennt Sie auch nicht, ist die Sicherung Nr. 3 nicht in Ordnung. Andernfalls kann es am Bremslichtschalter (Bild links unten) liegen, wie im Bildtext beschrieben.

Je nach Art der Bremsanlage sind ein oder zwei Bremslichtschalter am Hauptbremszylinder montiert. Je nachdem hat der Bremslichtschalter zwei oder drei Kontaktzungen und die jeweils passenden Kabelstecker. Bei dem Zweifachstecker ist es einerlei, welches Kabel an welche Schalterzunge kommt, denn der Bremslichtschalter ist nur ein einfacher Kontaktschließschalter. Beim Doppelsystem schließen die Dreifach-Kabelstecker Verwechslungen aus, sonst könnte bereits durch falsches Aufstecken der Kabelstecker der Stromkreis für die Bremslichter geschlossen werden. Am Doppelschaltersystem können also Zwei-Zungenschalter nicht montiert werden, wenn ein serienmäßiger Drei-Zungenschalter ausgetauscht werden muß. Das zusätzlich zu den bereits erwähnten rot-schwarzen (oder schwarz-roten) Bremslichtkabeln dort angeschlossene dritte Kabel (meist weiß mit feinem rotem Streifen) führt zum Zentralstecker der Computer-Diagnose. Im übrigen ist das Bremslicht des Audi 100 sehr zu loben, weil es auch bei ausgeschalteter Zündung (z. B. beim Abschleppen des Wagens) durch seine stets stromführende Klemme 30 a funktioniert.

Die Signalhörner

Wartungspunkt Nr. 21

Die Prüfung der Signalhörner ist der einfachste Wartungspunkt unserer Wartungsliste: Ein gelegentlicher Druck auf die Hupentaste gibt Auskunft. Spielt die Musik, ist schon alles erledigt, denn Wartung brauchen die Signalhörner nicht. Hört man jedoch nur ein müdes Gekrächze, dann sind entweder die Hörner durch Nichtgebrauch und eingedrungene Feuchtigkeit innerlich zusammengerostet oder auf dem Stromweg gibt es durch einen oxydierten Kontakt zu starken Spannungsabfall. Wenn es an einem der Hörner liegt, kann man an einer kleinen Sechskantschraube oder einer mit einem Lacktropfen gesicherten Schraube auf der Hupenrückseite noch Stimmversuche machen, aber meist hat das keinen Erfolg. Dann wird ausgetauscht, Signalhörner gibt es schon ab 18 DM, aber ebenfalls auch zum vielfachen Preis. Wegen der Doppelanlage sollten Sie beim Ersatz eines einzelnen Hornes darauf achten, daß beide zusammen einen »harmonischen Akkord« ertönen lassen – so verlangt es die Straßenverkehrs-Zulassungsordnung.

Die Hupentaste braucht zur weiteren Demontage des Lenkrades nicht von diesem abgeschraubt zu werden. Zu lösen ist lediglich der Hupenkabelanschluß (schwarzer Pfeil). Mit den 3 Kreuzschlitzschrauben der Hupentaste läßt sich lediglich die Andrückphase zur Signalgabe justieren. Nächster Schritt: Mit Steckschlüssel SW 27 (keinen Versuch mit einem normalen Gabel-Schraubenschlüssel machen! Das vermurkst die Mutter.) Die Lenksäulenmutter herausdrehen und Lenkrad bei genauer Geradeausstellung ruckelnd abziehen.

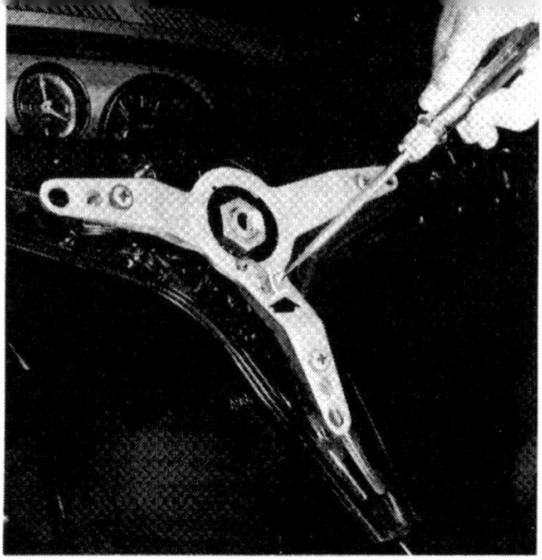

Zum Hupen muß allerdings die Zündung eingeschaltet sein, denn den Strom erhalten die Signalhörner von der nur bei eingeschalteter Zündung stromführenden Sicherung Nr. 2. Von der Sicherung führt ein Kabel zu einem Schaltrelais, das auf einer Quertraverse links von der Lenksäule hinter dem Armaturenbrett zu finden ist (Bild Seite 163). Dort teilt sich gewissermaßen der Strom und fließt auf der Ausgangsseite des Schaltrelais einerseits als »Arbeitsstrom« (Erläuterung siehe Seite 162) zu den Signalhörnern und über diese durch braune Kabel zur Masse und andrerseits vom Schaltrelais als »Schaltstrom« zur Hupentaste im Lenkrad, die ihrerseits über ein kurzes Kabelstück ebenfalls mit »Masse« verbunden ist. Beim Druck auf die Hupentaste wird der Schaltstromkreis geschlossen, wodurch im Schaltrelais ein Kontakt angezogen wird, der seinerseits den Arbeitsstromkreis zu den Signalhörnern schließt. Es hupt – oder auch nicht.

Die Hupe will nicht

Wenn der Druck auf die Hupentaste nichts bringt:

■ Bei eingeschalteter Zündung zuerst auch das Heizgebläse einschalten, es hängt ebenfalls an Sicherung Nr. 2. Rauscht es nicht, ist wahrscheinlich die Sicherung durch. Vor dem Austauschen aber erst einmal die Sicherung in ihren Kontaktzungen drehen und diese zusammendrücken, vielleicht hat sie nur schlechten Kontakt.

■ Ist die Sicherung in Ordnung, prüfen Sie mit einer Prüflampe an einem der Signalhörner, ob das schwarz-gelbe Kabel Strom liefert, wenn ein Helfer auf die Hupentaste drückt.

■ Brennt die Prüflampe, liegt's an den Signalhörnern selbst oder ihrem braunen Masseanschluß. Liegt kein Strom an, das zuständige Schaltrelais prüfen, ob an dessen Klemmen 85, 86 und 30 Strom anliegt.

■ Ist die »Stromzufuhr« am Schaltrelais in Ordnung, obgleich sich in den Hupen nichts rührt, muß der Hupentastenschalter im Lenkrad geprüft werden. Beschreibung dazu in den Bildtexten dieser Seiten.

Fingerzeige: *Falls Ihnen die serienmäßigen Hörner Ihres Audi nicht laut genug erscheinen oder defekt sind, dann stehen grundsätzlich zwei verschiedene Signalhorntypen zur Auswahl: Sogenannte Aufschlaghörner (das serienmäßige Signalhorn gehört dazu) und Fanfaren. Die Preßluft-Fanfaren erwecken dabei den Eindruck, daß sie viel lauter seien als das Aufschlaghorn. Das ist jedoch eine akustische Täuschung, denn die tellerförmigen Aufschlaghörner haben einen scheinwerferartig gerichteten Tonstrahl, der in*

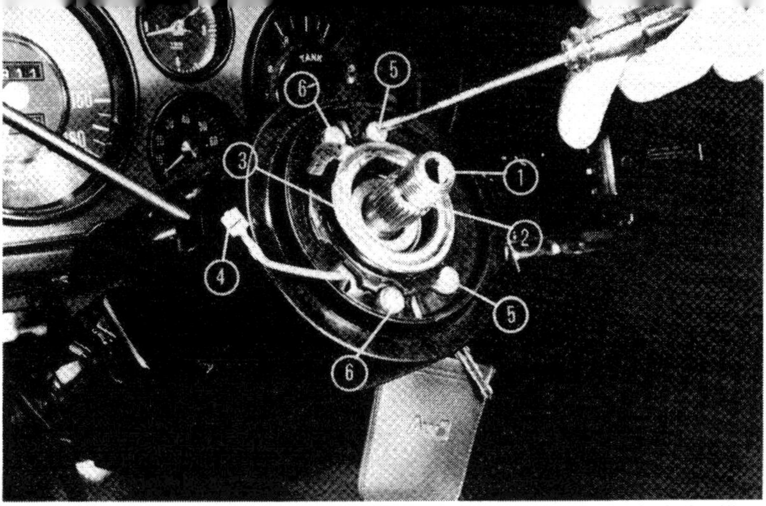

Erst nach Ausbau des Lenkrades ist die Demontage der Lenksäulenverkleidung möglich. Für die rechte Verkleidungshälfte sind die beiden Kreuzschlitzschrauben rechts (5) zuständig, die gleichzeitig den Hupenschleifring (3) halten. Für die linke Verkleidungshälfte sind die beiden linken Schrauben (6) zu lösen. Außerdem sitzen unten außen an jeder Verkleidungshälfte nochmals je eine Halteschraube (von der Armaturenbrettverkleidung halb verdeckt). Weiter bedeuten: 1 – Lenksäule; 2 – Gewinde der Lenksäulenmutter; 4 – Hupenkabel, von seinem Anschlußstecker abgezogen.

Wirklichkeit viel stärker den in Schallrichtung befindlichen Verkehrslärm durchdringt als die laut erscheinenden Fanfaren. Denn deren Mangel ist es, daß sie rundum gleichmäßig ihren dadurch in Fahrtrichtung schwächeren Ton abstrahlen.

Hupentaste prüfen

Um den Hupentastenschalter oder die an der Lenksäule montierten Schalter und ihre Kabelführungen zu prüfen, muß das Lenkrad und vielfach auch die Lenksäulenverkleidung demontiert werden. Letztere kann nicht für sich allein abgebaut werden, um beispielsweise das Zündschloß zu prüfen, auch dazu muß zuerst das Lenkrad abgenommen werden, wie das Bild auf der linken Seite oben zeigt. Zum Ausbau des Lenkrades braucht man allerdings einen Steckschlüssel SW 27 (mit einem Schraubenschlüssel SW 27 geht es nicht!), um die Lenksäulenmutter zu lösen. Man sollte sich an diese Arbeit nur wagen, wenn man einige handwerkliche Sicherheit hat. Denn an der Lenkung kann das Leben hängen. Lenksäulenmutter lösen und Lenkrad mit Hupentaste ruckelnd von der Lenksäule ziehen. Vorher werden die Vorderräder spannungsfrei genau geradeaus gestellt, damit die eine Achse im Lenkrad genau senkrecht zum Körper des Fahrers zeigt. Diese Stellung darf vor und beim Abziehen des Lenkrades nicht mehr geändert werden, sonst ist beim Wiederaufsetzen des Lenkrades kaum die richtige Geradeausstellung durch die Feinverzahnung der Lenksäule zu finden. Nun prüft man an der Unterseite des abgenommenen Lenkrades, ob der Kontaktstift einwandfrei ist und federt und an der Lenksäule (siehe Bild oben) den Hupenkontaktring und das dort angeschlossene Kabel. Ein kurzes Kabelstückchen zwischen dem Schleifring und der Lenksäule läßt sofort hören, ob der Fehler am Kontaktstift (Hupe tönt) oder auf dem Weg des Kabels (Hupe tönt nicht) liegt.

Blink- und Warnblinkanlage
Wartungspunkt Nr. 18

Kontrolle der Warnblink- und der Blinkanlage: Zuerst Druck auf die rote Warnlichttaste im Armaturenbrett rechts der Lenksäule – alle 4 Blinkerlampen und die rote Kontrollampe in der Schaltertaste müssen in gleichem Rhythmus brennen. Danach Zündung einschalten und Blinkerhebel am Lenkrad nach oben und dann nach unten drücken – die Blinkerlampen der jeweils eingeschalteten Seite müssen mit der grünen Kontrollampe im Armaturen-Instrument im »Gegentakt« aufleuchten. Welche Störungshinweise eine nicht oder falsch aufleuchtende Blinkerkontrollampe gibt, ist auf Seite 169 beschrieben. Wie eine defekte Blinkerlampe ausgetauscht wird, zeigt das Bild auf Seite 152.

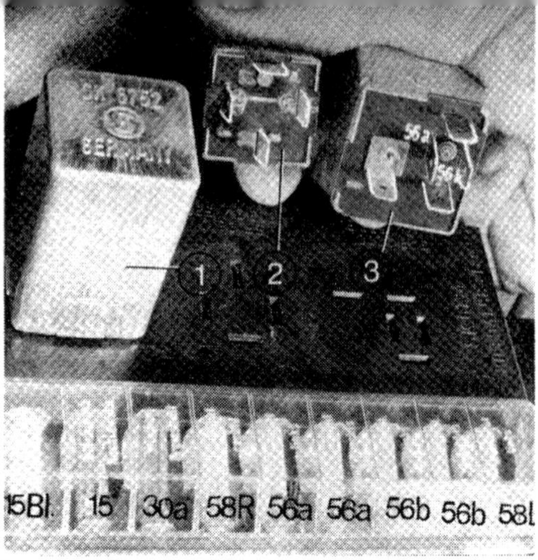

Auf dem Sicherungskasten im Fußraum vor dem Fahrer sitzen drei Schaltrelais, links das Blinker- und Warnrelais (1). Das Arbeitsrelais (2) und das Umschaltrelais (3) arbeiten zusammen, wobei das Arbeitsrelais bei eingeschaltetem Hauptlicht auf Kommando des Abblendhebels dem Umschaltrelais einen Stromstoß abgibt, so daß dieses von Fern- auf Abblendlicht, bzw. von Abblend- auf Fernlicht umkippt.

Richtungsblinken

Vielleicht ist Ihnen aufgefallen, daß Sie zum Warnblinken außer der Warnblinktaste gar nichts, zum Richtungsblinken aber zusätzlich die Zündung einschalten müssen. Dies entspricht der Vorschrift, daß das Warnblinken immer möglich sein muß, während das Richtungsblinken nur bei laufendem Motor erlaubt ist. Demgemäß erhalten die beiden Blinkanlagen ihren Strom aus verschiedenen Quellen. In beiden Fällen führt der Weg über die Warnblinkertaste. Sie hat demgemäß auf ihrer Rückseite eine Klemme 30 (immer Strom für Warnblinken, rotes oder rot-schwarzes Kabel) und eine Klemme 15a (Strom für Richtungsblinken bei eingeschalteter Zündung ab Sicherung Nr. 2, blau-rotes Kabel). Bei nichtgedrückter Taste ist der Warnblinkschalter von dieser Klemme 15a auf seine Ausgangsklemme 49 durchgeschaltet, die durch schwarz-rotes Kabel mit dem Eingang der Sicherung Nr. 1 verbunden ist, wo der Strom diese zum Blinker-Relais (links auf dem Sicherungskasten; Bild oben) durchläuft, an Klemme 49a des Sicherungskastens wieder herauskommt und von dort durch zwei schwarz-weiß-grüne Kabel zu Klemme 49a am Warnblinkschalter und 54 am Blinkerschalter fließt. Der bei eingeschalteter Zündung so an den Blinkerhebel durchgeschaltete Strom braucht von diesem nur noch nach rechts oder links »verteilt« zu werden, wobei das Blinker-Relais den Rhythmus angibt.

Die Blinkerkontrollampe leuchtet dabei im »Gegentakt« auf. Erklärung: Sie hängt zusammen mit der Öldruck-Kontrollampe an der bei eingeschalteter Zündung stromführenden Sicherung Nr. 2 (wie die Warnblinkertaste) und steht damit unter »Dauerstrom«, kann aber nicht leuchten, weil ihr Stromkreis nicht geschlossen ist. Denn mit ihrem anderen Kabel hängt sie sowohl an Klemme 49a des Warnblinkschalters wie auch an Klemme 54 des Richtungsblinkschalters, wo sich bei nicht eingeschalteter Blinkerei »nichts tut«. Wird der Blinkerhebel betätigt, hat der von der Kontrollampe kommende Strom in den Blinkrythmuspausen des Blinkrelais einen geschlossenen Stromkreis zur Masse über die eingeschalteten Blinklampen, die wegen des 3-Watt-Kontrollämpchens selbst nicht genügend Strom über dieses zum eigenen Aufleuchten bekommen.

Warnblinken

Wird dagegen die Warnblinktaste gedrückt, ist die Richtungsblinkanlage sozusagen »kaltgestellt«, indem die Stromzufuhr von Klemme 15 abgeschaltet und statt dessen jene von Klemme 30 am Warnblinkschalter auf Ausgangsklemme 49 durchgeschaltet wird. Wieder fließt der Strom über Sicherung Nr. 1 durch das Blink-Relais an die Klemme 49a am Warnblinkschalter und Klemme

54 am Blinkerhebel. Diesmal ist aber der Blinkerhebel nutzlos, denn im Warnblinkschalter ist bereits der an Klemme 49a ankommende Strom auf die beiden Klemmen L und R verteilt, so daß beide Blinkerseiten Strom erhalten. Die Blinkerkontrolle macht beim Warnblinken einen überraschenden »Sprung«, wenn Sie während des Warnblinkens die Zündung ein- oder ausschalten. Ist die Zündung ausgeschaltet, leuchten die grüne Blinkerkontrolle und die rote Kontrollampe in der Warnblinkertaste zusammen im gleichen Rhythmus mit den Blinkern auf. Beim Einschalten der Zündung ändert die grüne Blinkerkontrolle ihren Rhythmus und leuchtet nun im »Gegentakt« zur Warnblinkertaste und den Blinkern. Erklärung: Bei eingeschalteter Zündung erhält die Blinkerkontrollampe, wie im vorhergehenden Abschnitt bereits beschrieben, Dauerstrom von Sicherung Nr. 2 und kann nur aufleuchten, wenn die Blinklampen in ihrer »toten Phase« für sie die Verbindung zur Masse herstellen. Bei ausgeschalteter Zündung hat Sicherung Nr. 2 keinen Strom, sondern wirkt über die anderen angeschlossenen untätigen Stromverbraucher als »Minus«, so daß nun die Blinkerkontrolle von Klemme 49a des Warnblinkschalters »Plus-Strom« erhält, wenn das Blinkrelais ihn einschaltet.

Fehlersuche

Aus dieser Schaltung »einmal linksherum, einmal rechtsherum« ergibt sich die Fehlereinkreisung (Austausch defekter Blinklampen siehe Seite 152), wie sie auf Seite 169 beschrieben ist.
Muß der Blinkerschalthebel überprüft werden, siehe Seite 164.

Fingerzeig: *Fällt das Blinker-Relais aus, ist die Weiterfahrt ohne Blinkermöglichkeit äußerst gefährlich. Auch heftige Handzeichen können übersehen werden. Einfacher Notbehelf: Blink-Relais oben am Sicherungskasten (links) abziehen, durch kurzes Kabelstückchen oder Büroklammer als Kurzschlußbrücke die deutlich markierten Klemmen 49 und 49a (Vorsicht vor Klemme 31; darf nicht mitverbunden werden) verbinden und Relais wieder halb einsetzen. Bei Betätigung des Blinkerhebels brennt die eingeschaltete Blinkerseite auf »Dauerlicht«. Darum durch Handbetätigung des Blinkerhebels Blinker-Rhythmus imitieren.*

Die Lichthupe

Die Lichthupe des Audi funktioniert bei jeder Zündschloßstellung, also auch am stehenden Fahrzeug. Da muß, so viel wissen Sie jetzt, der Strom von einer stets stromführenden Klemme 30 kommen. So ist es auch und das auf dem Sicherungskasten rechts oben sitzende Licht-Relais erhält von der Sicherungskasten-Eingangsklemme 30 direkt Strom an seine Klemme 30. Das ist der »Arbeitsstrom« für die Klemme 56a (Fernlichtfäden der Scheinwerfer) des Licht-Relais. Der »Schaltstrom« dieses Relais fließt für die Lichthupe ab Klemme HP des Sicherungskastens durch ein hellblau-grünes Kabel an Klemme H des Kombischalters an der Lenksäule. Durch Anziehen des Kombi-(Blinker-)hebels wird durch Kontakt mit »Masse« der Schaltstromkreis geschlossen, das Licht-Relais rastet ein und gibt Lichtstrom an die Scheinwerfer.
Ist über den Lichtschalter Licht eingeschaltet, funktioniert der Kombihebel am Blinker-Abblendschalter genauso, nur bewirkt er in diesem Falle ein jedesmaliges Umkippen des Licht-Relais von Fern- auf Abblendlicht und umgekehrt durch einen Stromstoß, den das Licht-Relais diesmal von dem in der Mitte auf dem Sicherungskasten sitzenden »Arbeitskontakt-Relais« erhält. Wie dieses Relais arbeitet, ist im folgenden Kapitel beschrieben.

Guter Service

Eine ganze Herde eifriger Heinzelmännchen bemühen sich in einem modernen Auto, dem Fahrer das Leben leicht zu machen. Sie kontrollieren dies und jenes und zeigen es mit bunten Lämpchen an. Sie wischen ihm auf Knopfdruck die Windschutzscheibe sauber – beim Audi 100 mit besonders vielen Raffinessen –, fächeln ihm nach Wunsch kühle oder warme Luft zu, sagen ihm, wann er tanken muß, tauen ihm die Heckscheibe auf und helfen ihm beim Einschalten dieses oder jenes Stromverbrauchers. Beim Audi funktioniert das alles elektrisch und ist zumeist auf dem Armaturenbrett vor dem Fahrersitz versammelt.

Mancher hätte da gerne noch mehr Apparaturen, etwa ein Ölthermometer, ein Amperemeter, einen Glatteiswarner, einen Höhenmesser, bis hin zum teuren Speedpilot für Rallye-Fahrten, die einschlägige Industrie hat da allerhand erfunden. Davon läßt sich einiges bei etwas Geschick auch selbst einbauen. Das ist zum Beispiel bei den Zusatzgeräten von VDO der Fall, unter welchen viele speziell auf dieses oder jenes Automodell abgestimmt sind – man kann aus Listen also leicht feststellen, welches Gerätemodell sich im Audi 100 am besten montieren läßt – und man erhält ebenso von VDO (VDO-Tachometer-Werke, Gräfstraße 103, 6 Frankfurt 90), auf Anforderung eine jeweils auf den Audi 100 zugeschnittene und leicht verständliche Einbauanleitung.

Anderen Autofahrern sind aber die vorhandenen Instrumente bereits zuviel und sie brauchen etwa am Audi 100 einige Monate, bis sie endlich wissen, wie man kalte oder warme Luft da oder dort hinblasen bzw. ganz abstellen kann. Oder sie schauen zu selten auf das Kombi-Instrument und wundern sich, wieso ihr Audi plötzlich mit leergefahrenem Tank stehenbleibt.

Die Schalt-Relais

Der Audi 100 ist mit Schalt-Relais reichlich gesegnet, vor allem, wenn zusätzliche Stromverbraucher eingebaut werden. Diese Hilfsarbeiter, die wir in den vorhergehenden Kapiteln schon einigemal erwähnt haben, sind sehr nützlich, aber sie verwirren oft den auto-elektrik-interessierten Heimwerker (manchmal auch den Mann in der Werkstatt), denn der Stromweg, an dem man bei einer Störung des betreffenden Stromverbrauchers entlangkontrollieren muß, ist nicht auf den ersten Blick erkennbar – er geht sozusagen um die Ecke. Daher hier eine Prinzip-Erläuterung, die für alle serienmäßigen und zusätzlichen Schalt-Relais im Audi (auch für das Arbeitskontaktrelais auf dem Sicherungskasten) gilt, vom Blink-Relais (Nr. 1 S. 160), vom Licht-Umschaltrelais (Nr. 3 Bild S. 160) und vom Wischer-Wascher-Verzögerungsrelais (Seite 172) abgesehen. Aber auch diese funktionieren ähnlich, sind jedoch mit zusätzlichen Fähigkeiten ausgestattet.

Ein Schalt-Relais ist immer zu empfehlen, wenn ein Verbraucher hohe Stromansprüche stellt. Leitet man statt dessen seinen Strom auf langen Kabelwegen über den zugehörigen Schalter, gibt es nachteiligen Spannungsverlust

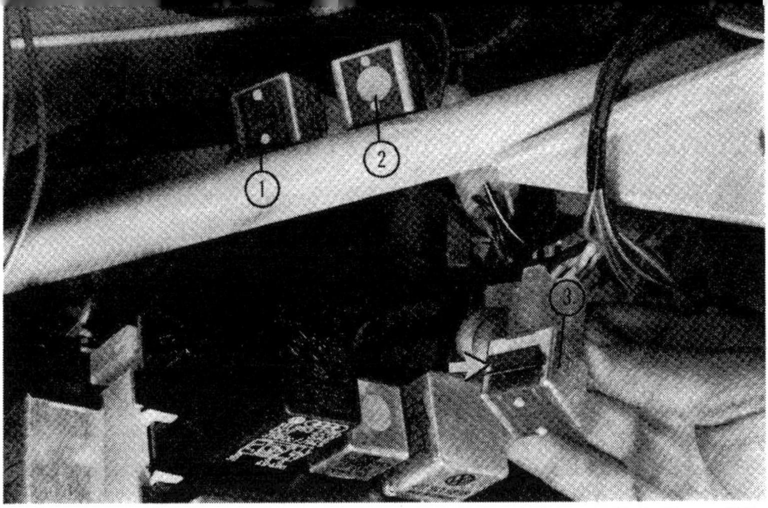

Die auf Seite 160 im Bild gezeigten Schaltrelais reichen für die Erfordernisse des Audi 100 nicht aus. Es sind weitere für die Heckscheibenheizung (2), für Nebelscheinwerfer (1), Signalhörner (3) und weitere zusätzliche Stromverbraucher notwendig. Sie haben ihren Platz auf einer Querstrebe hinter der linksseitigen Armaturenbrettverkleidung über dem Sicherungskasten. Sie werden mit einer Klemmfeder (weißer Pfeil an »3«) hinten auf die Querstrebe aufgeschoben. Die Kabelfarben an den Schaltrelais zeigen im Vergleich mit dem Stromwegplan in der hinteren Buchklappe, um welche Schaltrelais es sich handelt, wobei die Schaltrelais für Nebelscheinwerfer und Signalhörner vom gleichen Typ sind.

und die Schalterkontakte werden durch den hohen Stromzufluß übermäßig beansprucht – sie korrodieren bald. So benutzt man den Schalter nur für den ganz geringen »Schaltstrom«, mit dem nicht direkt der Stromverbraucher, sondern dessen Relais eingeschaltet wird. In diesem Relais wird dabei mittels einer Magnetspule ein kräftiger Kontakt gegen Federdruck angezogen, wobei sich der Stromkreis für den »Arbeitsstrom« schließt. Diesen Arbeitsstrom hat man auf möglichst kurzem Wege direkt von der Batterie oder der Lichtmaschine (in der Regel von der stets stromführenden Klemme 30) an das Relais herangeführt und leitet ihn von dort auch wieder auf möglichst kurzem Wege an den Stromverbraucher, wenn die Schaltkontakte geschlossen sind.

Bei dem ganzen Problem muß man etwa an moderne Kraftwerke und dergleichen denken, in denen heute ja auch nicht mehr mit riesigen Zweihandschalthebeln der Strom ein- und ausgeschaltet werden muß, sondern ein winziges Knöpfchen und Schwachstrom in einer Schalttafel völlig ausreichen, um vermittels Relais die weit entfernte Hochspannungsturbine einzuschalten.

Die Normklemmenbezeichnungen sind an den Schalt-Relais gut markiert und zumeist ist außen auch noch eine Schaltskizze aufgeprägt oder aufgemalt. Ist ein Fehler in einem Schalt-Relais zu vermuten, kontrolliert man zuerst mit der Prüflampe, ob an Klemme 30 Strom ankommt. Dann wäre bei Betätigung des zugehörigen Schalters zu prüfen, ob die Klemme 85 Strom bekommt und die Klemme 86 abgibt. Dazu zieht man die am Relais angeschlossenen Stekker halb ab, um mit der Prüflampennadel an die Klemmenzunge zu kommen. Zuletzt müßte nun bei betätigtem Relais die Klemme 87 Strom für den Verbraucher abgeben. Wenn sie das nicht tut, wissen Sie schon, wie man sich in der Not helfen kann: Büroklammer oder kurzes Drahtstückchen zwischen die Klemme 30 und 87, aber achtgeben, daß weitere Kontakte nicht berührt werden. Dann hat der Stromverbraucher Dauerstrom, man kann ihn nur nicht mehr mit dem Schalter ausschalten, sondern muß die Kurzschlußbrücke am defekten Relais beseitigen.

Der Kauf eines solchen Schalt-Relais (Preis etwa 8 DM) lohnt und empfiehlt sich immer für Zusatzfanfaren, Zusatzlampen, Heckscheibenheizung usw.

Schalterstörungen

Wartungspunkte Nr. 17 und 18

Im Laufe mehrerer Jahre können die Kontakte in den Schaltern korrodieren, was Spannungsabfall zur Folge hat. Wenn die Schalter nur einen Schaltstrom an ein Relais weitergeben, hat es weniger Bedeutung, weil die Korrosion schon sehr stark sein muß, bis das Relais auf den »gedämpften« Strom nicht mehr anspricht. Gibt der Schalter aber direkt Strom an einen Stromverbrau-

Muß der Kombischalter (1) für Blinken, Lichthupe, Parklicht und Abblenden oder der Wischer-Waschershalthebel (2) überprüft werden, zuerst das Lenkrad ausbauen (siehe Seite 157), danach Lenksäulenverkleidung demontieren (Seite 159) und zuletzt den betreffenden Hebelschalter abschrauben (je zwei Kreuzschlitzschrauben; weiße Pfeile zeigen auf die des Blinkerhebels), falls eine Prüflampenkontrolle an den angeschlossenen Kabeln einen Fehler zeigt oder die Schaltkontakte schadhaft sind. Die Bedeutung der einzelnen Kabelfarben ist aus dem Stromwegplan in der hinteren Buchklappe zu erkennen. Außerdem sind in der Kabelanschlußplatte zahlreiche Klemmennormbezifferungen eingeprägt. Das einzelne Kabel (3), in der Regel blau-braun, führt zum Hupenkontaktring (Bild Seite 159).

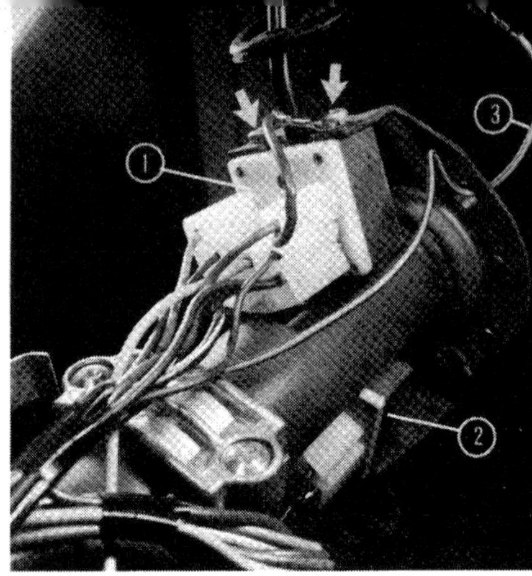

cher ab, bewirkt Spannungsabfall verminderte Leistung dieses Verbrauchers. Wie in diesem Falle ein Spannungsabfall innerhalb eines Schalters festgestellt werden kann, ist im nächsten Abschnitt beschrieben.

Hebelschalter am Lenkrad

Ist eine Störung in einem der beiden Hebelschalter am Lenkrad zu vermuten, muß zur direkten Nachprüfung und zum eventuellen Austausch eines der beiden Schalter zuerst das Lenkrad ausgebaut werden, wie in den Bildern auf Seite 157 und 158 gezeigt. Nach dem anschließenden Ausbau der Lenksäulenverkleidung sind die Rückseiten der beiden Hebelschalter mit den angeschlossenen Kabelsteckern zugänglich (Bild oben).
Wenn im oder am Schalter eine Störung zu vermuten ist, gilt natürlich der erste Blick den angeschlossenen Kabeln und ihren Steckern. Scheinen die Kabel in Ordnung, diese abziehen, bzw. mit feinem Schraubenzieher vorsichtig abhebeln und den Hebelschalter abbauen (2 Kreuzschlitzschrauben). Beim Bewegen des Schalthebels darauf achten, ob die Kontaktzungen, soweit erkennbar, blank, sauber und nicht verbogen sind. Wenn sich der Fehler damit noch nicht finden läßt, die schaltbaren Stromdurchgänge prüfen.
Dazu den betreffenden Hebelschalter auf eine Arbeitsplatte legen, eine geladene Autobatterie dazuholen, je ein Kabel an Plus- und Minuspol der Batterie klemmen, wobei am Ende des Minuskabels eine Prüflampe angeschlossen werden muß. Dann wird das Pluskabel an die zu prüfende Stromeingangsklemme gelegt und entsprechend der Hebelstellung an der zuständigen Ausgangsklemme festgestellt, ob die Prüflampe brennt. Andernfalls ist der Stromdurchgang im Schalter unterbrochen. Bei dieser Prüfung zeigen der Schaltplan in der hinteren Buchklappe und die in aller Regel in die Schalter neben den Kontaktzungen eingeprägten Normklemmenbezeichnungen, wo die Prüfkabel angelegt werden müssen. Dies sind die schaltbaren Stromdurchgänge:

■ Blinker-Abblendhebel (links): Lichthupen- und Abblendimpuls H — 31; Parklicht P — PL, P — PR; Blinklicht 54 — L, 54 — R.

■ Wischer-Wascherhebel (rechts): Wascherpumpe 86 — 31; Wischermotor 2. Geschwindigkeitsstufe 53a — 53b; Wischermotor 1. Geschwindig 53a — 53; Wischermotor Endabschaltung S — 53; Wischerintervallrelais 53a — J.

Kipptastenschalter, Drucktastenschalter

Im Gegensatz zu früheren Audi-100-Modellen herrscht bei den Modellen ab Herbst 74 eine vernünftigere Schalterordnung: Rechts der Lenksäule im Armaturenbrett als Kipptastenschalter Hauptlicht und Warnblinken, links im

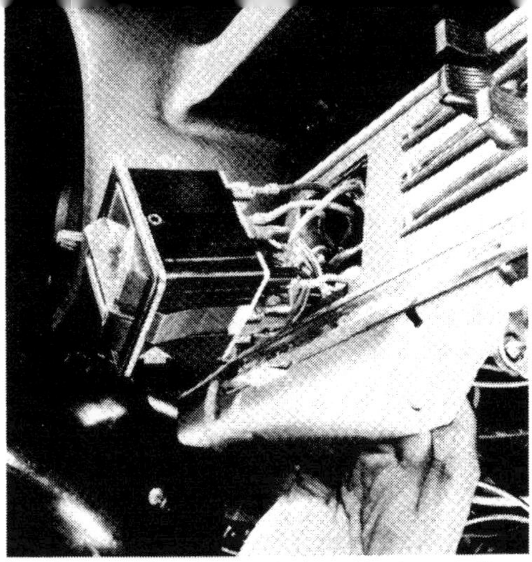

Der Schaltersatz für Licht und Warnblinken kann erst nach Abnahme der unteren Armaturenbrettverkleidung (auf Seite 128 beschrieben) erfolgen. Von der Armaturenbrettrückseite her müssen Sie mit feinem Schraubenzieher die untere Klemmzunge (weißer Pfeil) anheben, dann läßt sich der Schalter aus dem Armaturenbrett drücken. Nach dem Wiedereinbau mit Spiegel hinter der Armaturenbrettrückseite prüfen, ob die ziemlich knapp bemessenen Kabel alle einwandfrei fest sitzen.

Rand des Ablagefachs als Drucktastenschalter die »Schlechtwetterschalter« Heckscheibenheizung, Nebellampen und Nebelschlußleuchte.
Wie die Drucktastenschalter im linken Ablagefachrand ausgebaut werden, ist im Bild auf Seite 151 gezeigt.
Auch bei dem Schaltersatz für Hauptlicht und Warnblinken muß von der Armaturenbrettrückseite her geschoben werden, um ihn auszubauen. Er ist ebenfalls nur in das Armaturenbrett geklemmt. Versuche, ihn von der Armaturenbrettvorderseite her herauszuhebeln, haben in der Regel Kratzer und verdrückte Chromumrandung zur Folge. Wie man es richtig macht, ist im Bildtext oben beschrieben.

Schalterbeleuchtung

Beim Einschalten der Zündung glimmt im Warnblinkschalter ein rotes, im Nebelschlußlichtschalter (wenn eingebaut) und im ab Herbst 75 serienmäßigen Heckscheibenheizungsschalter je ein grünes Lichtchen, unabhängig vom Einschalten sonstiger Beleuchtung. Dieses Glimmen wird durch einen besonderen Schalttrick ermöglicht:
An diesen Schaltern liegt (siehe Schaltplan in der hinteren Buchklappe) je eine Klemme 15a, die bei eingeschalteter Zündung Strom bringt. Von dieser Klemme führt jeweils ein Stromweg, in den ein kleiner Widerstand eingebaut ist, zum Schalterlämpchen. Durch den Widerstand brennt das Lämpchen nicht hell, sondern glimmt still vor sich hin. Erst bei geschalteter Drucktaste erhält das Lämpchen (1,2 Watt, Glassockel) volle Spannung und brennt hell. Bei dem Warnlichtschalter ist das rote Blinken Beweis, daß die Blinkerlampen im gleichen Rhythmus aufleuchten, bei dem Schalter der Nebelschlußleuchte ist das grüne Licht jedoch kein Beweis, daß die Nebelschlußleuchte auch tatsächlich brennt – man sieht das nur an dem rot angestrahlten Nebel hinter dem Wagenheck. Das gilt ebenfalls für den Schalter der Heckscheibenheizung – beim hellen Leuchten weiß man nur, daß Strom am zuständigen Schaltrelais auf der Querstrebe hinter dem Armaturenbrett für die Heckscheibe zur Verfügung steht. Ob er dort ankommt, ist eine andere Frage.

Kontrollampen prüfen

Wartungspunkt Nr. 19

Wenn im Kombi-Instrument ein defektes Kontrollämpchen (oder ein Anzeigerinstrument) ausgetauscht werden soll, muß mindestens die Instrumentenrückseite freigelegt oder das ganze Instrument ausgebaut werden. Das ist nicht schwierig und im Bild Seite 166 oben gezeigt. Den Austausch des defekten Lämpchens zeigt das Bild auf der nächsten Seite unten.
Falls Ihnen ein Kontrollämpchen zu dunkel erscheint, können Sie es auch

Zum Ausbau des Kombi-Instruments zuerst an der Unterkante der oberen Armaturenbrettpolsterung links vom Lenkrad 2 und rechts davon 5 Kreuzschlitzschrauben herausdrehen und die obere Polsterfläche behutsam abziehen (meist etwas angeklebt). Darunter wird das Kombi-Instrument von 2 langen Sechskantbolzen gehalten, an deren Enden je eine Sechskantmutter SW 7 sitzt (Schraubenschlüssel ist auf linksseitige angesetzt). Darauf läßt sich die dunkle Abdeckhaube an der Instrumentenrückseite abnehmen und unter Beobachtung mit einem Handspiegel oder von außen durch die Windschutzscheibe das defekte Lämpchen austauschen, wie im Bild unten gezeigt. Bei tiefer sitzendem Lämpchen das Kombi-Instrument etwas anheben und zu sich hinziehen. Die angeschraubte Tachowelle hemmt allerdings den Bewegungsspielraum. Sie ist mit einer Rändelschraube angeschraubt, die sich anfangs mit einer Kombizange und dann von Hand abdrehen läßt. Zum Herausnehmen des Instrumentes dann noch den Zentralstecker (an
des Instrumentes dann noch den Zentralstecker (an
Nr. 4 im Bild rechts oben) abhebeln und Einzelkabel (z. B. am Drehzahlmesser) abziehen und das Kombi-Instrument herausheben.

einmal mit einem 5-Watt-Lämpchen anstelle der serienmäßigen 3-Watt-Lampe mit gleichem Sockel W 2,1 x 9,5 d versuchen. Allerdings kann es dann nachts blenden. Große Heimwerker basteln sich einen regelbaren Widerstand, ein Potentiometer wie für die Instrumentenbeleuchtung, in den Kabelweg.

Kontroll-Instrumente prüfen
Wartungspunkt Nr. 20

Die Kontrolle ist sehr einfach: Zündschlüssel einschalten und sofort müssen die rote Ladekontrolle und die orangefarbene Öldruck-Kontrolle aufleuchten. Gleich danach muß sich der Zeiger der Kraftstoffanzeige bewegen und den Kraftstoffbestand im Tank melden. Die Nadel der Kühlmittel-Temperaturanzeige bewegt sich erst nach einiger Zeit, wenn der Motor betriebswarm zu werden beginnt. Die grüne Blinkerkontrolle blinkt erst bei Betätigung der Richtungs- oder Warnblinkanlage.

Da der Ausbau des Kombi-Instrumentes nicht schwer ist, läßt sich auch ohne große Schwierigkeiten ein defektes Anzeigeinstrument austauschen. Das lohnt sich, denn solche Geräte sind teuer und man kann sich für wenige Mark auf dem Autofriedhof von einem abgewrackten Audi 100 ein intaktes Instrument erstehen oder wenigstens die Einbaukosten sparen.

Der Spannungskonstanthalter

Er sitzt auf der Rückseite des Kombi-Instrumentes (siehe Bild unten) und hat die Aufgabe, eine stets gleiche Spannung an Kraftstoff- und Temperaturanzeige im Kombi-Instrument zu liefern, damit diese Zeigergeräte auch bei unterschiedlicher Batteriespannung genau anzeigen.

Falls Sie den Eindruck haben, daß sowohl die Kraftstoff- wie auch die Kühl-

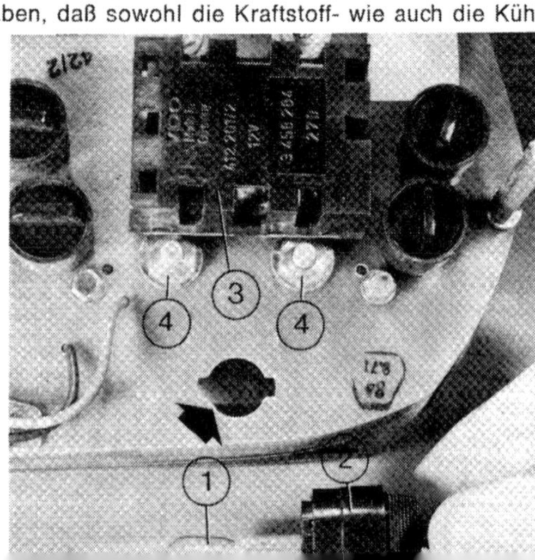

Defektes Lämpchen am Kombi-Instrument (Ausbau oben beschrieben) austauschen: Steg der Lampenfassung (2; hier bereits ausgebaut) mit zwei Fingern fassen, ewas eindrücken und nach Vierteldrehung die ganze Fassung mit Lämpchen aus seiner Halterung (schwarzer Pfeil; hier Instrumentenbeleuchtung) nehmen. Das Lämpchen (1) läßt sich ohne weiteres aus seiner Fassung ziehen. Weiter bedeuten: 3 – Spannungskonstanthalter; 4 – Halteschrauben der Kraftstoffanzeige.

Die Rückseite des ausgebauten Kombi-Instrumentes: 1 – Tachometer; 2 – Zeituhr; 3 – Drehzahlmesser; 4 – Steckanschluß für den Zentralstecker; 5 – Spannungskonstanthalter; 6 – Drehschalter (Potentiometer) für die Instrumentenbeleuchtung; 7 – Lämpchen der Instrumentenbeleuchtung; 8 – Fernlichtkontrolle; 9 – Öldruckkontrollampe; 10 – Blinkerkontrolllampe; 11 – Ladekontrolle. Unter (9) und (11) je eine unbenutzte Halterung für weitere Kontrollämpchen.

temperaturanzeige falsch anzeigen (bei Falschanzeige an nur einem Gerät ist eher das Gerät selbst schuld), dann liegt bei dieser gemeinsamen Falschmeldung oft der Fehler am Spannungskonstanthalter. Falls Ihnen ein gutes Voltmeter mit mindestens 1 Kilo-Ohm/V zur Verfügung steht, können Sie den Konstanthalter selbst prüfen. Dazu muß außerdem die Batterie einwandfrei geladen sein.

■ Im Kofferraum Geber der Kraftstoffanzeige freilegen (siehe Seite 78) und das lila-schwarze Kabel (Nr. 3 im Bild auf Seite 78) abziehen. An dessen Stecker das eine Kabel des Meßgerätes und das andere an das braune Massekabel (Nr. 4 im Bild) anklemmen.

■ Zündung einschalten. Das Voltmeter muß 10 Volt bei höchstens 0,2 Volt mehr oder weniger anzeigen.

■ Motor von Helfer starten lassen und bei verschiedenen Drehzahlen kontrollieren, ob sich die Voltanzeige verändert.

■ Verändert sich die Spannung auch nicht bei unterschiedlichen Drehzahlen, ist der Konstanthalter in Ordnung und der Fehler ist in den Anzeigeinstrumenten zu suchen. Ändern sich die Meßwerte, ist der Konstanthalter defekt. Da es eine ganze Reihe unterschiedlicher Konstanthalter gibt, ist der für Ihren Audi 100 passende in der Regel nur bei einer VW-Audi-Werkstatt zu bekommen.

Kraftstoffanzeige

Nach dem Einschalten der Zündung dauert es eine kleine Weile, bis der Zeiger der Kraftstoffanzeige seine endgültige Stellung eingenommen hat. Diese

Beim 100- und 112-PS-Motor sitzt der Temperaturfühler (Pfeil) für die Kühlwassertemperatur oben hinten auf dem Motorblock (85-PS-Motor nächste Seite). Der Temperaturfühler erhält über das Anzeigeinstrument »Plus-Strom« (blau-rotes Kabel) und stellt über einen temperaturunabhängigen Widerstand Verbindung zur Masse her, so daß die Anzeigenadel je nach Wirkung des Widerstandes ausschlägt.
Bei Störung Kapsel abziehen, wie hier gezeigt, und bei eingeschalteter Zündung mit Kabelende an Masse tippen – das Anzeigegerät muß ausschlagen. Wenn ja, Temperaturfühler defekt – austauschen.

»Trägheit« ist beabsichtigt, damit der während der Fahrt im Tank umherschwappende Kraftstoff den Zeiger nicht zum ständigen Wackeln bringt.
Das Anzeigegerät erhält seinen Strom bei eingeschalteter Zündung von Sicherung Nr. 2 über den Spannungskonstanthalter. Über das andere Kabel ist das Anzeigegerät mit dem Geber im Tank (Funktionsbeschreibung Seite 77) verbunden, wo der Stromkreis über Masse geschlossen wird.

Temperaturanzeige

Sie erhält »Plus-Strom« zusammen mit der Kraftstoffanzeige ebenfalls von Sicherung Nr. 2 über den Spannungskonstanthalter. Sowohl beim 85-PS-Motor wie auch beim 100/112-PS-Motor sitzen die Temperaturfühler am hinteren Ende des Motorblocks, um dort der gerade frisch aufgeheizten Kühlflüssigkeit »den Puls zu fühlen«, aber sie sind etwas unterschiedlich angeordnet, wie die beiden Bilder auf dieser und der letzten Seite unten zeigen.

Öldruckkontrolle

Die gelbe Öldruck-Kontrolle erhält von Sicherung Nr. 2 bei eingeschalteter Zündung »Plus-Strom«. Sie brennt, wenn ihr Stromkreis über den Öldruckschalter (Bild unten) bei fehlendem Öldruck zur Masse geschlossen ist. Steigt der Öldruck im Schmiersystem des Motors, öffnet der Kontakt im Öldruckschalter, der Stromkreis wird unterbrochen, die Öldruck-Kontrolle verlischt. Der Öldruck ist bei kaltem und daher zähem Motoröl höher, so daß die gelbe Lampe schon bei geringen Motordrehzahlen erlöscht. Beim Wiederstarten eines im Hochsommer heißgefahrenen Motors mit dementsprechend dünnflüssigem Motoröl ist der Öldruck geringer und die Öldruckkontrollampe erlischt erst bei höheren Drehzahlen.
Brennt die gelbe Lampe während der Fahrt, so ist das ein Alarmzeichen. Natürlich kann es auch ganz harmlos sein, weil der Öldruckschalter defekt ist oder weil das hellblau-schwarze Kabel zwischen Kontrollampe und Druckschalter irgendwo Kurzschluß zur Masse hat. Aber in der Regel zeigt die Lampe, daß der notwendige Öldruck zur Schmierung aller Motorteile aus irgendeinem Grund nicht aufgebaut wird, manche Teile demnach trocken laufen. Es besteht beim gelegentlichen Aufleuchten auch diese Möglichkeit: Der Ölstand nähert sich der Minimum-Marke am Ölpeilstab. Zuerst tritt dieses Aufleuchten bei starkem Beschleunigen und scharfer Kurvenfahrt auf. Aber es ist bestimmt nicht ratsam, sorglos weiterzufahren. Zuerst soll deshalb beim Aufleuchten der Kontrollampe der Ölstand geprüft werden. Es ist auch möglich, daß das Motoröl aus irgendeinem Grund auf den letzten Kilometern Straße verteilt liegt, weil sich beispielsweise die Ölablaß-Schraube lockerte. Ebenso kann eine Schmierstelle defekt sein, so daß das Motoröl ohne Widerstand aus

Beim 85-PS-Motor sitzen am hinteren Ende des Motorblocks übereinander der Öldruckschalter (1) und der Thermofühler (2) des Kühlsystems. Am 100- und 112-PS-Motor ist der Öldruckschalter an der rechten Motorseite unten genau zwischen dem hinteren Ende der Lichtmaschine und der Ölfilterpatrone zu finden. Fehlt der Öldruck oder ist er zu schwach, stellt ein Kontakt im Öldruckschalter Verbindung zur Masse her, so daß die gelbe Öldruckkontrollampe aufleuchtet. Zur Kontrolle der Anzeige das angeschlossene Kabel (in der Regel blau-schwarz) am Öldruckschalter abziehen oder losschrauben und bei eingeschalteter Zündung blankes Kabelende gegen Masse drücken. Wenn die Öldruckkontrolle jetzt brennt (durch Helfer beobachten lassen), sind Stromzufuhr, Anzeigelämpchen und Kabel in Ordnung, aber der Ödruckschalter ist defekt. Das kommt allerdings seltener vor als Ölundichtigkeit, die ebenfalls einen Austausch des Öldruckschalters erfordert.

dem defekten Lager läuft. Der Fehler kann auch an einer schadhaften Ölpumpe liegen, was allerdings ein seltener Fall wäre. Wenn sich der Fehler nicht unterwegs als harmlos herausstellt, ist ein Abschleppen zur nächsten Werkstatt unvermeidbar, falls kein größerer Motorschaden riskiert werden soll.
Wenn beim Einschalten der Zündung die gelbe Öldruckkontrolle nicht aufleuchtet, muß man der Ursache nachgehen, denn die wichtige Öldruckkontrolle darf nicht fehlen. Es kann an einer defekten Sicherung Nr. 2 liegen, wenn gleichzeitig auch die Kraftstoffanzeige nicht funktioniert. Auch das Kontrolllämpchen selbst kann durchgebrannt sein, wenn die Sicherung Nr. 2 in Ordnung ist, das ist aber ein seltener Fall. Ebenso kann die Störungsursache im Öldruckschalter liegen. Dessen Prüfung ist im Bildtext unten beschrieben.

Drehzahlmesser

Selbst wenn er nicht bereits im neu gekauften Audi 100 eingebaut ist, läßt sich ein Drehzahlmesser sehr leicht einbauen, denn es ist bereits alles darauf vorbereitet. Man sollte natürlich den für den Audi 100 in Größe und Beschriftung angepaßten Transistor-Drehzahlmesser von VDO (Bestell-Nr. 333.230/36/1) kaufen und braucht nach Ausbau des Kombi-Instrumentes nur den Blinddeckel mit dem Schaltschema zu lösen und dafür den Drehzahlmesser einzusetzen. Von der Plus-Klemme (+) des Instruments wird ein blau-rotes Kabel zur Sicherung Nr. 2 (oder an ein von dort herkommendes Kabel) gezogen. Klemme 1 des Drehzahlmessers wird durch ein schwarzes Kabel mit Klemme 1 der Zündspule verbunden. An die Minus-Klemme (-) kommt ein kurzes braunes Kabel, das mit einer Halteschraube des Drehzahlmessers am Gehäuserahmen verschraubt wird. Der Drehzahlmesser hat vor allem die nützliche Aufgabe, auf den Gasfuß des Fahrers etwas beruhigend zu wirken, denn ein wild tanzender Zeiger zeigt erhöhten Kraftstoffverbrauch und erhöhten Motorverschleiß an. Vor allem soll er vor den motorschädigenden Überdrehzahlen schützen.

Blinker- und Warnblinkkontrollen prüfen

Wartungspunkt Nr. 18

Warum die grüne Blinkerkontrolle beim Richtungsblinken im »Gegentakt« zu den aufleuchtenden Blinklampen, beim Warnblinken jedoch je nach aus- oder eingeschalteter Zündung mal im »Gegentakt«, mal im gleichen Rhythmus wie die Blinkerlampen aufleuchtet, ist bereits auf Seite 160 erklärt.

- Wenn die Blinkerkontrolle in irgendeiner Weise »stolpert« oder nur rhythmisch kurz aufblitzt, ist in der Regel eine Blinkerlampe defekt (Seite 152).
- Bleibt die Blinkerei oder Warnblinkerei »stehen«, brennt also Dauerlicht statt Blinklicht, liegt der Fehler im Blink-Relais (Nr. 1 im Bild auf Seite 160), dessen Kontakte in diesem Fall vermutlich verschmort sind.
- Verändert sich der Blink-Rhythmus während der Einschaltung, z. B. bei höheren Motor-Drehzahlen, ist ebenfalls das Blink-Relais nicht in Ordnung.
- Funktioniert zwar das Warnblinken, aber nicht das Richtungsblinken bei eingeschalteter Zündung, ist Sicherung Nr. 2 defekt (zusätzlicher Beweis: Ölkontrolle brennt nicht beim Einschalten der Zündung, glimmt aber beim Warnblinken mit).
- Funktioniert weder Warnblinker noch Richtungsblinker, brennt aber bei eingeschalteter Zündung und gedrücktem Blinkerhebel oder Warnblinkerschalter die grüne Kontrolle auf Dauerlicht, ist möglicherweise die Sicherung Nr. 1 defekt. Falls nicht, ist die Ursache im Relais der Blinkanlage zu suchen.
- Funktioniert entweder das Warnblinken oder das Richtungsblinken nicht und brennt auch die grüne Blinkerkontrolle nicht auf Dauerlicht, ist der Fehler im betreffenden Schalter (siehe Seite 164) oder in der zugehörigen Verkabelung (gelöste Kabelklemme) zu suchen.

Blick von der Fahrzeugunterseite auf das linksseitige (in Fahrtrichtung) Antriebsgelenk am Getriebegehäuse. Dicht daneben am Getriebedeckel der Tachowellenantrieb (unterer weißer Pfeil). Die Tachowelle ist daran durch eine lange Überwurfmutter mit Riffelung und Kerben befestigt, die man, wie im Bild gezeigt (oberer weißer Pfeil), mit einem kurzen Schraubenzieher abdrehen kann, wenn die Tachowelle ausgetauscht werden muß.

Das Tachometer
Wartungspunkt
Nr. 22

Zwar wird das Tachometer nicht elektrisch betrieben, doch beruht die Wirkung des Geschwindigkeitsmessers auf einem ringförmigen Magneten, der durch die biegsame Antriebswelle Wirbelströme erzeugt, die ihrerseits wieder eine darüber gestülpte Metallglocke mit Zeiger mit sich zu ziehen versuchen, es erzeugt also seine eigene Betriebs-Elektrizität.
Die Tachometerwelle bedarf keiner besonderen Pflege. Ist sie gebrochen oder macht sie durch eine zitternde Tachonadel darauf aufmerksam, daß sie bereits einen Knick hat und bald brechen wird (Ursache für die zitternde Tachonadel kann aber auch eine verschlissene Antriebsschnecke am Getriebe sein), muß die Welle baldmöglichst ausgetauscht werden.
Am Tachometer ist nichts zu reparieren, es muß ausgetauscht werden.
Die Tachometerwelle ist oben am Anzeigegerät mit einer Überwurfmutter befestigt, die man bei den ersten Gängen meist nur mit einer Kombizange lösen kann. Am unteren Ende steckt die Tachometerwelle je nach Getriebeausführung oberhalb des linksseitigen Antriebsgelenks im Getriebegehäuse (Bild oben) oder vorne oben auf dem Getriebegehäuse direkt hinter der Kupplungsglocke (vom Motorraum aus zugänglich).
Beim Einbau einer neuen Welle darauf achten, daß der Metallschlauch an keiner Stelle zu stark gebogen oder geknickt wird. Sie muß glatt und ohne Zwang durch ihre Gummitüllen geführt werden. Auch wenn es gut gemeint ist, darf man eine neue Tachowelle an ihren Anschlußstücken nicht einfetten, denn das Fett würde durch die Wellendrehungen in das Tachometer gefördert und verklebt dort das Anzeigesystem.

Wenn die Scheibenwascherdüse vor der Windschutzscheibe verstopft ist, liegt dies meist an unsauberem Wascherbehälter oder an Flockenbildung durch unterschiedliche Wascherzusätze. Die Wascherdüse muß dann mit einem ganz feinen Blumendraht (an der Düse rechts) von außen aufgebohrt werden. Spritzt das Waschwasser in eine falsche Richtung, läßt sich der Kugelkopf mit der Düse durch eine hineingesteckte Nadel entsprechend verdrehen.

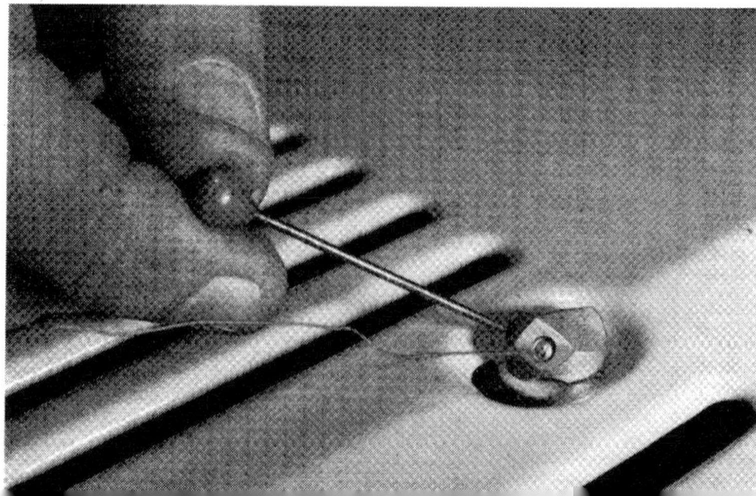

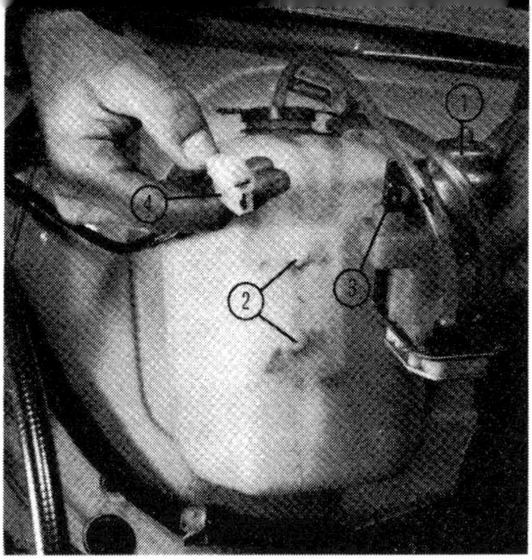

Der Wasserbehälter der Scheibenwaschanlage mit der daran befestigten Wascherpumpe (1). Links der abgezogene Zweifachkabelstecker (4) und rechts die zugehörigen Kontaktanschlüsse (3) am Pumpenmotor, am Wasserbehälter die Haltenocken (2) für den Haltebügel der Wascherpumpe, die dort ohne Werkzeug abgezogen werden kann. Die kleinen Pfeile auf den angeschlossenen Schlauchleitungen zeigen die vorgeschriebene Strömungsrichtung des Waschwassers an.

Scheiben-wischer und -wascher

Wartungspunkte Nr. 2 und 28

Nur in ganz abgelegenen Gegenden kommt man heute noch mit reinem Leitungswasser im Wascherbehälter aus, denn es ist nicht nur Regenwasser und Ackererde, die uns auf die Windschutzscheibe geblasen wird, sondern mannigfaltige Abgasrückstände, Öldunst, Silikon aus Lackpflegemitteln usw. Das läßt sich mit sauberem Wasser allein nicht lösen und bei regnerischer Nachtfahrt hat man dann auf der Winschutzscheibe die sichtraubende Schlierenbildung. Da muß ein entsprechendes Lösungsmittel ins Waschwasser, das aber auch den Lack nicht angreifen darf. Es wird da vielerlei an Tankstellen, in Kaufhäusern und Geschäften angeboten, aber nicht alles taugt etwas.

Auch der an sich billige Brennspiritus schafft das nicht und ist für manche Lacke gefährlich, wenn die Sonne auf die Rückstände brennt. Am besten schnitt beim ADAC-Test der Wascher-Zusatz Pingo Ice cleaner ab und wir machten ebenfalls damit die besten Erfahrungen. Man erhält ihn vor allem an Tankstellen.

Nicht immer spritzt das Scheibenwaschwasser auf der Windschutzscheibe dorthin, wo man es haben will – entweder zu kurz oder über die Scheibenoberkante hinaus. Wie sich in diesem Falle die Scheibenwaschdüsen vor der Windschutzscheibe mit Hilfe einer feinen Stecknadel justieren lassen, ist im Bildtext links unten beschrieben.

Fingerzeig: *Die nützliche fett- und silikonbeseitigende Wirkung guter Scheibenwascherzusätze bleibt leider nicht auf die Windschutzscheibe beschränkt, sondern man merkt es auch auf dem Fahrzeugdach, wo der Fahrwind das Scheibenwaschwasser hintreibt. Meist erkennt man die Entfettung auf dem Wagendach bei Regen an den zerfließenden Tropfen in einem strahlenförmigen Bereich in der Windrichtung der Scheibenwascherdüsen, während nebenan die Wassertropfen perlen – ein Zeichen, daß dort der Lack noch konserviert ist. Darum muß in der Regenzeit das Wagendach öfter mal mit einem guten Lackkonservierer (keinen Lackreiniger und keine Lackpolitur verwenden!) erneut gegen das Auslaugen des Lacks geschützt werden.*

Scheibenwascherpumpe

Sie sitzt an der Vorderseite des Wascherbehälters und wird elektrisch betrieben. Wie man sie dort demontieren kann, zeigt das Bild oben.

Die Wascherpumpe erhält ständig Strom ab Sicherung Nr. 3 (Klemme 30 a; bei älterer Schaltausführung auch von Sicherung Nr. 2, Klemme 15a). Ein vom Waschermotor zum Hebelschalter rechts am Lenkrad führendes Kabel schließt den Stromkreis, wenn der Schalterhebel zum Lenkrad gezogen wird.

An der inken Seite des Sicherungskasten sitzt das Verzögerungsrelais (1) der Wisch-Wasch-Anlage. Im Anschlußstecker (2) sind die vom und zum Relais führenden Kabel zusammengefaßt. Funktionsbeschreibung und Fehlererkennung im untenstehenden Text.

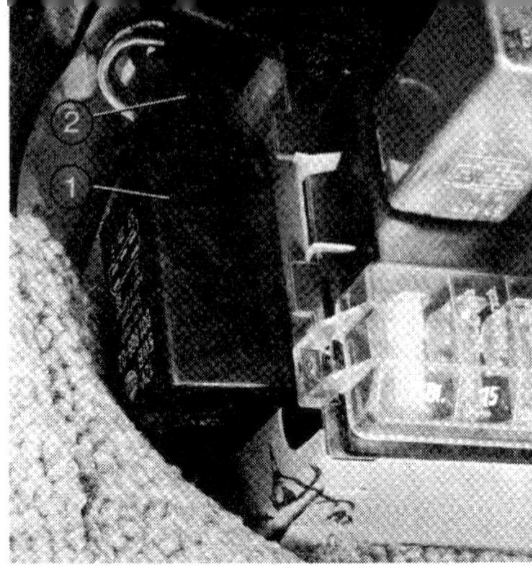

Bei Störung zuerst prüfen, ob genügend Wasser im Behälter ist, dann hören, ob die Pumpe arbeitet. Wenn nicht, am Kontakt des blau-roten Kabels an der Pumpe mit Behelfsprüflampe kontrollieren, ob dort Strom anliegt. Dann Kabelweg zum Kombihebel am Lenkrad überprüfen (Schalterausbau siehe Bild Seite 164). Dort liegt bestimmt ein Defekt, wenn auch das Verzögerungsrelais die Scheibenwischer nicht einschaltet.

Verzögerungs- und Intervallrelais

Die vielfältigen Schaltungen der Wischer-Wascher-Anlage des Audi 100 steuert ein Verzögerungs- und Intervallrelais, das an der linken Seite des Sicherungskastens montiert ist (Bild oben) und elektronisch arbeitet. Zur Fehlersuche haben wir die manchmal etwas verwirrenden Stromwege zusammengestellt. Nehmen Sie bei der Störungssuche auch den Schaltplan in der hinteren Buchklappe und die Beschreibung der Stromwege im Wischer-Wascher-Schalter rechts am Lenkrad auf Seite 164 zu Hilfe:

■ Bei eingeschalteter Zündung erhält das Relais ständig Strom von Sicherung Nr. 2 an seine Klemme 15.

■ Beim Zug des Wascherhebels zum Lenkrad erhält es zusammen mit der Wascherpumpe an seine Klemme 86 einen Stromimpuls, der »mit Verzögerung« im Relais den Strom von Klemme 15 zu seiner Ausgangsklemme S durchschaltet, von wo er über Klemme S des Wischerschalthebels zu Klemme 53 des Wischermotors gelangt. Das Relais gibt dabei aber nur kurz Strom für einige Wischerbewegungen.

■ Wird der Wischerschalthebel in die 1. Raste hochgezogen, erhält das Re-

Der Scheibenwischermotor (1) und das Wischergetriebe (2) sitzen hinten rechts (in Fahrtrichtung gesehen) unter der Hinterkante der Motorhaube. Weiter bedeuten: 3 – Lagerbock der Wischeranlage; 4 – Kabelschlauch zum Wischermotor (Kabelanschlüsse nicht von außen zugänglich); 5 – eine der drei Halteschrauben der Wischeranlage am Lagerbock; 6 – Wischergetriebewelle; 7 – Kugelgelenk des Wischergestänges (läßt sich mit Schraubenzieher drehend abhebeln).

lais an seine Klemme J von Klemme J des Wischerschalters Dauerstrom, der vom Relais in einzelne Impulse zerhackt wird, die wieder über die Klemmen S den Wischermotor in Zeitabständen zu einer einzelnen Wischbewegung veranlassen.

■ Beim Zug des Wischerschalthebels am Lenkrad in seine 2. und 3. Raste wird der Strom in diesem direkt zum Wischermotor für die beiden Geschwindigkeitsstufen der Wischbewegung durchgeschaltet und das Intervallrelais ist dabei »arbeitslos«.

Hat eine eingehende Prüfung ergeben, daß das nützliche Verzögerungs- und Intervallrelais nicht vorschriftsmäßig funktioniert, ist Reparatur nicht möglich, es muß ausgetauscht werden.

Scheibenwischermotor

Mit dem Wischerschalter können die Wischerblätter in 2 verschiedenen Geschwindigkeiten in Gang gesetzt werden. Beim Ausschalten bleiben die Wischerblätter nicht sofort stehen, sondern sie laufen bis zu ihrer Endstellung. Das bewirkt nicht etwa eine Rückholfeder, sondern ein im Wischermotor eingebauter Nockenschalter, der den über Klemme 53a unabhängig vom Wischerschalter zugeführten Strom (kommt von Sicherung Nr. 3) erst bei dieser Wischerendstellung unterbricht.

Das kann sich im Winter bei starkem Schneetreiben oder Eisregen aber auch zum Nachteil auswirken, wenn die Wischerblätter durch den dicken Schnee ihre Endstellung nicht erreichen. Dann liegt weiter Strom am Wischermotor. Weil dieser sich aber nicht mehr drehen kann, brennt er durch. In diesem Falle also unbedingt aussteigen, Wischerblätter von der Windschutzscheibe abheben und so in Endstellung laufen lassen.

Ist der Wischermotor aber doch durchgebrannt, muß der Motor ausgetauscht werden. Weil ab Sicherung Nr. 3 dauernd Strom am Wischermotor liegt, muß entweder das Minuskabel der Batterie gelöst oder zumindest die Sicherung Nr. 3 herausgenommen werden.

Dann am Wischermotor Sechskantmutter (SW 10) der Wischergetriebewelle (Bild links unten) lösen und Kurbelarm nach oben abziehen. Nun die 3 Querschlitzschrauben am Lagerbock herausdrehen und den Motor zusammen mit den angeschlossenen Kabeln herausnehmen.

Die Scheibenwischerblätter

Nur selten bringen die Wischerblätter ein wirklich einwandfreies Wischfeld zustande. Da hilft ein gelegentliches Abreiben der gesamten Windschutzscheibe mit Sidol, das alle Fett- und Silikonrückstände von der Windschutzscheibe noch besser entfernt als die Scheibenwascherzusätze (die trotzdem

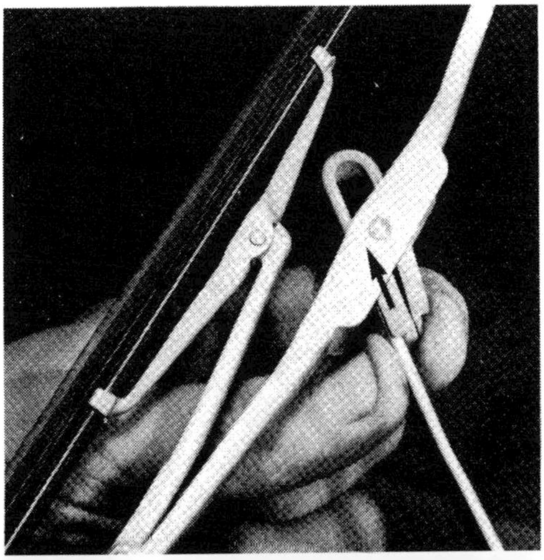

Zum Auswechseln verbrauchter Wischerblätter diese zusammen mit dem Wischerarm von der Windschutzscheibe abklappen, die Wischerblätter über den Wischerarm umkippen, die Arretierungsfeder (zwischen den Fingern gezeigt) zusammendrücken, bis ihre Nocke aus der Raste des Wischerarmes austritt und Wischerblatt entgegen der Pfeilrichtung aus dem Haltebogen des Wischerarmes aushängen. Dann durch den breiteren Austritt im Wischerblattbogen nach außen ziehen.
Der Einbau des neuen Wischerblattes erfolgt umgekehrt, wobei das Wischerblatt in der gezeigten Pfeilrichtung fest in den Armbogen geschoben werden muß.
Mindestens einmal im Jahr –besser alle halbes Jahr – soll das Wischerblatt vor dem Fahrersitz durch ein neues ersetzt werden, während das dort montierte vor den Beifahrersitz kommt. Versuche, die Gummilippen statt dessen mit Schleifpapier wieder anzuschärfen, haben keinen vernünftigen Erfolg.

Soll der Wischerarm abgenommen werden, zuerst mit einem feinen Schraubenzieher die Kunststoffabdeckkappe (liegt links neben dem Wischerarm) von der Wischerwelle abhebeln, danach Wellenmutter mit Ring- oder Rohrsteckschlüssel SW 13 abdrehen und Wischerarm von der Kerbverzahnung der Wischerwelle hebeln. Die links auf dem Bild in die Waschdüse gesteckte Nadel zeigt, wie man den Kugelkopf der Düse in die richtige Richtung stellt. Ist die Düse verstopft, läßt sie sich mit einem feinen Blumendraht wieder reinigen.

nicht überflüssig sind). Vor allem wenn ein eifriger Tankwart die Windschutzscheibe mit einem verfetteten Fensterleder putzt, bringen bei später einsetzendem Regen auch gute Wischerblätter nur ein schleches Sichtfeld.
Weil sich die scharfkantigen Gummilippen der Wischerblätter mit der Zeit auch selbst abnutzen und der Gummi spröde wird, sollten Sie wenigstens einmal im Jahr, möglichst im Herbst vor ihrer Schwerarbeiter-Saison, die Wischerblätter erneuern. Austausch des Wischerblattes wird auf der Vorseite im Bild gezeigt. Beim Einsetzen des neuen Wischerblattes muß die Haltefeder einwandfrei einrasten.

Die Heckscheibenheizung

Ab Herbst '75 ist die Heckscheibenheizung bei allen Audi-100-Modellen bereits serienmäßig eingebaut, vorher war sie als Sonderwunsch zu haben. Wie der in Betrieb grün leuchtende Drucktastenschalter aus dem linken Rahmen des Ablagefachs ausgebaut werden kann, ist im Bild auf Seite 151 gezeigt. Wenn beim Druck auf diesen Schalter dessen grünes Lämpchen aufleuchtet, ist dies noch kein Beweis, daß die Heckscheibenheizung tatsächlich funktioniert, denn das Schalterlämpchen hat eigene »Stromzufuhr«, wie auf Seite 165 beschrieben.
Zur Heckscheibenheizung gehört eines der im Bild auf Seite 163 gezeigten Schaltrelais auf der Quertraverse hinter dem Armaturenbrett links von der Lenksäule. Da nach Ausbau des Ablagefaches die Kabel gut sichtbar sind, kann man ihren Weg zwischen Klemme 86h des Schalters und Klemme 86 des Schaltrelais (zuständig für den Schaltstrom des Relais: siehe Seite 162) einerseits und den Klemmen 87hc an Schalter und Relais (zuständig für das Aufleuchten des grünen Kontrollämpchens im Schalter) andererseits leicht verfolgen und das zuständige Schaltrelais finden.
Am Schaltrelais liegt auch bei ausgeschalteter Zündung an der Klemme 30 ständig Strom von der Zusatzsicherung Nr. 2 als Arbeitsstrom an. Er kann aber erst tätig werden, wenn die nur bei eingeschalteter Zündung stromführende Schaltertaste mit dem Schaltstrom diesen Arbeitsstrom einschaltet, der dann über die Relaisausgangsklemme 87h zur Heckscheibe fließt.
Bei Störungen an der Heckscheibenheizung sollten Sie zu allererst einmal nach den beiden an der Heckscheibe rechts und links unten angeklemmten Kabeln (auf der einen Seite Stromzufuhr, auf der anderen Seite Verbindung zur Masse) sehen. Denn nach unseren Erfahrungen werden die Kabelstecker durch auf der Hutablage umherrutschende Gegenstände immer wieder mal von ihren Klemmzungen gedrückt.

Auf Schritt und Tritt

Die Kupplung sitzt zwischen Motor und Getriebe auf der Kurbelwelle. Sie besteht aus dem Motorschwungrad, dem daran angeschraubten Kupplungsträger mit Kupplungsdruckplatte, der Kupplungsscheibe (Mitnehmerscheibe) und dem Ausrücklager. Die Kraft des Motors (genauer das Drehmoment) wird durch die Reibung zwischen der Mitnehmerscheibe und den Reibflächen von Druckplatte und Schwungrad übertragen.
Beim Auskuppeln betätigt das Kupplungspedal über den Kupplungsseilzug den Ausrückhebel (in Fahrtrichtung links am Getriebegehäuse). Dieser drückt mit der Ausrückwelle das Ausrücklager gegen die Segmente (tortenförmige Ausschnitte) der Membranfeder. Das Ausrücklager übernimmt die Federkraft, die Druckplatte wird entlastet und bei völlig durchgetretenem Pedal zurückgezogen, so daß die Mitnehmerscheibe im Raum dazwischen frei umlaufen kann.

Kupplungs-Unarten

Obgleich die Kupplung ständig getreten wird, ist sie eines der anspruchslosesten Teile im Auto. Jedoch auch beim Treten kommt es auf das Wie an. Wer das Pedal nur bedient, wenn er wirklich schaltet, wird der Kupplung zu hoher Lebenserwartung verhelfen. Die anderen sind die »Kupplungsfahrer«: Sie mogeln sich vor dem Einbiegen in eine Straße oder vor dem Passieren einer Kreuzung um das Schalten herum, indem sie die Kupplung so lange treten, bis sie wieder Gas geben. Resultat: Die Kupplung kann dabei schleifen, das heißt, die Kupplungsflächen reiben unter Hitzeentwicklung aufeinander. Das gibt vorzeitigen Verschleiß.

Rutschende Kupplung

Durchrutschen bedeutet, daß die Kupplung nicht mehr die volle Motorkraft übertragen kann, also nicht mehr einwandfrei verbindet. In schlimmen Fällen liegt die Ursache darin, daß durch Motoren- oder Getriebeöl die Reibflächen des Kupplungsbelages verschmutzt sind, oder daß durch übermäßige Hitzeentwicklung – z. B. durch häufige Rennstarts – der Belag verbrannt ist. Dann vermag auch die größte Anpreßkraft nicht genügend Reibung zum Übertragen des Drehmoments zu erzeugen. Aber auch eine sorgsam behandelte Kupplung kann durch allmählichen Verschleiß so abmagern, daß die Reibpartner einfach nichts mehr zu fassen bekommen – wo keine Anpreßkraft hinkommt, kann auch keine Reibungskraft erzeugt werden. In diesen Fällen wird man die Unarten der Kupplung meist erst bemerken, wenn beim Fahren im vierten Gang (in dem die dem Motor abverlangte Leistung am größten ist) der Motor bei Belastung »durchgeht«, d. h. auffallend schneller dreht, als es der Fahrgeschwindigkeit entspricht.
Da durch Gewöhnung an schlechte Kupplungseigenschaften größerer Schaden entstehen kann (Schwungscheibe und Druckplatte können durch die große Hitzeentwicklung Wärmerisse bekommen, was einen Ersatz unumgäng-

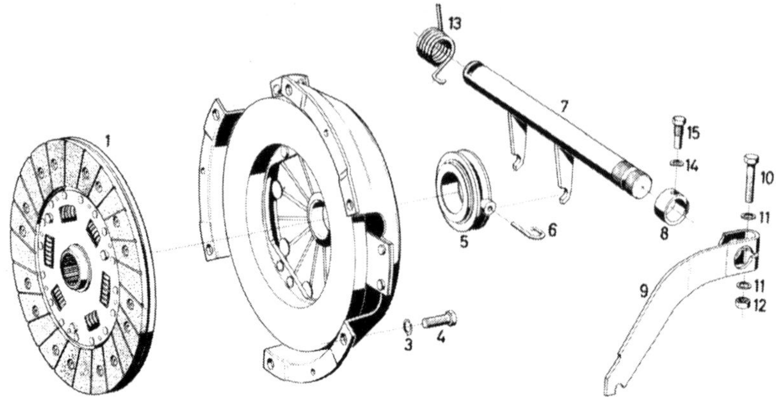

Hier haben wir die Kupplung samt Nebenteilen »explodieren« lassen: 1 – Kupplungsscheibe (Mitnehmerscheibe); 2 – Druckplatte, ein komplettes, nicht weiter zerlegbares Austauschteil; 3, 4 – eine der sechs Befestigungsschrauben; 5, 6 – Ausrückstück mit Formfeder; 7 – Ausrückwelle; 8, 14, 15 – Buchse mit Schraube und Sicherungsfeder; 9 – Kupplungshebel; 10, 11, 12 – Befestigungsschraube mit Scheiben und Mutter für Kupplungshebel auf der Ausrückwelle; 13 – Drehfeder auf der Ausrückwelle. Im eingekuppelten Zustand drückt die innen gezahnte Scheibenfeder der Druckplatte (2) und die Mitnehmerscheibe (1) gegen das hier nicht mehr gezeigte (weiter links zu denkende) Schwungrad des Motors.

lich macht) sollte man von Zeit zu Zeit die Kupplung prüfen. Eine einwandfreie Kupplung übersteht folgende rauhe Prüfmethode:
Handbremse anziehen, 3. Gang einlegen, langsam einkuppeln und Gas geben. Jetzt müßte der Motor abgewürgt werden. Dieser Test sollte nur gelegentlich und allenfalls zweimal hintereinander durchgeführt werden; sonst wird die Kupplung heiß und rutscht dann ohnehin durch. Besteht die Kupplung diese Prüfung nicht, hilft in einfacheren Fällen die Einstellung des zu gering gewordenen Kupplungsspiels (siehe Seite 178).

Fingerzeig: *Um ein Durchrutschen der Kupplung zu vermeiden (kann vor allem bei schwerem Anhängerbetrieb auftreten), wurde der Durchmesser der Mitnehmerscheibe im Herbst 75 von 200 auf 210 mm vergrößert (was auch eine Vergrößerung der Motorschwungscheibe und der Kupplungsdruckplatte zur Folge hatte). Diese Teile lassen sich auch nachträglich einbauen, wenn man mit der Kupplung Ärger hat.*

Kupplung trennt nicht

Wenn die Kupplung nicht richtig trennt, dann kratzt oder kracht es beim Schalten. Um festzustellen, daß es nicht am Getriebe liegt, müssen Sie die Probe mit einem nicht synchronisierten Gang machen. Das ist beim Audi nur der Rückwärtsgang. Lassen Sie den Motor laufen, kuppeln Sie ganz aus, warten Sie etwa eine Sekunde lang und legen Sie dann den Rückwärtsgang ein. Kratzt es, dann trennt die Kupplung nicht sauber. Ursache ist in schlimmeren Fällen eine durch Hitze verzogene Mitnehmerscheibe oder Kleben des Kupplungsbelages an der Schwungscheibe oder der Druckplatte.
Achten Sie auch darauf, daß der Weg des Kupplungspedals nicht durch zusätzlich eingelegte Fußmatten, Teppiche oder Isolierpappe reduziert wird. Das hat die gleichen Auswirkungen wie ein nicht völlig durchgetretenes Kupplungspedal: Die Mitnehmerscheibe läuft nicht völlig frei.

Beim Halten auskuppeln?

Mancher Fahrer hat die Angewohnheit, vor der roten Ampel mit durchgetretenem Kupplungspedal und eingelegtem 1. Gang zu warten. Dazu verleitet der durch die Membranfeder ermöglichte geringe Pedaldruck und die manchmal etwas hakelige Schaltung. Zwar entsteht kein direkter oder sofort meßbarer Schaden, aber das Auskuppeln beansprucht das Ausrücklager, was notwendigerweise Verschleiß ergibt.
Außerdem wird auch das Axial-Drucklager der Kurbelwelle, das den Druck der Kupplung in Längsrichtung aufnimmt (etwa 120 kp) abgenutzt, wodurch allmählich das Axialspiel der Kurbelwelle vergrößert wird. Das gibt den Pleueln mehr Spiel in der Motorlängsrichtung, wodurch die Kolben stärker gegen die Zylinderlaufbahn gedrückt werden.

Die Kupplung wird durch einen Seilzug betätigt, der von der Karosseriestirnwand bis zum Kupplungshebel stark gebogen ist. Dadurch reibt der Zug in der Hülle und erhöht die für die Betätigung der Kupplung erforderliche Kraft. Zudem ändert die Bewegung des Kupplungshebels beim Auskuppeln den Austrittswinkel des Kupplungsseiles aus der Hülle, wodurch das Seil am getriebeseitigen Widerlager besonders beansprucht wird. Das kann mit der Zeit zum Durchscheuern des Seilzuges an dieser Stelle führen (deshalb gelegentlich schmieren; siehe Seite 43) und kann in ungünstigen Fällen schon nach 20 000 Kilometern passieren. Besonders im Winter ist es vorteilhaft, am Austritt des Zuges aus der Hülle einen Fettpfropfen gegen Spritzwasser zu haben.

Kupplungsgängigkeit prüfen
Wartungsarbeit Nr. 23

Fingerzeige: *Selbst mit gerissenem Kupplungsseilzug kann man noch ein nahes Ziel oder die Werkstatt erreichen. Das Herausnehmen eines Ganges ohne zu kuppeln ist leicht. Gas wegnehmen und bei langsamer werdender Fahrt oder bei abgebremstem Wagen kurz vor dem Halt den Gang herausdrücken. Natürlich soll man bei einem Kupplungsdefekt versuchen, möglichst lang in dem Gang zu bleiben, der gerade eingelegt ist.*

Gangwechsel ohne zu kuppeln ist möglich, aber nicht einfach: Nach Gaswegnehmen und verlangsamter Fahrt Gang herausnehmen und dann etwas Gas geben, damit die Motordrehzahl erhöht wird. Nun drückt man den Schalthebel in Richtung des neuen Ganges. Wenn die Motordrehzahl richtig dosiert ist, rutscht der neue Gang hinein. Man darf aber nicht zu schnell sein.

Will man ohne Kupplung anfahren, muß man den ersten Gang einlegen und den Anlasser betätigen. Der Wagen ruckt an und setzt sich in Bewegung (der Motor muß natürlich warmgelaufen sein). Wer während der Fahrt nicht schalten will, fährt auf diese Weise im zweiten Gang an. Allerdings wird es der Anlasser am Berg kaum schaffen, den Wagen in Gang zu setzen.

Kupplungszug ersetzen

Ein gerissener Kupplungszug läßt sich in Eigenregie ersetzen. Er ist am Ausrückhebel und am Kupplungspedal mit Kunststofösen eingehängt. Um diese aushängen zu können, löst man zuerst die Kupplungs-Einstellschrauben (SW 17), nimmt den Zug am Ausrückhebel und nach Demontage der unteren Armaturenbrettverkleidung (siehe Seite 128) am Kupplungspedal ab. Nun den Kupplungszug zum Motorraum herausziehen, nachdem der Gummistopfen oben in der Karosseriestirnwand durchgedrückt wurde. Neuen Zug in umgekehrter Reihenfolge einbauen und anschließend Kupplungsspiel einstellen (siehe nächsten Abschnitt).

Kupplungspedalspiel prüfen
Wartungspunkt Nr. 53

Bevor wir das Nachstellen der Kupplung beschreiben, kurz eine Erläuterung des „Spiels“: Es bedeutet, daß bei nichtgetretenem Kupplungspedal in der Kupplung zwischen dem Ausrückstück und der Druckplatte ein kleiner Abstand bestehen muß. Andernfalls drückt das Ausrückstück ständig mehr oder weniger gegen die Druckplatte, die ihrerseits dadurch nicht alle Kraft frei hat, um die Kupplungsscheibe gegen die große Schwungscheibe des Motors zu pressen. Dadurch kann wieder die Kupplungs-(Mitnehmer-)scheibe durchrutschen. Folgen: Mindestens erhöhter Kupplungsverschleiß oder Überhitzung der Kupplungsteile bis zum Verschmoren.

Andererseits geht etwas vom normalen Kupplungsweg verloren, wenn der Abstand zwischen Ausrückstück und Druckplatte, das Spiel, zu groß ist. Dann ist beim Treten des Kupplungspedals schon ein Teil Pedalweg vertan, bis sich diese Teile endlich berühren und der restliche Pedalweg reicht nicht mehr aus, um Kupplungsdruckplatte und Mitnehmerscheibe einwandfrei zu

Zur Prüfung des Kupplungspedalspiels benutzt man einen Schreibstift, der quer auf das Pedal gedrückt wird und auf einem daneben gehaltenen Karton das »Spiel« markiert. Der gesamte Pedalweg bis zum Bodenbrett muß mindestens 150 mm betragen. Davon sind 15 bis 20 mm Leerweg bis zum ersten Widerstand. Danach folgen etwa 100 mm Trennweg und noch einmal 25 bis 30 mm Restweg, bei dem die Kupplung völlig getrennt ist. Wenn Sie im unten beschriebenen und gezeigten Nachstellen der Kupplung noch keine große Erfahrung haben, sollten Sie dies der Werkstatt überlassen (und dabei zuschauen), denn falsche Einstellung kann die Kupplung schnellstens ruinieren, die Reparatur wird durch lange Arbeitszeit teuer.
Neue Kupplungsbeläge müssen sorgfältig eingefahren werden. Sie liegen anfangs noch nicht gleich auf ihrer gesamten Fläche an, sie müssen sich erst anpassen. Da werden »Kavalierstarts« bei neuen Kupplungsbelägen besonders teuer.

trennen. Folge: Die Kupplung läuft noch ein wenig mit und beim Schalten kratzt es deshalb im Getriebe.
Dieses Einstellen der Kupplung ist schon deshalb beim Audi 100 sehr wichtig, weil das häßliche »Zähneputzen« bei diesem Fahrzeug, vor allem beim Einlegen des Rückwärtsganges bei heißem Motor, sowieso eine Typkrankheit ist.
Die Kupplung ist so konstruiert, daß mit fortschreitender Abnützung des Kupplungsbelages das Spiel kleiner wird (umgekehrt wie bei der Bremse). Durch die verschleißende und dünner werdende Kupplungsscheibe wandert die federbelastete Druckplatte näher zum Schwungrad, wobei sie sich dem Ausrücklager nähert. Sobald sich die Federkraft auch über das Ausrücklager abstützt – also nicht mehr die volle Federkraft zum Anpressen der Kupplungsscheibe verfügbar ist, offenbart die Kupplung durch Rutschen ihre Arbeitsunfähigkeit.

Kupplungspedalspiel einstellen

Dazu brauchen Sie zwei Gabelschlüssel SW 17, um am Kupplungszuglager im Motorraum die beiden Kontermuttern zu verstellen (siehe Bild unten). Zuvor müssen Sie aber den Gesamtpedalweg am Kupplungspedal nachmessen, denn wenn er insgesamt zu gering ist, reicht es vorne nicht für das Pedalspiel oder hinten nicht für den Ausrückweg. Wie die vorgeschriebenen Maße sind und wie man die einzelnen Abschnitte des Pedalweges messen kann, zeigen Bild und Bildtext links oben. Bei zu knappem Gesamtpedalweg müssen Sie prüfen, was die Bewegungsfreiheit des Pedals hemmt (Bo-

Nachstellen des Pedalspiels an der Führungshülse (1) des Bowdenzuges: Zuerst die untere der beiden Kontermuttern lösen, danach die obere Mutter verdrehen. Drehen im Uhrzeigersinn verringert das Pedalspiel, Linksdrehung gibt größeres Spiel. Beim Erreichen der 15 bis 20 mm Spiel am Pedal die untere Mutter bis zum Widerlager schrauben, dann beide Muttern fest gegeneinander anziehen. Die kleine Mutter unten am Ende des Kupplungshebels (2) hat nichts mit der Einstellung zu tun. Sie ist eine Kontermutter zur Verbindung der Gewindeöse mit dem Kupplungsseil.

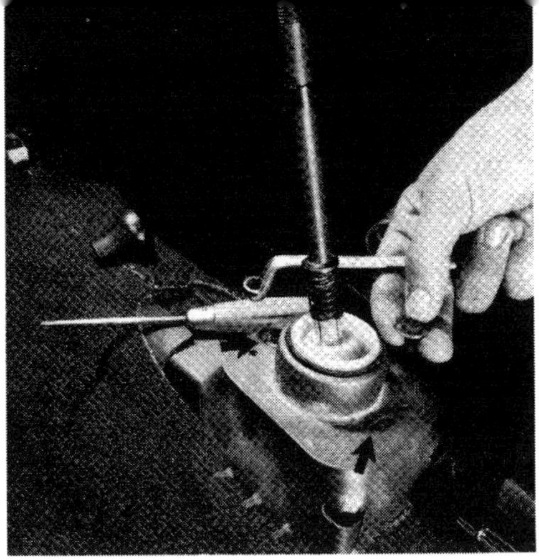

Wenn der Schaltknüppel beim Schalten des einen oder anderen Ganges hakt oder, z. B. beim Druck in den Rückwärtsgang, gegen das Fahrerbein oder an den Innenrand des Lagerbocks schlägt, kann man die Grundstellung des Schaltknüppels etwas verändern. Dazu den Schaltknüppelknopf abdrehen, die 2 Kreuzschlitzschrauben am Ablegekasten herausdrehen und diesen abheben, die 2 Sechskantschrauben SW 10 der Abdeckplatte um den Schaltknüppel herausdrehen und die Abdeckplatte abheben. Darunter werden in der Lagerbockplatte zwei Sechskantschrauben SW 10 (schwarze Pfeile) sichtbar, die etwas zu lockern sind, damit man die Lagerbockplatte in ihren Langlöchern entsprechend seitlich verschieben kann. Halteschrauben der Lagerbockplatte wieder festdrehen und abgenommene Teile wieder montieren. Ein weiteres Ausbauen des Schaltknüppellagerbocks hat keinen Sinn, da sich am Schaltgestänge unter dem Wagenboden ohne besonderen Grund nichts verändern kann.

denbelag, falsch angesetzter Ausrückhebel am Getriebe) und die Werkstatt im Bedarfsfall aufsuchen, denn eine schlecht arbeitende Kupplung schädigt nicht nur sich selbst, sondern auch die Getriebesynchronisierung.

Fingerzeig: *Falls der Kupplungshebel, der auf dem verzahnten Ende der Ausrückwelle sitzt, abgebaut wurde, ist beim Wiedereinbau eine bestimmte Stellung des Hebels einzuhalten. Er muß so auf die Ausrückwelle geschoben werden, daß zwischen dem unteren Ende des Kupplungshebels (Haken) bis zur Unterkante des Kupplungszuglagers ein Abstand von 160 mm besteht!*

Neue Kupplungsbeläge

Wenn die Mitnehmerscheibe der Kupplung verschlissen ist, kann sie zwar neu mit Kupplungsbelag belegt werden, aber in der Regel wird die ganze Mitnehmerscheibe ausgetauscht. Dazu ist leider der Ausbau des Motors mit dem Getriebe bzw. beim 85-PS-Motor der Ausbau des vom Getriebe getrennten Motors notwendig (Motorausbau Seite 49). Weil es dazu doch etlicher Erfahrung bedarf, wird es in der Regel eine Werkstattangelegenheit werden. Um so mehr sollte man kupplungsschonend fahren, um diese aufwendige Reparatur möglichst lange hinauszuschieben.

Störungsbeistand
Kupplung

Die Störung	– ihre Ursache	– ihre Abhilfe
A Kupplung rupft	1 Druckplatte oder Schwungscheibe riefig oder rissig	Nachschleifen oder auswechseln
	2 Kupplungsscheibe hat Schlag	Auswechseln
	3 verschmierte Kupplungsscheibe	Auswechseln und Dichtungen prüfen
B Kupplung trennt nicht	1 zu großes Kupplungsspiel	Nachstellen
	2 Kupplungsscheibe hat Schlag	Auswechseln
	3 Beläge gerissen	Auswechseln
C Kupplung rutscht	1 Kupplungsspiel zu klein	Nachstellen
	2 Beläge abgenutzt	Mitnehmerscheibe austauschen
	3 Kupplungsscheibe verschmiert	Scheibe auswechseln Dichtung kontrollieren
	4 Kupplungsseil geht nicht zurück	Gängig machen oder Zug austauschen

Schalten und Walten

Ein Wagen mit Verbrennungsmotor kommt ohne ein Getriebe nicht aus, weil die Leistung des Motors erst ab einer bestimmten Drehzahl wirksam wird. Die Drehzahlen von Motor und den Antriebsrädern müssen für die unterschiedlichen Fahrbedingungen (Beschleunigungen, Bergfahrt usw.) aufeinander abgestimmt werden. Außerdem ist die Durchzugskraft des Motors (sie wird durch das Drehmoment bestimmt) je nach Drehzahl verschieden. Diese Eigenart überbrückt das Getriebe. Die jeweils günstigste Übersetzungsstufe wählt der Fahrer beim Schaltgetriebe von Hand, die Getriebeautomatik dagegen selbsttätig in Abhängigkeit von der Stellung des Gaspedals. Betrachten wir uns erst einmal das Schaltgetriebe:

Die Kraft des Motors wird über die Kupplung und eine kurze Welle zum Schaltgetriebe geleitet. In diesem Wechselgetriebe greifen verschiedene Zahnradpaare ineinander, die zwischen Motor und den Antriebsrädern für die richtige Übersetzung sorgen. Der Fahrer bestimmt durch Einlegen des betreffenden Ganges, welche Zahnradpaare (Übersetzungen) gerade in Funktion sein sollen.

Das Audi-Getriebe besitzt – wie heutzutage bei fast allen Autos üblich – vier synchronisierte Vorwärtsgänge und einen geradverzahnten (nicht synchronisierten) Rückwärtsgang.

Synchronisierung bedeutet vereinfacht ausgedrückt, daß ein Zahnradpaar erst dann miteinander läuft, wenn beide Zahnräder gleich schnell (synchron) drehen. Mit je einem Zahnrad des betreffenden Ganges ist seitlich eine kleine konusförmige Reibungskupplung verbunden. Beim Schalten wird über einen Synchronring durch diese Synchronisierung das eine Zahnrad abgebremst (beim Heraufschalten) oder beschleunigt (beim Herunterschalten), bis Gleichlauf mit dem Zahnrad auf der anderen Getriebewelle erreicht ist. Für diese Drehzahlanpassung benötigt die Synchronisation einen Sekundenbruchteil,

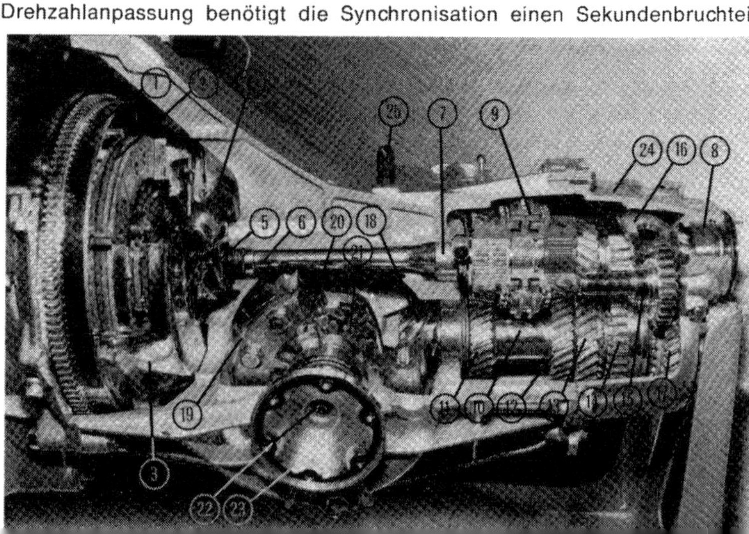

Hier das aufgeschnittene Viergang-Schaltgetriebe mit Synchronisation nach dem System Borg-Warner, wie es seit Herbst 75 in die Modelle mit 100- und 112-PS-Motoren eingebaut wird. Es bedeuten: 1 – Schwungscheibe des Motors mit Zahnkranz für den Anlasser; 2 – Mitnehmerscheibe der Kupplung; 3 – Kupplungsdruckplatte (aufgeschnitten); 4 – Ausrückwelle der Kupplung; 5 – Ausrücklager; 6 – Getriebehauptwelle, läuft eingekuppelt immer mit Motordrehzahl; 7 – Nadellager der Hauptwelle; 8 – Kugellager der Hauptwelle; 9 – Synchronkörper, schaltet die frei umlaufenden Zahnräder des 4. und 3. Ganges; 10 – Abtriebswelle; 11 – Zahnradpaar 4. Gang; 12 – Zahnradpaar 3. Gang; 13 – Zahnradpaar 2. Gang; 14 – Synchronkörper mit Schaltrad für Rückwärtsgang; 15 – Getriebenebenwelle mit Umlenkrad für Rückwärtsgang; 16 – Schaltgabel für Rückwärtsgang; 17 – Zahnradpaar 1. Gang; 18 – Triebling der Abtriebwelle, treibt das Tellerrad (19) an; 20 – Ausgleichkegelrad, gleicht unterschiedliche Drehzahl der Räder aus; 21 – Achskegelrad, übernimmt Drehbewegung auf die Steckachse (22); 23 – Differentialflansch zum Anschluß der linksseitigen Gelenkwelle; 24 – Getriebedeckel; 25 – Entlüftungsventil.

weshalb man – besonders bei kaltem Motor und noch steifem Getriebeöl – den Schalthebel nicht blitzschnell »durchreißen« sollte. Sonst werden die Synchronringe über Gebühr beansprucht und melden sich frühzeitig beim Schalten durch Kratzgeräusche.
In unseren Audi-100-Modellen ab Herbst '74 sind zwei verschiedene Schaltgetriebe eingebaut, die sich allerdings in vieler Beziehung sehr ähnlich sind:

- Schaltgetriebe System Porsche zu den 100/112-PS-Motoren von Herbst '74 bis Herbst '75.
- Schaltgetriebe System Borg-Warner bei den 1,6-Liter-Motoren mit 85 PS ab Herbst '74 und bei den 110/112-PS-Motoren ab Herbst '75.

Was an diesen beiden Getrieben bei der Ölstandkontrolle, beim eventuellen Nachfüllen des Getriebeöles und beim Ölwechsel (nur noch vorgesehen an den Schaltgetrieben System Porsche) zu tun und zu lassen ist, wurde bereits im »Schmierkapitel« beschrieben.

Schaltschwierigkeiten
Wartungspunkt Nr. 24

Manche Audischaltungen neigen zum Haken, d. h. der Schalthebel läßt sich nicht leicht in den gewählten Gang einlegen. Dann muß entweder das Schaltgestänge von der Fahrzeugunterseite her justiert werden (Werkstattsache, sonst hakt es danach wahrscheinlich noch mehr) oder die Schaltkulisse am Schaltknüppel muß etwas versetzt werden. An letzterer liegt es wahrscheinlich, wenn der Schalthebel aus Leerlaufstellung beim Drücken nach rechts (zum 3. und 4. Gang) oder nach links (zum 1. und 2. Gang) klemmt. Der Schalthebel sollte 5 bis 10 mm »Spiel« haben. Wie man die Stellung der Schaltkulisse verändern kann, ist im Bild auf Seite 179 gezeigt.
Wenn beim Einlegen des 1. oder des Rückwärtsganges das bekannte »Zähneputzen« im Getriebe zu hören ist (bei den Audi sehr leicht der Fall), dann ist entweder das Kuppungsspiel nicht richtig eingestellt (vorhergehendes Kapitel) oder der Kupplungshebel sitzt falsch auf der Ausrückwelle, so daß der Gesamtpedalweg des Kupplungspedals zu kurz ist (»Fingerzeig« auf Seite 179) oder im Getriebe ist die Synchronisation nicht mehr einwandfrei, weil z. B. falsches Öl in das Getriebe gefüllt wurde oder weil ruppiges Schalten (»Durchreißen«) die Synchronkörper beschädigt hat. Das ist dann entschieden Werkstattsache und wird einen Getriebeaustausch erforderlich machen.

Getriebegeräusche und -schäden

Echte Getriebeschäden sind selten, häufiger sind dagegen schadhafte Wellenlager. Sie machen sich durch sirrende, pfeifende, schabende oder heulende Geräusche bemerkbar. Man sollte diese Geräusche ernst nehmen (obwohl wir sonst gar nicht dafür sind, ständig auf das »Husten der Flöhe« zu achten), denn diese Getriebegeräusche können mit der Zeit wirklich Schaden stiften oder zumindest die Reparatur verteuern (z. B. durch Getriebeausbau statt Instandsetzung im eingebauten Zustand). Und dies sind die möglichen Geräuschursachen:

- Geräusch beim sanften Gasgeben (Motor nicht aufheulen lassen, sonst hört man nichts): Meist defektes Rillenkugellager am hinteren Ende der Nebenwelle (= Achsantriebswelle), manchmal auch am hinteren Ende der Getriebehauptwelle. Wenn das Geräusch noch »jung« ist, hat das Rillenkugellager (hoffentlich) noch nicht auf seiner Welle gefressen und läßt sich nach Absenken des Motor-Getriebe-Blocks am hinteren Ende und Demontage des Abschlußdeckels am Getriebeende austauschen. Andernfalls müssen Motor und Getriebe zur Lagerreparatur ausgebaut werden.
- Geräusch bei laufendem Motor und Fahrzeugstillstand 1 oder 2 Sekunden nach dem Treten der Kupplung: Nadellager im hinteren Ende der Motorkur-

belwelle defekt. Darin läuft das vordere Ende der Getriebehauptwelle und schleift, wenn das Nadellager durch Feuchtigkeit verrostet ist. Dann muß der Motor-Getriebe-Block ausgebaut und zum Austausch des Nadellagers getrennt werden. Wenn man die Reparatur hinauszögert, kann der Zapfen der Getriebehauptwelle starken Schaden erleiden.

■ Schwirrendes Geräusch beim Auskuppeln: Das Kupplungsdrucklager (siehe Zeichnung Seite 176) ist defekt. Meist kann man warten, bis auch die Mitnehmerscheibe erneuert werden muß.

■ Getriebegeräusche nach einer Getriebereparatur oder nach dem Einbau eines Tauschmotors: Sofort reklamieren, denn möglicherweise sind Motor und Getriebe nicht paßgenau montiert worden, so daß ein Lager oder mehrere unter starker seitlicher Druckbelastung stehen. Werkstattbehauptungen, das verschwinde mit der Zeit, dürfen Sie nicht gelten lassen.

■ Ein anderes Geräusch, das zwar nicht vom Getriebe ausgehen kann, aber aus der gleichen Richtung tönt, ist ein wimmerndes Heulen. Es deutet an, daß das Schwenklager (»Rzeppagelenk«) einer Antriebswelle nicht mehr einwandfrei läuft und bereits durch mangelhafte Schmierung Schaden zu nehmen beginnt. Umgehend Gelenkwellenmanschetten prüfen (Bild rechts unten), ob sie nicht schadhaft sind und Schmutz eingedrungen ist.

Das Ausgleichgetriebe

Schaltgetriebe und Ausgleichgetriebe sind beim frontgetriebenen Audi in einem Gehäuse vereinigt und haben eine gemeinsame Ölfüllung.
Das Ausgleichgetriebe (Differential) wird von der Abtriebswelle des Schaltgetriebes angetrieben, auf deren vorderem Ende ein Kegelrad (Triebling) in das Tellerrad des Ausgleichgetriebes eingreift. Das Tellerrad ist fest mit dem Ausgleichkäfig verbunden, in dem die Ausgleichkegelräder dafür sorgen, daß unterschiedliche Wegstrecken der Räder (beim Kurvenfahren) gegenseitig ausgeglichen werden.

Fingerzeig: *Beim 85-PS-Motor kann das Schaltgetriebe nur, vom Motor getrennt, nach unten ausgebaut werden. Dabei ist der Motor an einem quer über den Motorraum gelegten und gut unterlegten (Lackkratzer!) Balken als Unterstützung anzuhängen.*

Das Automatik-Getriebe

Heute entschließen sich immer mehr Autofahrer zum automatischen Getriebe. Abfällige Äußerungen über Automatik-Fahrer (»zu dumm und zu faul zum Schalten«) gehören der Vergangenheit an. Das Automatik-Getriebe ist eine rundherum erfreuliche Angelegenheit. Es geht ja nicht nur um die Kupplungs- und Schaltarbeit, die dem Fahrer abgenommen wird. Die Automatik ermöglicht eine kraftvolle und dennoch weiche Fahrweise. Dadurch werden Getriebe, Antriebswellen und Reifen des Wagens geringer belastet als bei scharf gefahrenen Schaltgetriebe-Wagen. Diese Vorteile können den ca. 10 Prozent höheren Kraftstoffverbrauch, der durch den etwas schlechteren Wirkungsgrad des Automatik-Getriebes zustande kommt, glatt ausgleichen.
Aber wir wollen auch einige Nachteile des automatischen Getriebes nicht verschweigen: Das Abschleppen bereitet Probleme, außerdem können Automatik-Wagen nicht angeschoben oder angeschleppt werden. Für Automatik-Fahrer ist deshalb die Wartung der Batterie von besonderer Bedeutung. Und schließlich müssen an den mit Automatikgetriebe ausgestatteten Fahrzeugen Vergaser und Zündanlage ganz besonders sorgsam gepflegt und eingestellt werden, sonst verwirrt ein ruckelnder Motor die Automatik.
Das Abschleppen bereitet deshalb Probleme, weil bei stehendem Motor kein

Öl durch das Automatik-Getriebe gepumpt wird. Deshalb soll nicht schneller als mit 50 Kilometer pro Stunde und nicht weiter als 50 Kilometer geschleppt werden. Bei längeren Strecken muß die Vorderachse angehoben oder der Automatik-Audi auf einen Transporter verladen werden.
Das komplette Automatik-Getriebe ist in ein mehrteiliges Gehäuse eingebaut. Dies sind seine wichtigsten Bestandteile: Schaltelemente, Getriebeölpumpe, das Dreigang-Planetengetriebe, Schieberkasten, das Ausgleichsgetriebe mit Achsantrieb und der hydraulische Drehmomentwandler (hydraulische Kupplung). Der Antrieb der Vorderräder erfolgt wie bei den Wagen mit Schaltgetriebe über den Hypoidtrieb und die Gelenkwellen.
Die Ölpumpe des Automatik-Getriebes ist im hinteren Teil des Getriebegehäuses (Planetengetriebeteil) eingebaut. Sie wird über eine Antriebswelle vom Wandlergehäuse mit Motordrehzahl angetrieben. Die Ölpumpe versorgt das Planetengetriebe, den Steuerteil und den hydraulischen Wandler mit Schmier-, Arbeits- und Kühlflüssigkeit. Dieser vielseitige Saft heißt Automatic Transmission Fluid (ATF). Mehr darüber lesen Sie auf Seite 40, wo auch die sonstige Ölstandskontrolle am Automatikgetriebe beschrieben ist.

Unterdruckdose austauschen

Wartungspunkt Nr. 67

Bis zum Herbst 75 wurden beim Automatikgetriebe die Schaltpunkte für die einzelnen Gänge automatisch von einer Unterdruckdose gesteuert. Sie sitzt direkt über der Ölwanne des Automatenteils in Fahrtrichtung links vorne im Gehäuseflansch und ist nicht größer als die runde Abschaltdüse am Vergaser. Da der Ausfall dieser Unterdruckdose umfangreiche Folgeschäden im Automatikgetriebe verursachen kann, soll alle 30 000 km an den bis Herbst '75 hergestellten Audi-100-Modellen mit Automatikgetriebe diese Unterdruckdose ohne weitere Nachprüfung ausgetauscht und die neu eingebaute genau eingestellt werden. Dazu ist ein aufwendiges Werkstatt-Druckprüfungsgerät notwendig (beim Audi 100 Einstellung der Unterdruckdose auf genau 3,4 bar Druck) und außerdem gibt es unterschiedliche Ausführungen dieser Unterdruckdose. Diese Wartungsarbeit ist also Werkstattsache.
Ab Herbst '75 besorgt der Gaszug als »mechanische Information« die Steuerung der Schaltpunkte.

Der Radantrieb

Vom Ausgleichsgetriebe (Differential) zweigen nach links und rechts die beiden Achsstummel mit Flanschen für die Antriebswellen der Vorderräder ab. Die daran angeschraubten Gelenkwellen übertragen die Antriebskraft auf die Räder, das innere Gelenk ermöglicht den Längenausgleich und das Beugen der Welle beim Einfedern des Fahrzeugs, das äußere erlaubt das Einschla-

Die Gelenkwellenmannschetten sind ein Schwachpunkt der Audi-Modelle. Sie müssen bei jeder sich bietenden Gelegenheit auf Scheuer- und Stichverletzungen sorgsam geprüft werden. Auch geringe äußere Fettspuren sind bereits ein Alarmzeichen. Schon bei geringen Schäden wird die für das Gelenk lebenswichtige Fettdauerfüllung ausgeschleudert, Schmutz und Fechtigkeit dringen ein und ruinieren das empfindliche »Rzeppagelenk«. Darum auch leicht beschädigte Manschetten umgehend austauschen. Bis Herbst 74 war dies eine langwierige und umständliche Werkstattarbeit, da alle Radführungsteile mit ausgebaut werden mußten. Seitdem ist der Manschettenaustausch einfacher: Dazu inneren Manschettenschlauchbinder lösen, Gelenkwelle vom inneren Antriebsflansch am Getriebe demontieren (6 Inbus-Schrauben), Lenkung bis zum Anschlag seitlich einschlagen, Gelenkwelle aus dem äußeren Schwenklager seitlich herausziehen, Manschette kann ausgetauscht werden. Dabei Gelenk sorgsam reinigen und neu fetten (letzter Abschnitt nächste Seite).

gen der Vorderräder zum Lenken. Die besondere Konstruktion der Gelenkwellen bewirkt, daß bei allen Rad- und Achsstellungen die Drehzahl der Antriebsräder genau gleich der Drehzahl der Achsstummel ist. Dadurch wird die Lenkung des Fahrzeugs ruckelfrei. Allerdings sind diese Gelenkwellen mit den sogenannten Gleichauf-Gelenken (Rzeppa-Gelenken) sehr teuer.
Durch das Gewicht des Audi-Motors und die hohe Antriebsleistung werden die Gelenkwellen kräftig belastet. Der Verschleiß der Antriebswellen hängt daher stark von der Fahrweise ab. Die Lebensdauer erreicht oft nicht die Lebensdauer des Motors.

Manschetten der Antriebsgelenke auf Dichtheit prüfen

Wartungspunkt Nr. 50

Die hochbelasteten Gelenke der Gelenkwelle sind durch Gummimanschetten vor Feuchtigkeit und Schmutz geschützt. Die Manschetten enthalten je 60 ccm Molykotefett BR 2 zur Schmierung. Alle 10 000 Kilometer oder spätestens nach 6 Monaten müssen die Manschetten und die Schlauchbinder auf guten Sitz kontrolliert werden. Das erfolgt zweckmäßigerweise auf der Hebebühne, wo das Rad eingeschlagen und gedreht werden kann, damit auch feinere Sprödstellen oder Risse in den Manschetten erkannt werden. Eindringendes Wasser macht die Gelenke rasch unbrauchbar. Schadhafte Manschetten müssen daher schnell ausgewechselt werden, wozu die Gelenkwelle ausgebaut werden muß.

Verschleißerscheinungen

Der Verschleiß der kraftübertragenden Kugeln und ihrer Lagerpfannen in den Rzeppagelenken kündigt sich durch eine Art »wimmerndes« Geräusch an, das vor allem bei geringer Fahrt (wegen Wegfall anderer übertönender Fahrgeräusche) beim leichten Gasgeben deutlich zu hören ist. Weitere Hinweise sind leicht ruckelndes Verzögern des Fahrzeugs beim letzten Ausrollen unterhalb Schrittgeschwindigkeit und Vibrationen bei hohen Geschwindigkeiten.
Am ruckelnden Verzögern beim Ausrollen kann aber auch eine unrunde Hinterradbremstrommel oder ein unrundes Rad (Höhenschlag; siehe Seite 208) schuld sein. Und bei Vibrationen in hohen Geschwindigkeiten sollten zuerst die Achseinstellung vermessen und die Räder sorgfältig nachgewuchtet werden.

Rettungsversuch für heulende Gelenkwelle

Rechtzeitig erkannte Verschleißerscheinungen an den teuren Rzeppagelenken lassen sich nach unseren Erfahrungen ohne kostspieligen Austausch auffangen, wenn man die Fettfüllung erneuert. Es muß jedoch ein ganz besonders hochwertiges Fett sein, Molykote BR 2 (ein an sich schon hochwertiges Fett) reicht nicht aus. Mit Molykote Longterm 1 (muß meist besonders bestellt werden) brachten wir aber heulende Gelenkwellen wieder zur Ruhe und zu langem Leben. Für diese Operation braucht die Gelenkwelle nicht ausgebaut zu werden, wenn die Manschette nicht defekt ist. So machten wir es:

- Vorher in VW-Audi-Werkstatt großen Manschetten-Schlauchbinder kaufen
- Alten Schlauchbinder lösen und ganze Manschette nach außen umstülpen
- Altes Fett mit Holzspatel so gut wie möglich herauskratzen, dabei Rad drehen
- Frisches Fett Molykote Longterm 1 mit Holzspatel fest in das Gelenk drükken, so daß weiteres altes Fett herausgedrückt wird. Auch dieses abstreichen.
- Ganzes Gelenk dick mit frischem Fett einstreichen
- Manschette wieder nach innen umstülpen und mit neuem Schlauchbinder befestigen. Schlauchbinder mit großer Kneifzange spannen.

Führungskräfte

Es ist dem Audi 100 sehr gut bekommen, daß er im Laufe der Jahre, vor allem im Herbst 1974, aus den guten Erfahrungen seines jüngeren Bruders, des Audi 80, Nutzen ziehen konnte und seine an sich schon überdurchschnittlichen Fahreigenschaften damit noch erheblich verbessert wurden. An erster Stelle steht dabei seine dem Audi 80 im Prinzip ähnliche Vorderachse mit dem »negativen Lenkrollradius«, der eine direktere und trotzdem leichtgängige Lenkung ermöglicht, vor allem aber beim Bremsen und in gefahrdrohenden Situationen – Notbremsungen, Platzen eines Reifens, Ausfall eines Teiles der Bremsanlage – das Fahrzeug stabilisiert, also seitliches Ausbrechen weitgehend verhindert. Was es mit diesem »negativen Lenkrollradius« auf sich hat, ist in der untenstehenden Zeichnung erläutert.

Die Vorderachse

Der Audi 100 hat eigentlich gar nicht das, was man sich allgemein unter einer Achse vorstellt, nämlich ein Rohr oder eine Stange, die quer unter dem Fahrzeug die beiden Vorderräder fest miteinander verbindet. Statt dessen besteht »die Vorderachse« auf jeder Fahrzeugseite aus einer von der anderen Seite unabhängigen Radaufhängung, die hauptsächlich aus je zwei dreieckigen »Querlenkern« (Nr. 7 und 8 in der Zeichnung S. 186 unten) besteht, zwischen denen das von der Lenkung gesteuerte Schwenklager senkrecht steht. Durch dieses Schwenklager ist die radantreibende Gelenkwelle (Nr. 9 in der Zeichnung) geführt und am Schwenklager sind die Teile der Scheibenbremse (Nr. 11) und die Radnabe mit dem Rad befestigt.
Zu den erwähnten Querlenkern wäre noch zu sagen, daß sie, ebenso wenig wie die »Längslenker« der Hinterachse (siehe Abschnitt »Hinterachse«), nichts mit der Lenkung zu tun haben, die ihrerseits aus Lenkrad, Lenksäule, Lenkgetriebe (Nr. 3), Zahnstange (4), Spurstange (2) und Lenkhebel mit Spurstangenkopf (1) besteht. Vielmehr halten die Lenker in ihrer Arbeitsrichtung – also quer oder längs – die Radführung unveränderlich fest und gestatten nur Auf- und Abwärtsbewegungen im rechten Winkel dazu, also zum Durchfedern der Räder.
Die Federung der Vorderachse übernehmen bei unseren Audi-Modellen Federbeine (Nr. 6 in der Zeichnung und Bild Seite 189 oben), eine Kombination aus Stoßdämpfer und Schraubenfeder.

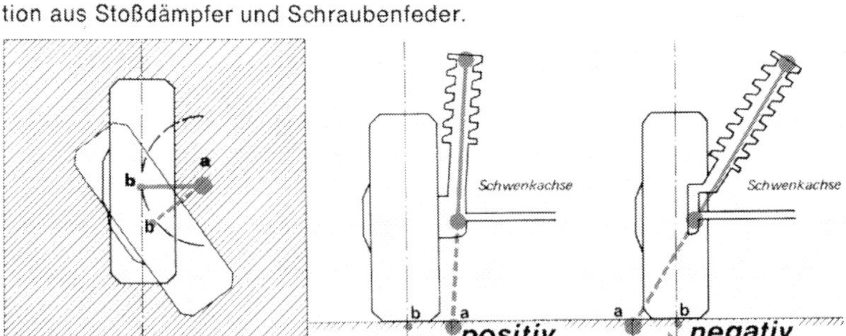

Beim Einschlagen beschreibt ein Vorderrad einen Kreisbogen um den Punkt »a« (dort trifft die Verlängerung der Schwenkachse – in der mittleren und rechten Abbildung eingezeichnet – auf die Fahrbahn auf). Punkt »b« bezeichnet die Mitte der Radauflagefläche; der Radius »a–b« des Kreisbogens ist der Lenkrollradius. Dieser Lenkrollradius ist von der Lage der Schwenkachse abhängig: trifft die Schwenkachse innerhalb der Wagenspurweite (= Abstand von Reifenmitte zu Reifenmitte) auf die Fahrbahn, ist der Lenkrollradius positiv; beim negativen Lenkrollradius muß die Schwenkachse außerhalb der Spurweite auf den Boden treffen.

Der Bick von unten gegen die Vorderachse zeigt: 1 – Motor (hier 85 PS); 2 – Motorträger rechts; 3 – Motorträger links; 4 – Kühler; 5 – Kühlerträger; 6 – Federbeine; 7 – Obere Querlenker; 8 – Untere Querlenker; 9 – Antriebswelle; 10 – Stabilisator; 11 – Scheibenbremse; 12 – Kupplung; 13 – Getriebe; 14 – Auspuffrohr (Hosenrohr); 15 – Krafstoffleitung; 16 – Bremsleitungen.

Eine wichtige Funktion für den Fahrkomfort hat an der Vorderachse der unscheinbare Stabilisator (Nr. 10 in der Zeichnung). Diese mehrfach abgewinkelte Stange, die an beiden Enden mit den unteren Querlenkern der Vorderachse fest verbunden ist, macht deren Bewegungen mit, wenn beide Räder gleichzeitig durchfedern. Wird aber bei Kurvenfahrt das innere Rad ent- und das äußere verstärkt belastet, stemmt sich der Stabilisator mit seiner Federwirkung dagegen und verhärtet am Außenrad die Federkraft, so daß dieses nicht zu stark eingefedert wird, mithin der Wagen sich nicht zu lästig nach außen neigt.

Spur und Sturz der Vorderräder

Wartungspunkt Nr. 60

Bei »normalen« Autos werden die Vorderräder während der Fahrt durch den Rollwiderstand nach hinten gedrückt – sie laufen praktisch auseinander. Damit sie jedoch lenkungserleichternd und reifenschonend genau parallel laufen, werden sie mit »Vorspur« eingestellt, d. h. sie stehen vorne enger zusammen als hinten. Der Rollwiderstand treibt sie dann in Parallelposition. Da unser Audi 100 durch den Frontantrieb seine Vorderräder aber selbst nach vorne zieht und zudem negativen Rollradius hat, der sowieso alles an der Lenkgeometrie verändert, müssen die Vorderräder unserer Audi-Modelle im Stand schon genau parallel stehen und innerhalb der erlaubten Toleranz eher hinten etwas enger zusammenstehen.

Mit Sturz bezeichnet man eine bestimmte Schrägstellung der Vorderräder – bei »positivem Sturz«, wie für unsere Audi-100-Modelle vorgeschrieben, stehen die Vorderräder unten ein wenig enger zusammen als oben. Diese

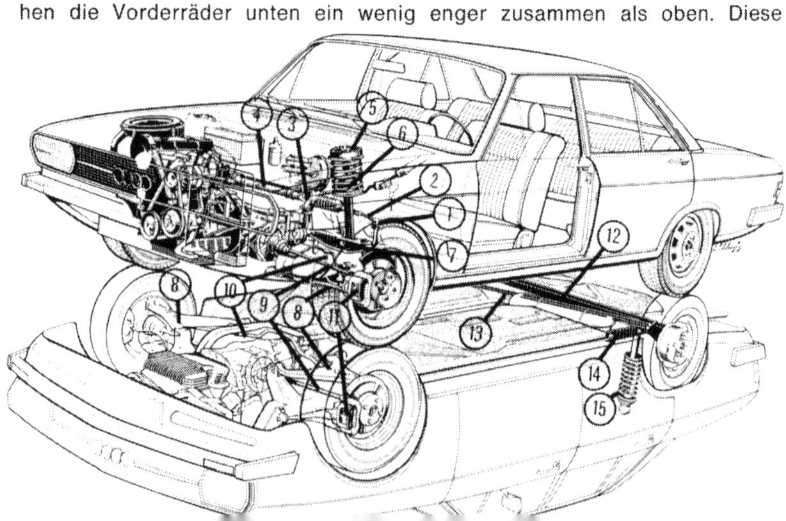

Diese Spiegel-Phantom-Zeichnung des Audi 100 (hier mit 85-PS-Motor) zeigt die Einzelheiten des Fahrwerks. Es bedeuten: 1 – Spurstangenkopf; 2 – Spurstange; 3 – Lenkgetriebe; 4 – Schutzrohr der Zahnstangenlenkung; 5 – Federteller; 6 – Federbein; 7 – Oberer Querlenker; 8 – Unterer Querlenker; 9 – Antriebswelle; 10 – Stabilisator; 11 – Scheibenbremse; 12 – Geschlitztes Achsrohr; 13 – Panhard-Stab; 14 – Längslenker; 15 – Federbein hinten.

Das Audi-Heck aus der Froschperspektive gegen die Fahrtrichtung: 1 – Tank; 2 – Geschlitztes Achsrohr; 3 – Panhard-Stab; 4 – Längslenker; 5 – Federbein; 6 – Lagerstrebe; 7 – Nachschalldämpfer; 8 – Kraftstoffleitung; 9 – Bremsleitungen; 10 – Handbremsseilzüge; 11 – Auspuffendrohr.

Schrägstellung der Vorderräder steht natürlich in direktem Zusammenhang mit dem negativen Lenkrollradius.

Die harte Durchfahrt eines tiefen Schlagloches, einer unvermuteten Querrinne, eine Fahrt über ungleiche Schienenübergänge, über Bordsteine und Stock und Stein sind die üblichen Ursachen einer beschädigten Radaufhängung. Erkennbar wird das an ungleichmäßigem Reifenabrieb (auch andere Ursachen möglich) und an der Notwendigkeit, ständig mit kleinen Lenkbewegungen die Fahrtrichung des Audi korrigieren zu müssen – ein intakter Audi muß dagegen Hunderte von Metern auch bei losgelassener Lenkung schnurgeradeaus laufen. Die Vermessung von Spur und Sturz ist aber nur mit den optischen Spezialgeräten der Audi-Werkstatt möglich – mithin Werkstattangelegenheit.

Die Hinterachse

Die Hinterräder unserer Audi-100-Modelle sind durch eine echte Achse – eine nach unten offene U-förmige Schiene mit innenliegendem verwindungssteifem Stahlrohr (Nr. 12 in der Zeichnung auf Seite 186 und Nr. 2 im Bild oben) – starr miteinander verbunden. Diese Starrachse hält die Hinterräder spurkonstant, verhindert also seitliche Radbewegungen. Geführt wird die Hinterachse an Längslenkern. Da diese gegen seitlichen Druck auf die Räder aber nicht allein genügend stabil wären, hält eine diagonal liegende Querstrebe, ein sogenannter Panhard-Stab (Nr. 13 in der Zeichnung, Nr. 3 im Bild oben) den linksseitigen Längslenker gegen seitliche Bewegungen fest, wodurch das ganze Hinterachssystem nur noch Federbewegungen nach oben und unten machen kann.

Die Federbeine

An allen 4 Rädern unserer Audi-100-Modelle übernehmen Federbeine die Federung und Schwingungsdämpfung. Federbeine sind eine Kombination aus Schraubenfeder und Stoßdämpfer. Sie sind heute bei vielen Fahrzeugen üblich geworden, denn sie haben den Vorteil, daß Federung und Dämpfung am gleichen Punkt der Achskonstruktion angreifen und in gleicher Richtung wirken. Nachteilig ist es allerdings, daß der Stoßdämpfer des Federbeins, wie alle Stoßdämpfer, ein Verschleißteil mit begrenzter Lebensdauer ist, dessen Austausch bei einem Federbein schwieriger ist. Oder teurer, wenn man das ganze Federbein mit der noch intakten Schraubenfeder austauscht.

Federbeine prüfen

»Alte Fuhrleute« prüfen die Wirkung ihrer Stoßdämpfer, indem sie einmal rund um ihr Fahrzeug gehen und dabei an allen vier Fahrzeugecken den Wagen kräftig wippen. Schwingt der Wagen nach dem Loslassen sofort in

In den meisten Werkstätten und selbst vielfach beim TÜV wird die Wirkung der Stoßdämpfer durch simples Wippen nacheinander an allen vier Ecken des Fahrzeugs »geprüft«. Wenn die Schaukelbewegung nicht sofort gedämpft wird und der Wagen weiter wackelt, ist der Stoßdämpfer defekt. Damit läßt sich nur ein praktisch total unbrauchbarer Stoßdämpfer erkennen, aber eine wirkliche Prüfung ist das nicht. Eine sichere Diagnose bieten dagegen sogenannte Shocktester, über die der ADAC, manche TÜV-Stellen und wenige Spezialwerkstätten verfügen. Ohne umständlichen Ausbau der Stoßdämpfer bringen Taumelscheiben des Prüfstandes das Fahrzeug in Schwingungen, die auf einer Diagrammscheibe (schwarzer Pfeil) vom Gerät aufgezeichnet werden. Der Fachmann (hier vom ADAC) erkennt aus den aufgezeichneten Kurven die Brauchbarkeit der Stoßdämpfer.

einer Bewegung aus und bleibt still, »sind die Stoßdämpfer in Ordnung«, schaukelt der Wagen weiter, müssen sie ausgetauscht werden.
Wie man Stoßdämpfer dagegen richtig prüft, zeigt der im Bild oben vom ADAC betriebene Prüfstand. Daneben gibt es aber auch einige untrügliche Anzeichen für nachlassende Stoßdämpferwirkung, die man während der Fahrt und durch Sichtkontrollen feststellen kann:

■ Flatternde Lenkung, weil die Räder keinen ständigen Fahrbahnkontakt haben.

■ Nach Unebenheiten schwingt die Karosserie nach.

■ »Schwammiges« Fahrverhalten in Kurven, wobei die kurveninneren Räder nicht stark genug auf den Boden gedrückt und die äußeren nicht genügend entlastet werden.

■ Anstieg der (beim Audi 100 ohnehin geringen) Seitenwindempfindlichkeit.

■ Springende Räder; das muß freilich ein neben- oder hinterherfahrender Beobachter feststellen.

■ Vielfach unterbrochene Bremsspur bei Vollbremsung.

■ Ungleichmäßige Abnutzung der Reifen und erhöhter Reifenverschleiß.

■ Ölspuren außen am Stoßdämpfer.

Federbeine ausbauen

Zum Ausbau der Vorderrad-Federbeine brauchen Sie 2 Ring- oder Steckschlüssel SW 19 (zum Gegenhalten) und 1 Schraubenschlüssel SW 13.

■ Fahrzeug an der betreffenden Seite aufbocken, Rad abnehmen und Radnabe so unterstützen, daß Radaufhängung nach Lösen des Federbeins nicht nach unten durchsacken kann (Schadengefahr für Gelenkwelle).

■ Vom Motorraum aus die 3 Sechskantschrauben SW 13 des oberen Federtellers auf dem Radhaus lösen (auf keinen Fall die Schraube in der Mitte auf der Stoßdämpferstange lösen).

■ Federbeinbefestigung unten am oberen Querlenker lösen (Bild oben rechts).

■ Radnabenunterstützung erniedrigen und Radführung damit langsam absenken. Federbein dabei nach unten drücken und nach der Seite über die Radnabe herausziehen.

Etwas schwieriger ist der Ausbau der Hinterradfederbeine, wozu man einen hochgekröpften Ringschlüssel SW 17 (Stecknuß geht nicht!), einen Gabelschlüssel SW 6 und 2 Ring- oder Steckschlüssel SW 19 braucht:

■ Fahrzeug an der Karosserieunterkante (nicht an der Hinterachse!) so aufbocken, daß sich gerade die Räder abnehmen lassen.

■ Trommelbremsen so abstützen, daß die Hinterachse nach Lösen der Fe-

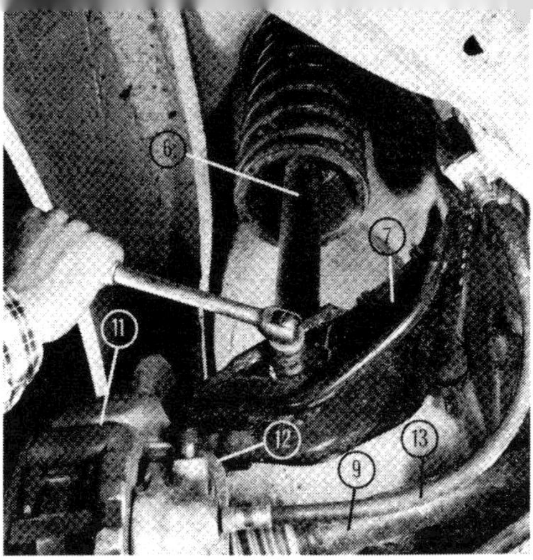

Zum Ausbau des unteren Haltebolzens an den vorderen Stoßdämpfern wird ein hochgekröpfter Ringschlüssel oder eine Stecknuß (wie hier) SW 19 benötigt. Auf der anderen Seite muß der Sechskant des Bolzens mit gleicher Schlüsselgröße gegengehalten werden, und bei der späteren Montage ist ein Anzugsdrehmoment von 8,0 mkg (wenn man einen Drehmomentschlüssel hat) vorgeschrieben. Die Ziffern bedeuten: 6 – Stoßdämpferrohr des Federbeins; 7 – Oberer Querlenker rechts, gegen Fahrtrichtung gesehen; 9 – Antriebswelle rechts; 11 – Schwimmsattel der Scheibenbremse; 12 – Bremszylinder mit Entlüftungsventil; 13 – Bremsschlauch.

derbeinbefestigungen die Hinterachse nicht nach unten durchsacken kann (Handbremsseilzug würde dadurch aus der Bremstrommel gerissen).

■ Im Kofferraum die Gummischutzkappe von der oberen Federbeinbefestigung im Radhaus abziehen.

■ Das darunter sichtbar werdende obere Ende der Stoßdämpferstange hat zwei flachgeteilte Flanken für Gabelschlüssel SW 6, mit dem die Stange festgehalten werden muß, während darunter mit hoch gekröpftem Ringschlüssel SW 17 die obere Befestigungsmutter gelöst wird (Bild oben); darunter sitzende Blechpfanne und Gummipuffer abziehen.

■ Untere Federbeinbefestigung am Längslenker losschrauben, Hinterachse langsam absenken, Federbein oben aus dem Radhaus ziehen.

Federbeine zerlegen

Zuerst eine eindringliche Warnung: Das Zerlegen der Federbeine kann lebensgefährlich werden! Denn die starken Schraubenfedern sind zwischen ihren Federtellern auf dem Stoßdämpfer kräftig vorgespannt. Beim Lösen ihrer oberen Befestigungsschrauben können sie raketenartig »explodieren«. Auch wenn bei der Demontage keine dünne Garagendecke durchschlagen oder eine Fensterscheibe hinausgeschmettert wurde – das ist noch eine harmlose Folge –, kann man als Heimwerker beim Zusammenbau die notwendige Vorspannung kaum erreichen, um die Befestigungsmutter eindrehen zu können. Die Werkstatt hat für diese Arbeit ein sicheres Einspanngerät und man sollte deshalb die Federbeine aus Sicherheitsgründen zur Werkstatt bringen.

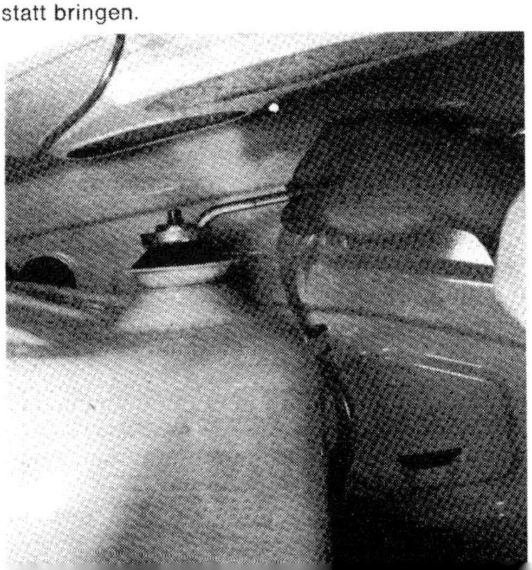

Die hinteren Stoßdämpfer (Federbeine) werden oben vom Kofferraum aus ausgebaut. Dort sieht man auf den Radkästen die Haltepfannen. Zuerst die oben aufsitzende Gummikappe abziehen. Dann mit einem hochgekröpften Ringschlüssel SW 17 die Sechskantmutter, wie hier gezeigt, losdrehen. Dabei muß allerdings noch mit einem Gabelschlüssel SW 6 die Zweikantenabflachung der Stoßdämpferstange oben gegen Mitdrehen mit der Mutter gegengehalten werden. Unter der Mutter sitzt ein Blechdeckel auf dem Gummipuffer, gegen den ein weiterer Gummipuffer von der Lagerpfannenunterseite drückt. Beim Zusammenbau dürfen diese Gummipuffer nicht zusammengequetscht werden, deshalb ist die Stoßdämpfermutter durch einen Drehmomentschlüssel mit genau 3,0 mkg anzuziehen. Zum Schutz gegen Aufscheuern müssen außerdem die Gummipuffer vor der Montage kräftig mit Talkum eingerieben werden.
Wenn Aus- und Einbau auf diese Weise schwierig werden, kann man auch nach Ausbau der Rücksitze die Hutablage vor dem Heckfenster demontieren und von dort durch ein Schauloch von oben arbeiten.

Wer es aber unbedingt selbst machen will, muß mit einem Stahlseil die Schraubenfeder der Länge nach in mehrere enge Schlingen legen (nicht locker, sonst kann das Seil von der Feder gesprengt werden) und das Federbein in einen massiven Schraubstock einspannen. Dann liegt jedenfalls die »Schußrichtung« fest, aus der man sich heraushalten kann, wenn das Seil nicht hält. Und nur mit einem langen Ringschraubenschlüssel und mit gestrecktem Arm die Spannmutter lösen. Auf keinen Fall geht es ohne schweren Schraubstock, weil ohne diesen alles ringsum gefährdet ist. Ist die Befestigungsmutter ab, das Seil langsam nachgeben – das geht, wenn es tatsächlich in mehreren Schlingen liegt –, bis die Feder entspannt ist.
Wir geben diese Beschreibung mit allem Vorbehalt und wollen damit lediglich verhindern, daß jemand harmlosen Gemütes an einer Sprenggranate bastelt. Besser: Zur Werkstatt mit dem Federbein! Der Zusammenbau ist mindestens ebenso gefährlich, wenn die mit einer Schraubzwinge mühsam zusammengepreßte Schraubenfeder nach Freiheit sucht. Außerdem ist zum Zusammenbau unbedingt ein Drehmomentschlüssel notwendig, da die zwischenliegenden Gummipuffer nicht beliebig zusammengepreßt werden dürfen, sonst können sie die feinen Schwingungen nicht dämpfen und die Karosserie wird mit der Zeit zerrüttelt. Beim Zusammenbau der Federbeine sind also folgende Anzugsdrehmomente zu beachten:

- Befestigungsmuttern zum Vorspannen der Schraubenfedern auf der Stoßdämpferstange vorne und hinten 2,0 mkp (20 Nm).
- Federbeinbefestigung oben im Kofferraum 3,0 mkp (30 Nm).

Verstärkte Federung

Serienmäßig ist die Federung und Stoßdämpfung der Audi-100-Modelle auf Komfort und mittlere Belastung ausgelegt. Wer gerne sportlich fährt oder sein Fahrzeug zumeist kräftig auslastet, mag sich eine straffere Federung und Schwingungsdämpfung wünschen. Vor allem macht sich bei starker Kofferraumbelastung ein abgesunkenes Fahrzeugheck für die Fahreigenschaften des Audi unangenehm bemerkbar. Audi bietet deshalb für die Hinterachse 3 Möglichkeiten:

- Verstärkte Stoßdämpfer (Schlechtwegeausführung Audi-Teile-Nr. 803 513 031 K), ergibt 12 mm höheren Bodenabstand
- Verstärkte Federn (Kennzeichnung mit blauer Markierung, Audi-Teile-Nr. 803 511 115 c), ergibt 3 mm Erhöhung
- Distanzringe (Audi-Teile-Nr. 803 512 125), von denen bis zu 2 Stück zwischen das obere Ende des Dämpferrohres und den unteren Federteller montiert werden können.

Das Radlagerspiel sollte mit auf dem Boden stehenden Rädern geprüft werden, bei angehobenen Rädern können die Kugellager in einer weniger verschlissenen Stelle der Kugelbahn laufen und nur geringes oder gar kein Spiel vortäuschen, während der TÜV-Prüfer beim nicht hochgebockten Audi übermäßiges Radlagerspiel feststellt. Zur Kontrolle das Rad oben fassen und kräftig quer zum Fahrzeug hin- und herrütteln, das Rad darf keine »Luft« haben. Falls doch, zusätzlich die Bremse treten lassen, zeigt sich immer noch Spiel, kann es auch an den Spurstangengelenken oder den Federbein-Führungsgelenken liegen. Für Reparaturen an all diesen Teilen, einschließlich der vorderen Radlager, ist nur die Werkstatt zuständig.

Wesentlich straffer, langlebiger, verstellbar und natürlich auch teurer sind die Special »D«-Stoßdämpfer von Koni. Nach unseren Erfahrungen hält ein solcher Koni-Stroßdämpfer ein ganzes Autoleben aus, wenn man nicht gerade Querfeldeinrennen fährt, denn beim Nachlassen der Dämpfungswirkung werden sie entsprechend der mitgelieferten Anleitung nachgestellt. Für die Audi-100-Modelle ab Herbst 74 werden geliefert für:

- Audi 100 L — vorne Koni-Nr. 82C-1932 — hinten Koni-Nr. 82K-1901
- Audi 100 LS + GL — vorne Koni-Nr. 82C-1931 — hinten Koni-Nr. 82K-1901
- Audi 100 Coupé S — vorne Koni-Nr. 82C-1932 — hinten Koni-Nr. 82K-1936

Preis der 82C-Dämpfer rund 220 DM, der 82K-Dämpfer rund 250 DM je Paar. Spezialtip für Holland-nahe Audi-Fahrer: Im Herstellerland sind die Koni-Stoßdämpfer wesentlich billiger.

Radlagerspiel einstellen

Wartungspunkt Nr. 57

Zu stramm angezogene Radlager erhitzen sich, Radlager mit zu großem Spiel flattern und poltern. In beiden Fällen kommt es zu Lagerschäden.
Alle 15 000 km oder einmal im Jahr soll in den Hinterradlagern die Fettfüllung ergänzt (Beschreibung Seite 44) und das Radlagerspiel überprüft werden. Wie dazu die Fettkappe abgehebelt werden muß, ist in den Bildern auf Seite 44 gezeigt. Doch bevor man den darunter befindlichen Sicherungssplint herauszieht und die Kronensicherung abnimmt, sollte man zuerst einmal am auf dem Boden stehenden Rad, wie im Bild unten gezeigt, seitlich rütteln, ob das betreffende Radlager »Luft hat«. Allerdings spürt man dabei weniger, ob die Achsmutter nicht vielleicht zu fest angezogen ist.
Deshalb schreibt Audi den Werkstätten eine Prüfung direkt an der Achsmutter vor, wobei das Rad montiert bleiben muß, denn dadurch hat man ein feineres Gefühl als bei der kleinen Bremstrommel:

- Fettkappe abdrücken (Seite 44), Sicherungssplint geradebiegen und mit einem Seitenschneider herausziehen, Kronensicherung abnehmen.
- Achsmutter bei ständigem Drehen des aufgebockten Rades so stramm anziehen, bis das Rad nahezu klemmt. Dadurch ist gesichert, daß die Bremstrommel sich auf dem Radlager festgesetzt hat. Sechskantmutter wieder etwas lösen und wieder leicht anziehen.
- Nun mit einem feinen Schraubenzieher versuchen, ob sich die Druckscheibe zwischen Achsmutter und Radlager durch Fingerdruck ohne Hebelei gerade noch seitlich verschieben läßt.
- Zuletzt Achsmutter nur so weit nach rechts oder links verdrehen, daß sich bei aufgesetzter Kronensicherung der Sicherungssplint einziehen läßt.
- Rüttelprüfung, ob das Radlager auch keine Luft hat. Andernfalls Achsmutter anders herum zur Splintsicherung verdrehen.
- Splint sichern und Fettkappe (frisch befüllt; Seite 44) wieder aufsetzen.

Fahrwerkverschraubungen prüfen

Wartungspunkt Nr. 52

Bei diesem Wartungspunkt, der alle 15 000 km oder wenigstens einmal im Jahr vorgesehen ist, hat es keinen großen Sinn, mit dem jeweils passenden Schraubenschlüssel alle erreichbaren Schrauben und Muttern mit aller Kraft anzuziehen. Notwendig ist eigentlich ein Drehmomentschlüssel und eine Tabelle aller Anzugsdrehmomente, die aber den Rahmen dieses Buches sprengen würde und auch wegen Konstruktionsänderungen nicht immer aktuell bleiben könnte.
Wenn Sie also selbst am Fahrwerk des aufgebockten Audi alle Verschraubungen prüfen wollen, sollten Sie Ihre Aufmerksamkeit vor allem auf jene Verschraubungen richten, bei denen zur Vermeidung von Vibrationen zusätzlich Gummipuffer, Gummizwischenlager, Gummiringe (sogenannte Silent-

blocs) verwendet werden, z. B. an den Federbeinbefestigungen, Motor- und Getriebelagerungen, Radaufhängungen, Stabilisatorlagerpunkten, an der Panhardstabbefestigung und Auspuffbefestigung usw. Diese Zwischenlagen können mit der Zeit durch Rostansatz der benachbarten Metallteile zerrieben werden (z. B. in den Stoßdämpferaugen), versprödet oder gerissen sein. An diesen verrotteten Befestigungen werden Vibrationen nicht mehr gehemmt, es reiben Mettallteile aneinander und das ganze Fahrwerk wird mit der Zeit ziemlich klapperig. Dem kann man beizeiten durch den Einbau neuer Silentblocs vorbeugen.

Lenkungsspiel prüfen

Wartungspunkt Nr. 27

Die recht leichtgängige Zahnstangenlenkung arbeitet von Anschlag zu Anschlag spielfrei. Um das Lenkungsspiel zu prüfen, kurbelt man das Seitenfenster herunter und stellt sich neben den Wagen. Dann greift man durchs Fenster, und während man das Lenkrad dreht, beobachtet man das linke Vorderrad, das sich sofort mitbewegen muß. Geschieht dies erst mit Verzögerung – Werkstatt aufsuchen!

Vor der Prüfung müssen die Räder genau geradeaus stehen. Dabei besonders auf die Felge achten. Denn Reifen sind elastisch und können, besonders beim Drehen im Stand, zunächst einen Teil des Einschlags schlucken, bevor sie sich bewegen.

Zahnstangen-Manschetten

Wartungspunkt Nr. 45

In der Zeichnung auf Seite 186 ist neben dem Lenkgetriebe (Nr. 3) die linksseitige Zahnstangenmanschette zu sehen. Die rechtsseitige ist beim Audi 100 mit 85-PS-Motor durch die darüber sitzende Batterie verdeckt, beim 100-PS-Motor vom Motorraum aus gut zu sehen.

Kontrollieren Sie diese Manschetten sehr sorgfältig auf rissige oder feuchte Stellen und die Schlauchbinder auf festen Sitz. Denn ein unscheinbarer Riß in einer Manschette kann eine vollständig neue Lenkung kosten. Die Manschetten enthalten eine Fettdauerfüllung, die durch eindringenden Schmutz und Feuchtigkeit in eine Art Schleifpaste verwandelt wird, der die genau ineinander eingepaßten Teile des Lenkgetriebes und der Zahnstange – besonders in der Geradeausstellung der Lenkung – nicht lange widerstehen. Wenn man die in der Geradeauslaufstellung sozusagen »schlapperig« gewordene Lenkung nachstellen will, klemmt sie beim Einschlagen der Räder und die Lenkung stellt sich nicht mehr selbstständig in Geradeausfahrt zurück. Spätestens vom TÜV wird der Einbau einer neuen Lenkung verlangt.

Selbstverständlich darf auch am eventuell eingebauten Lenkungsdämpfer keine Stoßdämpferflüssigkeit austreten.

Spurstangenköpfe und Staubkappen prüfen

Wartungspunkt Nr. 51

Die gelenkigen Verbindungen der Spurstangen sind an sich wartungsfrei, da die Gelenke eine Dauer-Fettfüllung besitzen. Durch Steinschlag oder andere mechanische Beschädigungen können jedoch die Gummikappen auf diesen Gelenken schadhaft geworden sein, so daß von außen Schmutz und Feuchtigkeit eindringen kann. Beschädigte Schutzkappen dürfen nur dann ersetzt werden, wenn mit Sicherheit kein Schmutz in das Gelenk eingedrungen ist. Andernfalls muß das Spurstangengelenk komplett ersetzt werden.

Ob die Spurstangenköpfe Spiel haben, prüft man, indem ein Helfer das Lenkrad zügig hin- und herdreht, während man an den Spurstangenköpfen fühlt, ob diese »Luft« haben.

Verzögerungstaktik

Unsere Audi-100-Modelle haben seit Herbst '74 (Modelljahr '75) eine Diagonal-Zweikreisbremsanlage. Zwei Kreise hatte die Bremsanlage der Vorgängermodelle auch schon, doch hatten bei diesen die Vorder- und die Hinterachse je ein eigenes hydraulisches Leitungssystem. Mit Einführung des »negativen Lenkrollradius« (Seite 185) und den dadurch verbesserten Fahreigenschaften der Audi 100 wurden die zwei Bremskreise diagonal gelegt, d. h. linkes Vorderrad und rechtes Hinterrad sowie rechtes Vorderrad und linkes Hinterrad haben jetzt jeweils ihr eigenes Leitungssystem. Zusammen mit den Auswirkungen des negativen Lenkrollradius läuft bei diesem Diagonalsystem auch bei Ausfall eines Bremskreises der Audi 100 spurgenau geradeaus, wenn gebremst werden muß.

Zweikreis-Diagonal-Bremssystem

Die Bremsanlage Ihres Audi 100 hat vorne, wie heute zumeist üblich, Scheibenbremsen (sogenannte Schwimmrahmen-Scheibenbremsen) und hinten die althergebrachten Trommelbremsen, denn diese sind für das Handbremssystem (Feststellbremse) notwendig.
Alle Audi-100-Modelle haben außerdem hinter dem für das Zweikreissystem doppelt wirkenden Hauptbremszylinder (die »Neben«-Bremszylinder sitzen an den einzelnen Radbremsen) serienmäßig einen Bremskraftverstärker, die Modelle mit 100- und 112-PS-Motor außerdem noch einen Bremskraftregler, um ein Blockieren der Hinterräder vermeiden zu helfen.

Bremsflüssigkeitsstand kontrollieren

Wartungsdienst Nr. 3

Im Motorraum sitzt links hinten – in Fahrtrichtung gesehen – an der Abschlußwand zum Innenraum der Bremsflüssigkeitsbehälter. Er ist in zwei Kammern aufgeteilt und diese versorgen getrennt die zwei Bremskreise mit Bremsflüssigkeit, so daß auch bei Ausfall eines Bremskreises noch Bremsflüssigkeit für den anderen zur Verfügung steht.

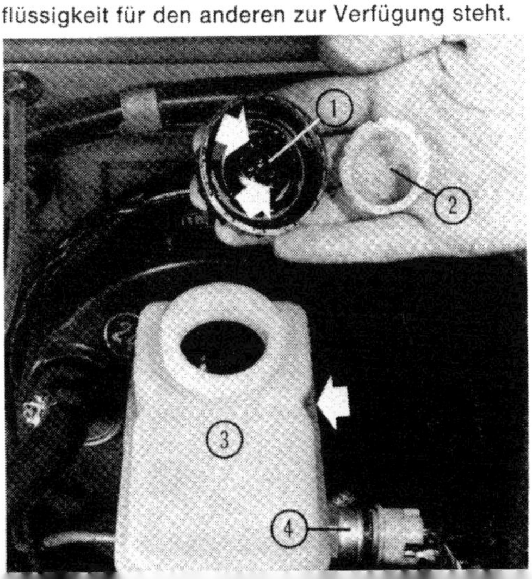

Der in zwei Kammern geteilte (weißer Pfeil unten) Bremsflüssigkeitsbehälter (3) beweist, daß Ihr Audi eine Zweikreisbremsanlage hat. Trotzdem reicht eine einzige Einfüllöffnung aus, in der ein feines Haarsieb (2) sitzt, das stets peinlich sauber gehalten sein muß. Sie ist von einem Schraubdeckel (1) mit zwei feinen Belüftungslöchern (obere weiße Pfeile) verschlossen. Jeder Nachfüllbedarf sollte Anlaß zu einer peinlich genauen Überprüfung aller Bremsleitungen und Bremszylinder an den Rädern auf Undichtigkeit sein. Eventuelle Mängel muß die Werkstatt alsbald beheben, denn Arbeiten an der Bremsanlage gehören aus Gründen der Verkehrssicherheit in die Hand des Fachmannes. Zur Kontrolle des Bremsflüssigkeitsstandes muß der Schraubdeckel nicht geöffnet werden, denn der Flüssigkeitsstand läßt sich am durchscheinenden Behälter von außen erkennen. Wenn er in beiden Kammern zwischen den seitich eingeprägten Markierungen »Min« und »Max« steht, ist alles in Ordnung. Außerdem: 4 – Bremslichtschalter (siehe Seite 156).

Der Flüssigkeitsstand sinkt auch bei völlig dichter Bremsanlage mit zunehmender Kilometerleistung. Das hat folgenden Grund: Die im Durchmesser verhältnismäßig großen Kolben der Scheibenbrems-Radzylinder treten entsprechend dem Belagverschleiß weiter heraus und mehr Flüssigkeit fließt nach. Ein gewisses Absinken der Bremsflüssigkeit ist also nicht unbedingt alarmierend.

Zum Einsetzen neuer Scheibenbremsbeläge müssen übrigens die Kolben in den Bremssätteln zurückgedrückt werden, wodurch der Flüssigkeitsstand wieder ansteigt. Wurde inzwischen zu viel nachgefüllt, würde der Behälter auch bei aufgeschraubtem Deckel überlaufen, da sich im Deckel ein Entlüftungsloch befindet. Zum Nachfüllen darf nur Original-Bremsflüssigkeit verwendet werden mit der DOT 3-Spezifikation oder DOT 4. Sie ist klimafest, verhindert Korrosion, hat einen hohen Siedepunkt und besitzt Schmierkraft – kurz, sie läßt sich durch nichts anderes ersetzen.

Bremsflüssigkeit hat aber auch schlechte Eigenschaften: Sie greift den Autolack an, deshalb beim Hantieren aufpassen, und außerdem ist sie stark wasseranziehend – hygroskopisch, wie der Fachmann sagt – wodurch ihr Siedepunkt sinkt. Bei starker Beanspruchung der Bremsen kann es zu Dampfblasenbildung in den Leitungen kommen – ein Bremskreis fällt dann ganz aus.

Bremsflüssigkeit wechseln

Wartungspunkt Nr. 69

Wegen der bereits beschriebenen wasseranziehenden Wirkung der Bremsflüssigkeit schreibt Audi jedes zweite Frühjahr einen Wechsel vor. Das macht die Werkstatt mit einem Entlüftungsgerät; ohne dieses geht man ähnlich wie beim auf Seite 200 erklärten Entlüften vor. Sämtliche Entlüftungsventile werden geöffnet und man pumpt so lange mit dem Bremspedal, bis keine Flüssigkeit mehr austritt. Danach Ventile schließen, Bremsflüssigkeit einfüllen und Bremsanlage entlüften.

Fußbremse prüfen

Wartungspunkt Nr. 25

Durch negativen Lenkrollradius und lenkstabilisierendes Diagonalbremssystem mit kraftausgleichendem Bremskraftregler ist die früher aussagekräftige Bremsprobe auf ebener Fahrbahn gar nicht mehr so eindeutig. Da zeigte eine »schiefziehende Bremse« durch seitliches Ausbrechen des Fahrzeugs sofort ihre Mängel. Seitliches Ausbrechen passiert aber nicht mehr so leicht, auch wenn die Bremsen unterschiedlich ansprechen. Eindeutige Aussage gibt es deshalb bei den Audi 100 ab Herbst 74 nur auf dem Rollenbremsprüfstand, wie ihn vor allem der TÜV und auch gut ausgestattete Werkstätten haben. Und an eine ganz allmählich schwächer werdende Bremse gewöhnt man sich allzu leicht. Allenfalls wird man bei gelegentlich schneller Autobahnfahrt mit schwer beladenem Wagen vom unheimlich langen Bremsweg aufgeschreckt. Deshalb ist dies die beste Bremsprobe, wenn man einen Verwandten oder Bekannten hat, der ebenfalls einen Audi 100 fährt: Wagen für eine Bremsprobe auf abgelegener Straße wechseln und Erfahrungen austauschen. Beim fremden Fahrzeug merkt man am schnellsten, ob der eigene Wagen besser oder schlechter bremst.

Auch eine »Notbremsung« gehört zur Bremsprobe. Aus etwa 50 km/h (wenn Sie es noch nicht gemacht haben, zuerst mal mit geringerer Geschwindigkeit anfangen) plötzlich mit allem Druck das Bremspedal treten, so daß die Räder blockieren. Dabei Lenkrad festhalten. Nach Fahrzeugstillstand aussteigen und Schleifspuren auf der Fahrbahn anschauen. Sie müssen achsweise jeweils am gleichen Punkt beginnen. Wenn das Rad einer Achse erst später blockierte, dort zuerst auf Verschleiß der Bremsbeläge prüfen.

Bremspedalweg prüfen
Wartungspunkt
Nr. 54

Der Leerweg des Bremspedals soll 4 bis 7 mm betragen, dann muß die Bremswirkung beginnen. Ist der Leerweg größer, müssen entweder die hinteren Trommelbremsen nachgestellt werden (Seite 199) oder es liegt an zu großem Luftspiel zwischen Bremsscheibe und Belägen an den Vorderradbremsen, weil entweder die Bremsscheibe »eiert« oder ein Bremskolben an seinem Dichtring verklebt ist. Abhilfe im Abschnitt »Die Scheibenbremse«. Es gibt noch eine ganze Reihe weiterer Ursachen, weshalb der Bremspedalweg zu lang sein kann. Diese und die möglichen Abhilfen sind im »Störungsbeistand« auf Seite 202 unter den Kennbuchstaben C und F zu finden.

Wirkung der Handbremse prüfen
Wartungspunkt
Nr. 26

Der fortschreitende Verschleiß der Hinterradbremsbeläge macht sich besonders in der Wirkung der Handbremse (Feststellbremse) bemerkbar. Dazu kommt noch, daß sich die Seilzüge des Handbremssystems mit der Zeit etwas längen (vor allem, wenn man auf ebener Straße und in der Garage den Wagen ständig mit scharf angezogener Handbremse parkt), so daß die Wirkung nachläßt.
Da man mit der Handbremse auch als Notbremse vertraut sein sollte, hier ein Vorschlag: Bremsen Sie gelegentlich übungshalber den Audi nur mit der Handbremse ab, damit Sie ein Gefühl für die Bremsweglänge haben. Aber Vorsicht, weil bei zu scharfer Handbremserei das Fahrzeugheck schleudern kann. Übrigens ist die sanft- und gefühlvoll betätigte Handbremse auf Glatteis ein guter Schutz gegen Rutsch- und Schleudergefahr – der Audi »hängt« sich an die bremsenden Hinterräder.

Leerweg des Handbremshebels prüfen
Wartungspunkt
Nr. 55

Damit auch beim Durchfedern der Hinterachse die Trommelbremsbeläge nicht schleifen, soll bis zum Anziehen des Handhebels in die 1. Raste die Handbremse noch keine Wirkung zeigen. Bei der 2. Raste muß an beiden Rädern gleichzeitig die Bremswirkung einsetzen. Dazu Wagenheck aufbocken und Räder von Hand durchzudrehen versuchen – Hemmung muß gleichmäßig sein (nicht verwechseln mit zu stramm angezogenem Radlager!). Bei unterschiedlicher Wirkung Trommelbremsen entsprechend nachstellen. Bei der 3. Raste dürfen sich die Räder nicht mehr von Hand durchdrehen lassen und in der 4. Raste muß die Handbremse den Audi auf ebener Fahrbahn unverrückbar festhalten. Insgesamt stehen 7 Rasten zur Verfügung, wobei die 7. bei richtig eingestellter Bremse nicht erreicht werden darf.
Wenn die Handbremswirkung an beiden Rädern gleichmäßig einsetzt, insgesamt aber nicht ausreicht, wird sie am Ausgleichsstück unter dem Wagenboden nachgestellt, wie im Bild unten gezeigt.

Zum Nachstellen der Handbremse ist die einwandfreie Einstellung der Bremsbacken in den Bremstrommeln Voraussetzung (beschrieben auf Seite 199). Dann, wie oben beschrieben, Handbremshebel in 2. Raste ziehen und mit Ringschlüssel SW 10 das bogenförmige Ausgleichsstück (großer Pfeil) so weit festziehen, bis sich beide Räder nicht mehr leicht von Hand drehen lassen. Dann Handbremse mehrmals lösen und anziehen und zuletzt bei gelöstem Hebel prüfen, ob sich die Räder leicht durchdrehen lassen, andernfalls muß die Nachstellmutter ein wenig zurückgedreht werden. Handbremsausgleich gelegentlich ölen (Seite 44).

Bremsanlage auf Dichtheit und Beschädigungen prüfen

Wartungspunkt Nr. 48

Die Kontrolle der Bremsanlage sieht zunächst vor, daß sämtliche Leitungen und Anschlüsse auf Undichtigkeit überprüft werden. Verfolgen Sie bei trokkener Wagenunterseite (Auto hochbocken oder auf eine Grube fahren) den Verlauf der Bremsschläuche: Sie dürfen weder feucht noch aufgequollen sein. Die Bremsleitungen dürfen keine Rostspuren aufweisen. Falls doch – auswechseln lassen. Geknickte oder plattgedrückte Bremsleitungen sind ebenso zu ersetzen wie Bremsschläuche mit Scheuerstellen. Achten Sie auch besonders auf Anschluß- und Verbindungsstellen. Bremsflüssigkeit kriecht auch unter den Schmutz. Schwarzer Schmutz deutet auf Undichtigkeit hin, auch feuchtdunkle Stellen am Scheibenbremssattel (vorn) oder an einer Bremstrommel (hinten). Radbremszylinder undicht? Sind Staubkappen auf allen Entlüftungsventilen (auf Radinnenseiten und an Bremssätteln)?

Bremsschläuche vertragen kein Benzin, Petroleum, Dieselkraftstoff oder Fett. Sie dürfen auch nicht lackiert werden. Weil Einsprühöl natürlich Öl enthält, sollte es von den Bremsschläuchen ferngehalten werden. Das bedeutet praktisch: Wagenunterseite nicht mit Öl einsprühen lassen. Unterbodenschutzwachse dagegen sind ungefährlich.

Bremsdruckprobe: Bremspedal etwa eine Minute niedergedrückt halten. Gibt es dabei nach, liegt eine Undichtigkeit vor.

Alle Reparaturen an Bremsleitungen und Bremszylindern sind unbedingt Werkstattsache!

Die Scheibenbremsen

Die Audi-100-Modelle haben an der Vorderachse sogenannte »Schwimmsattelbremsen«. Das bedeutet, daß der Bremssattel oder Bremsrahmen beweglich (»schwimmend«) angeordnet ist. Der einzige Kolben (sogenannte »Festsattelbremsen« haben 2 Kolben) drückt den inneren Bremsbelag gegen die Bremsscheibe und der Gegendruck auf den Bremszylinderboden zieht den Schwimmsattel mit dem außenliegenden Belag gegen die Bremsscheibe. Der rundum am Kolben anliegende Dichtring zieht diesen beim Loslassen des Bremspedals wieder zurück. Den Verschleiß der Bremsbeläge berücksichtigt ein automatischer Spielausgleich, die Scheibenbremse ist also »selbstnachstellend«.

Das sogenannte »Luftspiel« zwischen Bremsscheibe und Bremsbelägen bei gelöster Bremse soll nur 0,1 bis 0,2 mm betragen. Das kann man mit einer entsprechenden Fühlerblattlehre am aufgebockten Fahrzeug bei abgenommenem Rad nachmessen. Ist das Spiel größer, liegt dies oft an einer »eiernden« Bremsscheibe, die bei übermäßiger Bremsbeanspruchung rotglühend wurde und sich beim Abkühlen verzog. Dann müssen beide Bremsscheiben ausgewechselt werden. Ursache kann aber auch ein an seinem Dichtring verklebter Kolben sein. Der Kolben rutscht dann nicht durch den Dichtring, sondern verspannt ihn, so daß dieser ihn nach dem Bremsen wieder zu weit zurückzieht. Abhilfe schafft meist der Ausbau eines der beiden Bremsbeläge (siehe Bilder auf diesen Seiten) und das Einschieben eines etwa 3 mm starken passenden Sperrholzbrettchens, worauf ein Helfer das Bremspedal mehrmals kräftig durchtritt und sich der Bremskolben lösen kann. Der Kolben wird anschließend wieder zurückgedrückt und der ausgebaute Bremsbelag wieder eingesetzt.

Fingerzeige: *Soll der Audi mit Unterbodenschutz eingesprüht werden, müssen die Scheibenbremsen unbedingt abgedeckt werden (Packpapier, Tücher), sonst gehen die Bremsen »wie geschmiert«, was ja nicht ihr Zweck ist. Gelangt trotzdem Unterbodenschutz oder Motoröl (letzteres nach Verle-*

Die Mindeststärke der Bremsbeläge muß noch 2 mm betragen, dann paßt zwischen den Belagträger (1) und die Kreuzfeder (2) gerade noch ein Zehnpfennigstück. Spätestens bei diesem Abnutzungsgrad auch nur eines Belages müssen alle vier Bremsbeläge an den Vorderrädern erneuert werden. Keinesfalls darf das Metall der Belagträgerplatte mit der Bremsscheibe in Berührung kommen. Durch die Hitzeentwicklung beim Bremsen könnten Platte und Scheibe miteinander verschweißen, was zum Blockieren des Rades führt. Auf jeden Fall fräst der Belagträger jedoch Rillen in die Bremsscheibe, die dann entweder plangeschliffen oder in schlimmeren Fällen ersetzt werden muß.

gen der Scheibenbremsen nach außen nur noch selten) auf die Bremsscheiben und Bremsbeläge, dürfen die Teile auf keinen Fall mit Dieselkraftstoff, Benzin oder »Kaltreinigern« (»Motorreiniger« aus Spraydosen) gereinigt werden. Vor allem die Bremsbeläge würden dadurch zermürbt. Allenfalls ist eine Reinigung mit Brennspiritus möglich, aber auf verölten oder verfetteten Bremsbelägen nicht genügend wirksam. Einzig brauchbar sind dafür Spezialreiniger, wie z. B. das nach unseren Erfahrungen sehr gute »CRC Brakleen« (Vertrieb durch Liqui Moly, Ulm).
Auch gegen Quietschgeräusche, zu denen Schwimmsattelbremsen gerne neigen, hilft oft das tüchtige Einsprühen mit solchem Spezialreiniger. Dauerwirkung gegen Bremsenquietschen erreicht man jedoch mit »Plastilube« (nicht verwechseln mit dem auf Seite 22 unter den Spezialschmierstoffen erwähnten »Plastilube 0«). Zur Anti-Quietschbehandlung müssen die Bremsbeläge der Scheibenbremsen ausgebaut (Abschnitt »Scheibenbremsbeläge erneuern«) und von allem Bremsstaub mit einem trockenen Pinsel gereinigt werden. Danach sind mit Plastilube zu bestreichen: Alle Belagträgerrückseiten (Berührungsflächen mit Bremskolben und Schwimmsattel), die Gleitführungen des Schwimmsattels, die Bohrungen für die Haltestifte, die Haltestifte selbst, die Spreizfeder an den Berührungsstellen mit den Haltestiften und den Belagträgern. Auf keinen Fall darf jedoch Plastilube-Fett auf die Bremsscheiben oder auf die Reibflächen der Bremsbeläge gelangen. Andernfalls mit einem fettfreien Lappen kräftig abwischen.

Belagstärke der Scheibenbremsen prüfen

Wartungspunkt Nr. 12

Da sich die Beläge der hinteren Trommelbremsen nur langsam abnutzen, nimmt das Spiel des Bremspedals mit steigendem Kilometerstand nur ganz wenig zu. Das darf aber nicht darüber hinwegtäuschen, daß sich die Beläge vorn an den Scheibenbremsen relativ rasch abnutzen – bei sehr scharfer Fahrweise nach rund 8000 km! Wer sich um die Wartung seines Audi selbst kümmert, muß vor allem auf die vorderen Scheibenbremsbeläge ein wachsames Auge haben.
Die Audi-Werkstatt kann die Belagstärke mit einer Lehre bei angebauten Rädern prüfen, als Eigenpfleger muß man in Ermangelung dieses Spezialwerkzeugs die Vorderräder abbauen. Lenkung einschlagen, daß der Bremssattel gut zugänglich ist, dann läßt sich ohne Herausnehmen der Beläge die im Bild oben gezeigte »Groschenkontrolle« durchführen. Die Mindeststärke muß noch 2 mm betragen, dann paßt zwischen die Kreuzfeder und den Belagträger gerade noch ein Zehnpfennigstück.

**Scheiben-
bremsbeläge
erneuern**

Der Austausch der vorderen Bremsbeläge ist – verantwortungsvolles Arbeiten vorausgesetzt – ohne Schwierigkeiten möglich (Bilder auf diesen Seiten). Die Bremsbeläge lassen sich am besten herausnehmen, wenn man mit einem Schraubenzieher zuerst abwechselnd durch die Ösen des inneren Belagträgers fährt und – die Schraubenzieherklinge auf den Bremssattel gestützt – den Belag heraushebelt. Den äußeren Belag nimmt man auf die gleiche Weise heraus, nur muß zusätzlich der bewegliche Schwimmrahmen nach außen gedrückt werden, da eine Nase im Bremssattel und eine entsprechende Ausbuchtung im Belagträger den Belag in seiner Stellung hält.

Vor dem Einbau der neuen Bremsbeläge wird aller Schmutz und Bremsstaub aus dem Bremssattel mit schmalem Pinsel, Druckluft oder fettfreiem Lappen beseitigt. Falls die Bremsen gerne quietschen, sollten bei dieser Gelegenheit, entsprechend den im vorhergehenden »Fingerzeig« gegebenen Ratschlägen, die quietschanfälligen Teile mit Plastilube eingerieben werden.

Zum Einbau der neuen dicken Bremsbeläge muß der Kolben im Bremszylinder zurückgedrückt werden, weil er entsprechend den dünner werdenden Belägen aus dem Zylinder herausgewandert ist. Die Werkstatt macht das mit einer Kolbenrücksetzvorrichtung, man kann sich aber auch helfen, indem man mit einem breiten Schraubenzieher den Kolben vorsichtig wieder hineindrückt, ohne ihn dabei zu verkanten.

Zuerst wird der äußere Bremsbelag eingeschoben (Schwimmrahmen dazu nach außen drücken), weil die Bremsbelagträger in die Nocke des Sattels einrasten muß. Dann Schwimmrahmen nach innen drücken und den inneren Bremsbelag einsetzen. Sie müssen sich in ihren Führungen leicht bewegen lassen und dürfen nicht klemmen. Nun einen Haltestift einsetzen, die neue Spreizfeder in richtiger Lage (siehe Bilder auf diesen Seiten!) unter den eingesetzten Stift schieben, mit einem dicken Schraubenzieher anderes Spreizfederende andrücken, während der zweite Stift eingeschoben wird. Mit behutsamen Hammerschlägen treibt man schließlich die Stifte vollends ein und setzt, wenn vorhanden, die Klemmfeder wieder ein.

Als wichtige Maßnahme nach dem Einsetzen von Bremsbelägen ist noch bei stehendem Wagen das Bremspedal niederzudrücken. Damit kommen die Beläge zum Anliegen an die Scheibe, und erst jetzt ist Bremswirkung vorhanden. Während der nächsten Fahrt kann es schon zu spät sein, wenn man bremsen und dazu zwei- oder dreimal die Bremse »pumpen« muß.

Mit neuen Bremsbelägen sollen auf den ersten 200 km keine Gewaltbremsungen durchgeführt werden, sie müssen sich erst einarbeiten, sie müssen eingefahren werden. Sonst wird die Lebensdauer der Beläge verkürzt.

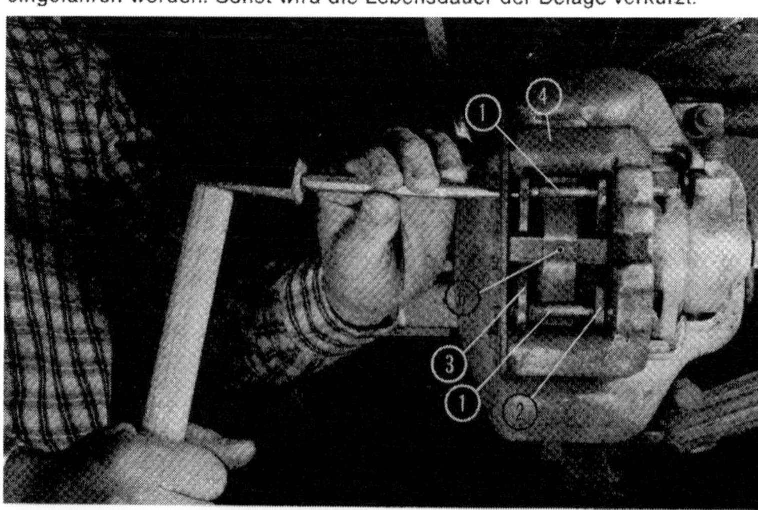

Zum Auswechseln der Scheibenbremsbeläge müssen zuerst die im sogenannten Schwimmrahmensattel (4) quer eingesetzten Haltestifte (1) mit einem Durchtreiber, wie hier gezeigt, herausgeklopft werden. Diese Haltestifte sind an ihrem Ende entweder mit Spannhülsen (wie hier) oder durch eine Klemmfeder gesichert. Danach läßt sich die kreuzförmige Spreizfeder (6) herausnehmen. Zuletzt werden die Bremsbeläge (2 und 3) an ihren Halteösen aus dem Bremsschacht gezogen, wobei zum Herausziehen des äußeren Bremsbelages der Schwimmsattel (4) nach außen gedrückt werden muß, weil dieser Bremsbelag von einer besonderen Nocke (siehe Bild rechts oben) gehalten wird.

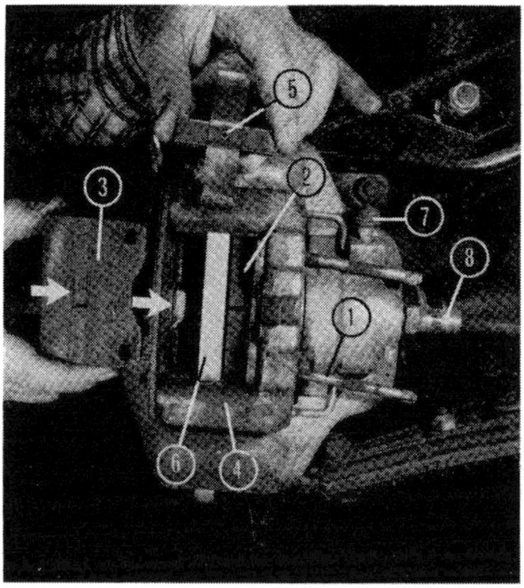

Auf diesem Bild sind die beiden Haltestifte (1) seitlich herausgetrieben und halten nur noch den rechtsseitigen Bremsbelag. Links ist der Bremsbelag (3) herausgenommen und man erkennt in seiner Grundplatte deutlich die Ausbuchtung (weißer Pfeil links), welche innerhalb des Schwimmrahmensattels (4) in die entsprechende Nocke (weißer Pfeil rechts) eingreift. Der Bremsbelag muß also ganz präzise sitzen, bvor die kreuzförmige Spreizfeder (5) aufgelegt und die Haltestifte eingeschlagen werden. In der Mitte ist die Bremsscheibe (6) erkennbar, rechts oben die Schutzkappe (7) des Entlüftungsventils (Bremse entlüften, nächste Seite).
Beim Einbau neuer Bremsbeläge muß zunächst der außenseitige eingeschoben und sauber in die Nocke eingesetzt werden, danach erst den innenseitigen (2; ohne Nocke) einschieben – umgekehrt geht es bei den dicken neuen Belägen nicht.
Weiter bedeutet: 8 – Bremsdruckleitung zum hier gezeigten rechten Vorderrad.

Bremsbacken der Hinterräder einstellen

An den Hinterrädern findet man beim Audi Trommelbremsen, die sich durch geringe Anfälligkeit gegen Verschmutzung und Nässe und relativ lange Belaglebensdauer auszeichnen. Allerdings stellen sich die Audi-Trommelbremsen nicht selbsttätig nach (das gibt es nur bei den nach Schweden gelieferten Fahrzeugen). Wenn Sie eines Tages das Gefühl haben, Sie müssen das Bremspedal weiter durchtreten und der Pedalweg bei mehrmaligem Treten kürzer wird, liegt es an fortgeschrittenem Belagverschleiß. Die Bremsbacken brauchen einen längeren Weg, bis sie an den Trommeln anliegen.
Der Audi wird gegen Wegrollen gesichert und hinten hochgebockt, die Handbremse muß vollständig gelöst sein. Die beiden Nachstellexzenter (SW 17) pro Rad sitzen vorn und hinten in den Bremsankerplatten oben. Vor der Einstellung noch einige Male kräftig auf das Bremspedal treten, damit sich die Backen in ihrem Trommeln zentrieren und bei Fahrzeugen mit Bremskraftregler den Hebel am Regler (Bild Seite 201) einmal kräftig von Hand in Richtung Hinterachse drücken, sonst könnte durch eventuell noch vorhandenen Restdruck im Bremssystem ein Bremsbelag schon ohne Nachstellen an der Trommel schleifen. Jetzt mit einem hochgekröpften Ringschlüssel oder einer Stecknuß SW 17 an den beiden Einstellexzentern je Rad die Bremsbacken nachstellen, wie im Bild unten gezeigt.

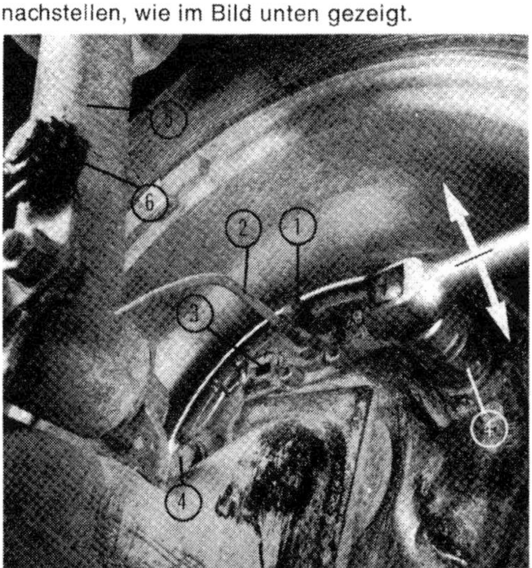

Zum Einstellen der Hinterradbremsen brauchen Sie einen hochgekröpften Ringschlüssel SW 17 oder – besser – eine »17er« Stecknuß mit Hebelgriff. Der Audi muß für diese Arbeit hochgebockt werden, damit sich die Räder frei drehen lassen. Drehen des Schlüssels auf den Exzentereinstellschrauben (4) nach unten preßt die Bremsbacken an die Trommel, nach oben wird die Bremsbacke gelockert. Vor der Arbeit noch einige Male kräftig das Bremspedal treten, damit sich die Bremsbacken in ihren Bremstrommeln zentrieren und danach den Bremskraftregler (6, siehe auch Seite 201) neben dem rechten Federbein (5), einmal kräftig drücken, damit Restdruck im Bremssystem entweicht. Dann Exzenter-Einstellschraube festdrehen, bis Rad klemmt, danach wieder so weit losdrehen, daß sich das Rad gerade frei bewegen läßt.
Weiter bedeuten: 1 – Bremsentlüftungsnippel; 2 – Bremsdruckleitung zum rechten Hinterrad; 3 – Schauloch zur Prüfung der Bremsbelagstärke, praktisch nicht verwendbar.

Nachdem die Bremstrommel abgenommen wurde, erkennt man: 1 – Bremsbacke mit Bremsbelag, 2 – Achszapfen, 3 – Handbrems-Seilzug, 4 – Rückzugfeder, 5 – Befestigungsschraube des Bremsträgers am Achszapfen, 6 – Haltefeder, 7 – Druckstange, 8 – Radbremszylinder.

Belagstärke der Trommelbremsen prüfen

Wartungspunkt Nr. 49

Fortgeschrittener Belagverschleiß beendet die Nachstellmöglichkeiten. Die Stärke der Bremsbeläge läßt sich ohne Abbau der Bremstrommeln kontrollieren, wenn man an der Rückseite der Bremsträgerplatte entweder unterhalb des Handseilzugeintritts einen Verschlußstopfen heraushebelt und damit ein Schauloch freilegt oder bei anderer Ausführung der Trägerplatte oben ein Schauloch (Nr. 3 im Bild S. 199 unten) wahrnimmt und dort (eventuell mit Handspiegel), während man das Rad dreht, um die Teile unterscheiden zu können, nachprüft, ob der Bremsbelag – nicht zu verwechseln mit dem Metall der Bremsbacke – noch mindestens 2,5 mm Stärke hat. Bei normaler Beanspruchung halten die Trommelbremsbeläge mindestens 30 000 km.
Der Bremsbelag ist auf die Bremsbacken festgenietet; man wird also den eventuell notwendigen Belagwechsel der Werkstatt überlassen.

Bremsanlage entlüften

Läßt sich das Bremspedal zu tief durchtreten, ist Luft in die Leitungen oder Bremszylinder eingedrungen (oder die Beläge sind zu stark abgefahren). Es läßt sich auch feststellen, wenn das Pedal beim Betätigen sozusagen federt. Entlüftung ist stets auch nach allen Arbeiten an der hydraulischen Anlage nötig. Erste Kontrolle vor dem Entlüften: Ist Bremsflüssigkeits-Behälter gefüllt? Möglicherweise war der Stand zu tief abgesunken, so daß von dort aus Luft eingedrungen ist. Beim Entlüften Behälter ständig ganz gefüllt halten. Wie die Bremsen entlüftet werden, beschreibt der Bildtext unten.
Während des Entlüftens muß immer wieder nachgeprüft werden, ob der Bremsflüssigkeitsstand im Behälter noch ausreicht.

Zum Entlüften der Bremsanlage Schutzkappe von den Entlüfter-Ventilen (hier am rechten Hinterrad: weißer Pfeil) abziehen, nachdem deren Umgebung sauber gewischt wurde. Dann Entlüftungsschlauch über das Entlüftungsventil streifen, Schlauchende in Gefäß mit Bremsflüssigkeit hängen lassen, mit Gabelschlüssel SW 7 Ventil etwas öffnen, während der Helfer Bremspedal auf Zuruf des Mannes am Rad tritt, in der tiefsten Lage festhält, bis der Mann am Rad Ventil wieder geschlossen hat, dann auf Zuruf Bremspedal langsam zurückkommen lassen, Ventil öffnen, Bremspedal treten, in tiefster Stellung halten, Ventil schließen usw., bis mit der herausgepumpten Bremsflüssigkeit keine Luftblasen mehr am Schlauchende im Gefäß aufsteigen. Sehr wichtig ist die Reihenfolge der Bremsentlüftung: linkes Hinterrad, rechtes Hinterrad, linkes Vorderrad, rechtes Vorderrad.
Zum Entlüften nimmt die Werkstatt ein spezielles Entlüftergerät, die obige Arbeitsbeschreibung ist nur für den Notfall vorgesehen.

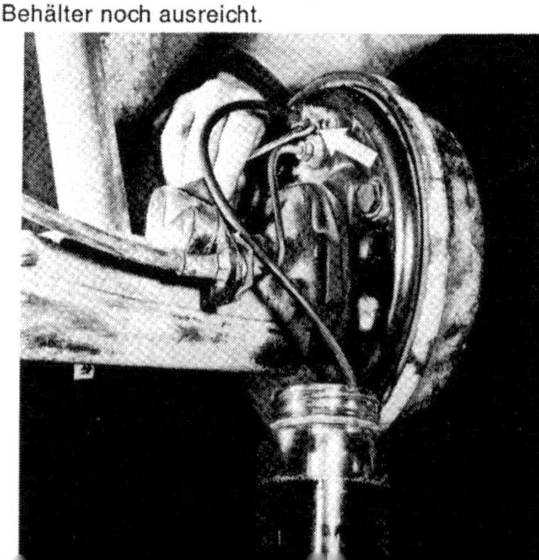

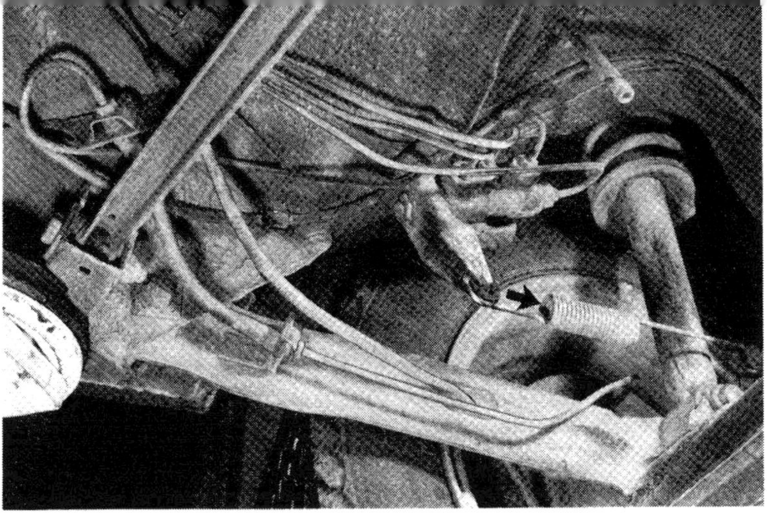

Wenn Sie einen Blick auf das rechte Hinterrad werfen, sehen Sie den Bremskraftregler mit seinen vier zu- und wegführenden Bremsleitungen für die beiden Bremskreise. Da das rechte Hinterrad wegen möglichem Restdruck im Bremssystem schleifen kann, muß vor der Einstelluig der Bremstrommeln (Seite 199) der Hebel am Bremskraftregler einmal kräftig in Richtung Hinterachse gedrückt werden (durch Pfeil angedeutet).

Bremskraftverstärker prüfen

Serienmäßig besitzen unsere Audi-100-Modelle einen Bremskraftverstärker, der die erforderliche Pedalkraft verringert. Bei stehendem Motor liefert er keine (zusätzliche) Bremskraft, deshalb muß man z. B. beim Abschleppen kräftiger aufs Bremspedal treten.
Der Bremskraftverstärker ist wartungsfrei. Seine Funktion kann man prüfen, wenn man bei stehendem Motor mehrmals kräftig auf das Bremspedal tritt, um den Unterdruck im Gerät abzubauen. Dann hält man das Pedal kräftig gedrückt und läßt den Motor an. Das Bremspedal muß unter dem Fuß spürbar nachgeben, dann ist die Anlage in Ordnung.
Die Werkstatt tauscht ein defektes Servogerät aus, es wird nicht repariert. Eigenhändiger Austausch ist nicht zu empfehlen.

Bremskraftregler prüfen
Wartungspunkt Nr. 70

Für die beiden Hinterräder besitzen die Audi-100-Modelle mit 100- und 112-PS-Motor einen Bremskraftregler, der rechts über der Hinterachse sitzt. Ab einem bestimmten Druck in den beiden hinteren Bremsleitungen bewirkt er, daß die Bremskraft an den Hinterrädern weniger ansteigt als an den Vorderrädern. Beim Bremsen – wobei die Achslast an der Hinterachse vermindert wird – vermeidet man so ein vorzeitiges Blockieren der Hinterräder.
Eine schnelle Funktionsprüfung läßt sich folgendermaßen durchführen. (Wagen hinten aufbocken): Während ein Mann kurz kräftig auf das Bremspedal tritt, fühlt ein zweiter am Regler, ob sich die Kolben im Regler verschieben. Beim Loslassen des Pedals muß im Bremskraftregler ein leichter Schlag spürbar sein. Eine exakte Druckprüfung ist allerdings nur durch die Fachwerkstatt möglich, denn dazu sind spezielle Druckmeßgeräte und Federspanner zur Parallelstellung der Hinterachse notwendig. So muß bei einem Vorderradbremsdruck von 100 bar (atü) der Hinterachsbremsdruck durch Wirkung des Bremskraftreglers 62,2 bar (atü) betragen. Diese Prüfung soll alle zwei Jahre vorgenommen werden.

Störungsbeistand
Bremsen

Die Störung	– ihre Ursache	– ihre Abhilfe
A Bremsen ziehen einseitig (erkennbar an ungleichen Bremsspuren)	1 Reifendruck ungleichmäßig	Korrigieren bei kalten Reifen
	2 Bereifung ungleichmäßig abgenutzt	Reifen so untereinander auswechseln, daß auf jede Achse gleichmäßig abgenutze Reifen kommen

Die Störung	– ihre Ursache	ihre Abhilfe
	3 Verschmierte Beläge	Beläge erneuern, jeweils bei beiden Rädern einer Achse
	4 Bremssattel oder Bremstrommel verschmutzt oder verrostet	Säubern und gängig machen
	5 Unrunde Bremstrommeln	Trommeln ausdrehen
B Bremsen quietschen	1 Staub und Schmutz an Scheibenbremsen oder in der Trommel	Mit Preßluft ausblasen und mit Bürste säubern
	2 Konstruktionsbedingte Vibrationen	Mit Anti-Quietschmitteln behandeln (»Fingerzeig« Seite 197)
	3 Bremsscheibe hat Schlag	Erneuern
	4 Beläge abgenutzt	Beläge erneuern
	5 Kolben im Bremssattelzylinder verdreht	Kolbenstellung berichtigen
C Pedalweg zu groß	1 Beläge abgenutzt	Beläge erneuern
	2 Bremsscheibe hat Schlag	Auswechseln
D Pedalweg zu groß und federndes Durchtreten	1 Luft in Bremsanlage, evtl. Bremsflüssigkeit im Vorratsbehälter zu tief abgesunken	Bremsen entlüften evtl. Vorratsbehälter auffüllen
	2 Beschädigte Manschette im Trommelbremszylinder	Auswechseln
	3 Undichtigkeit	Gesamtes System kontrollieren
E Pedalweg zu groß, trotz Entlüftung	Schadhafte Gummidichtungen oder Bremsschläuche	Beides auswechseln
F Pedal läßt sich ganz durchtreten, Bremswirkung läßt nach	1 Undichtigkeit in der Leitung	Anschlüsse kontrollieren, evtl. Leitung auswechseln
	2 Beschädigte Manschette im Haupt- oder Radbremszylinder	Manschette auswechseln (Werkstatt)
G Schlechte Bremswirkung trotz hohem Fußdruck	1 Bremskraftverstärker defekt	Werkstatt
	2 Beläge in Trommelbremse verölt oder abgenutzt	Beläge erneuern
H Bremse zieht von selbst	1 Ausgleichsbohrung im Hauptzylinder verstopft	Hauptbremszylinder überholen lassen
	2 Gequollene Manschetten	Bremsanlage durchspülen, Manschetten auswechseln
I Bremsen schütteln	1 Beläge ungleichmäßig abgenutzt	Beläge auswechseln
	2 Bremsscheibe hat Schlag	Bremsscheibe zentrieren (Werkstatt)
	3 Bremstrommel unrund oder exzentrisch	Trommeln egalisieren oder auswechseln

Beachtenswerte Rundungen

Die richtige »Schuhgröße« für Ihren Audi 100 kennen Sie sicherlich? Natürlich, denn Audifahrer sind ja bewußte Autofahrer, die auf so etwas achten. Und wer die Schuhgröße nicht weiß, kann sie in der Zulassung oder im Kraftfahrzeugbrief nachlesen. Nur jene, die dort eingetragen ist, darf er montieren (lassen). Und falls eine andere Größe gewünscht wird – das ist in diesem oder jenem Falle möglich –, dann muß die betreffende Größe vom TÜV dort nachträglich eingetragen werden.
Serienmäßig sind jedenfalls montiert:

- Audi 100 L und LS mit 85-PS-Motor — Reifen 155 SR 14
  (auch Reifen der Größe 165 SR 14 gestattet)
- Audi 100 LS mit 100 PS und GL — Reifen 165 SR 14
- Audi 100 Coupé S mit Schaltgetriebe — Reifen 185/70 HR 14
- Audi 100 Coupé S mit Automatikgetriebe — Reifen 185/70 SR 14

(Bei der gelegentlich in Audi-Druckschriften zu findenden Angabe, das Coupé S mit Automatikgetriebe sei serienmäßig mit Reifen der Größe 185 SR 14 ausgestattet, handelt es sich um Druckfehler. Dieser im Abrollumfang größere Reifen ist nicht erlaubt.)

Was bedeutet die Reifenbezeichnung?

Die Größenangabe

Nach international gültigen Regeln wird die Reifengröße in englischen Zoll, in Millimetern oder gemischt in Zoll und Millimetern angegeben. Die erste Zahl bezeichnet die Breite des Reifens: Hier sind es 155, 165 oder sogar 185 mm, die man allerdings nicht haargenau an seinem Reifen mit dem Zentimeterband nachmessen kann, denn es handelt sich dabei um eine »Norm-Abmessung« und in Wirklichkeit hat der Reifen je nach der Felge, auf der er montiert ist, eine etwas davon abweichende »Betriebsbreite«.
Die letzte Zahl der Größenangabe bezeichnet den Innendurchmesser des Reifens – sozusagen seine »lichte Weite«, wenn Ihnen dieser Begriff geläufig ist – und zugleich den Durchmesser der dazu passenden Felge. Diese Angabe erfolgt durchweg in englischen Zoll. Die Reifen unserer Audi-100-Modelle haben demnach alle einen inneren Durchmesser von 14 Zoll, was (1 Zoll = 25,4 mm) 356 mm entspricht.
Zur Größenangabe von Reifen genügen bereits die Reifenbreite und die Felgengröße, denn alle anderen Abmessungen sind in Normblättern festgelegt, so daß alle Reifen mit gleicher Reifengröße ohne Rücksicht auf die Marke, von erlaubten Toleranzen abgesehen, in ihren tatsächlichen Abmessungen gleich sind.

Die Bauartbezeichnung

Unter den zahlreichen Reifensorten gibt es nur eine einzige für den Audi 100 passende Art, die er bereits serienmäßig erhält. Das sind Gürtelreifen, die man auch, technisch genauer, Radialreifen nennt. Diese Bauart ist an dem Buchstaben »R« (= Radial) in der Reifenbezeichnung erkennbar.

Radialreifen haben als technische Besonderheit unter ihrer Lauffläche einen ziemlich stabilen »Gürtel« aus Textil- oder Stahldrahtgewebe, dessen Fäden in Laufrichtung und quer zur Laufrichtung (also »radial«) des Rades liegen. Er steht darin im Gegensatz zu konventionellen Reifen althergebrachter Bauart, dem sogenannten Diagonalreifen. Die Radialreifen liegen durch ihren stabilen Gürtel sehr griffig auf der Fahrbahn, da dieser Gürtel keine Walkbewegungen innerhalb des Reifenprofils zuläßt. Das gibt besonders gute Bodenhaftung, verringert den Abrieb und gibt mehr Sicherheit beim Kurvenfahren. Noch breiter liegen die Radialreifen für das eilige Coupé S auf der Straße. Das ist an der Zusatzzahl »70« in der Reifenbezeichnung 185/70 HR 14 zu erkennen. Man hat im Laufe der Weiterentwicklung der hochwertigen Radialreifen diese Zusatzzahl als eindeutiges Unterscheidungsmerkmal hinzusetzen müssen, denn der »normale« Radialreifen hat ein Seiten-/Höhen-Verhältnis des Reifenquerschnitts wie 100:80 und dieser breiter aufliegende, noch modernere Reifen hat dieses Verhältnis wie 100:70. Der Reifenfachmann nennt ihn deshalb kurzerhand »70er«-Reifen. Schon hier sei angemerkt, daß dieser Reifen, der manchem Reifenfan auch für seinen Audi 100 GL etwa in die Augen sticht, an den anderen Audi-100-Modellen nicht freigegeben ist, denn für diesen breiten »Latschen« kann es in den Radkästen eine gefährliche Beengung geben.
Fehlt noch die Erläuterung des Buchstabens »S« bzw. »H« in der Reifenbezeichnung. Das »S« besagt, daß dieser Radialreifen mit einer Spitzengeschwindigkeit bis zu 180 km/h gefahren werden darf. Nur das 183 km/h schnelle Coupé S mit normalem Schaltgetriebe braucht einen »schnelleren« Reifen, der dementsprechend mit dem Buchstaben »H« (= Hochgeschwindigkeit bis 210 km/h) gekennzeichnet ist. Dagegen liegt das Audi 100 Coupé S mit Automatikgetriebe haarscharf unter der 180 km/h-Grenze für SR-Reifen und ist dementsprechend serienmäßig mit Reifen 185/70 SR 14 ausgerüstet.

Felgenabmessungen

Alle Modelle der Audi-100-Reihe ab Herbst 1974 sind serienmäßig mit der gleichen Felge der Größe 5 J x 14 H 2 B ausgestattet. Diese Größenbezeichnung ist ebenfalls genormt. Allerdings betrifft diese Normbezeichnung nur die für die Reifengröße wichtigen Felgenabmessungen, jedoch nicht die Art der Felgenbefestigung, die Zahl der Radmuttern (beim Audi 100 4), des Lochkreisdurchmessers für die Radschrauben (beim Audi 100 seit Verlegung der Scheibenbremsen nach außen 108 mm, vorher waren es 140 mm), der Bautiefe (»Schüssel-Tiefe«) usw. Deshalb lassen sich Felgen mit gleicher Normbezeichnung, aber von anderer Automarke und selbst vom Audi 100 vorhergehender Ausführung nicht an unserem Audi 100 montieren.
Die Größenbezeichnung der Felge bedeutet:
5 = 5 Zoll Felgenmaulweite (Felgenmaul = Auflagebreite des Reifens)
J = Formung des Felgenhorns nach Normvorschrift
x = Zeichen für Tiefbettfelge
14 = 14 Zoll Felgendurchmesser von Wulst zu Wulst (wie beim Reifen)
H 2 = Ausführung als »Doppel-Hump«-Felge, die für schlauchlose Radialreifen freigegeben ist.

Fingerzeig: *Leichtmetallfelgen sehen sehr rasant aus, aber lassen Sie sich vom Aussehen nicht täuschen. Erstens sind sie gewaltig teuer und zweitens – das ist noch entscheidender – müssen Leichtmetallfelgen vom TÜV typgeprüft sein, wenn sie montiert werden sollen! Der Zubehörhändler muß also mit den Felgen die Fotokopie einer TÜV-Typprüfstelle vorlegen können,*

Es gibt heute mehrere Gründe, sich einen Luftdruckprüfer selbst anzuschaffen: Die an vielen Tankstellen üblich gewordene Selbstbedienung läßt auch das früher gebräuchliche Luftdruckprüfen meist entfallen. Außerdem kann sich im Reifen schon nach wenigen Kilometern zügiger Fahrt durch die Reibungserwärmung der Luftdruck um 0,2 bis 0,4 atü (bar) erhöhen. Dann wird die Messung an der Tankstelle sowieso ungenau, denn der Reifendruck soll am kalten Reifen gemessen werden. Die Reifendruckerhöhung durch Erwärmung ist von den Reifenherstellern schon einkalkuliert. Richtiger ist deshalb die eigene Luftdruckprüfung, etwa alle ein bis zwei Wochen, vor Antritt einer Fahrt. Fehlt es am Luftdruck, kann man immer noch an der Tankstelle Luft »nachtanken« und bei dieser Gelegenheit die Meßgenauigkeit des eigenen Luftdruckprüfers mit dem größeren Stationsgerät vergleichen (die aber auch nicht immer genau anzeigen).

aus der eindeutig hervorgeht, daß das betreffende Leichtmetallrad für den Audi 100 mit Lochkreisdurchmesser 108 mm (Felgen mit Lochkreis 140 mm des Audi 100 bis Herbst 74 lassen sich nicht montieren!) typgeprüft und gegen seine Montage nichts einzuwenden sei. Damit und mit den montierten Felgen muß man dann selbst nochmals zum TÜV, um die Felgen in die Fahrzeugpapiere eintragen zu lassen. Das darf man sich nur ersparen, wenn für die Felge zusammen mit dem Audi 100 eine echte »Allgemeine Betriebserlaubnis (ABE)« des Kraftfahrtbundesamtes vorliegt, wie dies bei der von Audi selbst im Zubehör angebotenen Leichtmetallfelge $5\frac{1}{2}$ J x 14 der Fall ist.
Jedenfalls: Eine »Sportfelge« ohne Fotokopie der TÜV-Typprüfung oder der »Allgemeinen Betriebserlaubnis« zum Audi 100 dürfen Sie nicht kaufen – es gibt damit nur Ärger mit der Polizei und dem TÜV.

Reifendruck-Vorschriften
Pflegedienst Nr. 16

Die Tragfähigkeit eines Reifens ist innerhalb seiner Auslastungsmöglichkeiten vom Reifendruck abhängig. Damit das Fahren möglichst weich und komfortabel ist, empfehlen die Autohersteller in der Regel einen Luftdruck an der technischen Untergrenze. Der in der Betriebsanleitung empfohlene Luftdruck darf deshalb nicht unterschritten werden, denn zu niedriger Druck

- vermindert die Fahrsicherheit, weil der Wagen »schwammig« und weniger richtungsstabil auf der Straße liegt und
- vermindert die Lebensdauer des Reifens erheblich, weil er stärker durchgewalkt wird.

Dagegen schadet etwas erhöhter Luftdruck nicht, er wird sogar mit 0,2 atü Zugabe für flotte Autobahnfahrt empfohlen. Diese Zugabe empfiehlt sich auch im Winter bei Schnee zur Stabilisierung und besseren Griffigkeit des Reifens. Bei dem um 0,2 atü erhöhten Luftdruck für Autobahnfahrt, den man aber auch grundsätzlich zur Reifenschonung fahren kann, liegt der Audi 100 richtungsstabiler auf der Fahrbahn. Die Reifendruckempfehlung für die Audi 100 ab Herbst 74 (außer Coupé S) lautet:

Reifendruck in bar (atü)	vorne	hinten
bei 2 Personen	1,8	1,8
bei voller Belastung	2,0	2,2

Diese unterschiedliche Reifendruckempfehlung bei unterschiedlicher Belastung bedeutet nun nicht, daß man bei jeder Belastungsänderung zuerst zur nächsten Tankstelle fährt, um den Reifendruck berichtigen zu lassen, son-

dern es wird der Reifendruck für die hauptsächliche Belastung gewählt, wobei, wie gesagt, 0,2 atü mehr nur vorteilhaft sind.
Für das Coupé S sind vorne und hinten 2,0 bar bei voller Belastung oder flotter Fahrweise festgelegt. Die in der Betriebsanleitung auch noch angegebenen 1,7 bar gelten nur bis 2 Personen Besetzung und bummelige Fahrweise. Aber dafür hat sich sicherlich niemand ein Coupé S gekauft.

Kalte Luft ist maßgebend

Der Reifendruck wird stets am kalten Reifen gemessen. Da der Druck schon nach wenigen Kilometern zügiger Fahrt um 0,2 oder sogar 0,4 atü ansteigen kann, wäre es falsch, beim nächsten Halt an einer Tankstelle den Luftdruck entsprechend zu erniedrigen. Denn diese Druckerhöhung durch Erwärmung ist von den Reifenkonstrukteuren bereits einkalkuliert.

Reifenzustand prüfen

Pflegedienst Nr. 15

Im Vordergrund der Reifenzustandsprüfung, die man aber öfter, als im Pflegeplan empfohlen, vornehmen sollte, steht die Reifenabnutzung. Sie können sehr zufrieden sein, wenn alle Reifen über den gesamten Reifenumfang und über die gesamte Profilbreite gleichmäßig abgenutzt sind. Zeigt sich jedoch eine einseitige Abnutzung oder hat das Profil wellige Vertiefungen in regelmäßigen Abständen, dann ist am Fahrgestell oder am Rad selbst etwas faul. Aber nur der wirkliche Fachmann kann an der ungleichen Reifenabnutzung sehen, ob es sich um zuviel oder zuwenig Luftdruck, um unausgewuchtete Räder, um verbrauchte Stoßdämpfer, um ausgeschlagene Gelenke, um Fehler in Spur oder Radsturz handelt. Alle diese zahlreichen Fehlerquellen hinterlassen nämlich ihre individuellen Spuren auf dem Reifenprofil. Der Weg sollte dann bald zur Fachwerkstatt führen. Eventuell muß die betreffende Achse vermessen werden, und das ist mit eigenen Hilfsmitteln ja nicht möglich.

Räder nicht austauschen

Vom regelmäßigen Austauschen der Räder untereinander, wie es früher üblich war, halten wir nicht viel. Auf jeden Fall sollten es, wenn keine außergewöhnlichen Reifenabnutzungen bemerkbar sind, wesentlich mehr als jeweils 5000 Kilometer von Austausch zu Austausch sein, denn sonst haben manche der im vorhergehenden Abschnitt erwähnten Fahrwerkmängel nicht genügend Zeit, ihre typischen »Marken« auf dem Reifenprofil zu hinterlassen. Also allenfalls alle 10 000 Kilometer und auch nur nach dem in der Audi-Betriebsanleitung gezeigten Schema im Wechsel der Hinterräder mit den Vorderrädern bei gleicher Laufseite und auf keinen Fall unter Einbeziehung des Reserverades. Denn bei der plötzlichen Montage des neuwertigen Reserverades mit einem teilabgefahrenen Reifen auf der gleichen Achse (vor allem auf der Vorderachse) ergibt der Profilhöhenunterschied beim fahrwerks-sensiblen Audi bereits deutlich schlechtere Fahreigenschaften.

Radschrauben auf festen Sitz prüfen

Pflegearbeit Nr. 56

Als besonderer Wartungspunkt ist die Prüfung der Radschrauben auf festen Sitz vorgesehen. Diese Kontrolle ist aber kurz nach einem Radwechsel wichtiger, auch wenn er von einer Werkstatt durchgeführt wurde. Nach 15 000 km Fahrt wird man eher Mühe haben, die Schrauben zu lösen. Man sollte sie trotzdem etwas lockern und gleich wieder festziehen. Sonst rosten sie fest und sind bei einer Reifenpanne tatsächlich nicht mehr loszukriegen.

Der Radwechsel

Heutzutage bleiben die Autofahrer von Reifenpannen weitgehend verschont. »Plattfüße« haben Seltenheitswert, und der Umgang mit dem Wagenheber ist oft unbekannt, auf jeden Fall ungeübt. Man sieht es ja nicht selten unterwegs. Weiterfahren darf man mit einem Plattfuß aber auch nicht, das ruiniert den

Reifen nach wenigen hundert Metern. Er kann bereits nach der Abbremsung aus höherer Geschwindigkeit im Gewebe schon so verwalkt sein, daß er nicht mehr zu gebrauchen ist. Um dies zu vermeiden, muß man also unterwegs in den sauren Apfel beißen und das Rad sofort wechseln. So geht es am besten:

- Handbremse festziehen.
- Räder der anderen Wagenseite mit Steinen oder Holz blockieren.
- Radkappe mit dem Winkelhebel der Radmutterkurbel abdrücken.
- Radschrauben etwas lockern.
- Wagenheber unter der Wagenseite einsetzen (siehe Bild Seite 28).
- Ersatzrad bereitlegen.
- Fahrzeug hochkurbeln, bis sich das Rad vom Boden abhebt.
- Radschrauben lösen.
- Rad abnehmen und auswechseln.
- Radschrauben einsetzen, leicht anziehen, aber noch nicht festziehen. Wagen ablassen.
- Radmuttern über Kreuz fest anziehen und Radkappe aufsetzen.
- Defektes Rad und Wagenheber verstauen.

Lösen sich die Radschrauben nicht, weil sie letztesmal zu scharf angezogen wurden oder festgerostet sind, muß man sich ein kräftiges Verlängerungsrohr besorgen, das sich auf den Hebelarm des Radschraubenschlüssels aufschieben läßt, um die Hebelkraft zu verstärken. Mit Hammerschlägen ist dagegen nichts zu erreichen – damit werden nur die Sechskante der Radschrauben abgewürgt und danach fangen die Schwierigkeiten erst an.

Die Reifenreparatur

Der defekte Reifen sollte schon bei nächster Gelegenheit repariert werden. Sonst hat man, wenn es der Teufel will, noch einen Platten und kein Ersatzrad.
Die Reifenreparatur ist heute aber nicht mehr, wie früher, Tankstellenarbeit, denn die für die Audi vorgeschriebenen Gürtelreifen können in der Regel nur noch von erfahrenen Vulkaniseuren repariert werden. Das gilt für alle Gürtelreifen mit beschädigten Seitenflanken (sie sind dünn und oft ist gar keine Reparatur mehr möglich) und ebenso für Laufflächenschäden an Stahlcord-Gürtelreifen (siehe Seite 209). Nur bei Textilgürtelreifen lassen sich kleine Einstichlöcher in der Lauffläche noch mit einem eingezogenen Gummipilz flicken (Tip Top Super sealastic, die Reparaturpackung kostet etwa 10 DM).

Reifen lagern

Abmontierte Reifen dürfen nicht in hellem Licht aufbewahrt, sondern müssen in dunklen, staubfreien Räumen gelagert werden. Die Temperatur eines solchen Raumes soll zwischen –10° C und + 20°C liegen; mehr oder weniger ist schädlich. Nichtbenutzte Reifen können gelegt werden, wenn sie auf Felgen montiert und mäßig aufgepumpt sind. Nicht montierte Reifen stellt man besser senkrecht und dreht sie alle paar Wochen ein Stückchen weiter, damit sie sich keinen einseitigen Plattfuß stehen.

Fingerzeig: *Beim Audi sind grundsätzlich schlauchlose Reifen montiert, da alle Audi mit der dazu notwendigen »Hump-Felge« ausgestattet sind. Falls ein Reifen durch öfteres Ummontieren nicht mehr ganz dicht ist, kann ein Schlauch einmontiert werden.*
Wird ein Schlauch in eine »Tubeless«-Reifendecke montiert, muß bei der Montage sorgsam darauf geachtet werden, daß beim Aufpumpen des Reifens die unter der Reifendecke eingesperrte Luft entweichen kann, sonst können

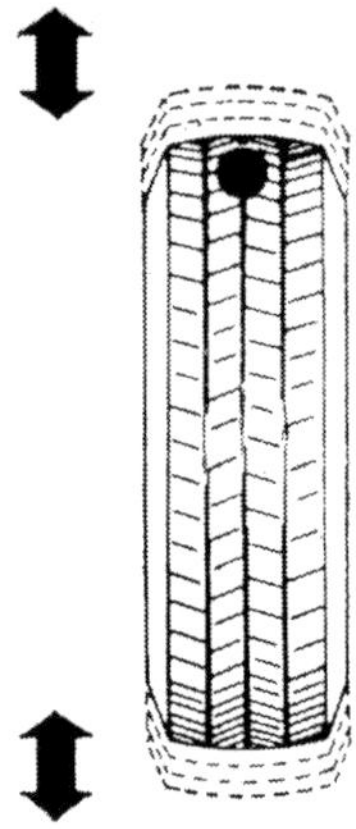

Unsere Skizze erläutert die Auswirkungen der Unwucht:
Die **statische** Unwucht erkennt man, wenn ein freihängendes, drehendes Rad immer mit der gleichen Stelle zu Boden sinkt und sich allmählich auspendelt. Folge: Das Rad hüpft während der Fahrt.

Die **dynamische** Unwucht ist durch Auspendeln des Rades nicht zu erkennen, denn sie liegt irgendwie schräg zur Radachse, so daß das schnellaufende Rad flattert und wackelt. Unausgewuchtete Räder führen zu schnellem Reifenverschleiß, unruhiger Lenkung und vorzeitiger Abnutzung der Radlager.

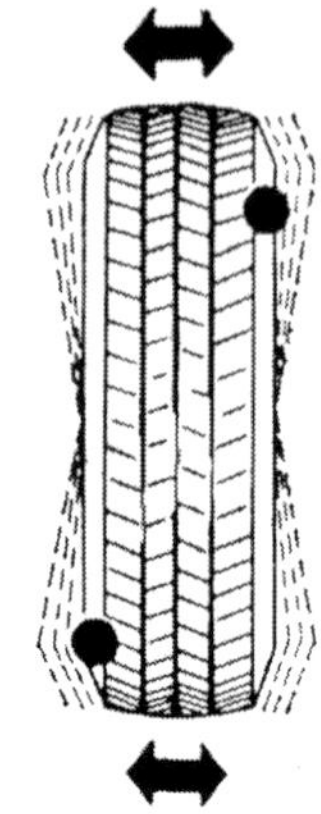

Luftkissen zwischen Schlauch und Reifen beide zum Walken und zur Erhitzung bis zum Reifenplatzer bringen. Zum Entlüften ist eine besondere Entlüftungsscheibe notwendig, die vor der Schlauchmontage bis zum Ventilfuß auf das Schlauchventil aufgeschraubt werden muß. Beim Schlauchkauf darauf achten!

Räder auswuchten

Gelegentlich überholt man andere Fahrzeuge, an denen ein Rad oder mehrere ständig wackeln oder springen. Das kann seine Ursache an einem defekten Stoßdämpfer haben. Sehr oft liegt es jedoch an ungleicher Gewichtsverteilung am betreffenden Rad. Diese ungleichmäßige Gewichtsverteilung nennt man Unwucht, die unsere Skizze erläutert.
Solche Unwucht spürt man aber auch bei mehr oder weniger feinem Fingerspitzengefühl an Vibrationen im Lenkrad (das weist auf Unwucht in den Vorderrädern hin), die zumeist bei typischen Geschwindigkeiten besonders stark auftreten oder man hört die Unwucht durch Reifentrommeln auf der Fahrbahn.
Diese Unwucht-Vibrationen im Lenkrad machen sich gelegentlich schon am neuen Fahrzeug bemerkbar. Reklamieren Sie diesen Mangel und lassen Sie sich nicht vertrösten, das werde mit der Zeit von selbst verschwinden. Das verschwindet nicht, sondern wird schlimmer – nach Ablauf der Garantiezeit! Die Audi-Werkstatt wird es vielleicht auch nicht selbst schaffen, denn manchmal machen Gürtelreifen beim Auswuchten erhebliche Schwierigkeiten. Ihre Herstellung ist schwieriger als bei den früheren Diagonalreifen, so daß sich gelegentlich im Reifen »Höhenschlag« oder ungleichmäßige Elastizität der Lauffläche oder Reifenseitenwände ergibt. Das läßt sich nicht ohne weiteres durch Auswuchten beheben. Entweder muß der mangelhafte Reifen ausgetauscht werden oder man geht zu einem wirklich guten Reifendienst (Autowerkstatt und Tankstelle haben dazu meist nicht die notwendigen Erfahrungen), wo Felge und Reifen jeweils genau auf Höhen- und Seitenschlag (also Abweichungen von der genauen »Rundheit«, die praktisch nie ganz erreicht wird) vermessen werden. Dann wird der Reifen so lange auf der Felge gedreht, bis sich Höhen- und Seitenschlag von Felge und Reifen möglichst ausgleichen. Erst dann wird das ganze Rad sorgfältig auf der stationären Maschine oder direkt am Fahrzeug ausgewuchtet.
Auch nach jeder Reifenreparatur muß das betreffende Rad neu ausgewuchtet werden. Ein Flickstopfen im schlauchlosen Reifen verändert bereits die Unwucht. Eine Unsitte mancher Werkstatt ist es übrigens, die Ausgleichsgewichte auf der Felge zu belassen, wenn der Reifen von der Felge ab- und wieder aufmontiert werden mußte. Dann können die Gewichte nicht mehr stimmen.

Neue Reifen kaufen

Stahlgürtelreifen sind besser

Beim ersten Ersatzreifenkauf wird man in der Regel noch einen nagelneuen Ersatzreifen im Kofferraum haben. Dann kaufen Sie am besten genau das gleiche Fabrikat – gleiche Marke, gleiches Modell – nochmals, denn dadurch erhält die neu auszustattende Achse eine genau gleichartige Bereifung. Das ist beim feinfühligen Fahrwerk des Audi 100 sehr wichtig, denn seine Fahreigenschaften sind wesentlich besser und vor allem sicherer, wenn je Achse gleiche Reifen mit gleichen Eigenschaften montiert sind.

War Ihr Audi serienmäßig mit Textilgürtelreifen ausgestattet – meist muß man den Reifenhändler darüber befragen, weil dies aus der Reifenbezeichnung nur selten ersichtlich ist –, dann sollten Sie sich beim achsweisen Ersatzkauf trotzdem Stahlgürtelreifen – oft durch das Wort »Steel« oder ein »S« in der Markenbezeichnung erkennbar – kaufen, denn Stahlgürtelreifen sind ihren geringen Mehrpreis durch längere Haltbarkeit entschieden wert und haben außerdem bessere Fahreigenschaften in der Lenkgenauigkeit und im Geradeauslauf des Wagens. Bei dieser Mischbereifung – eine Achse Textil-, eine Achse Stahlgürtelreifen – müssen die »schärferen« Stahlgürtelreifen auf die Hinterachse montiert werden, denn durch ihre stabilere Straßenlage verhindern sie etwaiges Heckschleudern, was bei umgekehrter Reifenbestückung – Stahl vorne, Textil hinten – möglich werden könnte.

Waren schon in der Erstausstattung Stahlgürtelreifen montiert, werden selbstverständlich wieder Stahlgürtelreifen nachgekauft – es muß aber keineswegs gleiche Marke und gleicher Reifentyp sein, denn die scharf auf den Preis sehenden Autowerke nehmen nicht immer jenen Reifen, der in der neuesten Reifenentwicklung an der Spitze steht.

Andere Reifengrößen erlaubt?

Wie in der Aufzählung der Reifengrößen auf Seite 203 bereits erwähnt, dürfen die Audi 100 L und LS, die mit dem 1,6-Liter-Motor mit 85 PS ausgestattet sind, auch mit Reifen der Größe 165 SR 14, statt der kleineren Reifen 155 SR 14 gefahren werden.

Diese Umbereifung erscheint uns durchaus empfehlenswert, denn mit den kleineren Reifen zeigt sich, daß der Audi leichter »untersteuert«, also über die nach rechts oder links eingeschlagenen Räder geradeaus schiebt. Das wird durch die etwas breiteren Reifen besser verhindert.

An den anderen Audi-100-Modellen sind andere Reifengrößen als jene, die im Kraftfahrzeugbrief eingetragen sind, nicht erlaubt, also weder »70er«-Reifen am Audi 100 LS oder GL noch Reifen 185 SR 14 (ohne die »70«) an den Coupés. Denn aus diesem oder jenem Grunde passen die Reifen nicht in jedem Falle in die Radkästen.

Es kommt nicht von heute auf morgen, daß Ihr Audi neues »Schuhwerk« braucht. Es sei denn, ein Reifen ist plötzlich geplatzt oder durch einen Schaden am Fahrwerk unbrauchbar geworden. Normalerweise merkt man nur von Monat zu Monat, wie sich die Profitiefe des Reifens der amtlich noch zugelassenen 1-mm-Mindestprofiltiefe nähert. Zum Nachmessen der Profiltiefe gibt es gelegentlich von Reifenfirmen kleine Profiltiefenmesser, deren »Nonius« wie bei einer Schublehre abgelesen werden muß, d. h. neben den vollen Millimetern lassen sich die Zehntelmillimeter durch einen Vergleich der gegeneinander gesetzten 10/10- und 9/10-Einteilung ermitteln.

Eine Ausnahme sind jedoch Winterreifen für das Coupé S. Will man sich für dieses Modell besondere Winterreifen kaufen (siehe nächster Abschnitt), dann dürfen es nur M+S-Reifen der Größe 165 SR 14 sein, auch wenn man bei einem Reifenhändler M+S-Reifen der Größe 185/70 SR 14 kaufen könnte! Der Grund: Es hat sich erwiesen, daß diese schmaleren Reifen auf Schnee und Eis wegen ihrer kleineren Aufstandsfläche und dem dadurch höheren Auflagedruck pro Quadratzentimeter wesentlich geringere Rutschneigung haben als die breiten »70er« Reifen.

Besondere Reifen für den Winter?

Zu Beginn des Winterhalbjahres ergibt sich auch die Frage, ob man sich spezielle Winterreifen kaufen soll.

■ Wer bei seinen Fahrten viel mit Schnee und Eis zu rechnen hat, ist mit modernen Winterreifen, die sich durch eine sogenannte Haftgummimischung auf dem Laufstreifen auszeichnen (das sollte eigentlich ein Spikereifenersatz sein, kann es aber nicht werden), besser bedient.

■ Wer jedoch auch im Winter mehr auf Hauptverkehrsstraßen fährt und mehr Straßennässe als Schnee oder Eis erlebt, sollte keine speziellen Winterreifen kaufen, denn diese sind auf trockener und nasser Fahrbahn weniger sicher als die normalen Gürtelreifen.

■ Die beste Lösung wären »Ganzjahres«- oder »Allwetter«-Reifen, aber so etwas gibt es, obgleich mit dem Begriff »Ganzjahresreifen« gerne geworben wird, nicht, wie ein groß angelegter gemeinsamer Versuch der Stiftung Warentest, des ADAC und des Schweizerischen Touring Clubs wieder bestätigte. Doch gibt es einige normale Gürtelreifen, die auch recht gute Eigenschaften auf Eis und Schnee haben (in diesem Test: Metzeler Perfect Steel, Michelin z X, Phoenix Stahlflex und der schweizerische Maloja Puma Steel). Umgekehrt zeigten sich auch einige Winterreifen auf nasser und trockener Fahrbahn gut tauglich (in diesem Test: Uniroyal M+S plus, der schwedische Gislaved Frost und der Dunlop SP Icegrip). Als beste »Sommerspezialisten« erwiesen sich übrigens Phoenix Stahlflex und Cinturato P 3 »Meilen-Pirelli«.

Winterreifen nur mit 160 km/h!

Die für den Winter bestimmten M+S-Reifen (M+S bedeutet »Matsch und Schnee«) auf Gürtelreifenbasis dürfen nur mit einer Spitzengeschwindigkeit von 160 km/h gefahren werden. Deshalb gibt es diese Reifensorte nur als »SR«-Reifen und nicht als Hochgeschwindigkeitsreifen (HR), wie er für das Coupé S mit Schaltgetriebe zum Ausfahren der Höchstgeschwindigkeit vorgeschrieben ist. Wessen Audi 100 mehr als 160 km/h amtliche Spitzengeschwindigkeit hat (alle außer Audi 100 L und LS mit 85 PS), muß deshalb nach amtlicher Vorschrift auf sein Armaturenbrett ein Etikett mit der Aufschrift »Spitzengeschwindigkeit 160 km/h« kleben.
Da sich die Fahreigenschaften der M+S-Reifen von jenen der normalen Gürtelreifen teilweise beträchtlich unterscheiden, müssen, wenn schon denn schon, auf alle 4 Räder M+S-Reifen montiert werden. M+S-Reifen nur auf der Vorderachse bringen erheblich verschlechterte Fahreigenschaften, die in Grenzfällen gefährlich werden können.

Besondere Felgen für den Winter

Da die besonderen Winterreifen zu teuer sind, um sie bei normalen Straßenverhältnissen ohne Schnee und Eis abzuradieren, sollten Sie sich einen besonderen Satz Felgen für die Winterreifen anschaffen. Das zahlt sich auf die Dauer aus, denn Sie ersparen sich jeweils vor und nach dem Winter das kostspielige Ummontieren der Reifen auf den Felgen.

Schick in Schale

Der Meinung, die Karosserie eines Autos habe vor allem den Zweck, die Insassen vor Regen, Wind und anderem Ungemach zu schützen, allenfalls noch diverse Chromleisten festzuhalten und das renommierte Markenzeichen zu zeigen, müssen wir heftig widersprechen. Denn der Aufbau des Wagens muß nicht nur sich selbst, sondern das ganze Fahrzeug zusammenhalten, auch wenn das dazu verwendete Blech so dünn ist, daß es sich unschwer mit nackter Hand einbeulen läßt (0,6 bis 1,5 mm). Es handelt sich um eine verwindungssteife selbsttragende Ganzstahl-Karosserie mit verschweißter Rahmenbodenanlage.

Was ist demontierbar?

Da ist es bei dieser kompakten Bauweise immerhin zu loben, daß am Audi die Kotflügel vorne demontierbar sind. Das ist heute bei selbsttragenden Karosserien keineswegs allgemein üblich und macht die Folgen des Zusammentreffens dieser Kotflügel mit harten Gegenständen gleich recht kostspielig, wenn sich der Schaden nicht durch Ausbeulen beseitigen läßt.
Weiterhin lassen sich die Stoßstangen, die Türen, die Hauben, die Fenster und der Chromzierat an der Audi-Karosserie ohne Schweißapparat austauschen. Da diese demontierbaren Teile aber nur selten allein beschädigt werden, sondern bei einem Zusammenstoß zumeist auch die benachbarten Blechteile etwas abbekommen (was oft nicht ohne weiteres erkennbar, sondern erst nach genauem Vermessen festzustellen ist), lohnen sich Heimwerker-Klempnerarbeiten an der Karosserie zumeist nur nach leichten Schadensfällen. Der fachkundige Mann aus der Werkstatt muß sich dann mit seinen Spezial-Werkzeugen und Spezial-Meßgeräten der Sache annehmen. Das ist bei unserem Audi 100 auch notwendig, wenn die hinteren Kotflügel beschädigt sind, denn sie sind angeschweißt und nur mit Blechschere oder Trennscheibe zu demontieren. Bei leichteren Blechschäden oder Blechdurchro-

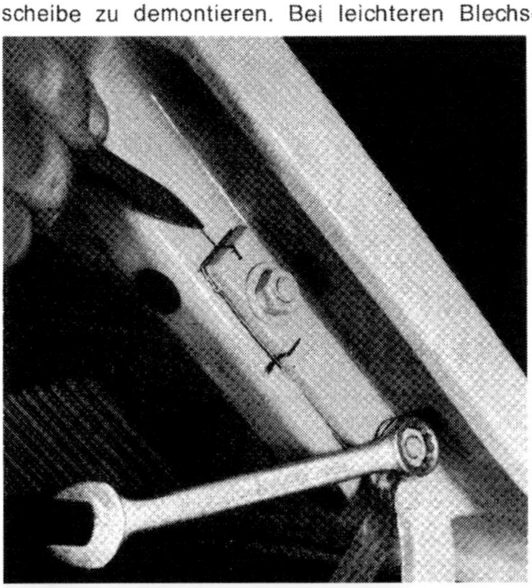

Falls die gleiche Motor- oder Kofferraumhaube nach einem notwendigen Ausbau wieder eingebaut werden soll, sparen Sie sich viel Arbeit, wenn Sie vor dem Ausbau die genaue Lage des Haubendeckels an den Scharnieren mit dünnen Strichen markieren, denn die Scharnierschrauben sitzen in ovalen Löchern des Haubenbleches, so daß sich dieses zur genauen Einpassung in den Karosserieausschnitt unterschiedlich festschrauben läßt. Dieses mühselige Justieren ist bei genauer Markierung hinterher zumeist nicht mehr notwendig.
An der Motorhaube darf beim Einbau das auch auf diesem Bild sichtbare breite kupferne »Masseband« nicht vergessen werden. Es hilft durch »Erdung« der Motorhaube mit, daß die von der Zündanlage ausstrahlenden »Funkwellen« vom eingebauten Radio abgeschirmt werden.

Die Gummipuffer (5) an der Vorderkante der Motorhaube des Audi 100 lassen sich nicht verstellen. Wenn die Motorhaube klappert, weil der Schloßbügel (4) in seiner Schließfalle (3) zu locker ist, muß deshalb entweder das Schloß nach Lockern seiner Halteschrauben (1) etwas tiefer gesetzt werden oder man unterlegt die Gummipuffer, falls die Motorhaube flächenglatt sitzt, in ihren Auflagepfannen mit einem kleinen Schaumstoffstückchen. Geht das Schloß zu stramm, wird die Schließfalle höher gesetzt. An der Schloßzugstange (2) läßt sich das Haubenschloß, wenn der Seilzug gerissen ist, von der Wagenunterseite her öffnen.

stungen kann man sich als Heimwerker aber auch mit modernem Polyesterharz zum Beulenausgleich oder Schließen von Blechlöchern selbst helfen. Wie das gemacht wird, ist im Sonderband »Die Karosserie« (Band 45) dieser Buchreihe beschrieben.

Die Motorhaube

Bei geschlossener Motorhaube muß der Abstand zu den beiden Kotflügeln und zu dem hinteren Windlauf vor der Windschutzscheibe rundum annähernd gleich sein. Sitzt die Haube schief, müssen die Sechskantschrauben an den beiden Haubenscharnieren beidseitig am hinteren Ende der Motorhaube etwas gelockert werden, so daß sich der Haubendeckel entsprechend verschieben läßt. Anschließend Schrauben an den Haubenscharnieren wieder gut anziehen. Unter der Haubenvorderkante sitzt beidseitig je ein Gummipuffer, der bei geschlossenem Haubendeckel fest gegen den Karosseriesteg drücken muß, sonst klappert die Haube natürlich. Da sich diese Gummipuffer an unseren Audi-100-Modellen nicht verstellen lassen, muß man im Bedarfsfall ein flaches Stückchen Schaumstoff (z. B. ein ganz kurzes Streifchen Tesamoll) in die beiden Auflagepfannen für diese Gummipuffer kleben, wenn ansonsten die Motorhaube flächenglatt rechts und links zu den Kotflügeln anschließt. Steht die Haube jedoch etwas höher, ist sie durch Tieferstellung der beiden Haubenschlösser zu justieren (Bild oben).

Fingerzeige: *Wenn durch irgendeinen Umstand der sogenannte »Fanghaken« vorne in der Mitte unter der Motorhaubenkante weggebrochen ist, dann warten Sie mit dem Einbau eines neuen Hakens nicht lange, denn dieses unscheinbare Blechstück kann schweren Schaden verhüten. Fehlt der Haken und halten bei einem harten Rütteln des Wagens – in unvermutetes Schlagloch oder ein verwahrloster Schienenübergang – die Haubenschlösser die Haube nicht, fliegt sie in der Regel hoch und Ihnen vor die Windschutzscheibe. Blitzartig ist die Sicht weg, die Haube kaputt und meist auch noch die Dachvorderkante nebst Windschutzscheibe, wenn durch die Blindheit und den Schrecken des Fahrers nichts Schlimmeres passiert. Nur das zu verhindern ist der Zweck des Fanghakens.*

Seilzug gerissen

Der Seilzug der Motorhaube kann eines Tages reißen. Was tun, wenn Sie »unter die Haube« wollen? Fahren Sie zur nächsten Tankstelle oder Werkstatt und lassen Sie Ihren Audi auf den Wagenheber nehmen. Dann kann

Wenn die geschlossene Kofferraumhaube nicht einwandfrei abdichtet (Klappergeräusche, Staub und Feuchtigkeit im Kofferraum) oder sich nur mit kräftigem Druck schließen läßt, kann durch leichtes Verstellen des Kofferraumhaubenschlosses in den Langlöchern des Haubenbleches Abhilfe geschaffen worden. Dazu die beiden Halteschrauben (SW 10), wie im Bild gezeigt, etwas lokkern, das Haubenschloß entsprechend nach oben oder unten verschieben und wieder festschrauben.

man von unten (beim Kühler des 85-PS-Motors zuerst die nach unten abdekkende Luftführungspappe abnehmen) am Kühlerventilator vorbei nach oben zum linksseitigen Haubenschloß durchgreifen und dieses mit einer Zange öffnen oder einem kräftigen Schraubenzieher aufdrücken. Ein Helfer hebt dabei auf dieser Seite die Motorhaube etwas an, während man, am Signalhorn vorbeigreifend, auch das rechtsseitige Haubenschloß öffnet.

Die Kofferraumhaube

Für den sauberen Sitz der Kofferraumhaube gilt sinngemäß dasselbe wie für die Motorhaube. Wie das Kofferraumhaubenschloß zum staub- und wasserdichten Sitz, bzw. bei schwergängigem Schließen versetzt werden kann, zeigt das Bild oben. Bei allgemeiner Schwergängigkeit der Kofferraumhaube sind einige Sprüher Öl auf die Haubenscharniere sehr von Nutzen.
Wenn in den Kofferraum Staub oder Regenfeuchtigkeit eindringt, obgleich die Kofferraumhaube rundum flächenglatt in ihrem Ausschnitt sitzt, müssen Sie einmal die Gummiumrandung dieses Ausschnitts genau unter die Lupe nehmen: Der Gummi kann mit den Jahren spröde geworden sein und schließt nicht mehr elastisch. Oder die Gummiumrandung ist eingerissen, weil im Winter die zugefrorene Haube mit Gewalt aufgezerrt werden mußte. (Vorbeugend hilft hier regelmäßiges Einreiben mit Glyzerin oder einem Spezialpflegemittel, wie z. B. 1z-Gummipfleger oder »Türgummi-Winterschutz« von Pingo.) Die schadhafte Gummiumrandung mit allen Kleberesten entfernen und eine neue Umrandung mit Profilgummi-Kleber (z. B. Terokal-Kleber 2444 oder Bostik 512) einbauen. Darauf achten, daß die Gummiumrandung rundum genau gleichmäßig hoch sitzt.
Die beiden starken Zugfedern hinter den Scharnieren sollen das Gewicht der Kofferraumhaube ausgleichen. Werden die Zugfedern mit der Zeit etwas müde, müssen sie mit ihren unteren Einhängehaken um ein Loch nach unten versetzt werden.

Fingerzeig: *Ist Ihr Audi wirklich regendicht? Falls Sie vor Ablauf der Garantiefrist keine entsprechenden Erfahrungen mangels Platzregen machen konnten, fahren Sie am besten einmal durch eine automatische Waschstraße, bei der auch die Wagenunterseite bespritzt wird. Öffnen Sie anschließend alle Türen und die Kofferraumhaube und prüfen Sie sorgfältig das Innere Ihres Audi. Irgendwo Wasser eingedrungen? Reklamieren Sie mit Nachdruck diesen Mangel bei Ihrer Werkstatt, bevor Sie im nächsten Herbst mit den Füßen im Wasser stehen.*

Demontierbare Teile austauschen

Motor- und Kofferraumhaube

Wollen Sie Motor- oder Kofferraumhaube ausbauen, brauchen Sie vor allem einen Helfer zum Halten, denn nach dem Lösen der Haube auf der einen Seite zerkratzt man sich leicht die Karosserie, wenn kein Helfer das lose Teil anhebt. An Werkzeug wird lediglich ein Schraubenschlüssel SW 13 für die Motorhaube bzw. SW 10 für die Kofferraumhaube benötigt, denn zum Ausbau sind lediglich je 2 Sechskantschrauben an den Haubenscharnieren zu lösen.

Zierleisten auswechseln

Die Zierleisten sind mit besonderen Kunststoffclips im Karosserieblech befestigt. Sie lassen sich, wie das Bild unten zeigt, mit einem lappenumwickelten Schraubenzieher abhebeln.

Stoßstangen austauschen

Zum Ausbau oder Austausch der vorderen Stoßstangen werden zuerst entweder die darin sitzenden Blinkleuchten demontiert (Seite 152) oder zumindest deren rückseitige Kabelverbindungen gelöst. Danach ist die obere Pappabdeckung zwischen Kühler und oberem vorderem Querblech abzunehmen (Gummiband auf der einen Seite oben aushängen und Pappe nach der anderen Seite aus der Blechklammer schieben), damit man vor dem Kühler die seitlich im Längsholm sitzende Sechskantschraube (SW 17) erreicht und mit Rohr- oder Steckschlüssel herausdrehen kann. Die gleiche Schraube sitzt auch an gleicher Stelle auf der anderen Fahrzeugseite am vorderen Ende des Längsholms und ist ebenfalls vom Motorraum aus zu erreichen.
Die Kunststoffecken an den Stoßstangenaußenseiten lassen sich am besten von der Fahrzeugunterseite her an der Karosserieseitenwand vorne losschrauben.
Bei den hinteren Stoßstangen sind die Befestigungsschrauben vom Kofferraum aus zu erreichen, die je zwei Halteschrauben der Kunststoffecken (SW 10) sitzen in den Seitentaschen des Kofferraumes. Da die hintere Stoßstange nur auf dem dünnen Karosserieblech verschraubt ist, kann man an ihr keinesfalls ein Abschleppseil befestigen!
Beim Aus- und Einbau der Stoßstangen sollten Sie nicht ohne Helfer arbeiten, damit die demontierten Stoßstangen nicht bei einer unwillkürlichen Bewegung den Lack zerkratzen.

Vorderkotflügel ersetzen

Gebraucht werden Schraubenschlüssel SW 10 und SW 13, Kreuzschlitzschraubenzieher, breiter Schraubenzieher (zum Abhebeln der Zierleisten).
Schweinwerfereinsatz ausbauen (siehe Seite 147), um seitliche Kotflügel-Chromumrandung demontieren zu können. Sodann Stoßstange demontieren,

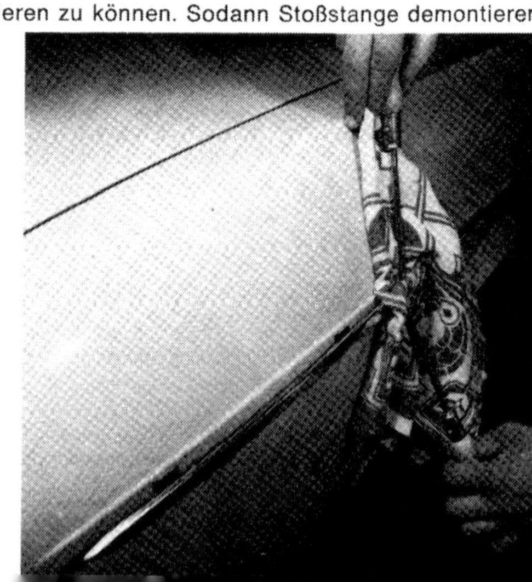

Mit einem lappenumwickelten (Schutz gegen Kratzer) Schraubenzieher lassen sich die seitlichen Zierleisten von ihren Halteclips hebeln. Diese Arbeit muß behutsam ausgeführt werden, sonst knicken die dünnen Zierleisten um. Deshalb drückt man, wenn ein Stück Zierleiste gelöst ist, mit der anderen Hand gegen das abstehende Ende zur Karosserie hin, damit dieses Ende nicht vom Schraubenzieher noch weiter abgebogen wird, sondern der nächste Clip nachgibt.
Zum Anbau werden die Zierleisten auf die vorher eingesetzten Kunststoffclips aufgesetzt und mit vorsichtigen Handballenschlägen aufgedrückt. Man kann sie auch der Länge nach auf Halteclips schieben, muß aber darauf achten, daß dabei die Zierleistenkanten keine Kratzer in den Lack ziehen.
Vorsicht: Die am Heck umgebogenen Enden der seitlichen hinteren Zierleisten sind mit je einer Sechskantschraube SW 7 befestigt; vom Kofferraum aus lösen.

Die 4 Kreuzschlitz-schraubenzieher sind auf jene 4 Blechschrauben gerichtet, die zum »Abgarnieren« der Tür-Innenverkleidung herausgedreht werden müssen, um Armstütze, Türöffnerschale und Fensterkurbel abnehmen zu können. Bei der Fensterkurbel muß zuerst mit einem feinen Schraubenzieher, wie hier bereits geschehen, die Kunststoff-abdeckung über dem Kurbelarm abgehebelt und beiseite gedrückt werden, um die in der Kurbelwelle sizende Kreuzschlitzschraube erreichen zu können.

sogenannte »Blechschürze« an der unteren Karosserie-Vorderkante auf der betreffenden Kotflügelseite lösen und dort sitzende Verschraubung des Kotflügels mit dem Karosserievorbau herausdrehen. Danach Zierleiste an der Unterkante der Karosserieseite abhebeln und innen hinten im Kotflügel Verschraubungen mit Karosserieseitenteil lösen. Zuletzt die 5 Kotflügelschrauben entlang der Motorhaubenauflage herausdrehen und Kotflügel abnehmen. Vor dem Anbau die Verschraubungs- und Stoßkanten des Vorderkotflügels sorgfältig entrosten, eventuell schutzlackieren, mit Unterbodenschutz oder Hohlraumkonservierer saftig einstreichen und beim Zusammenbau dafür sorgen, daß die Zwischenräume zwischen den Stoßkanten einwandfrei feuchtigskeitsgeschützt sind – durch Zwischenlage von dauerplastischem Fugendichter oder Einsprühen mit Unterbodenschutz.

Arbeiten an den Türen

Türverkleidung ausbauen

Für viele Arbeiten an den Türen muß zuerst die Innenverkleidung abgenommen werden, so bei Instandsetzungen am Türschloß, am Fensterkurbelmechanismus oder zum Ausbau der gesamten Tür.

- Fensterkurbel und Armstützte abbauen, wie im Bild oben gezeigt.
- Sicherungsknopf des Türschlosses herausziehen und Knopf von seinem Schraubengewinde abdrehen.
- Türverkleidung mit lappengeschütztem Schraubenzieher (Schutz gegen Kratzer im Lack des Türrandes) abhebeln, wie im Bild unten gezeigt.
- Zu eventuellen weiteren Arbeiten im Türkasten die betreffende Plastik-Schutzfolie abziehen.

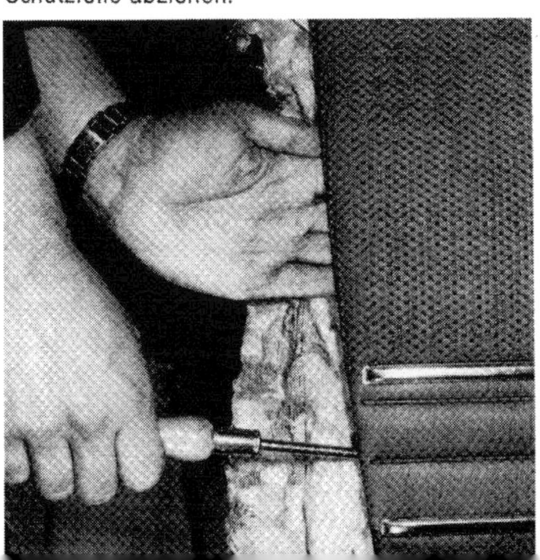

Beim Ausbau der Tür-Innenverkeidung (»Garnierung« nennt sie der Fachmann) ist zu beachten, daß diese mit Spreizklammern im Türkasten befestigt ist. Damit sie beim Ablösen nicht geknickt und auch der benachbarte Lack nicht beschädigt wird, muß mit lappenunterlegtem breitem Schraubenzieher die Türverkleidung Stück um Stück abgehebelt werden, wobei die zwischengeschobene Hand behutsam nachhelfen muß, um alle Knicke zu vermeiden.

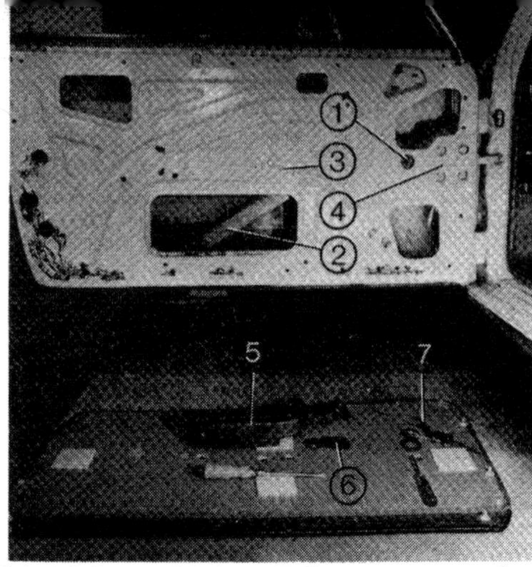

Die Tür ohne die davor abgelegte »Garnierung«. Es bedeuten: 1 – Fensterkurbelzapfen; 2 – Fensterheberarm an der Fensterführungsschiene im Fensterschacht; 3 – Türöffnerzapfen; 4 – Halteschrauben des Türfeststehers; 5 – demontierte Armstütze, Löcher der unteren Halteschrauben erkennbar; 6 – Türöffnerhebel; 7 – Fensterdrehkurbel.
Auf dem Bild fehlt die auf den Türkasten geklebte durchsichtige Plastikfolie. Sie darf vor dem Zusammenbau auf keinen Fall vergessen werden, sonst kommt Feuchtigkeit aus dem Fensterschacht auf die Pappe-Rückseite der Türverkleidung und zerstört diese.

Beim Einbau dürfen diese Schutzfolien auf keinen Fall vergessen werden. Die Blechklips, die rundum die Türverkleidung im Türkastenblech festhalten, müssen beim Montieren der Türverkleidung genau auf ihre jeweiligen Bohrlöcher angesetzt und mit einem Handballschlag eingedrückt werden. Bei ungenauem Ansetzen und schiefem Schlag werden sie zerdrückt und müssen ersetz werden. Ist das nicht mehr möglich, sucht man nach einer passenden Kreuzschlitz-Blechschraube (damit es ordentlich aussieht, mit verchromtem Kopf), die durch die Türverkleidung an der betreffenden Stelle (Loch vorbohren) in das Bohrloch des Türblechs eingedreht wird.

Türen ausbauen

Zum vollständigen Ausbau der Türen muß die Innenverkleidung abgenommen werden. Der Ausbau selbst:

■ Am Halteband der Tür, das das weite Auffliegen der Tür verhindern muß (als »Türfeststeller« bezeichnet), die oben etwas vernietete Spannhülse nach unten heraustreiben.

■ Im Türkasten vorne mit Rohrsteckschlüssel die Tür von den Scharnieren losschrauben und abnehmen.

Soll die gleiche Tür wieder eingebaut werden, erleichtert man sich später das Justieren, wenn vor dem Ausbau die genau Einbaulage der Scharniere am Türblech mit einer Reißnadel oder einer scharfen Schraubenzieherkante markiert wird.

Tür einbauen und einpassen

Beim Einbau einer Tür muß der Wagen mit den Rädern auf dem Boden stehen. An einem aufgebockten Wagen könnte sich dagegen die Karosserie etwas verwinden, so daß die Justierung der Tür nachher nicht stimmt. Wird eine neue Tür eingebaut, muß vorher die Schließplatte des Türschlosses am hinteren Türpfosten etwas gelockert werden, damit die Tür gut eingepaßt werden kann. Beim Wiedereinbau der vorher ausgebauten Tür ist das nicht notwendig, wenn die Tür an der Hinterkante einwandfrei im Türschnitt saß.

■ Zuerst die Tür an ihren Scharnieren leicht festschrauben, so daß Verschieben nach allen Richtungen noch möglich ist.

■ Tür in den Türausschnitt drücken und so justieren, daß das Türblech flächenglatt mit dem benachbarten Karosserieblech abschließt und rundum mit einem gleichmäßig breiten Spalt in ihrem Ausschnitt liegt. Sie muß dabei auch rundum gleichmäßig an der Gummidichtung anliegen (vom Wageninnern aus zu prüfen).

■ Bei richtigem Sitz an der Türvorderkante Scharnierschrauben festziehen.

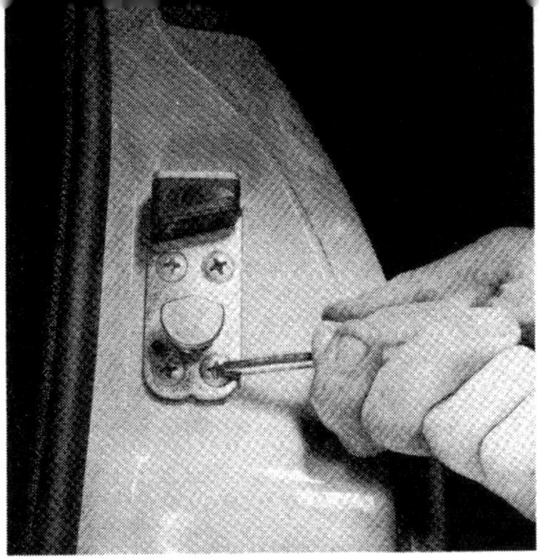

Wenn die Tür klappert oder ihre Außenseite nicht völlig flächenglatt mit den anschließenden Karosserieteilen liegt, läßt sich dies für die hintere Türkante durch Versetzen der Schließplatte auf dem hinteren Türholm beheben. Dazu mit kräftigem Kreuzschlitzschraubenzieher die 4 Halteschrauben der Schließplatte ein wenig lockern, durch leichte Hammerschläge bei zwischengelegtem Holzstück die Schließplatte nach außen bzw. innen versetzen und wieder festschrauben.

- Tür nun mit außen im Türgriff gezogener Öffnertaste leicht angehoben in Schließplatte im hinteren Türpfosten einrasten lassen, Öffnertaste loslassen, wieder anziehen und Tür wieder leicht angehoben öffnen.
- Schließplatte im hinteren Türpfosten fest anziehen (Bild oben).
- Einwandfreien Sitz der Tür rundum nochmals nachprüfen.
- Türfeststeller zusammenfügen, Hohlstift in beide Spannbandhälften treiben und leicht aufnieten.
- Plastik-Schutzfolien ankleben und Türverkleidung wieder anbauen.

Türschloß justieren

Klappergeräusche an den Türen können sehr verschiedene Ursachen haben. Vielleicht ist ein Teil des Fensterkurbeltriebes lose – das läßt sich zumeist durch verschiedene Fensterstellungen während der Fahrt genauer ermitteln. Sehr oft ist aber auch das Türschloß Ursache von Klappergeräuschen, weil entweder der auf dem Türholm in der Schließplatte oben sitzende Hartgummikeil verloren oder beschädigt ist (ersetzen) oder weil die ganze Schließplatte nicht mehr richtig sitzt. Das ist etwa möglich, wenn beim Einsteigen die Unterkante der geöffneten Tür auf einen stark erhöhten Bürgersteig aufgeschlagen ist. Dann muß die Tür, wie im vorhergehenden Abschnitt beschrieben, neu eingepaßt und die Schließplatte, wie im Bild oben gezeigt, neu justiert werden.

Fingerzeig: *Türschlösser sollen nicht mit fettem Graphitpuder geschmiert werden. Trockengraphit wird von dem Schlüssel ständig nach hinten geschoben und macht eines Tages ein völliges Einschieben des Schlüssels unmöglich. Die Folgen sind ärgerlich, da das Schloß ausgebaut, auseinandergenommen und gereinigt werden muß.*

Türschloß ausbauen

Das Türschloß besteht insgesamt aus 2 Teilen, dem außen liegenden Türaußengriff mit Schließzylinder und dem innen sitzenden eigentlichen Türschloß mit Sicherungsknopf und Innen-Öffnerhebel. Zum Ausbau des Türschlosses braucht man einen kräftigen Kreuzschlitzschraubenzieher.
Soll der Schließzylinder aus dem Türgriff ausgebaut werden, muß der Schlüssel in den Schließzylinder eingesteckt werden (wenn er nicht schon abgebrochen drin steckt und dies der Ausbauanlaß ist), damit beim Herausziehen des Zylinders nicht die Schließplatten und Federn herausfallen. Zum Ausbau ist lediglich die Schlitzschraube am hinteren Ende des Schließzylinders herauszudrehen und nach Abnahme der darunter gehaltenen Wellschei-

Wenn das Türschloß ausgebaut werden soll, sind dazu die beiden Kreuzschlitzschrauben (2) an der Türkastenhinterkante, sowie die beiden Kreuzschlitzschrauben (3) an der Türinnenseite herauszudrehen, eine weitere Kreuzschlitzschraube (4) hält einen Schutzkasten für das Schloß und eine darüber sitzende (5) den Türaußengriff mit Schloßdrucktaste. Danach läßt sich der Türaußengriff mit einem leichten Schub nach vorne abnehmen. Nun kann das eigentliche Türschloß nach Aushängen der Türsicherung und des Betätigungsgestänges nach innen aus dem Türkasten gezogen werden. Am Schloß ist hier die Türfalle (1) in Offen-Stellung. Beim Schließen greift sie in den Haltebolzen am Türholm ein und dreht sich dabei nach unten. Die ganz oben sitzende Kreuzschlitzschraube (6) hält die hintere Führungsschiene des Türfensters.

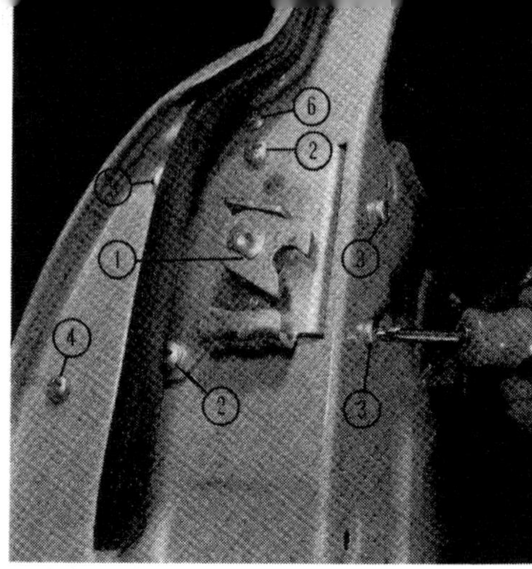

be, Excenter und Drehfeder (auf deren Lage für den Wiedereinbau genau zu achten ist) der Schließzylinder nach der Türgriffvorderseite herauszuziehen. Beim Zusammenbau müssen die gleitenden Teile des Schlosses mit einem weichen, wasserabstoßenden Fett sparsam eingerieben werden. Öl ist dazu weniger brauchbar, die Werkstatt benutzt dazu (oder soll es wenigstens) ein gelöstes Spezialfett, dessen Lösungsmittel verdunstet und einen feinen Fettfilm zurückläßt. Das gibt es auch als Fettspray und ist das beste.

Fenster austauschen

Abgesehen vom Austausch der Türfenster möchten wir vor dem Einsetzen neuer Scheiben, also Windschutzscheibe und Heckscheibe, warnen. Erstens brechen bei ungeschickter Handhabung die Scheiben leicht. Dann hat man nur noch höhere Kosten, denn die Scheiben sind teurer als die Einbauarbeit. Wenn dagegen dem Mann in der Werkstatt beim Einsetzen eine Windschutzscheibe bricht, war es seine Schuld. Zweitens muß nach dem Einbau jeder Scheibe mit einer besonderen Druckpresse Dichtungsmasse zwischen die Gummifassung der Scheibe und den Karosserierand gedrückt werden. Da diese Dichtungsmasse nicht eintrocknet, kann man sich empfindlich das Wageninnere verschmieren.

Aber ein »Schnellausbau-Trick«, wenn man eiligst einen Notausstieg braucht, soll nicht verschwiegen werden: In die Mitte der Vordersitze (für die Frontscheibe) setzen, die Füße gegen die Frontscheibe stemmen (nicht dagegen treten, dadurch bricht die Scheibe) und mit kräftigem Druck die Scheibe nach außen schieben. Das geht, weil die Glasscheibe kleiner als der Fensteraus-

Die hintere Sitzbank ist mit zwei Bügeln in den Sitzkasten geklemmt. Zum Ausbau der Bankpolsterung diese an der Vorderkante anheben und erst dann bei beidseitig geöffneten Türen seitlich herausnehmen. Beim Einbau muß die Polsterung erst mit Handballenschlägen weit genug nach hinten getrieben werden, bis die Bügel in den Kastenrahmen gedrückt werden können.
Etwas schwieriger ist der – allerdings auch kaum notwendige – Ausbau der hinteren Rückenlehne. Zuerst die beiden Blechzungen unten an den Haltelaschen der Lehne aufbiegen, die beiden seitlichen Armstützen (mit je 2 Kreuzschlitzschrauben befestigt) abbauen, Lehne unten etwas wegziehen und oben aus den beiden Laschenzapfen herausheben.

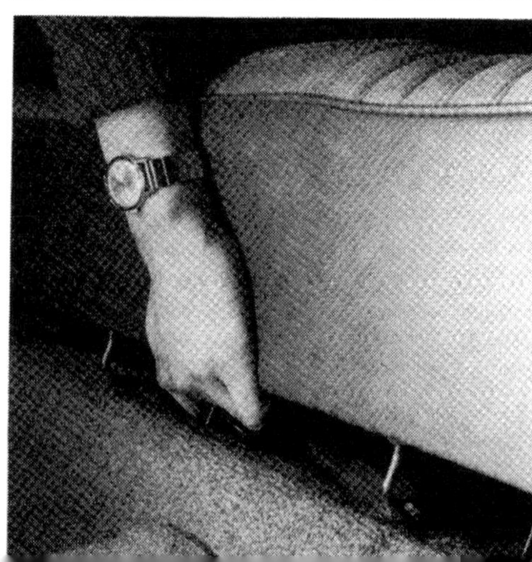

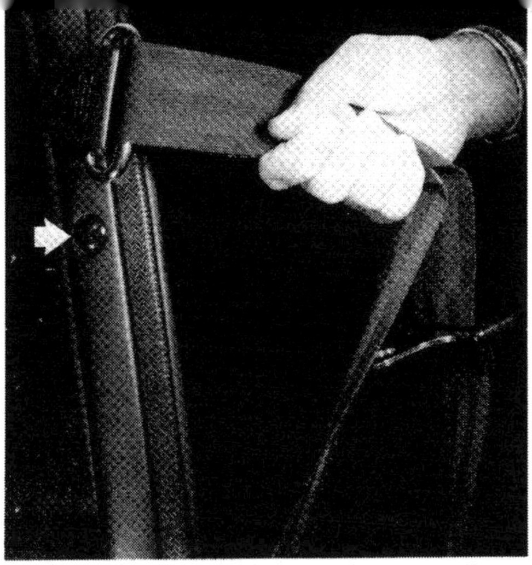

Ab Modelljahr 74 sind die Audi 100 serienmäßig mit »Dreipunktgurten« ausgestattet. Das ist nicht ideal, denn jeder Fahrer und Beifahrer muß erst, bevor es losgehen kann, umständlich seine Gurtlänge einstellen und kann auch als Fahrer z. B. den Handschuhkasten mit angelegtem Gurt nicht erreichen. Besser ist es deshalb, gleich bei der Fahrzeugbestellung »Automatik-Gurte« zu verlangen, denn nur sie geben Bewegungsfreiheit und ersparen das jedesmalige Neueinstellen der Gurtlänge.
Wenn Sie das Gefühl haben, daß Sie der eingebaute Gurt am Hals »stranguliert« oder, im Gegenteil, die außenseitige Schulter nach unten gezogen wird, dann ist der Befestigungspunkt im Türholm für Ihre Körpergröße falsch gewählt. Deshalb gibt es im Türholm 2 Festpunkte (auf den unteren zeigt der weiße Pfeil, der Gurt ist im oberen montiert) zur Auswahl. Die Ummontage ist einfach.

schnitt in der Karosserie ist und nur von ihrem Profilgummi gehalten wird. Das gleiche Verfahren wendet auch die Werkstatt zum Ausbau der Front- und der Heckscheibe (für die alles sinngemäß gilt) an. Die Scheibe bleibt – wird sie außen aufgefangen – dabei ganz.

Arbeiten im Innenraum

Wer viel im Auto unterwegs ist, möchte darin so sauber und angenehm wie zu Hause in seiner Wohnstube sitzen. Da kommt es vor allem auf die Sauberkeit an. Deshalb gehört es zu jeder Wagenwäsche, daß etwa eingelegte Fußmatten herausgenommen, abgewaschen oder ausgeklopft werden. Die eigentliche Bodenmatte des Audi 100, der Bodenteppich, wird am besten staubgesaugt, wenn er trocken ist und zum Austrocknen eines nassen Bodenteppichs bleiben die Türen so lange wie möglich offen (in eigener Garage immer die Fenster offen halten, damit es keinen muffigen Geruch im Auto gibt).

Dachverkleidung instandsetzen

Die innere Dachverkleidung wird als »Himmel« bezeichnet. Daß dieser himmlische Plastikstoff nicht mit Benzin, sondern nur mit speziellen Plastikreiniger gereinigt werden darf, sei warnend erwähnt. Aber auch sonst sollte dieser irdische Himmel einem Heimwerker heilig sein. Es gelingt nämlich nach unseren Erfahrungen nur dem versierten Fachmann, einen neuen Himmel so einzubauen, daß er weder Falten schlägt, noch eines Tages den Insassen auf die Köpfe fällt. Also: Werkstattsache oder Autopolsterei aufsuchen.

Sitze ausbauen

Beim Audi lassen sich die Vordersitze ohne jede Schwierigkeit nach Anheben des Arretierungshebels nach vorne aus der Sitzschiene herausziehen. Wie die hintere Sitzbank herausgenommen wird, zeigt das Bild links unten.

Rostschutz

Zwar erhalten alle Audi heutzutage serienmäßig PVC-Unterbodenschutz, aber damit sind sie leider noch lange nicht gegen allen Rostbefall geschützt. Denn es fehlt ihnen von Hause aus die ebenso notwendige Hohlraumkonservierung. In diesen Hohlräumen bildet sich aber mindestens Kondenswasser, wenn nicht direkt Wasser hineinläuft (wie z. B. an den Türfensterschächten oder vom Stahlkurbeldach innen). Diese Feuchtigkeit, die nur schwer oder bei verstopften Wasserablauflöchern überhaupt nicht ablaufen kann, bildet in den Karosseriehohlräumen schreckliche Rostnester.
Darum für den Neukauf eines Audi unser erster Rat: Möglichst noch am Tag der Auslieferung die Karosseriehohlräume vom Fachmann und Spezialisten konservieren (nicht ausschäumen!) lassen.

Kaltgestellt

Dünneres Motoröl im Winter

Das Herstellerwerk empfiehlt für den Audi bei Temperaturen unter + 5° C das dünnflüssige Motoröl SAE 20 W/20 (und bei noch tieferen Temperaturen unter zumeist – 10° C sogar SAE 10 W). Für den Winterfahrbetrieb ziehen wir jedoch eines der ebenfalls empfohlenen Mehrbereichsöle (siehe auch Seite 34) vor, auch wenn uns im Sommer das Einbereichsöl SAE 30 ausreichend und preisgünstiger erscheint. Begründung für ein Mehrbereichsöl im Winterfahrbetrieb, das mit »SAE 10 W – . . .« beginnen sollte: Im Winter ist der mit richtiger Betriebstemperatur gefahrene Motor durch die thermostatgesteuerte Kühlung genau so heiß wie im Sommer, aber die Starttemperatur liegt wesentlich tiefer. Im Winter hat also der Motor eine wesentlich größere Temperaturspanne (bis zu 45 Celsius-Grade mehr) zu überbrücken, das kann einem Einbereichsöl schwer fallen. Mehrbereichsöl SAE 10 W - 30 oder SAE 10 W - 40 ist da anpassungsfähiger.

Kühlflüssigkeit frostfest machen

Wurde durch zu reichliches Wassernachfüllen im Sommer die Frostschutzmischung so weit verdünnt, daß sie nicht mehr genügend wirksam ist, reicht es durchaus, wenn Sie oben aus dem Wasserkasten des Kühlers mit Hilfe eines dünnen Schlauches das gut erreichbare Kühlwasser absaugen, stattdessen einen ganzen Liter Frostschutzmittel (Glysantin, Genantin oder VW/Audi-Frostschutzmittel) einfüllen und mit dem abgesaugten Wasser zuletzt bis zur Einfüllmarke auffüllen. Das mischt sich bei den nächsten Fahrten durch, und nach einigen Fahrtagen wird nochmals die Frostfestigkeit nachgeprüft. Wenn es doch noch nicht reicht, füllt man im Verlaufe der kommenden Zeit statt Kühlwasser reines Frostschutzmittel nach, denn so plötzlich kommt ja harter Frost kaum.

Wenn das Kühlsystem mit Frostschutz vollständig neu befüllt werden soll, muß der Kühler selbst entleert werden, indem man, wie auf Seite 68 beschrie-

Rechtzeitig vor den ersten Nachtfrösten muß das Kühlwasser frostfest gemacht oder zumindest nachgeprüft werden, ob der vorhandene Frostschutz des Kühlsystems noch ausreicht.
Der erste Schritt der Frostschutzprüfung ist das sogenannte »Spindeln«. Das macht die Werkstatt mit einem Hebermesser, auf dem mit Hilfe von Tabellen der genaue Celsiusgrad der Frostfestigkeit festgestellt werden kann. Der hier gezeigte »Glysantester« ist dagegen temperaturunabhängig und einfach, denn er zeigt nur durch eine schwimmende Kugel an, ob eine Frostfestigkeit bis –25° C gegeben ist oder nicht. Da man diese Frostfestigkeit für alle Fälle braucht, ist die Prüfmethode völlig ausreichend. Auch gilt die Messung nicht nur für das bekannte Glysantin, sondern für alle Frostschutzmittel, da es bei der ganzen Angelegenheit nur auf das Messen des spezifischen Gewichtes der Frostschutzmischung ankommt.

Im Regal an der Garagenwand sollte man für den Winter einige Hilfsmittel betriebsbereit halten, damit man sie sogleich zur Hand hat, wenn erster Schnee und Frost droht. Die »Kleinteile« packt man am besten in einen stabilen Karton und legt ein passendes Stück Schaumgummi darunter, damit der Karton im Kofferraum bei scharfer Kurvenfahrt nicht ständig Schlitten fährt. Und dies hat sich nach unseren Erfahrungen im Winter gut bewährt (im Regal von links oben nach rechts unten): Starthilfekabel (Seite 111), Isolierspray (Seite 20), Antifrost-Scheibenwascherzusatz, Eis-Entferner für die Windschutz- und Heckscheibe, Eisschaber, Handfeger zum Freikehren der Karosserie, Gleitschutzketten, Sack mit scharfkörnigem Sand, Klarsichttuch, breite Kohlenschaufel mit abnehmbarem Stiel zum Schneeschaufeln, Abschleppseil, Unterlegematten aus alten Kokosläufern zum Anfahren an vereister Steigung.
Abschleppseil, Isolierspray und Starthilfekabel sollten Sie aber auch im Sommerhalbjahr in Ihrem Audi dabeihaben.

ben, die Ablaßschraube unten am Kühler herausdreht. Dieses Kühlwasser kann man, wenn es nicht verschmutzt ist, ohne weiteres für die Frostschutzmischung benutzen, denn es ist ja bereits »entkalkt«.
Das Kühlsystem faßt insgesamt beim 85-PS-Motor 6,2 Liter und beim 100/112-PS-Motor 7,5 Liter. Beim Ablassen bleiben etwa 1,5 Liter im Kühlsystem zurück. Nun gibt es in der Betriebsanleitung und anderswo genaue Mischtabellen, bei wieviel Frostschutzmittel (z. B. 2,6 Liter) und wieviel Liter Wasser (z. B. 3,6 Liter beim 85-PS-Motor) welche Frostfestigkeit erreicht werde (in diesem Falle – 25° C). Darum sollten Sie sich gar nicht kümmern, denn Frostschutzmittel wird in der Regel in 1,5-Liter-Dosen verkauft und Sie brauchen sowieso 2 Dosen, das sind 3 Liter. Mischen Sie also diese 3 Liter – was sollen Sie auch sonst mit dem Rest? – mit knapp 2 Liter vom abgelassenen Kühlwasser (wenn es sauber ist) in einem sauberen Kunststoffeimer oder Wachsmittel-Plastikkanister gut durch, kippen diese Mixtur in den Kühler und füllen erforderlichenfalls, während Sie, wie auf Seite 68 beschrieben, das Kühlsystem entlüften, noch Wasser nach. Bei den nächsten Fahrten mischt sich diese »dicke« Frostschutzmischung im System durch, und Sie haben beim 85-PS-Motor bis – 35° C und beim 110/112-S-Motor bis – 25° C Frostfestigkeit und keine Sorge mehr, ob es auch ausreichen könnte.
Audi empfiehlt in der Betriebsanleitung nachdrücklich das hauseigene Frostschutzmittel. Nun ja, jeder Metzger lobt seine eigene Wurst, das ist sein gutes Recht. Aber alle handelsüblichen Frostschutzmittel tun die gleichen Dienste, man kann sie auch schadlos miteinander mischen, denn alle haben die gleiche Glykolbasis.

Frostschutz für Scheibenwascher

Der Scheibenwascherbehälter im Motorraum wird von der Ausstrahlung des Motors während der Fahrt zwar warmgehalten, aber davon darf man sich nicht irritieren lassen, denn maßgebend ist der kalte Fahrwind, der die Außentemperatur um das Auto noch herabsetzt, so daß nicht genügend frostfestes Wasser beim Versprühen auf der Windschutzscheibe sofort vereist. Für diesen Zweck gibt es an den Tankstellen eine Fülle von Spezialmitteln, die dem Scheibenwaschwasser beigemischt werden können. Sie zu kaufen hat aber nur Sinn, wenn sie gleichzeitig in der Lage sind, Öldunst- und Silikonschleier von der Windschutzscheibe zu vertreiben. Nicht jeder Waschwasserzusatz, der das verspricht, kann das auch. Besonders wirkungsvoll fand der ADAC in einem großangelegten Test Pingo Ice-cleaner (blaue Kunststoff-Flasche mit 400 ccm Inhalt kostet 2,75 DM).

Wagenwäsche im Winter

Da wir gerade beim Wasser sind: Im Winter, so denkt gar mancher, wird der Wagen ja doch gleich wieder schmutzig und außerdem ist es so ungemütlich, bei Kälte den Wagen zu waschen – also läßt man es. Das ist aber nur bei hartem Frost richtig, da können nachher Türen und Hauben einfrieren. Aber sobald frostfreies Wetter herrscht, sollten Sie Ihrem verschmutzten Wagen eine sehr gründliche Wäsche gönnen und vor allem kräftig mit dem Wasserschlauch die Kotflügel und die Unterseite des Wagens ausspritzen. Denn der mit Auftausalzen vermischte Schmutz nagt wie Gift am Wagen – die Quittung hat man andernfalls im Frühjahr, wenn unter einer winterlangen Schmutzschicht bei der Wäsche überall Rostpickel (meist Durchrostungen von der dünnen Blechinnenseite her) findet.

Lackpflege

Gründliche Lackpflege mit kräftig polierenden oder lackreinigenden Mitteln unterläßt man im Winter – das ist eine wichtige Maßnahme beim Frühjahrsputz. Aber trotzdem darf man den Autolack nicht sich selbst überlassen, er würde von Wasser, Salz und schleifendem Schmutz doch zu stark starpaziert. Deshalb sollte man nach der winterlichen Wagenwäsche den Lack mit einem Lack-Konservierer (»Auto-Wachs«, »Hartwachs«, »Hartglanz« usw). behandeln. Einfacher geht es – und durchaus ausreichend – mit einem sogenannten Wasch-Konservierer, der nach der gründlichen Wasserwäsche auf den sauberen, aber noch nassen Lack aufgesprüht oder mit dem Schwamm aufgetragen und nach kurzer Zeit mit klarem Wasser abgespült wird.

Unterbodenschutz und Hohlraumkonservierung

Eine wichtige Wintervorbereitung ist auch das Nachprüfen und eventuelle Nacharbeiten des Unterbodenschutzes und der Hohlraumkonservierung, damit das winterliche Streusalz nicht das Autoblech auffrißt. Das Nacharbeiten der Hohlraumkonservierung ist mit Heimwerkermitteln trotz dafür angebotener Spraydosen nicht möglich, aber den Unterbodenschutz kann man unter günstigen Umständen selbst nacharbeiten. Wer sich damit befassen will, braucht ausführliche Hinweise, die den Umfang dieses Buches sprengen müßten. Genaue Anweisungen und Hunderte von Ratschlägen, von der Wagenwäsche bis zur Reparatur von Blechschäden, sind deshalb im Sonderband 45 dieser Buchreihe unter dem Titel »Die Auto-Karosserie« zusammengefaßt.

Mit seinem Frontantrieb ist der Audi an vereister Bergstraße kein Meister. Nothilfe: Rückwärts hochfahren, weil der dann mit »Heckmotor« belastete Audi nicht so schnell durchdreht. Dazu Mitfahrer als zusätzliche »Heck«-belastung, und Matten aus alten Teppichstreifen vor dem Anfahren unter die »Hinter«-räder legen, damit der Wagen wenigstens in Aufwärtsbewegung kommt. Das reicht dann zum Weiterfahren. Damit nicht vor Ende der Steigung angehalten werden muß, um die Unterlegmatten aufzusammeln, diese, wie im Bild gezeigt, vorher an die Stoßstange anbinden und mitschleppen.

Die Zündanlage

Zum guten Starten im Winter muß der Elektrodenabstand der Zündkerzen stimmen. Oft sind sie im Sommer zu weit abgebrannt, und das bringt im Winter Startschwierigkeiten. Der Elektrodenabstand ist allgemein mit 0,6 bis 0,7 mm vorgeschrieben. Nach unseren Erfahrungen ist es gut, im Winter den Elektrodenabstand auf 0,5 bis 0,6 mm einzustellen, jedenfalls sollte er nicht mehr als 0,6 mm betragen. Zündleitungen, Zündspule und Verteiler müssen schmutz- und ölfrei sein, und vor allem darf sich auf diesen Teilen keine weißliche Schicht zeigen, denn dabei handelt es sich um hochgespritztes und angetrocknetes Streusalz. Alle Verschmutzungen der Zündanlage können den Zündstrom ganz oder teilweise ableiten und Kurzschlüsse bewirken. Deshalb Kabel und alle Teile der Zündanlage sorgfältig waschen, trocknen und mit Isolierspray (Seite 20) einsprühen.

Die Batterie

Die Leistungskraft der Batterie ist, wie auf Seite 100 näher beschrieben, sehr stark temperaturabhängig. Bei -15° C hat sie nur noch die halbe Kraft. Und gleichzeitig fordert der kältesteife Motor erhöhte Anlasserkraft zum Starten. Deshalb vor sehr kalten Nächten die Batterie des im Freien geparkten Wagens ausbauen und neben Heizung oder Ofen (nicht drauf!) stellen.

Vergaser auf Winterbetrieb

Der Audi-Motor ist bekanntlich für gute Stimmung in Zündanlage und Vergaser besonders empfänglich. So bekommt er im Winter leicht den Husten, wenn die Vergaser-Ansaugluft ihm zu kühl zuströmt. Seine Väter haben dafür vorgesorgt und einen dicken Papierschlauch an die Motorraum-Seitenwand montiert, dessen Mundstück bei Außentemperaturen um $+15^\circ$ C, also schon im frühen Herbst, über den Gegenstutzen am Auspuffkrümmer montiert werden soll, damit der Vergaser von dort vorgewärmte Luft erhält (siehe Bild Seite 102).

Reifen im Winter

Im Reifenkapitel ist auf Seite 210 beschrieben, unter welchen Winterbedingungen man in der Regel mit den normalen Radialreifen auskommen wird, wobei einige Reifenmarken dem »Ganzjahresreifen«-Ideal nahe kommen, und unter welchen Umständen man besondere Winterreifen wählen sollte.

Gleitschutzketten

Durch das Verbot der wirkungsvollen Spikesreifen sind die »Schneeketten« wieder aktuell geworden. Sie helfen bei hohem Schnee und im Gebirge auch dann noch weiter, wenn auch der griffigste M+S-Reifen versagt. Da sie aber auch auf glattgefahrenem Schnee und Glatteis besser als die früheren Spikesreifen sind, heißen sie offiziell Gleitschutzketten.
Wer sich Gleitschutzketten für seinen Audi 100 anschaffen will, muß daran denken, daß sie bei diesem Fronttriebler auf die Vorderräder montiert werden und wegen der Wendigkeit dieser Räder in den Radkasten ausgesprochen feingliedrig sein müssen. Dicke billige Ketten können dagegen in den Radkästen bösen Schaden stiften. Ratsam sind deshalb folgende Gleitschutzketten der bewährten Kettenfirmen Rud und Erlau:

Bereifungsgröße	155 R 14	165 SR 14	185/70 SR 14
Rud-Kantenspur Erlau Euromont	06 117 500 045	06 120 500 043	07 122 500 048

Zu zahlen hat man für diese hochwertigen Gleitschutzketten, die in ihrer Lebensdauer allerdings auch mehrere preiswertere Ketten aushalten, rund 165 DM pro Stück.

Mensch, ärgere dich nicht

Es hilft nichts, eines Tages ist doch etwas an Ihrem Audi kaputt, zu dessen Instandsetzung auch ein gut sortierter Heimwerker-Werkzeugschrank nicht mehr ausreicht. Oder es handelt sich um ein Teil, von dem wesentlich die Verkehrssicherheit abhängt und von dessen Selbsthilfe-Reparatur wir nur dringend abraten können (z. B. Lenkung oder Bremsen) oder Sie haben keine Zeit zur Eigenreparatur und brauchen Ihr Fahrzeug möglichst schnell intakt wieder. Also: auf zur Werkstatt!

Was wird das wohl kosten?

Da haben, wie wir immer beobachten, viele Autofahrer eine große Scheu vor der direkten Frage nach den Reparaturkosten. Man will seine Unkenntnis nicht zugeben (obwohl unmöglich ein Mensch erwarten kann, daß man etwa als Bankangestellter die Ersatzteilpreise für eine neue Kupplungsscheibe und die zugehörigen Montagekosten kennt), läßt sich etwas Unverständliches erzählen, erteilt dementsprechend verschwommene Reparaturaufträge und wartet dann mit banger Sorge auf die Höhe der Rechnung.

Kraftfahrzeug-Reparaturbedingungen

Das muß nicht sein, denn 1974 hat der ADAC mit dem Kraftfahrzeughandwerk neue Reparaturbedingungen ausgehandelt, an die sich jede seriöse Werkstatt hält. Besonders wichtige Punkte:

■ Die Werkstatt leistet für ihre Reparaturen 3 Monate oder 3000 km Fahrtstrecke Garantie. Eventuelle Garantiefehler werden kostenlos behoben.

■ Die Werkstatt muß auch für Folgeschäden haften, wenn ihr ein Verschulden nachzuweisen ist. Dann muß sie kostenlos den Gesamtschaden reparieren, die Abschleppkosten tragen und auch für Personenschäden geradestehen. War es ein Totalschaden, muß sie den Fahrzeug-Tageswert erstatten.

■ Reklamationen bezüglich der Rechnung sind nicht nur bei Auslieferung des Fahrzeugs, sondern noch innerhalb der folgenden 4 Wochen möglich. Bei Streitigkeiten kann sich der Kunde an eine der rund 65 Schiedsstellen im Bundesgebiet (nächste Schiedsstelle bei Handwerkskammer, Automobil-Club oder TÜV erfragen) wenden, deren Inanspruchnahme kostenlos ist.

■ Auf Verlangen des Kunden wird ein Kostenvoranschlag erstellt, dessen Einzelposten im Reparaturauftrag eingetragen werden und damit für die Werkstatt 3 Wochen lang verbindlich sind. Diese Preise dürfen ohne Zustimmung des Kunden bei Aufträgen bis zu 500 DM um nicht mehr als 20 Prozent, bei höheren Aufträgen um nicht mehr als 15 Prozent überschritten werden. Deshalb wichtig: Eigene Telefonnummer bei der Auftragserteilung notieren lassen, damit eventuell zusätzlich erforderliche Reparaturen mit Ihnen abgesprochen werden können.

Solch ein Kostenvoranschlag über die Ersatzteilkosten und den anfallenden Arbeitslohn – besser: Arbeitspreis – ist für eine Audi-Werkstatt kein Problem. Denn jede autorisierte Audi-Werkstatt hat ein vom Werk herausgegebenes »Arbeitspositionsbuch«, in dem Tausende möglicher Wartungs- und Instandsetzungsarbeiten an den Audi-Modellen stichwortartig aufgeführt sind. Das ist keine »Reparaturpreisliste«, denn Festpreise gibt es ja nicht mehr, sondern es wird durch die darin aufgeführten »Zeiteinheiten« (abgekürzt: ZE) festgelegt, innerhalb welcher Zeit die jeweilige Arbeit erledigt werden kann. Diese Berechnung nach Zeiteinheiten (ZE) ist einfach: Man hat die Arbeitsstunde in 100 ZE eingeteilt. Ein ordentlicher Monteur einer ordentlichen Auto-Union-Werkstatt soll also in 1 Stunde eine Arbeit mit 100 ZE schaffen. Unterteilt wird bis zu 5 ZE, was 3 Minuten entspricht .

ZE-Preis nach »Ortstarif«

Bezüglich dieser Zeiteinheiten haben also alle Audi-Werkstätten eine gleiche Berechnungsbasis. Was aber 100 ZE (also 1 Arbeitsstunde) jeweils kosten, das muß der Werkstattinhaber selbst kalkulieren. Was dabei herauskommt, ist allerdings sehr unterschiedlich. So kostet die Werkstatt-Arbeitsstunde im Durchschnitt heute (Frühjahr 76) 35 DM, recht selten sind 30 DM geworden, dagegen muß man in Großstädten mit 45 oder gar 48 DM rechnen! Das liegt an den sehr unterschiedlichen Unkosten der Werkstattinhaber – Löhne, Gehälter, Gebäude- und Gerätearmortisation, allgemeine Betriebskosten, Steuern und dergleichen – und so ist es natürlich, daß ein Werkstattbesitzer auf ererbtem Grundstück in der Kleinstadt und bei niedrigeren Löhnen billiger sein kann als der Inhaber einer aufwendigen Großstadt-»Reparaturfabrik« auf sündteurem Grund und Boden. Aber die Werkstattpreise werden auch nicht selten vom Blick auf die Konkurrenz beeinflußt, was die wohl als »Stunden-Arbeitspreis« berechnet.
Diese Preisunterschiede bringen es mit sich, daß Sie für eine Arbeit, die im Arbeitspositionsbuch beispielsweise mit 130 ZE kalkuliert ist, hier vielleicht 39 DM und dort 62 DM zahlen sollen. Lassen Sie sich darum vor größeren Reparaturen auch den Preis für die Reparaturstunde nennen! Vielleicht findet sich nicht allzuweit eine preiswertere Werkstatt.
»Geheimtip«: Mit einer nicht so dringenden Reparatur warten, bis man im Urlaub weit von der Großstadt ist und auch Zeit hat, ein paar Tage auf den Wagen zu warten. Voraussetzung: Die Finanzen reichen für Urlaub und Reparatur gleichzeitig. Aber: In einem feudalen Kurort ist man auch nicht immer weit genug weg von teuren Preisen.
Ausgenommen von der ZE-Festlegung sind allerdings Arbeiten, deren Zeitaufwand vorher schwer bestimmbar ist, vor allem Ausbeularbeiten am Blech, Richtarbeiten an einem zerknautschten Fahrzeug und dergleichen. Schwierig ist ein Kostenvoranschlag natürlich auch, wenn erst Teile ausgebaut werden müssen, um den eigentlichen Defekt erkennen zu können.

Fingerzeige: *Lassen Sie sich ausgetauschte Teile auf eine Zeitung in den Kofferraum legen (Vermerk auf dem Reparaturauftrag!) Damit haben Sie eine gewisse Kontrolle der Werkstattarbeit und es bremst leicht einen zu großzügigen Einbau neuer Teile.*
Wenn Sie mit Ihrem Audi 100 wieder mal zum TÜV müssen, dann sollten Sie der Werkstatt keinen Generalauftrag »Fahrzeug TÜV-fertig machen« erteilen. Das wird meist teuer, denn nur wenige Werkstätten widerstehen der Versuchung, bei dieser Gelegenheit »auf Teufel komm raus« Neuteile einzubauen. Besser machen Sie es so: Nur gezielten Auftrag für deutlich erkennbare Schäden erteilen, furchtlos zum TÜV und lieber dort etwas beanstanden lassen. Die dann fällige TÜV-Nachuntersuchung wird billiger als ein Reparatur-Freibrief für die Werkstatt.

Maß genommen

Als „Technische Daten" bezeichnet man an Autos nicht nur das, was sich wiegen, messen oder sonstwie in Zahlen ausdrücken läßt. Auch die Kurzbeschreibung der einzelnen Teile des Motors, der Karosserie und des Fahrwerks gehört dazu. Diese Angaben haben wir nachstellend für die folgenden Modelle des Audi 100 ab Herbst 1974 zusammengestellt:

- Audi 100 L mit 85 PS
- Audi 100 LS mit 85 PS
- Audi 100 LS mit 100 PS
- Audi 100 GL mit 112 PS
- Audi 100 Coupé S mit 112 PS

Motor

	1,6 Ltr/ 85 PS	1,8 Ltr/ 100 PS	1,9 Ltr/ 112 PS
Audi-Kennbuchstaben	YM	ZZ	ZJ
Bauart	4-Zylinder-Viertakt-Vergasermotor in Reihenbauweise		
Leistung PS (KW)	85 (63)	100 (74)	112 (83)
bei U/min	5800	5500	5600
Drehmoment (mkg bei U/min)	12,4/3500	15,3/3200	16,3/3500
Günstiger Drehmomentbereich U/min	1350–5300	1900–5000	2000–5150
Bohrung mm	79,5	81,5	84,0
Hub mm	80,0	84,4	84,4
Hubraum ccm	1588	1760	1871
Literleistung PS/Ltr	53,5	57,0	60,0
Verdichtung	8,2	9,7	9,7
Kraftstoff	Normal 91 ROZ/ 80 MOZ	Super 98 ROZ/ 86 MOZ	Super 98 ROZ/ 86 MOZ
Höchstdrehzahl U/min	6500	5800	6200
Lerrlaufdrehzahl U/min	950	950	950
Motorgewicht kg	130,5	169,7	171,2
Ventilsteuerung	Von Zahnriemen angetriebene obenliegende Nockenwelle auf hängende Ventile	Von Doppelrollenkette angetriebene Nockenwelle im Kurbelgehäuse über Stößel, Stößelstangen und Kipphebel auf im Zylinderkopf hängende Ventile	

	85 PS	100 PS	112 PS
Ventilspiel bei warmem Motor			
Einlaß mm	0,2—0,3	0,15	0,15
Auslaß mm	0,4—0,5	0,40	0,40
Ventilsteuerzeiten			
Einlaß öffnet	4° v. OT	5° v. OT	14° v. OT
Einlaß schließt	46° n. UT	37° n. UT	46° n. UT
Auslaß öffnet	44° v. UT	39° v. UT	36° v. UT
Auslaß schließt	6° n. OT	3° n. OT	6 n. OT
Schmiersystem	Druckumlaufschmierung über Hauptstromfilter		
Öldruck			
min. bar	1,0	1,0	1,0
max. bar	7,0	6,0	6,0
Motoröl	Sorten und Viskositätsklassen siehe Seite 33		
Ölfüllmenge	3,5	4,0	4,0
Filterwechsel	ohne Filterwechsel 0,5 Liter weniger		

Kühlung und Heizung

Kühlsystem	Überdruck-Flüssigkeitskühlung mit Lamellenkühler und Kühlwasser-Kreiselpumpe		
Kühlerfüllung Ltr.	6,2	7,3	7,3
Kühlerventilatorantrieb	Elektromotor, thermoelektrisch gesteuert	Keilriemen 9,5 x 1050 mm lang	
Heizung	Frischluftheizung mit Gebläsemotor		

Kraftstoffanlage

		85-PS-Motor ab 8.75	85-PS-Motor bis 7.75	100-PS-Motor	112-PS-Motor
Vergaser		Fallstrom-Registervergaser			
Typ		Zenith 2 B 2	Solex 32/35 DIDTA	Solex 32/35 TDID	Solex 32/35 TDID
Saugrohrweite	mm	32/32	32/35	32/35	32/35
Lufttrichter		24/28	24/27	24/27	24/28
Hauptdüse		x 117,5/x 125	x 117,5/x 140	x 125/x 140	127,5/x 140
bei Automatikgetriebe		—			127,5/x 135
Luftkorrekturdüse		135/92,5	140/130	150/100	140/110
Kraftstofftank Inhalt	Ltr.	58	58	58	58
davon Reserve	Ltr.	9	9	9	9

Elektrische Anlage

	85 PS	100 PS	112 PS
Nennspannung Volt	12	12	12
Batterie	12 V/45 Ah	12 V 45 Ah/ 54 Ah	12 V 54 Ah
Anlasser Bosch	EF 12 V 0,8 PS	EF 12 0,8 PS	EF 12V0,8 PS
Lichtmaschine	K1 14V35A20	K1 14V55A20	K1 14V35A20
Leistung Watt	490	490	770
Keilriemen mm	9,5 x 875	9,5 x 950	9,5 x 950
Regler-Typ (eingebaut)	EE 14 V 3	EE 14 V 3	EE 14 V 3
Regulier-spannnung Volt	13,6–14,2	13,6—14,2	13,6—14,2
Zündverteiler Bosch	IFU 4	IFU 4	IFU 4
Zündspule mit	KW 12 V	KW 12 V	KW 12 V
Vorwiderstand	9,9 + 0,05	0,9 + 0,05	0,9 + 0,05
Zündfolge	1–3–4–2	1–3–4–2	1–3–4–2
Zündeinstellung	9°	30°	30°
bei U/min	950	3000	3000
Schließwinkel	bei allen Motoren 47° ±3° (= 53%±3%		
Zündkerzen	siehe Tabelle Seite 143		

Kraftübertragung

	85 PS	100 PS	112 PS
Kupplung	Einscheiben-Trockenkupplung mit Membranfeder		
Getriebe-schaltung	Knüppelschaltung zwischen den Vordersitzen		
Schaltgetriebe (bis 7.75)	Vierganggetriebe mit eingebautem Differential		
System	Borg-Warner	Porsche	Porsche
Getriebe-kennzeichen	YV	YA	YC
Untersetzungen Achsantrieb	37:9=4,111	35:9=3,888	37:10=3,700
1. Gang	3,454	3,400	3,400
2. Gang	1,947	1,944	1,944
3. Gang	1,370	1,360	1,360
4. Gang	0,968	0,966	0,966
Rückwärtsgg.	3,166	3,100	3,100
Schaltgetriebe (ab 8.75)	Vierganggetriebe mit eingebautem Differential		
System	Borg-Warner	Borg-Warner	Borg-Warner
Getriebe-kennzeichen	YV	YM	YP
Untersetzungen Achsantrieb	37:9=4,111	35:9=3,888	37:10=3,700
1. Gang	3,45	3,600	3,600
2. Gang	1,49	2,125	2,125
3. Gang	1,37	1,360	1,360
4. Gang	0,96	0,966	0,966
Rückwärtsgg.	3,16	3,500	3,500
Getriebeöl	Hypoidgetriebeöl SAE 80 nach Spezifikation MIL–L–2105		
Füllmenge Ltr.	1,7	2,0	2,0
Wechselmenge	1,5	2,0	2,0
Automatic-Getriebe (nur mit 100- od. 112-PS-Motor)	Hydraulisch gesteuertes Dreigang-getriebe mit hydrodynamischem Drehmomentwandler Getriebekennzeichen RE		
Untersetzungen	Achsantr. 3,727 1. Fahrst. 2,65 2. Fahrst. 1,59 3. Fahrst. 1,00 Rückw. 1,80		
Getriebeteil	Hypoidgetriebeöl Spezifikation SAE 90 MIL–L 2105 B		
Füllmenge Ltr.	— —	1,4	1,4
Hydraulikteil	Hydraulikflüssigkeit ATF nach Dexron B		
Füllmenge Ltr.	6 Liter, bei Wechsel 2,5–3 Liter		
Antrieb	Vorderradantrieb über Gelenkwellen und je 2 Rzeppagelenke		

Fahrwerk

	100 L	100 LS	100 GL	Coupé S
Vorderachse	Radaufhängung an längselastisch gelagerten Dreieckquerlenkern			
Federung vorne	Hochliegende Schraubenfedern mit hydraulischen Stoßdämpfern			
Hinterachse	Torsionskurbelachse, an Längslenkern geführt und Querlenkstange			
Federung hinten	Federbeine			
Radlagerung vorne und hinten mit Kegelrollenlagern				
Lenkung	Zahnstangenlenkung			
Wendekreis-durchmesser	11,1 m alle Modelle			
Radstand mm	2675	2675	2675	2560
Spurweite vorne	1448	1448	1448	1448
hinten mm	1425	1425	1425	1440
Fußbremse	Hydraulisches Diagonal-Zweikreis-bremssystem,, vorne außenliegende Schwimmsattel-Scheibenbremse, hinten Trommelbremse, lastabhängiger Bremskraftregler (außer 100 L) und Bremskraftverstärker			
Wirksame Bremsfläche	Scheibenbremsen vorne 130 cm², Trommelbremsen hinten 280 cm², Gesamtbremsfläche 410 cm²			
Handbremse	Mechanische Seilzugbremse, auf die Hinterräder wirkend			
Räder	Reifendruckangaben siehe Seite 205			
Felgengröße	5 J x 14 H 2–B	5 J x 14 H 2–B	5 J x 14 H 2–B	5 J x 14 H 2–B
Sonderausstattung	gegen Mehrpreis Leichtmetallfelge 5 1/2 J x 14 H			
Lochkreisdurchmesser mm	108	108	108	108
Reifengröße	155 SR 14	165 SR 14	165 SR 14	185/70 HR 14
bei Automaticgetriebe	—	165 SR 14	165 SR 14	185/70 SR 14

Maße und Gewichte

	100 L	100 LS	100 GL	100 Coupé S
Länge über alles mm	4610	4636	4636	4400
Breite mm	1728	1730	1730	1750
Höhe unbelastet mm	1414	1422	1422	1341
Leergewicht* kg	1050	1090/1100	1100/1120	1100/1120
Zul. Achslast vorne kg	780	810	810	800
hinten kg	800	810	810	700

Zul. Gesamtgew.*	kg	1500	1550/1570	1550/1570	1450/1470
Zuladung	kg	450	460	450	350
Zul. Dachlast	kg	75	75	75	75
Zul. Anhängelast					
ungebremst	kg	550	550	550	550
gebremst	kg	850	1100	1100	1100
Bodenfreiheit (leer)	mm	193	201	201	180
bei zul. Gesamtgewicht	mm	113	121	121	110

(* Angaben hinter Schrägstrich gelten für Audi mit Automatic-Getriebe)

Fahrwerte (Werksangaben)

Höchstgeschw.* km/h	160	170/168	179/175	183/179
bei U/min	5775	5650/5700	5650/5900	5800/6100
Motordrehzahl* bei 100 km/h U/min	3600	3330/3550	3180/3500	3150/3550
Beschleunigung*				
0– 80 km/h sec	8,9	8,0/9,5	7,5/8,1	7,3/7,9
0–100 km/h sec	13,5	11,9/13,9	10,8/11,8	10,2/11,2
0–130 km/h sec			19,1	
Kraftstoffnormverbrauch* nach DIN Ltr./100 km	8,9	8,9/10,1 S	8,9/10,1 S	8,9/10,1 S
Ölverbrauch max. Ltr./1000 km	1,5	1,8	1,8	1,8

Typ-Entwicklung

Entwicklungsjahre

Jedes Auto macht im Laufe seiner Produktionsjahre viele Änderungen durch, teils weil die Entwicklung neue Gesichtspunkte bringt, teils weil man gute und schlechte Praxis-Erfahrungen berücksichtigt. Doch ist eine entsprechende Übersicht nicht nur aus chronologischen Gründen interessant. Sie kann auch dem Gebrauchtwagenkäufer wertvolle Anhaltspunkte geben.

1968
Produktionsbeginn im Dezember 1968. Motor (1760 ccm) Getriebe und Vorderradantrieb vom Audi 90, das Fahrwerk wurde neu konstruiert, zum Beispiel Vorderachsführung und -federung mit Federbein statt Drehstabfederung wie bei den kleinen Audi-Modellen. Drei Variaionen vom 1760-ccm-Motor stehen zur Wahl: 80 PS für Normalkraftstoff, Verdichtung 9,0, Einfachvergaser; 90 PS für Superkraftstoff, Verdichtung 9,6, ebenfalls Solex-Einfachvergaser; 100 PS für Superkraftstoff, Verdichtung 9,6, Solex-Stufenvergaser 32/32 TDID. Die Modelle heißen Audi 100 (80 PS), Audi 100 S (90 PS) und Audi 100 LS (100 PS). Karosserie vorerst nur viertürig, der angekündigte Zweitürer noch nicht lieferbar. Audi S und LS haben serienmäßig Bremskraftverstärker und hydraulischen Lenkungsdämpfer.

1969
Im Oktober Produktionsbeginn des Zweitürers (Minderpreis zum Viertürer damals 300 DM). Nach dem ersten Produktionsjahr auch die ersten Detailänderungen. Das Audi-100-Coupé wird zur Automobilausstellung im September vorgestellt werden.

1970
Um Probleme mit verölten Bremsscheiben zu beseitigen, wird serienmäßig eine Ölabführung für vorderes und hinteres Kurbelwellenlager eingeführt. Zur entsprechenden Nachrüstung älterer Fahrzeuge Einbausatz im Angebot.
Ende 1970 Beginn der Serienfertigung des Coupé 100 S: Radstand und hinterer Karosserie-Überhang kürzer als bei der Limousine, Halogen-Doppelscheinwerfer, Motor-Hubraum 1871 ccm, Verdichtung 9,6, 115 PS, zwei Solex-Stufenvergaser 32/35 TDID.
September: Lieferbeginn des Audi-100-LS-Automatik.

1971
Geänderte Motorraum-Spritzwand (zwischen Innen- und Motorraum), dadurch Änderungen an Lenksäule, Lenkgetriebe, Hauptbremszylinder, Bremskraftverstärker, Pedalwerk und Heizung.
September: Anstelle der 80- und 90-PS-Motoren tritt der 85-PS-Motor für Normalkraftstoff. Neu im Programm Audi 100 GL mit Coupé-Motor, 112 PS, nur ein Solex-Stufenvergaser 32/35 TDID, Verdichtung 9,6. Geicher 112-PS-Motor mit nur einem Stufenvergaser auch für Coupé.

1972
November: 100 000 Audi 100 produziert.
Auf Wunsch gegen Zündschwierigkeiten Hochspannungs-Kondensator-Zündung (HKZ), Zweikreis-Bremsanlage wie für Coupé (erster Kreis für alle 4 Räder, zweiter Kreis nur Vorderräder).

1973
Ab Herbst kantigere Vorderfront, geänderte Heckleuchten mit Nebelschlußleuchte (auf Wunsch); Drehstabfederung der Hinterachse durch Federbeine ersetzt; Längsträger im Vorderbau verstärkt; geänderte Motorlagerung zur besseren Geräuschdämpfung. Für alle Modelle serienmäßig Wisch-Intervallschaltung und Sicherheitsgurte vorne (für GL und Coupé Automatikgurte und Kopfstützen); Zentralstecker für Computerdiagnose. Auf Wunsch Servolenkung und Klimaanlage.

1974
Ab Herbst neues Modell Audi 100 L: Anstelle seitengesteuertem 1760-ccm-Motor 85 PS tritt kopfgesteuerter 1588-ccm-Motor mit ebenfalls 85 PS (leistungsgedrosselter Motor des Audi 80 GT für Normalkraftstoff), Borg-Warner-Schaltgetriebe. Für alle Modelle Übernahme verschiedener Konstruktionsprinzipien der Audi-80-Baureihe: Negativer Lenkrollradius, Diagonal-Zweikreisbremsanlage (erster Kreis linkes Vorderrad und rechts Hinterrad, zweiter Kreis rechtes Vorderrad und linkes Hinterrad), nach außen verlegte Schwimmsattel-Scheibenbremsen, lastabhängiger Bremskraftregeler (außer Audi 100 L), Knüppelschaltung für alle Modelle, schwarze Kunststoffecken an den Stoßstangen, für alle Motoren je ein Fallstrom-Registervergaser (85 PS: 32/35 DIDTA; 100/112 PS: 32/35 TDID).

1975
Ab Herbst für Audi 100 L neuen Zenith-Vergaser 2B 2. Borg-Warner-Schaltgetriebe jetzt auch für LS, GL und Coupé S, teilweise geänderte Getriebeübersetzungen. Geändertes Steuerungssystem im Automatik-Getriebe. Heizbare Heckscheibe serienmäßig.

1976
Bis zum Juli unveränderter Weiterbau der Modelle. Ab August neue Audi-100-Modellserie.

Erläuterungen zum Schaltplan

in der hinteren Buchklappe

Der zweiteilige Schaltplan in der hinteren Buchklappe entspricht nicht der tatsächlichen Kabelverlegung in Ihrem Audi 100, sondern veranschaulicht übersichtlicher die Stromwege der gesamten Schaltung.
Der in der nachfolgenden Tabelle jeweils genannte Strompfad entspricht der Bezifferung in der Fußleiste des Stromlaufplanes, über der das genannte Aggregat zu finden ist.

Benennung		im Strompfad
A	— Batterie	7
B	— Anlasser	3, 4
C	— Drehstrom-Lichtmaschine	2
C 1	— Spannungsregler	1
D	— Zündanlaßschalter	4
E 1	— Hauptlichtschalter	42
E 2	— Blinkerschalter	33
E 3	— Warnlichtschalter	28—32
E 4	— Hebelschalter für Abblendung, Lichthupe, Parklicht	55
E 13	— Heizungsschalter	27
E 15	— Schalter für Heckscheibenheizung	51
E 22	— Scheibenwischer-Intervallschalter	58
F	— Bremslichtschalter	63
F 1	— Öldruckschalter	21
F 2, 3	— Türkontaktschalter	47, 49
F 4	— Rückfahrleuchtschalter	35
G	— Geber der Kraftstoffanzeige	23
G 1	— Kraftstoffvorratsanzeige	23
G 2	— Geber der Kühlmitteltemperaturanzeige	22
G 3	— Kühlmitteltemperaturanzeige	22
G 7	— OT-Marken-Geber für Diagnosestecker	10
H	— Signalhornschalter	67
H 1	— Signalhorn	66
J 1	— Blink-Warnlichtrelais	33
J 4	— Signalhorn-Relais	66
J 6	— Spannungskonstanthalter für Anzeige-Instrumente	25
J 9	— Relais für Heckscheibenbeheizung	51
J 25	— Hauptlichtrelais	42
J 31	— Relais für Wisch-Wasch- und Intervallautomatik	61
J 33	— Umschaltrelais für Fern- und Abblendlicht	15

Benennung		im Strompfad
K 1	— Fernlichtkontrollampe	24
K 2	— Ladekontrolle	2
K 3	— Öldruckkontrollampe	21
K 5	— Blinkerkontrollampe	27
K 6	— Warnblinkerkontrollampe	28
K 10	— Kontrollampe der Heckscheibenbeheizung	56
L 1, 2	— Scheinwerferlampen Fern-Abblendlicht	15, 12
L 10	— Instrumentenbeleuchtung	41
L 21	— Heizungshebelbeleuchtung	43, 44
M 1, 3	— Standlichtlampen links, rechts	17, 19
M 2, 4	— Schlußlichtlampen rechts, links	20, 18
M 5, 7	— Blinker vorne links, rechts	30, 32
M 6, 8	— Blinker hinten links, rechts	31, 33
M 9, 10	— Bremslichter links, rechts	63, 65
M 16, 17	— Rückfahrlichter links, rechts	35, 34
N	— Zündspule	9
N 3	— Leerlaufabschaltventil	69
N 6	— Vorwiderstand	8
O	— Zündverteiler	9
P	— Zündkerzenstecker	9
Q	— Zündkerzen	
S	— Sicherungen (Tabelle Seite 125)	
T	— Steckverbindungen (nachfolgende Hinweise)	
T 20	— Zentraldiagnosestecker	36
U 1	— Zigarrenanzünder	46
V	— Scheibenwischermotor	59
V 2	— Heizgebläsemotor	27
V 5	— Scheibenwascherpumpe	62
W 6	— Handschuhfachleuchte	45
W 7	— Innenleuchte	47
X	— Kennzeichenleuchten	37
Y	— Zeituhr	54
Z 1	— Heckscheibenheizung	53

T = Steckverbindungen

Mit »T« sind im Stromwegplan alle Steckverbindungen bezeichnet. Die Ziffer hinter dem Buchstaben »T« gibt an, wie viele Kontakte die Steckverbindung jeweils hat, z. B. T 7 = Siebenfachstecker. Ein eventuell noch anhängender Kleinbuchstabe bezeichnet den Montageplatz der Steckverbindung, z. B. T 3 a = Dreifachstecker im Motorraum rechts.
Da bei der Fahrzeugmontage vielfach auch Steckverbindungen für Sonderwunsch-Zusatzaggregate bereits eingebaut werden, sind diese »blinden« Stecker beim Selbsteinbau interessant, denn sie ersparen den eigenen Kabeleinbau. In unserem Stromwegplan befinden sich diesbezüglich folgende freie Steckverbindungen, die hinter dem Armaturenbrett zu finden sind:
T 1 b, d, Strompfade 9,28 für Anschluß Drehzahlmesser
T 10, 10a, Strompfade 38, 40, 49 für Schalteranschlüsse Nebelscheinwerfer und Nebelschlußlicht.

Stichwortverzeichnis

Abblendlicht 148
Abgasprobleme 93, 100
Abschaltventil, Vergaser 94
Achsantrieb 40, 182
Anlasser 118
Anschleppen 111
API-Normen 33
Armaturenbrett 128
Ausgleichsgetriebe 182
Auslandsreise Ersatzteile 22
Auspuffanlage 62
Automatik-Getriebe 40, 182

Batterie 105, 223
Batterie laden 110
Batterieladezustand prüfen 109
Batteriepflege 107
Batterie-Säurestand 108
Batterie, Störungsbeistand 119
Beleuchtungsanlage 145
Benzinpumpe 80
Benzinverbrauch 11
Bereifung siehe Reifen
Beschleunigungspumpe 85
Blinkanlage 152, 159
Blinkerhebelschalter 164
Blinkerlampen auswechseln 152
Blinkerkontrolle 159, 169
Blinker-Relais 160
Bordwerkzeug 16
Bremsanlage, Funktion 193
Bremsbeläge prüfen 197
Bremsanlage prüfen 11, 194
Bremse entlüften 200
Bremsflüssigkeit 193
Bremsleitungen 196
Bremslichter auswechseln 153
Bremslichtschalter 156
Bremsproben 194
Bremstrommeln abnehmen 200
Bremskraftverstärker 201
Bremskraftregler 201

Computer-Diagnose 24, 123

Dachverkleidung 219
Diagnose-Zentralstecker 123
Differential 182
Düsen im Vergaser 85
Drehstrom-Lichtmaschine 112
Diagonalreifen 204
Drehzahlmesser 169
Drosselklappe 85, 98

Einbereichsöl 34
Elektrische Leitungen 121
Elektrodenabstand 142, 222
Ersatzlampen 145

Fallstromvergaser 87
Fahrbedingungen 13
Federung 187
Federbeine 185
Fensterscheiben 218
Felgenabmessungen 204
Fernlichtkontrolle 167
Fernthermometer 168
Fliehkraftregler 135
Frischluftdüsen 76
Frostschutz 66, 220
Frostschutz für Scheibenwascher 221
Fußbremse prüfen 194

Gasgestänge 43
Gelenkwelle 183
Generator 112
Geschwindigkeitsmesser 15
Getriebe, Funktion 180
Getriebeölsorten 38
Getriebeölstand prüfen 39
Getriebölwechsel 39
Gleitschutzketten 223
Glühlampenwechsel 146
Gürtelreifen 203

Halogenlampen 146
Handbremse 195
Handbremsausgleich 44, 195
Hauptdüse 84
Hauptstrom-Ölfilter 38
HD-Öl 33
Heckleuchte 152
Heckscheibenheizung 174
Heizung 75
Heizgebläse 76
Hinterachse 187
Hinterradlager 44, 191
Hilfsmittel unterwegs 22
Höchstgeschwindigkeit 228
Hohlraumkonservierung 222
Hupe 157
Hypoid-Getriebeöl 38, 40

Innenbeleuchtung 155
Inspektionsarbeiten 26
Instrumente 162
Instrumentenbeleuchtung 167
Isolier-Spray 20, 223

Karosserieteile 211
Keilriemenspannung 72, 115
Keilriemen-Ersatz 69, 115
Kennzeichenbeleuchtung 155
Klemmenbezeichnung 122
Klopfen und Klingeln 82
Kofferraumhaube 43, 213
Kolben 46
Kombi-Instrument 166
Kompressionsdruck 52
Kondensator 133
Konservierungsmittel 21
Kontaktabstand 137
Kontrollampen 165
Kotflügel 214
Kraftstoffanlage 77
Kraftstoffanzeige 77, 167
Kraftstoffpumpe 80
Kraftstoffsieb 80
Kraftstofftank 77
Kraftstoffverbrauch 11
Kraftstoffwahl 81
Kreuzgelenke 184
Kühler 67, 73
Kühlerverschlußdeckel 65
Kühlung 64
Kühlflüssigkeit 65, 220
Kühlwasser-Thermometer 167
Kupplung 175
Kupplungspedalspiel 177
Kupplungspflege 43
Kupplung – Störungsbeistand 179
Kurbelgehäuse 46
Kurbelgehäuse-Entlüftung 48
Kurbelwelle 46, 57

Lackpflege 222
Ladekontrollampe 116
Lagerschäden im Motor 57
Lampen prüfen 9, 145
Lampen auswechseln 146, 152
Leerlaufdüse 84
Leerlaufabschaltdüse 94
Leerlauf prüfen 98
Lenk-Anlass-Schloß 128
Lenkrad ausbauen 157
Lenkung 192
Lenkungsspiel 192
Lichthupe 161
Lichtmaschine 112
Lichtschalter 165
Luftfilter 102
Lufttrichter 85
Luftdruck der Reifen 205

Mehrbereichsöle 34, 220
Motoraufhängung 49
Motor, Funktion 45
Motoröle 33, 220
Motoröle mischen 37
Motorölwechsel 31
Motorölstand prüfen 30
Motorhaube 43, 211
Motorraum-Schaubild 23
Motorreiniger 21
Motorschmierung 30, 48
Motorstörungen 10
M + S-Reifen 210

Nachdieseln 83
Nebelscheinwerfer 151
Nebelschlußleuchte 154
Nockenwelle 46, 55
Normverbrauch 12
Nummernschildbeleuchtung 155

Oberer Totpunkt 138
Oktanzahl 83
Öldruckanzeiger 168
Öldruckschalter 168
Öldruck-Kontrollampe 168
Ölkreislauf 48
Ölpeilstab 30
Ölfilter wechseln 38
Ölfilterpatronen 38
Ölpumpe 48
Ölsorten 33
Ölverbrauch 37
Ölviskosität 34
Ölwechselprobleme 31
Ölzusätze 35

Passform-Ringe 59
Planetengetriebe 41
Pflegeplan 26
Pflegesatz 27
Pleuellager 57
Poliermittel 222
Primärstromkreis 127
Probefahrt 10
Prüfen im Stand 9
Prüflampe 122

Räder austauschen 206
Räder auswuchten 208
Radwechsel 206
Radialreifen 203
Radlagerspiel 191
Registervergaser 87
Regler der Lichtmaschine 114
Reifenabmessungen 203
Reifenbezeichnungen 203, 209
Reifendruck 205
Reifengröße 203
Reifenlagerung 207
Reifenpflege 206
Reifenwechsel 206
Reifeninstandsetzung 207
Reifen-Unwucht 208
Reifenzustand prüfen 206
Reklamationen 224
Relaisschaltungen 123, 162, 172
Reparaturpreise 225
Rostlösemittel 20
Rostschutz 62, 219
Rückfahrscheinwerfer 153
Rzeppagelenk 184

SAE-Klassen 34
Säuredichte der Batterie 109
Säurestand der Batterie 108
Schaltgetriebe 180
Schalterkontakte 124, 163
Schaltgestänge einstellen 179
Schaltrelais 123, 162
Scharniere schmieren 43
Scheibenbremsen 196
Scheibenwascherpumpe 171
Scheibenwischer 173
Scheibenwischermotor 172
Scheinwerferlampen wechseln 146
Scheinwerfer einstellen 148
Schließwinkel 136
Schlüsselweiten 17
Schlußlichter 153
Schmierstoffe 21
Schmierung 48
Schneeketten 223
Schnelladung der Batterie 111
Schwimmerkammer 84
Sicherheitsgurte 219
Sicherungen 124
Signalhörner 157
Sitze 219
Sitzbank herausnehmen 218
Solex-Anschrift 86
Solex-Vergaser 89
Spannungskonstanthalter 166
Spannungsregler 114
Sparmöglichkeiten 13
Spezialschmierstoffe 21
Spray-Öle 20
Spurstangengelenk 192
Standlicht 147
Stabilisator 186
Startautomatik 90, 96
Starthilfekabel 111
Starterklappe 85, 96
Stufenvergaser 87
Starten mit leerer Batterie 111
Stoßdämpfer 187
Stoßstangen ausbauen 214
Stroboskoplampe 139
Superkraftstoff 81

Tachometer 15, 170
Tank 77
Technische Daten 226
Temperaturanzeige 168
Temperatureinfluß auf Batterie 107
Temperaturfühler 167
Thermostat 70
Totpunkt 139
Trommelbremse 199
Türe ausbauen 216
Türfenster 218
Türschloß 43, 217
Türverkleidung 215
Typentwicklung 228

Umluftvergaser 93
Unterbodenschutz 222
Unterbrecher 134
Unterbrecherkontakte 136
Unterdruckdose am Verteiler 135
Unwucht der Reifen 208

Ventilator 71
Ventile einstellen 54
Ventilsteuerung 46, 54
Ventilspiel 53
Verbrauchsmessung 12
Verdichtung 52
Vergaser, Funktion 84
Vergasergelenke schmieren 43
Vergaser einstellen 98, 223
Vergaser-Startautomatik 90, 96
Vergaser reinigen 101
Vergaser-Störungen 103
Vorderachse 185
Vorspur 186
Vorwiderstand 131

Wagenheber ansetzen 28
Wagenpflege-Hilfsmittel 19
Wagenwäsche 222
Wärmewert der Zündkerzen 142
Warnblinkanlage 159, 169
Wartungsplan 26
Waschkonservierer 222
Wasserpumpe 69
Werkstattprobleme 224
Werkstattpreise 225
Werkzeug 16
Windschutzscheibe 218
Winterschutz 220
Winterhilfsmittel unterwegs 221
Winter-Reifen 210, 223

Zahnriemen 46, 61
Zenith-Vergaser 88
Zierleisten 214
Zubehör für den Winter 221
Zubehör für Auslandsreisen 22
Zündanlage 127, 222
Zündeinstellung 138
Zündfunke 127
Zündkabel 141
Zündkerzen 141
Zündschloß 128
Zündspule 131
Zündzeitpunktverstellung 134
Zündverteiler 42, 137
Zündzeitpunkt 138
Zusatzmittel für Motorenöle 35
Zusatzscheinwerfer 150
Zylinderkopf 58
Zylinderblock 46
Zylinderkopfschrauben 62

Stromlaufplan (Audi 100, 85-PS-Motor, Modelljahr 75)

Der obere Streifen des Stromlaufplanes stellt die Schaltungen innerhalb der Sicherungs- und Relais-Platte dar. Die Fußleiste entspricht der »Masse« (in Wirklichkeit das Blech der Autokarosserie), über die der Stromkreislauf geschlossen sein muß. Die dort angeschlossenen Kabel (Normklemmenbezeichnung 31) sind in der Regel braun.

Die Zahlen der Fußleiste nennen den jeweiligen Strompfad, der das Aufsuchen der in der Tabelle auf Seite 229 genannten Aggregate erleichtert. Die Zahlen in den Karos an Kabelenden nennen den Strompfad, in dem sich der Stromweg fortsetzt.

Kabel, die in einem Kreis mit Zahl enden, bezeichnen Anschlüsse des Prüfnetzes am Zentral-Diagnosestecker.

Die Zahlen neben den Kabelanschlüssen an der Relais-Platte und den einzelnen Aggregaten entsprechen den deutschen Klemmen-Normbezeichnungen, auf die jeweils im Buchtext hingewiesen ist.

Durch ständige Weiterentwicklung der Audi-100-Modelle sind Abweichungen in der Art der eingebauten Aggregate, der Schaltwege, der Schaltrelais und der Kabelfarben möglich.

Kabelfarben

Strompfad	Normklemme	Teil	Kabelfarbe
1	31	C 1	braun
2	D+	C 1	blau
	B+/30	C — B	rot
	15	D — K 2	schwarz
3	15	D	schwarz
	30	B	schwarz
4	30	D	rot
	50	D — B	rot-schwarz
5	P	D — E 4	grau
	X	D — E 1	gelb-schwarz
6	16	B — N 6	schwarz
	—	A — T 20	weiß-blau
	—	A — T 20	braun-schwarz
7	30	A	rot
	—	A	Massekabel
8	15	N 6	schwarz
	15	N — N 6	schwarz
9	1	N (T 1 b)	rot-gelb-schwarz
	1	N — O	grün
	1	N — T 20	gelb-schwarz
	4	N — O	Hauptzündkabel
	4	O — P	Zündkerzenkabel

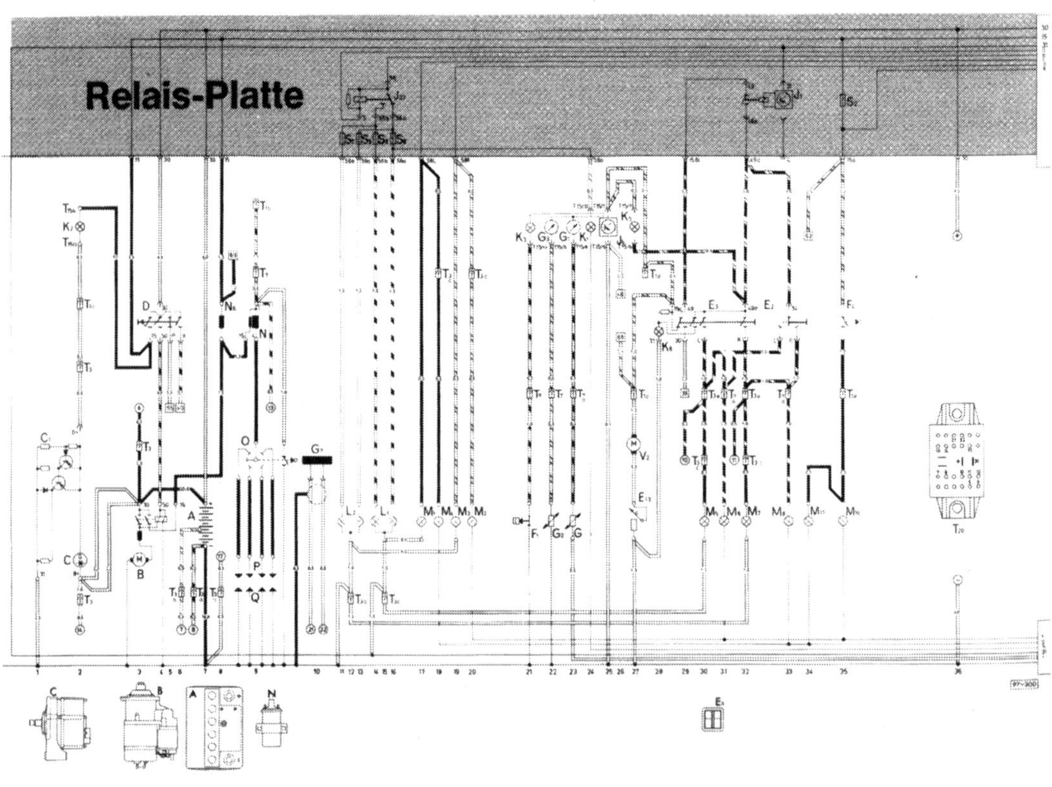

Strompfad	Normklemme	Teil	Kabelfarbe
10		G 7 — T 20	gelb
11	56 b	L 2	gelb
12	31	L 2/T 3 b	braun
13	56 a	L 2	weiß
14	31	L 1/T 3 c	braun
15	56 b	L 1	gelb-schwarz
16	56 a	L 1	weiß-gelb
17/18	58 L	M 1/M 4	schwarz
19/20	58 R	M 3/M 4	grau-rot
21		K 3	blau-schwarz
22		G 3	blau-rot
23		G 1	lila-schwarz
24	56 a	K 1	weiß-gelb
25	15 a	J 6 — K 5	blau-rot
	15 a	J 6 — V 2	blau-rot
	31	J 6	braun
26	15 a	V 2 — J 4	blau-rot
27	15 a	V 2	rot
28	31	K 6	braun
29	49	E 3	schwarz-rot
	30	E 3	rot
30/31	L	E3—M5/M6	schwarz-weiß
32	49 a	E 3	schwarz-weiß-grün
	R	E3–M7/M8	schwarz-grün
33	49 a	E 2	schwarz-weiß-grün
	L	E2—M5/M6	schwarz-weiß
	R	E2—M7/M8	schwarz-grün
34		M17—M16	schwarz
35	15 a	F 4	blau-rot
		F4–M16	schwarz
36	30	T 20	rot
37	30	E 1	rot
	K 2	E 1 — X	grün
	31	X	braun
38	57 R	E 1	grün-rot
39	57 L	E 1	grün-schwarz
40	R	E 1	schwarz-lila
	X	E 1 — D	gelb-schwarz
41	K 2	L 10	grün
42/46	30 a	E 1 — U 1	rot-schwarz
43/44		L 21	gelb-rot
45	K 2	E 1 — W 6	grün
47		W 7 — F 2	braun-blau
48	30 a	W 7	rot
49	31	W 7 — K 10	braun
50	15 a	K 10 — E 22	blau-rot
51	86 h	E 15 — J 9	schwarz-weiß
52	87 hc	K 10 — J 9	grau-blau
53	30	S 10	rot
	30	S 10 — J 9	rot-schwarz
	87 b	J 9 — Z 1	schwarz
54	30	Y	rot-schwarz
55	PR	E 4	grün-rot
	P	E 4	grau
	PL	E 4	grün-schwarz
56	H	E 4	blau-grün
57	30 a	T 7 b	rot-schwarz
	53 a	T 7 b — V	schwarz
58	86	E 22	braun-weiß
59	53 a	E 22	blau-rot
	53 b	V	rot
	53	V	gelb
	31 b	V	weiß
60	S	E 22 — J 31	braun-schwarz
	J	E 22 — J 31	weiß-gelb
61	15 a	J 31	blau-rot
62	86	V 5	braun-weiß
	15 a	V 5 — S 2	blau-rot
63	30 a	F	rot-schwarz
64/65		F—M9, 10	schwarz-rot
66	30/85	J 4	blau-rot
	87	J 4 — H 1	schwarz-gelb
67/68	86	J 4 — H	blau-braun
69	15	N 3	schwarz

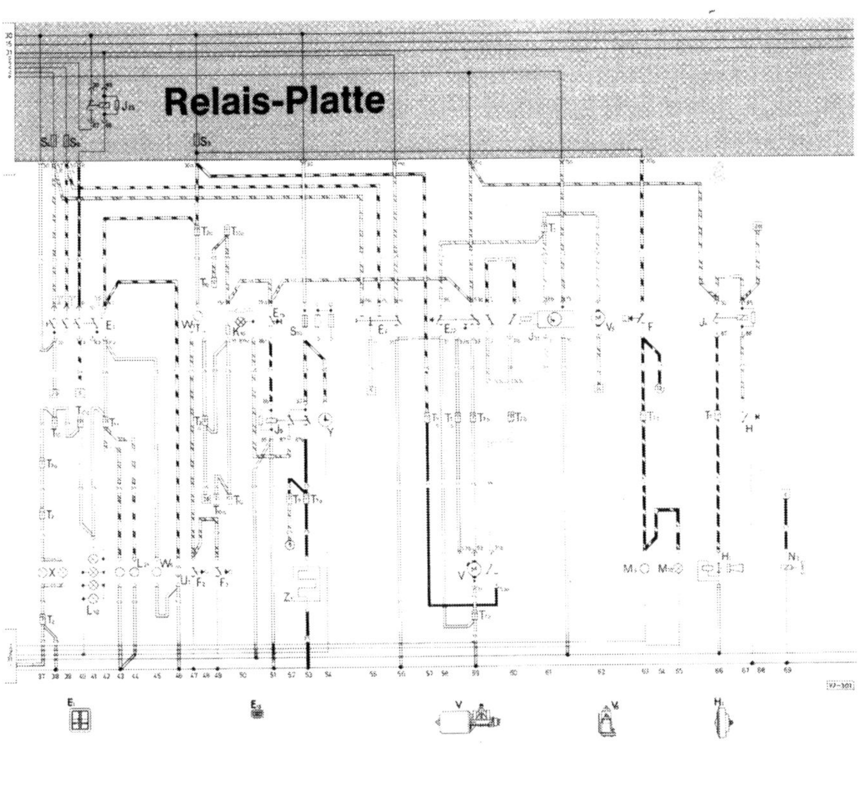

Kolibri 360 GmbH
Ferdinand-Jühlke-Straße 7
99095 Erfurt, Deutschland
produktsicherheit@kolibri360.de